모든 유형의 수학 문제를 이 책 안에 넣었습니다

문제은행

2000제

# 꿀꺽수학

♣ 물방울이 바위를 뚫는 것은 물방울의 강도가 아니라 똑같은 동작의 반복 때문입니다.

♣ 수학 공부도 마찬가지입니다.

♣ 같은 문제, 비슷한 유형의 문제를 반복해서 풀다보면 아무리 어려운 수학 문제도 여러분의 것이 될 것입니다

2000제 편찬위원회

## 수학은 **국력식 공부**는 점수에 반영되는 실질적인 실력을 길러 줍니다.

| 초 · 중 · 고 | 교재 이름 | 교재의 특징 |
|---|---|---|
| 초 등 수 학 | 2000제 꿀꺽수학 4−1(상권),(하권)<br>4−2(상권),(하권)<br>2000제 꿀꺽수학 5−1(상권),(하권)<br>5−2(상권),(하권)<br>2000제 꿀꺽수학 6−1(상권),(하권)<br>6−2(상권),(하권) | • 교과서 실력 쌓기를 통하여 수학교과서를 100% 마스터할 수 있습니다.<br>• 중단원 평가 문제를 통하여 수시로 보는 시험에 완벽하게 대비할 수 있습니다.<br>• 단원 마무리하기를 통하여 단원평가 시험이나 수학 경시대회에서 100점을 맞을 수 있습니다. |
| 중 등 수 학 | 3000제 꿀꺽수학 1−1, 1−2<br>3000제 꿀꺽수학 2−1, 2−2<br>3000제 꿀꺽수학 3−1, 3−2<br>3000제 실력수학 1−1, 1−2 | • 교과서 문제와 각 학교 중간고사, 기말고사, 연합고사 기출문제를 다단계로 구성하여 학년별로 3000여 문제씩 수록하였습니다. |
| | 헤드 투 헤드 실력수학 1−1, 1−2<br>헤드 투 헤드 실력수학 2−1, 2−2<br>헤드 투 헤드 실력수학 3−1, 3−2 | • 수학 공부의 바른 길을 제시한 중학 수학의 정석입니다.<br>• 기본적인 개념 · 원리부터 수학 경시대회 수준의 문제까지 방대한 내용을 수록한 책입니다. |
| | 윈윈 e-데이 수학 1−1, 1−2<br>윈윈 수학 2500제 2−1, 2−2<br>윈윈 수학 2500제 3−1, 3−2 | • 교과서의 모든 내용을 문제로 만들어 패턴별로 정리하였습니다.<br>• 교과서의 개념과 원리−예제 · 문제 · 연습 · 종합문제−기출문제의 순서로 내용을 체계화 하였습니다. |
| | 10주 수학 중 1(전과정)<br>10주 수학 중 2(전과정)<br>10주 수학 중 3(전과정) | • 중1 수학부터 고1 수학 전과정을 1년에 마스터할 수 있도록 내용을 구성하였습니다.<br>• 대입 수능 수학을 공부하는데 꼭 필요한 기본서로 꾸몄습니다.<br>• 교과서의 기본 개념과 핵심 문제를 빠짐없이 수록하였습니다. |
| 고 등 수 학 | 10주 수학 고 1(상권)<br>10주 수학 고 1(하권) | |
| | 빌트인 고1수학(상권) | • 고교수학의 기본적인 원리와 개념을 자세히 해설하였습니다.<br>• 핵심적인 문제로 내용을 구성하였습니다. |
| | 라이브 B & A 수학 고 1(상), (하)<br>라이브 B & A 수학 Ⅰ(상), (하)<br>라이브 수학 Ⅱ(상), (하)<br>라이브 수학(미분과 적분) | • 우리 나라와 외국의 교과서 문제, 서울 시내 고등학교의 중간 · 기말고사 문제, 대입 예비고사, 대입 학력고사, 대입 수능 기출문제를 다단계로 구성하였습니다. |

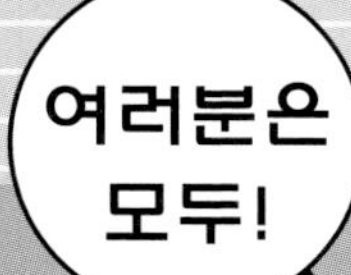


# 꿀꺽 수학 2000제로 수학의 천재가 될 것입니다.

### 교과서 실력 쌓기

- 수학책 속의 용어, 기호 등을 모두 수학 문제로 만들어 실었습니다.
- 수학책과 익힘책의 모든 중요 문제를 실었습니다.
- 각 문제마다 비슷한 유형의 문제를 엄선하여 실었습니다.

- 집에서 ➡ 문제은행 2000제로 수학책과 익힘책의 모든 문제 및 이와 비슷한 문제를 공부합니다.
- 학교에서 ➡ 수학책과 익힘책으로 다시 한 번 공부합니다.
- 이렇게 공부하면 여러분은 수학책과 익힘책을 세 번씩 공부한 셈입니다.

➡ 모두 수학 박사 !

### 중단원평가 문제(1), (2)

- 각 단원의 중간 부분에 시험 문제와 같은 꼴의 문제를 실었습니다.
- 문제의 어려운 정도에 따라 기본 문제—실력 문제로 나누었습니다.

- 집에서 ➡ 문제은행 2000제의 중단원평가 문제로 시험 공부를 합니다.
- 학교에서 ➡ 쪽지 시험이나 중간·기말 고사 등 각종 시험에서 100점을 맞습니다.

### 단원 마무리하기(1), (2)

- 각 단원의 맨 끝에 시험문제와 같은 꼴의 문제를 실었습니다.
- 문제의 어려운 정도에 따라 기본 문제—실력 문제로 나누었습니다.

- 집에서 ➡ 꿀꺽수학 2000제의 단원마무리하기로 시험 공부를 합니다.
- 학교에서 ➡ 단원 평가 시험이나 각종 시험에서 100점을 맞습니다.

### 고난도 문제

- 이 책의 맨 끝부분에 고난도 문제만 모아서 실었습니다.
- 최상위권 (1%) 학생을 위한 문제로 구성하였습니다.

- 고난도 문제를 많이 실었으므로 각종 수학 경시대회에 대비할 수 있습니다.
- 이 문제를 모두 풀면 여러분은 모두 수학 박사입니다.

# 꿀꺽 수학 2000제의 차례

## 1 단원을 시작하면서

- 이 단원에서는 (분수)÷(소수), (소수)÷(분수)의 계산을 하여 간단한 양의 유리수에 대한 기본적인 연산을 완성하여 유리수의 사칙 혼합 계산의 원리를 이해하고, 능숙하게 계산하는 능력을 기릅니다.
- 양의 유리수의 혼합 계산은 자연수의 사칙 혼합 계산과 같은 방법으로 한다는 것을 충분히 이해하게 합니다.
- 분수와 소수의 혼합 계산에서는 소수로 나누어 떨어지지 않는 경우에 소수를 분수로 고쳐서 계산하는 것이 더 정확하다는 것을 알고, 소수를 분수로 고쳐서 계산할 수 있게 합니다.

## 1 단원 학습 목표

① 소수를 분수로 나눌 때, 분수를 소수로 고쳐서 계산하거나 소수를 분수로 고쳐서 계산할 수 있다.
② 분수를 소수로 나눌 때, 소수를 분수로 고쳐서 계산하거나 분수를 소수로 고쳐서 계산할 수 있다.
③ 소수로 고쳐서 나눗셈을 할 때, 나누어 떨어지지 않는 계산은 소수를 분수로 고쳐서 계산해야 정확한 값을 구할 수 있음을 알고, 계산할 수 있다.
④ 소수와 분수의 혼합 계산에서 계산 순서를 이해하고, 바르게 계산할 수 있다.
⑤ 분수와 소수의 사칙 혼합 계산의 순서를 알고, 바르게 계산할 수 있다.

# 분수와 소수의 혼합 계산

교과서 실력쌓기

# (소수)÷(분수)의 계산 (개념 알기)

【1~4】 소수의 나눗셈을 하시오.

**01**

$0.25\overline{)1.5}$

**02**

$1.5\overline{)0.36}$

**03**

$3.2\overline{)76.8}$

**04**

$1.6\overline{)22.4}$

【5~8】 분수의 나눗셈을 하시오.

**05**

$\frac{2}{3}\div\frac{4}{5}=$ ______

**06**

$\frac{5}{4}\div\frac{11}{8}=$ ______

**07**

$7\frac{2}{3}\div\frac{7}{6}=$ ______

**08**

$\frac{3}{4}\div1\frac{3}{8}=$ ______

【9~11】 $1.5\div\frac{1}{4}$을 계산하시오.

**09**

분수를 소수로 고쳐서
(소수)÷(소수)를 계산하시오.

$1.5\div\frac{1}{4}=1.5\div0.25=$ ______

**10**

소수를 분수로 고쳐서
(분수)÷(분수)를 계산하시오.

$1.5\div\frac{1}{4}=\frac{15}{10}\div\frac{1}{4}=\frac{15}{10}\times\frac{4}{1}=$ ______

**11**

어느 계산 방법이 더 편리합니까?

______

______

【12~13】 $1.8\div\frac{1}{5}$을 계산하시오.

**12**

분수를 소수로 고쳐서 계산하시오.

$1.8\div\frac{1}{5}=1.8\div(\quad)=$ ______

**13**

소수를 분수로 고쳐서 계산하시오.

$1.8\div\frac{1}{5}=\frac{(\quad)}{10}\div\frac{1}{5}$

$=\frac{(\quad)}{10}\times\frac{5}{1}=$ ______

【14～16】 분수를 소수로 고쳐서 계산하시오.

**14**

$2.4 \div \frac{4}{5} = 2.4 \div (\qquad) =$ ______

**15**

$1.8 \div \frac{3}{4} = 1.8 \div (\qquad) =$ ______

**16**

$4.2 \div \frac{3}{5} = 4.2 \div (\qquad) =$ ______

【17～19】 소수를 분수로 고쳐서 계산하시오.

**17**

$1.2 \div \frac{3}{4} = \frac{(\quad)}{10} \div \frac{3}{4}$

$= \frac{(\quad)}{10} \times \frac{(\quad)}{(\quad)} =$ ______

**18**

$4.8 \div \frac{4}{5} = \frac{(\quad)}{10} \div \frac{4}{5}$

$= \frac{(\quad)}{10} \times \frac{(\quad)}{(\quad)} =$ ______

**19**

$3.6 \div \frac{5}{8} = \frac{(\quad)}{10} \div \frac{5}{8} = \frac{(\quad)}{10} \times \frac{(\quad)}{(\quad)}$

$= \frac{(\quad)}{25} =$ ______

【20～21】 빈칸에 알맞은 수를 쓰시오.

**20**

$1.6 \div \frac{2}{5} = 1.6 \div (\quad) =$ ______

**21**

$1.6 \div \frac{2}{5} = \frac{(\quad)}{10} \div \frac{2}{5}$

$= \frac{(\quad)}{(\quad)} \times \frac{(\quad)}{(\quad)} =$ ______

【22～27】 다음을 계산하시오.

**22**

$2.5 \div \frac{1}{2} =$ ______

**23**

$1.8 \div \frac{3}{5} =$ ______

**24**

$0.4 \div \frac{1}{2} =$ ______

**25**

$0.84 \div \frac{4}{5} =$ ______

**26**

$0.45 \div \frac{3}{4} =$ ______

**27**

$1.24 \div \frac{1}{5} =$ ______

【28~30】 $0.36 \div 1\frac{1}{2}$을 계산하시오.

**28**
분수를 소수로 고쳐서 (소수)÷(소수)를 계산하시오.

**29**
소수를 분수로 고쳐서 (분수)÷(분수)를 계산하시오.

**30**
어느 방법이 더 편리합니까?

【31~32】 $0.78 \div 3\frac{1}{4}$을 계산하시오.

**31**
분수를 소수로 고쳐서 계산하시오.

$0.78 \div 3\frac{1}{4} = 0.78 \div (\quad) = $

**32**
소수를 분수로 고쳐서 계산하시오.

$0.78 \div 3\frac{1}{4} = \frac{(\quad)}{100} \div \frac{(\quad)}{4}$

$= \frac{(\quad)}{100} \times \frac{(\quad)}{(\quad)} = $

【33~34】 빈칸에 알맞은 수를 쓰시오.

**33**
$4.95 \div 2\frac{1}{4} = 4.95 \div (\quad) = $

**34**
$4.95 \div 2\frac{1}{4} = \frac{495}{(\quad)} \div \frac{(\quad)}{4}$

$= \frac{(\quad)}{(\quad)} \times \frac{(\quad)}{(\quad)} = $

【35~36】 분수를 소수로 고쳐서 계산하시오.

**35**
$3.6 \div 1\frac{1}{5} = $

**36**
$2.04 \div 1\frac{1}{2} = $

【37~38】 소수를 분수로 고쳐서 계산하시오.

**37**
$4.8 \div 1\frac{1}{5} = $

**38**
$5.6 \div 3\frac{1}{2} = $

【39~44】 다음을 계산하시오.

**39**
$1.21 \div 2\frac{3}{4} = $

**40**
$10.5 \div 3\frac{1}{2} = $

**41**
$2.7 \div 2\frac{1}{4} = $

**42**
$2.42 \div 1\frac{3}{8} = $

**43**
$1.69 \div 1\frac{3}{10} = $

**44**
$3.08 \div 2\frac{1}{5} = $

교과서 실력쌓기

# (소수)÷(분수)의 계산 (연습하기)

【1~4】 분수를 소수로 고쳐서 계산하시오.

**01**

$1.2\div\frac{2}{5}=1.2\div(\quad)=$ ______

**02**

$0.9\div\frac{3}{4}=0.9\div(\quad)=$ ______

**03**

$2.4\div\frac{3}{5}=2.4\div(\quad)=$ ______

**04**

$3.6\div\frac{4}{5}=3.6\div(\quad)=$ ______

【5~8】 소수를 분수로 고쳐서 계산하시오.

**05**

$1.2\div\frac{2}{5}=\frac{12}{(\quad)}\div\frac{2}{5}$

$=\frac{12}{(\quad)}\times\frac{5}{2}=$ ______

**06**

$0.75\div\frac{1}{4}=\frac{(\quad)}{100}\div\frac{1}{4}$

$=\frac{(\quad)}{100}\times\frac{(\quad)}{(\quad)}=$ ______

**07**

$4.5\div\frac{3}{5}=$ ______

**08**

$3.5\div\frac{7}{10}=$ ______

【9~13】 다음을 계산하시오.

**09**

$0.9\div\frac{1}{2}=$ ______

**10**

$0.6\div\frac{3}{10}=$ ______

**11**

$0.24\div\frac{4}{5}=$ ______

**12**

$4.8\div\frac{1}{2}=$ ______

**13**

$3.3\div\frac{3}{4}=$ ______

【14~17】 분수를 소수로 고쳐서 계산하시오.

**14**

$3.96 \div 2\frac{1}{4} = 3.96 \div \square = \square$

**15**

$5.85 \div 3\frac{1}{4} =$ ______

**16**

$20.8 \div 2\frac{3}{5} =$ ______

**17**

$1.44 \div 2\frac{2}{5} =$ ______

【18~21】 소수를 분수로 고쳐서 계산하시오.

**18**

$3.96 \div 2\frac{1}{4} = \frac{396}{(\quad)} \div \frac{(\quad)}{4}$

$= \frac{396}{(\quad)} \times \frac{4}{(\quad)} =$ ______

**19**

$1.69 \div 1\frac{3}{10} =$ ______

**20**

$3.75 \div 2\frac{1}{4} =$ ______

**21**

$4.05 \div 1\frac{7}{20} =$ ______

【22~30】 다음을 계산하시오.

**22**

$3.2 \div 1\frac{3}{5} =$ ______

**23**

$1.5 \div 2\frac{1}{2} =$ ______

**24**

$3.5 \div 2\frac{1}{2} =$ ______

**25**

$4.9 \div 3\frac{1}{2} =$ ______

**26**

$1.21 \div 1\frac{1}{10} =$ ______

**27**

$1.04 \div 2\frac{3}{5} =$ ____________

**28**

$1.43 \div 1\frac{3}{8} =$ ____________

**29**

$3.64 \div 1\frac{2}{5} =$ ____________

**30**

$1.25 \div 4\frac{1}{6} =$ ____________

**31**

넓이가 2.4 $m^2$이고 가로가 $\frac{4}{5}$ m인 직사각형 모양의 꽃밭이 있습니다. 이 꽃밭의 세로는 몇 m입니까?

㉿식 ____________ 답 ____________

**32**

주스 1.5 L를 1 L짜리 컵에 $\frac{1}{4}$만큼씩 따라 마신다면, 몇 사람이 마실 수 있습니까?

식 ____________ 답 ____________

**33**

6.4 m 길이의 끈이 있습니다. 이 끈을 $\frac{4}{5}$ m씩 자른다면 몇 도막이 되겠습니까?

____________

**34**

집에서 역까지는 $\frac{4}{5}$ km이고, 집에서 병원까지는 1.72 km입니다. 집에서 병원까지의 거리는 집에서 역까지 거리의 몇 배입니까?

____________

**35**

집에서 학교까지의 거리는 1.19 km이고, 집에서 학원까지의 거리는 $1\frac{2}{5}$ km입니다. 집에서 학교까지의 거리는 집에서 학원까지의 거리의 몇 배입니까?

____________

**36**

넓이가 3.64 $m^2$인 직사각형 모양의 꽃밭이 있습니다. 가로의 길이가 $1\frac{2}{5}$ m이면 세로의 길이는 몇 m입니까?

____________

**37**

색 테이프를 지안이는 $3\frac{1}{2}$ m 가지고 있고, 준기는 4.2 m 가지고 있습니다. 준기가 가진 색 테이프는 지안이의 몇 배입니까?

____________

교과서 실력쌓기

# (분수)÷(소수)의 계산 (개념 알기)

【1~2】 $1\frac{1}{2}\div 0.24$를 계산하시오.

**01**

소수를 분수로 고쳐서 (분수)÷(분수)를 계산하시오.

$1\frac{1}{2}\div 0.24=\frac{3}{2}\div\frac{24}{100}=\frac{3}{2}\times\frac{100}{24}=$ ______

**02**

분수를 소수로 고쳐서 (소수)÷(소수)를 계산하시오.

$1\frac{1}{2}\div 0.24=\frac{3}{2}\div 0.24=1.5\div 0.24=$ ______

【3~4】 $1\frac{1}{2}\div 0.6$을 계산하시오.

**03**

소수를 분수로 고쳐서 계산하시오.

$1\frac{1}{2}\div 0.6=1\frac{1}{2}\div\frac{(\quad)}{10}$

$=\frac{3}{2}\times\frac{10}{(\quad)}=$ ______

**04**

분수를 소수로 고쳐서 계산하시오.

$1\frac{1}{2}\div 0.6=(\qquad)\div 0.6=$ ______

【5~9】 소수를 분수로 고쳐서 계산하시오.

**05**

$2\frac{2}{5}\div 0.2=\frac{(\quad)}{5}\div\frac{(\quad)}{10}$

$=\frac{12}{5}\times\frac{(\quad)}{(\quad)}=$ ______

**06**

$1\frac{7}{8}\div 0.3=\frac{(\quad)}{8}\div(\qquad)$

$=\frac{(\quad)}{8}\times(\qquad)$

$=\frac{(\quad)}{(\quad)}=(\qquad)$

**07**

$3\frac{4}{7}\div 0.4=$ ______

**08**

$4\frac{1}{5}\div 0.3=$ ______

**09**

$2\frac{5}{8}\div 0.35=$ ______

【10~13】 분수를 소수로 고쳐서 계산하시오.

**10**

$3\frac{3}{5}\div 0.4=(\qquad)\div 0.4=$ ______

**11**

$4\frac{2}{5}\div 2.5=$ ______

**12**

$3\frac{3}{5}\div 0.24=$ ______

**13**

$6\frac{3}{4}\div 0.75=$ ______

【*14*~*17*】 다음을 계산하시오.

**14**

$\frac{2}{5}\div 0.5=$ ______

**15**

$2\frac{2}{5}\div 1.2=$ ______

**16**

$1\frac{3}{4}\div 0.5=$ ______

**17**

$2\frac{4}{5}\div 0.18=$ ______

**18**

꽃 한 개를 만드는 데 색 테이프가 0.3 m 필요하다면, 색 테이프 $3\frac{3}{5}$ m로는 꽃을 몇 개 만들 수 있습니까?

______

**19**

우유 $4\frac{4}{5}$ L를 한 사람에게 0.8 L씩 나누어 주면, 모두 몇 명에게 줄 수 있습니까?

______

**20**

빵 1개를 만드는 데 밀가루 0.4 kg이 필요합니다. 밀가루 $8\frac{4}{5}$ kg으로는 빵을 몇 개 만들 수 있습니까? ______

**21**

소금물 $7\frac{1}{2}$ L를 0.4 L 들이 비커에 가득 담으려고 합니다. 몇 개의 비커에 가득 담을 수 있습니까? ______

**22**

집에서 우체국까지는 $2\frac{4}{5}$ km이고, 집에서 학교까지는 0.8 km입니다. 집에서 우체국까지의 거리는 집에서 학교까지 거리의 몇 배입니까? ______

【23～26】 $1\frac{3}{5}\div 0.7$을 계산하시오.

**23**

소수를 분수로 고쳐서 계산하시오.

$$1\frac{3}{5}\div 0.7=\frac{8}{5}\div 0.7=\frac{8}{5}\div\frac{7}{10}$$
$$=\frac{8}{5}\times\frac{10}{7}=\frac{(\quad)}{35}=2\frac{(\quad)}{7}$$

**24**

분수를 소수로 고쳐서 계산하시오.

$$1\frac{3}{5}\div 0.7=\frac{8}{5}\div 0.7=(8\div 5)\div 0.7$$
$$=(\qquad)\div 0.7=2.28571\cdots$$

이므로, 몫을 소수 둘째 자리에서 반올림하여 나타내면 약 (　　)이 됩니다.

**25**

어느 계산 방법의 결과가 더 정확하다고 생각합니까? ____________

**26**

분수와 소수의 나눗셈에서 소수로 나누어 떨어지지 않는 계산은 분수, 소수를 분수, 소수로 고쳐서 계산하는 것이 정확합니다.

【27～34】 다음을 계산하여 답을 분수와 소수로 나타내시오. 소수로 나누어 떨어지지 않으면 소수 둘째 자리에서 반올림하시오.

**27**

$\frac{2}{5}\div 0.6=$ ____________

**28**

$\frac{3}{10}\div 0.9=$ ____________

**29**

$1\frac{3}{4}\div 0.6=$ ____________

**30**

$1\frac{2}{5}\div 0.3=$ ____________

**31**

$1\frac{1}{2}\div 0.06=$ ____________

**32**

$2\frac{1}{4}\div 0.07=$ ____________

**33**

$3\frac{1}{2}\div 1.25=$ ____________

**34**

$3\frac{3}{4}\div 2.25=$ ____________

교과서 실력쌓기

# (분수)÷(소수)의 계산 (연습하기)

【1~4】 소수를 분수로 고쳐서 계산하시오.

**01**

$2\frac{2}{5}\div 0.2=\frac{(\quad)}{5}\div\frac{2}{(\quad)}$

$=\frac{(\quad)}{5}\times\frac{(\quad)}{2}=$ ______

**02**

$1\frac{7}{25}\div 0.4=\frac{(\quad)}{25}\div\frac{4}{(\quad)}$

$=\frac{(\quad)}{25}\times\frac{(\quad)}{(\quad)}=$ ______

**03**

$1\frac{3}{8}\div 0.25=$ ______

**04**

$7\frac{1}{2}\div 1.25=$ ______

【5~8】 분수를 소수로 고쳐서 계산하시오.

**05**

$2\frac{2}{5}\div 0.2=(\quad)\div 0.2=$ ______

**06**

$3\frac{3}{5}\div 0.6=$ ______

**07**

$2\frac{1}{5}\div 0.25=$ ______

**08**

$3\frac{1}{10}\div 1.55=$ ______

【9~10】 $1\frac{1}{2}\div 0.6$을 계산하려고 합니다. 빈칸에 알맞은 수를 써넣으시오.

**09**

소수를 분수로 고쳐서 계산하시오.

$4\frac{1}{2}\div 0.6=4\frac{1}{2}\div\frac{(\quad)}{10}=\frac{(\quad)}{2}\times\frac{(\quad)}{(\quad)}$

$=\frac{(\quad)}{(\quad)}=$ ______

**10**

분수를 소수로 고쳐서 계산하시오.

$4\frac{1}{2}\div 0.6=(\quad)\div 0.6=$ ______

【11~14】 빈칸에 알맞은 수를 써넣으시오.

**11**

$1\frac{1}{2}\div 0.25=1\frac{1}{2}\div\frac{(\quad)}{100}=\frac{(\quad)}{2}\times\frac{100}{(\quad)}$

$=$ ______

**12**

$1\frac{4}{5}\div 4.5=(\quad)\div 4.5=$ ______

**13**

$1\frac{3}{8}\div 2.2=1\frac{3}{8}\div\frac{(\quad)}{10}=\frac{(\quad)}{8}\times\frac{10}{(\quad)}$

$=$ ______

**14**

$3\frac{1}{5}\div 2.5=(\quad)\div 2.5=$ ______

【15~22】 다음을 계산하시오.

**15**

$3\frac{2}{5}\div 2.5=$ ______

**16**

$4\frac{1}{5}\div 2.1=$ ______

**17**

$1\frac{4}{5}\div 4.5=$ ______

**18**

$3\frac{3}{4}\div 2.5=$ ______

**19**

$1\frac{1}{2}\div 0.25=$ ______

**20**

$5\frac{1}{4}\div 0.75=$ ______

**21**

$\frac{3}{8}\div 0.12=$ ______

**22**

$\frac{7}{8}\div 0.84=$ ______

【23~25】 $1\frac{9}{10}\div 0.6$을 계산하시오.

**23**

소수를 분수로 고쳐서 계산하시오.

$$1\frac{9}{10}\div 0.6=\frac{(\quad)}{10}\div\frac{6}{(\quad)}$$

$$=\frac{(\quad)}{10}\times\frac{(\quad)}{6}=$$ ______

**24**

분수를 소수로 고쳐서 계산하고 나누어 떨어지지 않을 때에는 소수 둘째 자리에서 반올림하시오.

$1\frac{9}{10}\div 0.6=(\qquad)\div 0.6=$ ______

**25**

정확한 값을 얻기 위해서는 위의 두 방법 중 어느 것이 좋습니까?

______

【26~27】 다음을 계산하여 소수로 나타내시오. 나누어 떨어지지 않으면 소수 둘째 자리에서 반올림하시오.

**26**

$\frac{4}{5}\div 0.7=$ ______

**27**

$1\frac{3}{5}\div 0.32=$ ______

【28～35】 계산을 하여 답을 분수와 소수로 나타내시오. 특히 소수로 나타낼 때 나누어 떨어지지 않을 때에는 소수 둘째 자리에서 반올림하시오.

**28**

$2\frac{1}{4}\div 0.3=$ ______

**29**

$2\frac{3}{4}\div 0.6=$ ______

**30**

$1\frac{5}{8}\div 0.9=$ ______

**31**

$2\frac{3}{10}\div 0.7=$ ______

**32**

$\frac{2}{5}\div 1.2=$ ______

**33**

$\frac{5}{8}\div 1.5=$ ______

**34**

$1\frac{2}{5}\div 0.24=$ ______

**35**

$3\frac{1}{2}\div 0.12=$ ______

**36**

상희는 파란색 리본 1.25 m와 노란색 리본 $3\frac{1}{2}$ m를 샀습니다. 노란색 리본의 길이는 파란색 리본의 길이의 몇 배입니까?

______

**37**

집에서 은행까지의 거리는 1.36 km이고 집에서 학교까지의 거리는 $3\frac{2}{5}$ km입니다. 집에서 학교까지의 거리는 집에서 은행까지의 거리의 몇 배입니까?

______

**38**

선물 1개를 포장하는 데 리본 0.3 m가 필요합니다. 리본 $4\frac{4}{5}$ m로는 선물 몇 개를 포장할 수 있습니까? ______

**39**

빵 한 개를 만드는 데 0.6 kg의 밀가루가 필요하다고 합니다. 밀가루 $10\frac{1}{5}$ kg으로는 똑같은 빵을 몇 개나 만들 수 있습니까?

______

**40**

한 시간에 2.8 km를 걷는 사람이 $12\frac{3}{5}$ km를 걷는 데는 몇 시간 몇 분이 걸리겠습니까?

______

# 중단원 평가 문제(1) (소수)÷(분수)의 계산~(분수)÷(소수)의 계산

【1~8】 소수를 분수로 고쳐서 계산하시오.

**01**

$1.6\div\frac{4}{5}=\frac{(\quad)}{10}\div\frac{4}{5}=\frac{(\quad)}{10}\times\frac{(\quad)}{4}$

$=$ ______

**02**

$1.2\div1\frac{1}{4}=\frac{(\quad)}{10}\div\frac{(\quad)}{4}$

$=\frac{(\quad)}{10}\times\frac{4}{(\quad)}=$ ______

**03**

$5.6\div\frac{4}{5}=$ ______

**04**

$10.5\div3\frac{1}{2}=$ ______

**05**

$\frac{3}{4}\div0.15=\frac{3}{4}\div\frac{(\quad)}{100}=\frac{3}{4}\times\frac{100}{(\quad)}$

$=$ ______

**06**

$1\frac{3}{5}\div0.75=\frac{(\quad)}{5}\div\frac{(\quad)}{100}$

$=\frac{(\quad)}{5}\times\frac{100}{(\quad)}=\frac{(\quad)}{15}$

$=$ ______

**07**

$\frac{5}{8}\div0.5=$ ______

**08**

$5\frac{3}{5}\div2.4=$ ______

【9~16】 분수를 소수로 고쳐서 계산하시오.

**09**

$1.5\div\frac{3}{4}=1.5\div(\qquad)=$ ______

**10**

$3.6\div2\frac{2}{5}=3.6\div(\qquad)=$ ______

**11**

$1.8\div\frac{3}{8}=$ ______

**12**

$6.75\div2\frac{1}{4}=$ ______

*13*

$\frac{7}{10}\div0.2=(\qquad)\div0.2=$ ________

*14*

$4\frac{4}{5}\div3.2=(\qquad)\div3.2=$ ________

*15*

$\frac{3}{8}\div0.15=$ ________

*16*

$5\frac{2}{5}\div3.6=$ ________

【*17~24*】 분수를 소수로 고쳐서 계산하고, 몫이 나누어 떨어지지 않으면 소수 둘째 자리에서 반올림하시오.

*17*

$6.5\div\frac{16}{25}=$ ________

*18*

$7.6\div3\frac{3}{5}=$ ________

*19*

$\frac{7}{8}\div1.3=$ ________

*20*

$5\frac{3}{20}\div2.4=$ ________

*21*

$2\frac{1}{4}\div0.3=$ ________

*22*

$\frac{2}{5}\div1.2=$ ________

*23*

$1\frac{2}{5}\div0.24=$ ________

*24*

$1\frac{5}{8}\div0.9=$ ________

*25*

$0.4\div1\frac{2}{5}$를 분수의 곱셈식으로 고치시오.

________

STEP 01

【26~34】 다음을 계산하시오.

**26**

$0.9 \div \frac{5}{6} =$ __________

**27**

$3.3 \div \frac{3}{4} =$ __________

**28**

$7.2 \div 2\frac{2}{5} =$ __________

**29**

$1.43 \div 2\frac{3}{4} =$ __________

**30**

$\frac{5}{7} \div 0.4 =$ __________

**31**

$2\frac{4}{5} \div 0.8 =$ __________

**32**

$3\frac{2}{10} \div 1.6 =$ __________

**33**

$3\frac{1}{8} \div 1.75 =$ __________

**34**

$2\frac{13}{25} \div 1.22 =$ __________

【35~38】 빈칸에 알맞은 수를 쓰시오.

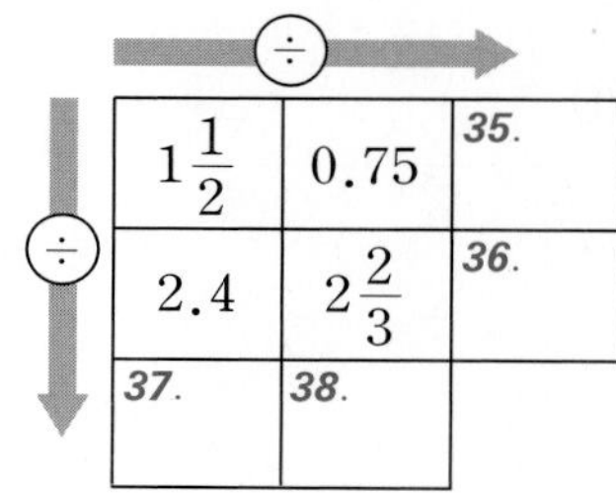

| $1\frac{1}{2}$ | 0.75 | 35. |
|---|---|---|
| 2.4 | $2\frac{2}{3}$ | 36. |
| 37. | 38. | |

【39~41】 ● 안에 >, =, <를 알맞게 쓰시오.

**39**

$\frac{1}{4} \div 0.8$ ● $0.15 \div \frac{2}{5}$

**40**

$5.2 \div 2\frac{1}{4}$ ● $1\frac{1}{2} \div 0.25$

**41**

$25.98 \div 4\frac{1}{2}$ ● $2\frac{4}{5} \div 0.3$

# 중단원 평가 문제(2)

(소수)÷(분수)의 계산~
(분수)÷(소수)의 계산

**01**

어느 음식점에서 식용유를 하루에 $\frac{3}{4}$ L씩 사용한다고 합니다. 식용유 3.75 L로 며칠 동안 사용할 수 있습니까?

**02**

간장 4.05 L를 $1\frac{7}{20}$ L씩 병에 나누어 담으려고 합니다. 병은 몇 개 필요합니까?

**03**

우유 $2\frac{4}{5}$ L를 0.2 L씩 나누어 마신다면, 모두 몇 명이 마실 수 있습니까?

**04**

물이 1분에 $2\frac{2}{3}$ L씩 나오는 수도가 있습니다. 이 수도로 14.4 L의 물을 받으려면, 몇 분이 걸리겠습니까?

**05**

선물 1개를 포장하는 데 $2\frac{3}{8}$ m의 끈이 필요합니다. 끈 33.25 m로 모두 몇 개의 선물을 포장할 수 있습니까?

**06**

길이가 14.4 m인 철사를 $1\frac{4}{5}$ m씩 나누어 주려고 합니다. 몇 사람에게 나누어 줄 수 있습니까?

**07**

빨간색 리본이 26.6 m, 파란색 리본이 $4\frac{2}{3}$ m 있습니다. 빨간색 리본의 길이는 파란색 리본의 길이의 몇 배입니까?

**08**

집에서 학교까지는 1.2 km이고, 집에서 도서관까지는 $4\frac{2}{5}$ km입니다. 집에서 도서관까지의 거리는 집에서 학교까지의 거리의 몇 배입니까?

*09*

식빵 1개를 만드는 데 밀가루 $\frac{3}{8}$ kg이 든다고 합니다. 밀가루 3.75 kg으로 빵을 몇 개 만들 수 있습니까? ______

*10*

케이크 1개를 만드는 데 우유 0.3 L가 필요하다면, 우유 $2\frac{2}{5}$ L로는 케이크를 몇 개 만들 수 있습니까? ______

*11*

굵기가 일정한 철근 $2\frac{5}{6}$ m의 무게는 9.18 kg입니다. 이 철근 1 m의 무게는 몇 kg입니까? ______

*12*

세영이는 한 시간에 $1\frac{2}{3}$ km씩 걷습니다. 세영이가 4.5 km를 걷는 데는 몇 시간이 걸리는지 분수로 나타내시오.

______

*13*

유미네 집에서 학교까지의 거리는 $1\frac{1}{10}$ km이고, 걸어가는 데에 0.25시간이 걸립니다. 유미는 같은 빠르기로 한 시간에 몇 km를 걸어갈 수 있습니까? ______

*14*

한 시간에 3.2 km씩 걸으면 $15\frac{9}{25}$ km를 가는 데는 몇 시간이 걸리겠습니까?

______

*15*

길이가 $7\frac{13}{25}$ cm인 양초가 있습니다. 이 양초가 1분에 0.8 cm씩 타 들어간다면, 모두 타는 데 몇 분이 걸리겠습니까?

______

*16*

페인트 1 L로 벽 0.75 $m^2$를 칠할 수 있습니다. 벽 $15\frac{3}{4}$ $m^2$를 칠하려면 페인트는 몇 L가 필요합니까? ______

**17**

넓이가 $6.3\,cm^2$이고 세로가 $1\frac{3}{4}\,cm$인 직사각형의 가로는 몇 cm입니까?

**18**

넓이가 $48\frac{2}{5}\,cm^2$이고 가로가 $5.5\,cm$인 직사각형의 세로는 몇 cm입니까?

**19**

넓이가 $3.77\,m^2$인 평행사변형의 밑변이 $1\frac{9}{20}\,m$일 때, 이 평행사변형의 높이는 몇 m입니까?

**20**

넓이가 $25\frac{3}{5}\,cm^2$이고, 높이가 $3.25\,cm$인 평행사변형의 밑변을 구하시오.

**21**

부피가 $79.2\,cm^3$이고 밑넓이가 $10\frac{4}{5}\,cm^2$인 직육면체의 높이를 구하시오.

**22**

부피가 $3\frac{3}{4}\,m^3$이고, 높이가 $0.8\,m$인 직육면체의 밑넓이를 분수로 나타내시오.

**23**

원을 8등분하였습니다. 색칠한 부분의 넓이가 $4.8\,cm^2$일 때, 원 전체의 넓이를 분수로 나타내시오.

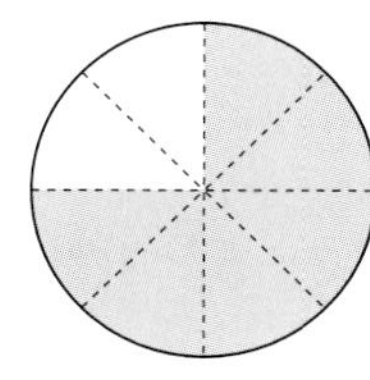

**24**

어떤 공을 떨어뜨리면 떨어진 높이의 $\frac{2}{5}$만큼 튀어오른다고 합니다. 두 번째 튀어오른 높이가 $1.2\,m$이면, 처음에 떨어뜨린 높이는 몇 m입니까?

**25**

어떤 물통 들이의 3할이 $2\frac{2}{5}\,L$라고 할 때, 이 물통의 들이는 몇 L입니까?

# 중단원 평가 문제(3) (소수)÷(분수)의 계산~(분수)÷(소수)의 계산

**01**

옳은 것을 찾으시오. ______

① $7.2\div\frac{4}{5} > 1.6\div\frac{2}{5}$

② $0.5\div\frac{1}{4} < 3.2\div\frac{4}{5}$

③ $2\frac{4}{5}\div0.7 > 6.4\div1\frac{3}{5}$

④ $3\frac{1}{2}\div0.25 < 0.25\div3\frac{1}{2}$

⑤ $5.4\div4\frac{1}{2} > 1\frac{2}{3}\div0.3$

**【2~5】** 빈칸에 알맞은 분수를 쓰시오.

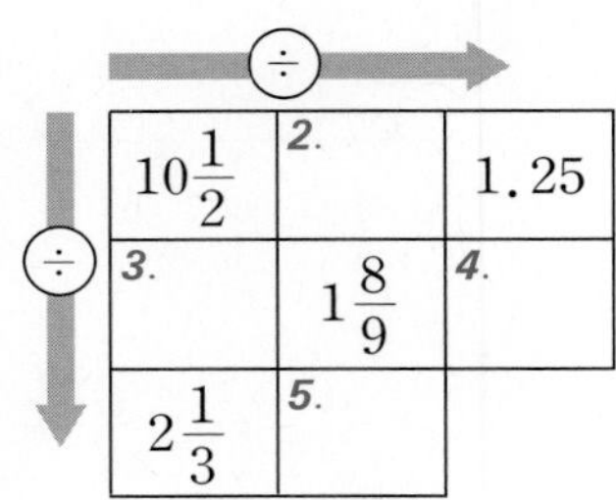


**06**

몫이 가장 큰 것부터 쓰시오.

______

① $7\frac{9}{16}\div0.5$ ② $3.4\div\frac{3}{8}$

③ $3\frac{5}{9}\div1.25$ ④ $3.75\div1\frac{2}{5}$

**07**

$3.2\div2\frac{3}{5}$과 같은 식을 찾으시오.

______

① $\frac{32}{10}\div\frac{5}{13}$ ② $3.2\times\frac{5}{13}$

③ $\frac{10}{32}\times\frac{13}{5}$ ④ $\frac{32}{10}\times\frac{5}{13}$

⑤ $3.2\div2.6$

**08**

몫이 자연수인 것을 찾으시오.

______

① $7\frac{1}{4}\div3.6$ ② $8\frac{1}{10}\div0.9$

③ $\frac{1}{7}\div1.4$ ④ $1.6\div\frac{3}{5}$

⑤ $3.75\div1\frac{1}{4}$

**09**

분수를 소수로 고쳐서 계산할 수 있는 것을 찾으시오. ______

① $7.43\div2\frac{2}{5}$ ② $3\frac{4}{25}\div0.8$

③ $3.75\div1\frac{5}{6}$ ④ $1.27\div3\frac{5}{9}$

⑤ $2\frac{5}{7}\div0.4$

**10**

계산 결과를 소수로 정확하게 나타낼 수 있는 것을 찾으시오. ______

① $3.5\div1\frac{2}{3}$ ② $5\frac{5}{6}\div1.5$

③ $2\frac{1}{4}\div2.7$ ④ $2\frac{6}{7}\div1.4$

⑤ $2.7\div1\frac{1}{3}$

**11**

빈칸에 알맞은 수를 쓰시오.

$$1.2\div\frac{2}{5}=2.5\div(\quad\quad)$$

**12** 서술형

미숙이는 1시간 45분 동안 $6\frac{3}{10}$ km를 걸습니다. 같은 빠르기로 12.96 km를 가는데 얼마나 걸리겠습니까?

**13** 서술형

두 막대의 길이의 합이 14.8 m입니다. 긴 막대가 짧은 막대보다 2.8 m 길 때, 긴 막대를 $1\frac{3}{5}$ m씩 자르면 길이가 $1\frac{3}{5}$ m인 막대는 몇 개입니까?

**14**

휘발유 $5\frac{1}{2}$ L로 59.4 km를 가는 자동차가 있습니다. 휘발유 12.4 L로는 몇 km를 가겠습니까? (소수로 답하시오.)

**15**

자전거로 3.6분에 $1\frac{5}{7}$ km를 가는 사람이 같은 빠르기로 3.2 km를 가려면 몇 분이 걸리겠습니까?

**16**

굵기가 일정한 플라스틱관 5.5 m의 무게가 $6\frac{7}{8}$ kg입니다. 이 플라스틱관 0.4 m의 무게는 몇 kg인지 분수로 나타내시오.

**17** 서술형

3.6을 $4\frac{4}{5}$로 나눈 몫과 $1\frac{1}{2}$을 0.4로 나눈 몫의 차를 구하시오.

**18** 서술형

어떤 수에 $3\frac{5}{8}$를 곱했더니 2.9가 되었습니다. 어떤 수를 0.56으로 나눈 몫은 얼마입니까?

**19** 서술형

어떤 수를 5.8로 나누어야 할 것을 잘못하여 $\frac{5}{8}$로 나누었더니 15.2가 되었습니다. 바르게 계산한 값을 구하시오.

# 분수와 소수의 혼합계산 (개념 알기)—①

【1~9】 혼합 계산의 순서를 생각해 보고, 계산을 하시오.

**01**

곱셈, 나눗셈, 덧셈, 뺄셈이 섞여 있는 식에서는 ______, ______을 먼저 계산합니다.

**02**

$34-5\times6+3=$ ____________

**03**

$50+90\div2-65=$ ____________

**04**

$36\div4-2\times3+5=$ ____________

**05**

곱셈과 나눗셈이 섞여 있는 식에서는 ______에서부터 차례로 계산합니다.

**06**

$60\div2\times8=$ ____________

**07**

괄호가 있으면 ________부터 먼저 계산합니다.

**08**

$72\div(13-7)=$ ____________

**09**

$6\times(13+7)=$ ____________

【10~11】 분수를 소수로 고친 다음 두 식을 계산하시오.

$$3.3\times\left(\frac{1}{2}+\frac{2}{5}\right),\ 3.3\times\frac{1}{2}+\frac{2}{5}$$

**10**

$3.3\times\left(\frac{1}{2}+\frac{2}{5}\right)=3.3\times(0.5+\square)$

$=3.3\times(\quad)=$ ____________

**11**

$3.3\times\frac{1}{2}+\frac{2}{5}=3.3\times(\quad)+0.4$

$=(\quad)+0.4=$ ____________

【12~13】 다음을 계산하시오.

**12**

$3.4\times\left(\frac{5}{6}-\frac{3}{4}\right)=$ ____________

**13**

$\left(2\frac{1}{4}-0.5\right)\times\frac{3}{5}=$ ____________

【14~15】 두 식을 계산하시오.

$$1\frac{3}{5}+0.3\div\frac{2}{3},\ \left(1\frac{3}{5}+0.3\right)\div\frac{2}{3}$$

**14**

$1\frac{3}{5}+0.3\div\frac{2}{3}=1\frac{3}{5}+\frac{(\quad)}{10}\times\frac{(\quad)}{(\quad)}$

$=1\frac{3}{5}+\frac{(\quad)}{(\quad)}=$ ____________

**15**

$\left(1\frac{3}{5}+0.3\right)\div\frac{2}{3}=\left(\frac{\square}{5}+\frac{\square}{10}\right)\div\frac{2}{3}$

$=\frac{(\quad)}{10}\times\frac{(\quad)}{(\quad)}=$ ____________

【16~17】 다음을 계산하시오.

$$4\div1\frac{2}{5}+0.5,\ 4\div\left(1\frac{2}{5}+0.5\right)$$

**16**

$4\div1\frac{2}{5}+0.5=$ ______

**17**

$4\div\left(1\frac{2}{5}+0.5\right)=$ ______

【18~19】 다음을 계산하시오.

**18**

$\left(2\frac{1}{4}+0.75\right)\div0.5=$ ______

**19**

$1\frac{5}{9}\div\left(2\frac{1}{5}+0.6\right)=$ ______

【20~23】 재희는 친구 2명과 함께 등산을 하였습니다. 준비한 물의 양은 1 L 들이 물통 5개와 $\frac{1}{4}$까지 찬 1 L 들이 물통 1개입니다. 산 중턱까지 가면서 2.25 L를 마셨습니다. 나머지 물을 세 사람이 똑같이 나누어 마신다면, 한 사람이 얼마만큼의 물을 마실 수 있습니까?

**20**

문제의 뜻에 알맞은 식을 세우시오.

$$\left(5\frac{1}{4}-\square\right)\div3$$

**21**

위 식을 계산하시오. ______

**22**

한 사람이 몇 L의 물을 마실 수 있습니까? ______

**23**

$\left(5\frac{1}{4}-\square\right)\div3$과 $5\frac{1}{4}-\square\div3$은 어떻게 다릅니까? ______

______

【24~25】 $1.5\div\frac{3}{5}\times0.2$를 계산하시오.

**24**

분수를 소수로 고쳐서 계산하시오.

$1.5\div\frac{3}{5}\times0.2=1.5\div0.6\times0.2$

$=(\quad)\times0.2=$ ______

**25**

소수를 분수로 고쳐서 계산하시오.

$1.5\div\frac{3}{5}\times0.2=\frac{15}{10}\div\frac{3}{5}\times\frac{2}{10}$

$=\frac{15}{10}\times\frac{5}{3}\times\frac{2}{10}$

$=\left(\quad\right)\times\frac{2}{10}=$ ______

【26~28】 다음을 계산하시오.

**26**

$1\frac{2}{7}\times0.4\div\frac{1}{3}=$ ______

**27**

$5.6\times1\frac{1}{4}\div0.4=$ ______

**28**

$2.5\div3\frac{1}{8}\times0.4=$ ______

【29~30】 $1\frac{3}{5}+0.4\times\frac{1}{2}\div0.5$를 계산하시오.

**29**

소수를 분수로 고쳐서 알맞은 순서대로 계산하시오.

$$1\frac{3}{5}+0.4\times\frac{1}{2}\div0.5$$
$$=\frac{8}{5}+\frac{4}{10}\times\frac{1}{2}\div\frac{5}{10}$$
$$=\frac{8}{5}+\frac{4}{20}\div\frac{5}{10}=\frac{8}{5}+\frac{4}{20}\times\frac{10}{5}$$
$$=\frac{8}{5}+(\qquad)=\underline{\qquad\qquad}$$

**30**

분수를 소수로 고쳐서 알맞은 순서대로 계산하시오.

$$1\frac{3}{5}+0.4\times\frac{1}{2}\div0.5$$
$$=1.6+0.4\times0.5\div0.5$$
$$=1.6+0.2\div0.5$$
$$=1.6+(\qquad)=\underline{\qquad\qquad}$$

【31~36】 다음을 계산하시오.

**31**

$3.5\times\frac{3}{5}-0.4\div\frac{3}{4}=$ ______

**32**

$1\frac{1}{2}\times0.6-0.25\div\frac{1}{3}=$ ______

**33**

$0.35\div\frac{1}{5}+3\frac{1}{2}\times0.6=$ ______

**34**

$1\frac{1}{4}\times0.2\div\left(0.25+\frac{1}{2}\right)=$ ______

**35**

$3\frac{3}{5}\times0.5\div\left(2\frac{1}{2}+0.2\right)=$ ______

**36**

$2\frac{2}{3}\div0.7\times\left(\frac{4}{5}+1.3\right)=$ ______

**37**

자전거를 타고 0.5시간 동안 $2\frac{3}{4}$ km를 갈 수 있는 사람이 같은 빠르기로 $1\frac{1}{2}$시간 동안 달린다면, 몇 km를 갈 수 있겠습니까?

______

**38**

주스 2.75 L 중에서 $\frac{13}{20}$ L를 마셨습니다. 남은 주스를 7명이 똑같이 나누어 마신다면, 한 사람이 얼마만큼의 주스를 마실 수 있습니까?

______

**39**

밑변이 $4\frac{2}{5}$ cm이고 넓이가 12.32 $cm^2$인 삼각형의 높이를 구하시오.

______

**40**

윗변이 $2\frac{3}{5}$ cm, 아랫변이 $3\frac{1}{2}$ cm, 높이가 2.2 cm인 사다리꼴의 넓이를 구하시오.

______

교과서 실력쌓기

# 분수와 소수의 혼합계산 (연습하기)—①

【1~6】 계산을 하고, 그 결과를 비교하시오.

$$\left(\frac{3}{5}-\frac{1}{2}\right)\times 0.8,\quad \frac{3}{5}-\frac{1}{2}\times 0.8$$

**01**

$\left(\frac{3}{5}-\frac{1}{2}\right)\times 0.8=(\quad)\times\frac{8}{10}=$ ______

**02**

$\frac{3}{5}-\frac{1}{2}\times 0.8=\frac{3}{5}-\frac{1}{2}\times\frac{(\quad)}{10}$

$=\frac{3}{5}-(\quad)=$ ______

$$\left(1\frac{1}{4}+0.85\right)\div 3,\quad 1\frac{1}{4}+0.85\div 3$$

**03**

$\left(1\frac{1}{4}+0.85\right)\div 3$

**04**

$1\frac{1}{4}+0.85\div 3$

$$\left(7\frac{1}{5}+3.2\right)\div 0.4,\quad 7\frac{1}{5}+3.2\div 0.4$$

**05**

$\left(7\frac{1}{5}+3.2\right)\div 0.4=$ ______

**06**

$7\frac{1}{5}+3.2\div 0.4=$ ______

【7~14】 다음을 계산하시오.

**07**

$4\frac{2}{5}-\frac{5}{6}\times 0.9=$ ______

**08**

$3\frac{1}{2}-0.4\times\frac{2}{5}=$ ______

**09**

$1\frac{4}{5}-0.2\times\frac{2}{3}=$ ______

**10**

$2\frac{7}{10}-\frac{2}{3}\times 0.6=$ ______

**11**

$3.2+\frac{1}{2}\div 1\frac{1}{4}=$ ______

**12**

$\left(\frac{3}{4}-\frac{1}{5}\right)\times 0.25=$ ______

**13**

$\left(5\frac{1}{2}-2.25\right)\times\frac{2}{5}=$ ______

**14**

$\left(1\frac{1}{2}-1.2\right)\div\frac{3}{5}=$ ______

【15~20】 다음을 계산하시오.

**15**

$\frac{2}{3}\times4\frac{1}{2}\div0.8=\frac{2}{3}\times\frac{9}{2}\div\frac{8}{(\quad)}$

$=(\quad)\times\frac{(\quad)}{8}=$ ______

**16**

$1\frac{1}{6}\times\frac{2}{5}\div0.5=$ ______

**17**

$1\frac{3}{8}\times\frac{4}{5}\div0.2=$ ______

**18**

$5.4\div1\frac{4}{5}\times0.8=$ ______

**19**

$\frac{3}{4}\times0.4\div1\frac{1}{2}=$ ______

**20**

$2.5\div3\frac{1}{8}\times0.4=$ ______

【21~31】 다음을 계산하시오.

**21**

$1\frac{4}{5}\times0.5-0.25\div\frac{1}{2}$

$=\frac{9}{5}\times\frac{(\quad)}{10}-\frac{(\quad)}{100}\times\frac{2}{1}$

$=(\quad)-(\quad)=$ ______

**22**

$1\frac{1}{2}\times0.4-1.25\div6\frac{1}{4}=$ ______

**23**

$\left(2\frac{3}{4}-0.75\right)\times\frac{1}{2}\div0.7$

$=\left(2\frac{3}{4}-\frac{\square}{4}\right)\times\frac{1}{2}\div\frac{(\quad)}{10}$

$=(\quad)\times\frac{1}{2}\times\frac{10}{(\quad)}=$ ______

**24**

$\left(3.45-2\frac{1}{2}\right)\times5\frac{1}{3}\div0.9=$ ______

**25**

$2\frac{2}{3}-0.6\times\frac{1}{5}\div0.4=$ ______

**26**

$2\frac{4}{5}-0.32\times1\frac{1}{4}\div0.2=$ ______

**27**

$\left(1.7+2\frac{1}{2}\right)\times\frac{4}{21}\div\frac{2}{3}=$ ______

**28**

$\left(2\frac{2}{5}+2\frac{1}{2}\right)\times\frac{1}{2}\div1\frac{3}{4}=$ ______

**29**

$\left(1\frac{3}{4}-1.25\right)\times1\frac{2}{3}\div1.5=$ ______

**30**

$1\frac{1}{6}\times\left(4\frac{1}{2}\div0.3\right)-0.5=$ ______

**31**

$1\frac{3}{4}\times\left(3\frac{1}{5}\div1.2\right)-0.8=$ ______

【32~33】 ● 안에 <, =, >를 쓰시오.

**32**

$\frac{3}{5}\times\left(0.5-\frac{2}{9}\right)$ ● $\frac{3}{5}\times0.5-\frac{2}{9}$

**33**

$1\frac{1}{6}+\frac{1}{3}\div0.5$ ● $\left(1\frac{1}{6}+\frac{1}{3}\right)\div0.5$

**34**

1시간 동안에 형은 12.4 $m^2$, 동생은 10.6 $m^2$의 밭을 일굴 수 있습니다. 두 사람이 $2\frac{1}{2}$시간 동안 함께 일하면, 모두 몇 $m^2$의 밭을 일굴 수 있습니까?

______

**35**

물이 흐르고 있는 크고 작은 관이 두 개 있습니다. 물을 1분 동안 큰 관을 통해서 12.4 L, 작은 관을 통해서 0.8 L를 모을 수 있습니다. 두 관을 통해 $2\frac{1}{3}$분 동안 모을 수 있는 물은 모두 몇 L입니까?

______

**36**

음료수 1.8 L를 두 사람이 똑같이 나누어 마시고 남은 양이 $\frac{2}{5}$ L라고 하면, 한 사람이 마신 음료수는 몇 L입니까?

______

**37**

유진이는 찰흙 1.2 kg을 준비하였고, 준상이는 유진이가 준비한 찰흙의 $1\frac{1}{4}$배를 준비하였습니다. 두 사람이 준비한 찰흙은 모두 몇 kg입니까? ______

**38**

넓이가 5.7 $cm^2$이고 높이가 $4\frac{3}{4}$ cm인 삼각형이 있습니다. 이 삼각형의 밑변의 길이를 구하시오. ______

**39**

윗변이 $2\frac{1}{3}$ cm, 아랫변이 3.5 cm, 높이가 $2\frac{2}{5}$ cm인 사다리꼴의 넓이는 얼마입니까?

______

교과서 실력쌓기

# 분수와 소수의 혼합계산 (개념 알기)—②

【1~3】 계산하는 방법을 알아보시오.

$$\frac{3}{4}\div 0.5+1\frac{1}{2}\times 1.2-\frac{2}{5}$$

**01**

계산 순서를 위에 나타내시오.

**02**

분수를 소수로 고쳐서 계산하시오.

$\frac{3}{4}\div 0.5+1\frac{1}{2}\times 1.2-\frac{2}{5}$

$=0.75\div 0.5+(\quad)\times 1.2-(\quad)$

$=(\quad)+1.8-(\quad)=$ ______

**03**

소수를 분수로 고쳐서 계산하시오.

$\frac{3}{4}\div 0.5+1\frac{1}{2}\times 1.2-\frac{2}{5}$

$=\frac{3}{4}\div\frac{1}{(\quad)}+\frac{3}{2}\times\frac{(\quad)}{(\quad)}-\frac{2}{5}$

$=\frac{3}{4}\times(\quad)+(\quad)-\frac{2}{5}$

$=$ ______

【4~6】 계산하는 방법을 알아보시오.

$$\frac{1}{5}\div 0.5+1\frac{2}{5}\times 2-0.8$$

**04**

계산 순서를 위에 나타내시오.

**05**

분수를 소수로 고쳐서 계산하시오.

$\frac{1}{5}\div 0.5+1\frac{2}{5}\times 2-0.8$

$=0.2\div 0.5+1.4\times 2-0.8$

$=(\quad)+(\quad)-0.8$

$=(\quad)-0.8=$ ______

**06**

소수나 분수를 각각 편리한 형태로 고쳐서 계산하시오.

$\frac{1}{5}\div 0.5+1\frac{2}{5}\times 2-0.8$

$=\frac{1}{5}\div\frac{1}{2}+\frac{7}{5}\times 2-0.8$

$=\frac{1}{5}\times\frac{2}{1}+\frac{14}{5}-0.8=\frac{2}{5}+2.8-0.8$

$=(\quad)+2.8-0.8=$ ______

【7~10】 다음을 계산하시오.

**07**

$3\frac{1}{3}\times 0.3\div\frac{3}{4}+1\frac{3}{7}\times 0.6=$ ______

**08**

$0.8+\frac{2}{3}\times 2\div 0.5-1\frac{4}{15}=$ ______

**09**

$4.5-1.2\div\frac{2}{5}\times 1\frac{1}{4}+\frac{3}{10}=$ ______

**10**

$6\frac{3}{4}-8\div 6\frac{2}{5}+2\frac{1}{2}\times 4=$ ______

【11~13】 계산하는 방법을 알아보시오.

$$10\times\left(1\frac{3}{5}+\frac{3}{10}\right)\div0.4-2\frac{1}{10}$$

**11**

계산 순서를 위에 나타내시오.

**12**

소수를 분수로 고쳐서 계산하시오.

$10\times\left(1\frac{3}{5}+\frac{3}{10}\right)\div0.4-2\frac{1}{10}$

$=10\times\left(1\frac{3}{5}+\frac{3}{10}\right)\div\frac{(\quad)}{10}-2\frac{1}{10}$

$=10\times\frac{(\quad)}{10}\times\frac{10}{(\quad)}-2\frac{1}{10}$

$=\frac{(\quad)}{2}-2\frac{1}{10}=$ ______

**13**

분수를 소수로 고쳐서 계산하시오.

$10\times\left(1\frac{3}{5}+\frac{3}{10}\right)\div0.4-2\frac{1}{10}$

$=10\times(\square+0.3)\div0.4-(\qquad)$

$=10\times(\qquad)\div0.4-(\qquad)$

$=(\qquad)\div0.4-(\qquad)$

$=(\qquad)-(\qquad)=$ ______

【14~16】 계산하는 방법을 알아보시오.

$$4\times\left(\frac{3}{4}+1\frac{1}{2}\right)\div1.8-\frac{1}{2}$$

**14**

계산 순서를 위에 나타내시오.

**15**

소수를 분수로 고쳐서 계산하시오.

$4\times\left(\frac{3}{4}+1\frac{1}{2}\right)\div1.8-\frac{1}{2}$

$=4\times\left(\frac{3}{4}+\frac{3}{2}\right)\div\frac{18}{10}-\frac{1}{2}$

$=4\times\frac{9}{4}\div\frac{9}{5}-\frac{1}{2}=\square\times\frac{5}{9}-\frac{1}{2}$

$=\square-\frac{1}{2}=\square$

**16**

소수나 분수를 각각 편리한 형태로 고쳐서 계산하시오.

$4\times\left(\frac{3}{4}+1\frac{1}{2}\right)\div1.8-\frac{1}{2}$

$=4\times\left(\frac{3}{4}+\frac{3}{2}\right)\div1.8-\frac{1}{2}$

$=4\times\square\div1.8-\frac{1}{2}$

$=\square\div1.8-0.5=\square-0.5=\square$

【17~20】 다음을 계산하시오.

**17**

$\frac{5}{6}\times3\div\left(\frac{3}{4}+1.25\right)-\frac{3}{16}=$ ______

**18**

$\left(2\frac{2}{5}+0.7\right)\div4-1\frac{1}{5}\times\frac{1}{2}=$ ______

**19**

$5\frac{1}{4}\times0.4\div\left(1\frac{3}{5}+2.6\right)-\frac{1}{4}=$ ______

**20**

$\left(\frac{4}{5}-0.6\right)\div5+\frac{49}{60}\times\frac{3}{7}=$ ______

【21~23】 계산하는 방법을 알아보시오.

$$\left(3.75-1\frac{1}{2}\times0.5\right)+\frac{3}{5}\div0.8$$

**21**

계산 순서를 위에 나타내시오.

**22**

소수를 분수로 고쳐서 계산하시오.

$\left(3.75-1\frac{1}{2}\times0.5\right)+\frac{3}{5}\div0.8$

$=\left(3\frac{3}{4}-1\frac{1}{2}\times\frac{1}{\square}\right)+\frac{3}{5}\div\frac{4}{(\quad)}$

$=\left(3\frac{3}{4}-\frac{\square}{2}\times\frac{1}{\square}\right)+\frac{3}{5}\times\frac{(\quad)}{4}$

$=3\frac{3}{4}-\frac{(\quad)}{4}+\left(\qquad\right)$

$=(\qquad)+\left(\qquad\right)=$ ________

**23**

분수를 소수로 고쳐서 계산하시오.

$\left(3.75-1\frac{1}{2}\times0.5\right)+\frac{3}{5}\div0.8$

$=(3.75-\square\times0.5)+(\qquad)\div0.8$

$=3.75-(\qquad)+(\qquad)$

$=$ ________

【24~26】 계산하는 방법을 알아보시오.

$$\left(0.25+2\frac{1}{2}\times1.2\right)-\frac{3}{4}\div\frac{9}{10}$$

**24**

계산 순서를 위에 나타내시오.

**25**

소수를 분수로 고쳐서 계산하시오.

$\left(0.25+2\frac{1}{2}\times1.2\right)-\frac{3}{4}\div\frac{9}{10}$

$=\left(\frac{1}{4}+\frac{5}{2}\times\frac{6}{5}\right)-\frac{3}{4}\div\frac{9}{10}$

$=\left(\frac{1}{4}+\frac{6}{2}\right)-\frac{3}{4}\div\frac{9}{10}=\frac{(\quad)}{4}-\frac{3}{4}\times\left(\qquad\right)$

$=\frac{(\quad)}{4}-\left(\qquad\right)=$ ________

**26**

소수나 분수를 각각 편리한 형태로 고쳐서 계산하시오. 소수로 나누어 떨어지지 않을 때에는 소수 둘째 자리에서 반올림하시오.

$\left(0.25+2\frac{1}{2}\times1.2\right)-\frac{3}{4}\div\frac{9}{10}$

$=(0.25+2.5\times1.2)-\frac{3}{4}\div\frac{9}{10}$

$=(0.25+\square)-\frac{3}{4}\times\frac{10}{9}$

$=(\qquad)-(\qquad)=$ ________

【27~30】 다음을 계산하시오.

**27**

$\frac{3}{4}+\left(1\frac{1}{2}-0.8\right)\times2\div1\frac{2}{5}=$ ________

**28**

$0.6+\left(\frac{1}{2}+0.25\right)\times2.4-1\frac{3}{25}=$ ________

**29**

$2\frac{4}{5}\div\left(\frac{4}{3}\times\frac{1}{2}-\frac{1}{3}\right)-2.4=$ ________

**30**

$1\frac{7}{9}\div\left(1\frac{1}{3}\times0.5-\frac{2}{5}\right)+2.6=$ ________

# 분수와 소수의 혼합계산 (연습하기)—②

【1~2】 $2\frac{1}{2}\times 0.3+4.5\div\frac{3}{5}$을 계산하시오.

**01**

소수를 분수로 고쳐서 계산하시오.

$2\frac{1}{2}\times 0.3+4.5\div\frac{3}{5}$

$=\frac{(\quad)}{2}\times\frac{3}{(\quad)}+\frac{45}{(\quad)}\times\frac{5}{3}$

$=\frac{(\quad)}{4}+\frac{(\quad)}{2}=$ ______

**02**

분수를 소수로 고쳐서 계산하시오.

$2\frac{1}{2}\times 0.3+4.5\div\frac{3}{5}$

$=2.5\times 0.3+4.5\div\frac{3}{5}$

$=(\qquad)+4.5\div 0.6$

$=(\qquad)+(\qquad)=$ ______

【3~8】 다음을 계산하시오.

**03**

$4-1.5\div\frac{3}{4}\times 1\frac{1}{2}+\frac{4}{5}$

$=4-\frac{(\quad)}{10}\div\frac{3}{4}\times\frac{(\quad)}{2}+\frac{4}{5}$

$=4-\frac{(\quad)}{10}\times\frac{(\quad)}{3}\times\frac{(\quad)}{2}+\frac{4}{5}$

$=4-(\quad)+\frac{4}{5}=(\quad)+\frac{4}{5}=$ ______

**04**

$6+1\frac{1}{4}\times\frac{3}{5}\div 0.3-0.1=$ ______

**05**

$1\frac{1}{2}+\frac{1}{3}\times 0.2\div\frac{1}{7}=$ ______

**06**

$1\frac{3}{4}+0.5\div\frac{2}{5}\times\frac{1}{4}=$ ______

**07**

$3.5\times 1\frac{1}{2}-6.5\div 2\frac{1}{2}=$ ______

**08**

$4\frac{1}{2}\div 7.2-0.51\times\frac{1}{3}=$ ______

【9~10】 빈칸에 알맞은 수를 쓰시오.

**09**

$2-\frac{1}{4}\times 0.5\div\left(1\frac{1}{5}-0.6\right)$

$=2-\frac{1}{4}\times\frac{(\quad)}{2}\div\left(\frac{\square}{5}-\frac{3}{5}\right)$

$=2-\frac{1}{(\quad)}\div\frac{(\quad)}{5}=2-\frac{1}{(\quad)}\times\frac{5}{(\quad)}$

$=2-\left(\qquad\right)=$ ______

**10**

$\frac{3}{4}\times 0.8\div\left(6.9-5\frac{2}{5}\right)+0.25$

$=\frac{3}{4}\times\frac{8}{(\quad)}\div\left(\frac{69}{10}-\frac{27}{5}\right)+\frac{25}{(\quad)}$

$=\left(\qquad\right)\div\frac{3}{(\quad)}+\frac{25}{(\quad)}$

$=\left(\qquad\right)\times\frac{(\quad)}{3}+\frac{25}{(\quad)}$

$=\left(\qquad\right)+\frac{25}{(\quad)}=$ ______

【11～18】 알맞은 순서로 계산하시오.

**11**

$50-4\frac{1}{6}\div\left(0.7-\frac{2}{3}\right)\times0.4$

= ______

**12**

$6.8-0.2\div\frac{1}{5}\times\left(3.4+1\frac{3}{5}\right)$

= ______

**13**

$2\frac{1}{4}\div0.5\times\left(1\frac{1}{5}-0.8\right)+\frac{1}{3}$

= ______

**14**

$0.35\times\left(0.4-\frac{1}{15}\right)\div\frac{7}{12}+1\frac{1}{3}$

= ______

**15**

$2\frac{1}{3}+\left(\frac{3}{5}-0.5\right)\times4\div0.3=$ ______

**16**

$3\frac{3}{4}\times\left(1.2-\frac{9}{10}\right)\div0.3+1\frac{1}{2}=$ ______

**17**

$\frac{5}{7}\times15.4\div\left(0.25+\frac{27}{20}\right)-5\frac{1}{8}=$ ______

**18**

$2\frac{2}{5}\times\left(1\frac{1}{2}+0.3\right)\div4.8-\frac{1}{4}=$ ______

【19～20】 계산을 하여 ● 안에 >, <를 알맞게 써넣으시오.

**19**

$1.2\times\frac{1}{3}+0.5\div\frac{1}{2}$ ● $1.2\times\left(\frac{1}{3}+0.5\right)\div\frac{1}{2}$

**20**

$2.7\times\frac{2}{3}+1.6\div\frac{4}{7}$ ● $2.7\times\left(\frac{2}{3}+1.6\right)\div\frac{4}{7}$

**21**

□ 안에 알맞은 수를 써넣으시오.

$7-\left(1\frac{1}{2}\div0.9+\frac{1}{6}\right)\times\square=5$

**22**

어떤 자동차가 3시간 30분 동안 340.2 km를 달렸습니다. 같은 빠르기로 $1\frac{1}{2}$시간 동안에는 몇 km를 달릴 수 있습니까?

______

**23**

오른쪽 사다리꼴의 넓이는 7.5 $cm^2$입니다. 윗변과 아랫변의 길이가 각각 1.8 cm, $3\frac{1}{5}$ cm이면 높이는 몇 cm입니까?

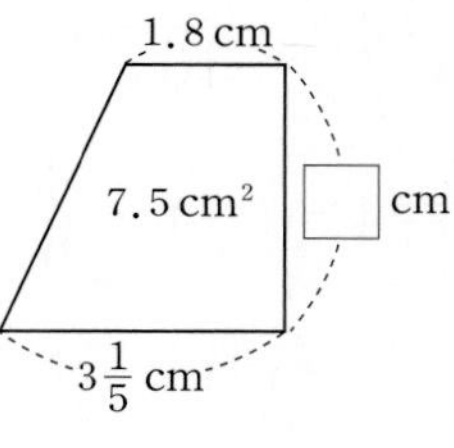


______

**24**

길이가 $9\frac{2}{3}$ m인 철사로 장난감을 만들려고 합니다. 이 중에서 1.5 m를 잘라서 친구에게 주고 나머지를 $1\frac{1}{6}$ m씩 자르면 철사는 몇 개가 되겠습니까?

**25**

어떤 공을 떨어뜨리면 떨어진 높이의 $\frac{3}{5}$만큼 튀어오른다고 합니다. 세 번째 튀어오른 높이가 0.54 m라면 처음에 떨어뜨린 높이는 몇 m입니까?

**26**

가로가 3.75 cm, 세로가 $2\frac{1}{3}$ cm인 직사각형과 넓이가 같은 평행사변형이 있습니다. 이 평행사변형의 높이가 $1\frac{1}{6}$ cm일 때, 밑변은 몇 cm입니까?

**27**

둘레가 $12\frac{14}{25}$ cm인 원과 둘레가 $7\frac{17}{20}$ cm인 원의 지름의 차를 구하시오.

**28**

자동차가 3시간 30분 동안 350.7 km를 달렸습니다. 같은 빠르기로 $\frac{1}{2}$시간 동안에는 몇 km를 달릴 수 있습니까?

**29**

자동차가 2시간 30분 동안 225.3 km를 달렸습니다. 같은 빠르기로 20분 동안에는 몇 km를 달릴 수 있습니까?

**30**

길이가 $30\frac{1}{2}$ cm인 리본 10개를 이으려고 합니다. 리본 2개를 이었을 때에 겹쳐진 부분이 0.8 cm이면, 이은 리본 전체의 길이는 몇 cm입니까?

**31**

넓이가 3 $cm^2$인 사다리꼴의 아랫변의 길이가 $2\frac{4}{5}$ cm, 윗변의 길이가 1.2 cm입니다. 이 사다리꼴의 높이는 몇 cm입니까?

교과서 실력쌓기

# 문제 해결/실생활 적용

【1~4】 네 번의 과정을 거쳐 순서대로 계산하시오.

$$5-1\frac{2}{3}\times0.75\div\left(7.5-4\frac{2}{5}\right)$$

**01**

계산 순서를 위에 쓰시오.

**02**

각 계산 과정의 답을 쓰시오.

① ② ③ ④

$$5-1\frac{2}{3}\times0.75\div7.5-4\frac{2}{5}$$

**03**

계산 순서를 위에 쓰시오.

**04**

각 계산 과정의 답을 쓰시오.

① ② ③ ④

【5~8】 다음 식에서 어느 부분에 괄호를 넣으면 다음과 같은 값이 나옵니까? 각각의 경우에 알맞은 괄호를 넣고 계산하는 순서를 번호로 표시하시오.

$$3\times2\frac{4}{5}-1.5+3\frac{1}{2}\div1\frac{1}{4}$$

**05**

$3\times2\frac{4}{5}-1.5+3\frac{1}{2}\div1\frac{1}{4}=4\frac{2}{5}\,(4.4)$

**06**

$3\times2\frac{4}{5}-1.5+3\frac{1}{2}\div1\frac{1}{4}=6\frac{7}{10}\,(6.7)$

**07**

$3\times2\frac{4}{5}-1.5+3\frac{1}{2}\div1\frac{1}{4}=11\frac{13}{25}\,(11.52)$

**08**

$3\times2\frac{4}{5}-1.5+3\frac{1}{2}\div1\frac{1}{4}=4\frac{1}{10}\,(4.1)$

### 09

백설공주가 말했습니다.

“나는 지금까지 내 인생 전체의 $\frac{1}{2}$을 내가 태어난 성에서 보냈고, 숲속의 난쟁이 집에서 2년을 보냈으며, 유리관 속에서 잠든 채로 지금까지 살아온 인생의 $\frac{3}{8}$을 지냈어요.”

백설공주의 나이는 몇 살일까요?

### 10

디오판토스는 고대의 유명한 수학자입니다. 그러나 그가 언제, 어디서 태어났으며 몇 살에 세상을 떠났는지 정확히 알 수 있는 기록이 없습니다. 다만 다음과 같은 글이 그의 묘비에 실려져 있을 뿐입니다. 디오판토스의 나이는 몇 살일까요?

> “디오판토스는 그의 생애의 $\frac{1}{6}$을 소년으로 보냈고 $\frac{1}{12}$을 청년으로 보냈으며 그 뒤 $\frac{1}{7}$이 지나서 결혼했다. 결혼한지 5년 뒤에 아들을 낳았고 그 아들은 아버지의 나이의 반을 살다 죽었고 아들이 죽은지 4년이 지나 아버지가 죽었다.”

### 11

길이가 $35\frac{1}{2}$ cm인 색 테이프 11개를 이으려고 합니다. 색 테이프 2개를 이었을 때에 겹쳐지는 부분이 1.2 cm라면, 이은 색 테이프 전체의 길이는 몇 cm이겠습니까?

### 12

넓이가 160 $cm^2$인 사다리꼴의 아랫변의 길이는 $20\frac{2}{5}$ cm이고, 윗변의 길이는 11.6 cm입니다. 이 사다리꼴의 높이는 몇 cm입니까?

【13～15】 아버지께서는 할머니 댁에 갈 때 자동차에 휘발유를 가득 채우십니다. 휘발유는 **1 L**에 **1320**원이고, 차에 가득 채우면 **60060**원이 듭니다. 할머니 댁에 가는 길은 두 가지가 있습니다. 두 가지 방법 중에서 비용이 적게 드는 경우를 알아보시오.

① 고속 도로로 갈 때 : 집에서 휴게소까지 가면 휘발유가 $\frac{1}{2}$로 줄어듭니다. 휴게소에서 할머니 댁까지는 휘발유가 12 L 사용됩니다.

② 국도로 갈 때 : 음식점까지 가는 데는 휘발유가 $\frac{3}{5}$이 사용됩니다. 음식점에서 주유소까지는 남은 휘발유의 $\frac{3}{4}$이 사용됩니다. 주유소에서 할머니 댁까지는 휘발유 3 L가 있으면 됩니다.

### 13

방법 ①의 경우에 드는 비용을 계산하시오.

### 14

방법 ②의 경우에 드는 비용을 계산하시오.

### 15

어느 방법이 적게 듭니까?

# 중단원 평가 문제(1) 분수와 소수의 혼합계산 ①, ②

【1~33】 다음을 계산하시오.

**01**

$1.8\times\left(\frac{1}{2}+0.75\right)\div2\frac{1}{4}=$ ______

**02**

$2\frac{1}{2}\div0.5\times\left(\frac{4}{5}+1\frac{1}{5}\right)=$ ______

**03**

$0.45\div\frac{9}{10}\times\frac{3}{4}-\frac{1}{2}\times0.4=$ ______

**04**

$1\frac{3}{5}+0.6\times1\frac{1}{2}\div0.2=$ ______

**05**

$5\frac{1}{5}\times1.3+4.2\div\frac{3}{8}\times\frac{1}{2}=$ ______

**06**

$1\frac{3}{5}\times3-0.8+1\frac{1}{4}\div0.5=$ ______

**07**

$2.7\div2\frac{1}{4}+2\frac{2}{3}\times\frac{3}{4}-1.2=$ ______

**08**

$1\frac{4}{5}-0.32\div2\times\frac{3}{4}+\frac{17}{25}=$ ______

**09**

$0.5+\frac{1}{3}\times0.75-1\frac{2}{5}\div4=$ ______

**10**

$3\frac{1}{2}\times1.8+3.7-1\frac{9}{20}\div0.5=$ ______

**11**

$\left(1.2+\frac{1}{2}\right)\times\frac{2}{5}+0.84\times1\frac{3}{7}=$ ______

**12**

$\left(\frac{4}{5}-0.4\right)\div4+\frac{49}{50}\times1\frac{3}{7}=$ ______

**13**

$\left(2\frac{1}{3}+2\frac{1}{6}\right)\times4\div2\frac{2}{3}-6\frac{1}{4}=$ ______

**14**

$\left(1.2+\frac{3}{5}\right)\div\frac{1}{2}+0.75\times1\frac{2}{3}=$ ______

**15**

$1.6\div\left(\frac{1}{2}-\frac{1}{5}\right)\times0.4+1=$ ______

**16**

$2\frac{3}{5}+\left(\frac{3}{4}-0.35\right)\times1\frac{1}{2}\div0.5=$ ______

**17**

$2\frac{7}{10}\times\left(1.8-\frac{3}{5}\right)\div0.3+1\frac{1}{4}=$ ______

**18**

$6\times\left(0.8-\frac{3}{5}\right)+2\frac{2}{5}\times0.4=$ ______

**19**

$\frac{1}{2}+2\frac{1}{4}\div\left(0.3-\frac{1}{10}\right)\times2.4=$ ______

**20**

$5-4\frac{2}{5}\div\left(1.7+\frac{1}{2}\right)\times0.8=$ ______

**21**

$2.25\times4\frac{4}{5}\div\left(5.3-2\frac{1}{2}\right)+7=$ ______

**22**

$2\frac{1}{10}\div1.5\times\left(1\frac{3}{4}-0.25\right)+5=$ ______

**23**

$\left(\frac{4}{15}\times3.5+1\frac{2}{3}\right)\div1.3-\frac{1}{2}=$ ______

**24**

$1.5\times\left(\frac{2}{3}-\frac{1}{4}\times1\frac{1}{3}\right)-\frac{1}{5}=$ ______

**25**

$3\frac{1}{5}\div\left(\frac{5}{4}\times\frac{2}{3}-\frac{1}{6}\right)-1.8=$ ______

**26**

$4\frac{2}{3}-\left(1.25+1\frac{1}{4}\times0.6\right)\div4.2=$ ______

**27**

$\frac{7}{9}\div2\frac{1}{3}+1.2\div\left(8.3-7\frac{1}{2}\right)=$ ______

**28**

$10-3.4\times\frac{1}{2}\div\left(\frac{1}{5}+2.2\right)=$ ______

**29**

$6\frac{4}{5}-\frac{1}{5}\div0.2\times\left(3\frac{2}{5}+1.6\right)=$ ______

**30**

$6.3\times\frac{5}{9}+\frac{4}{5}\div\left(4.2-3\frac{3}{5}\right)=$ ______

**31**

$2\frac{1}{4}\div0.45-1.25\times\left(\frac{1}{5}+0.4\right)=$ ______

**32**

$5.4-0.75\times1\frac{2}{5}+\left(3.2-1\frac{7}{10}\right)\div0.6$

$=$ ______

**33**

$1\frac{2}{5}\times\left(3.2-2\frac{1}{4}\right)+9\div\left(0.4+2\frac{3}{5}\right)$

$=$ ______

**34**

A+B를 구하시오. ______

$A=\left(2\frac{3}{5}+0.8\right)\times\frac{1}{2}$, $B=2\frac{3}{5}+0.8\times\frac{1}{2}$

**35**

A−B를 구하시오. ______

$A=(4.5-1.75)\times\frac{1}{2}\div\frac{1}{4}$,

$B=4.5-1.75\times\frac{1}{2}\div\frac{1}{4}$

【36~37】 빈칸에 알맞은 수를 쓰시오.

**36**

$(\qquad)\times2\frac{2}{3}\div1\frac{3}{5}=1\frac{1}{6}$

**37**

$4.8 \xrightarrow{\div1\frac{1}{5}} (\qquad) \xrightarrow{\times3.2} (\qquad)$

**38**

계산 순서를 바꾸면 계산 결과가 달라지는 것을 찾으시오. ______

① $0.4\times\frac{3}{4}\div\frac{1}{2}$ ② $\frac{1}{6}\times0.4\times\frac{3}{10}$

③ $5.6-\frac{2}{5}\div\frac{1}{2}$ ④ $3.5\times1.4\div\frac{7}{10}$

【39~40】 A, B의 크기를 비교하시오.

**39**

$A=4.8\times\frac{3}{4}\div1.6$

$B=1\frac{1}{4}\times\left(1\frac{3}{5}+2.4\right)\div2$

______

**40**

$A=6.25\div2\frac{1}{2}+1\frac{2}{3}\times\frac{5}{6}$

$B=6\frac{1}{4}\div\left(2.5+1\frac{2}{3}\right)\times\frac{5}{6}$

______

# 중단원 평가 문제(2) 분수와 소수의 혼합계산 ①, ②

**01**

(　　)가 없어도 계산 결과가 같은 것을 찾으시오.

① $\left(1.5+\frac{3}{4}\right)\times\left(8\frac{1}{5}-3.5\right)$

② $\frac{3}{10}+\left(5\frac{1}{3}\times\frac{1}{2}-2\frac{1}{2}\right)\times4.5$

③ $\frac{2}{5}+\left(0.14\times2\frac{2}{5}\right)\div\frac{2}{3}-0.35$

④ $6\div\left(3\frac{1}{2}-1.5\right)\times1\frac{1}{3}+0.75$

⑤ $0.85-4\frac{2}{3}+\left(4.5\div\frac{2}{5}\right)\times1\frac{4}{5}$

**02**

계산 순서에 따라 번호를 차례로 쓰시오.

$$4\frac{2}{5}\underset{①}{\div}\left(2.5\underset{②}{\times}\frac{3}{4}\underset{③}{-}0.15\right)\underset{④}{+}5\frac{1}{4}\underset{⑤}{\times}5.2$$

**03**

두 번째로 계산한 결과를 쓰시오.

$$3\frac{3}{4}+2\frac{1}{4}\div1.5\times\frac{5}{8}-3.5$$

**04**

A, B, C를 구하시오.

$$1\frac{1}{3}\xrightarrow{-\frac{1}{2}}A\xrightarrow{\times3.5}B\xrightarrow{\div2.1}C$$

【5~8】 ● 안에 <, =, >를 쓰시오.

**05**

$\frac{1}{4}\times\left(2.4-\frac{4}{5}\right)$ ● $2.4-\frac{4}{5}\times0.25$

**06**

$6\frac{4}{5}\div\left(1.5+\frac{2}{5}\right)$ ● $\left(0.25+\frac{4}{5}\right)\times3.2$

**07**

$1\frac{1}{2}-0.5\times\frac{3}{5}$ ● $\left(1\frac{1}{2}-0.5\right)\times\frac{3}{5}$

**08**

$1.2+\frac{1}{2}\div1\frac{3}{4}$ ● $\left(1.2+\frac{1}{2}\right)\div1\frac{3}{4}$

【9~10】 A, B의 크기를 비교하시오.

**09**

$A=3-0.4\div\left(0.5+\frac{1}{3}\right)\times0.5$

$B=3-0.4\div0.5+\frac{1}{3}\times\frac{1}{2}$

**10**

$A=2-\left(\frac{2}{3}+0.2\right)\times\frac{1}{3}-0.5$

$B=2\times\left(\frac{2}{3}-0.2\right)-\frac{1}{3}\times0.5$

**11**

분수와 소수의 계산 순서를 나타낸 것입니다. 빈칸에 알맞은 부호를 차례로 쓴 것을 찾으시오.

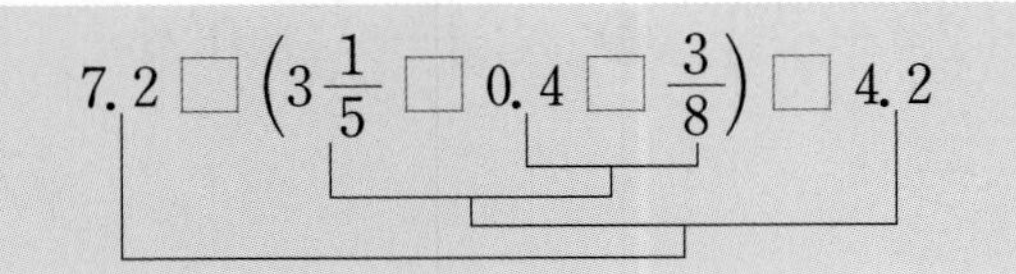


① −, +, ×, ÷
② +, +, ÷, ×
③ ×, +, −, ÷
④ ÷, ×, +, −
⑤ −, −, ÷, ÷

**12**

A, B가 0이 아닐 때, B는 A의 몇 배입니까?

$$A\times\frac{9}{50}=B\times0.09$$

**13**

A, B의 차를 구하시오.

$$A=0.8-\frac{2}{5}\div4+\frac{49}{50}\times1\frac{3}{7}$$

$$B=\left(0.8-\frac{2}{5}\right)\div4+0.98\times1\frac{3}{7}$$

**14**

$A=\frac{4}{5}$, $B=\frac{3}{5}$, $C=\frac{10}{7}$, $D=\frac{33}{10}$, $E=\frac{3}{10}$일 때, $(A-B)\times C+D\div E$를 구하시오.

**15** 서술형

어떤 수를 0.75로 나누어야 할 것을 0.75를 곱했더니 $4\frac{4}{5}$가 나왔습니다. 바른 답을 구하시오.

**16**

생수 1.8 L를 4병에 똑같이 나누어 담았더니 $\frac{1}{5}$ L가 남았습니다. 한 병에 담은 물의 양을 구하시오.

**17**

3.6 L의 우유 중에서 $\frac{2}{5}$ L를 마시고, 나머지를 친구들에게 0.2 L씩 나누어 주었습니다. 몇 명에게 나누어 주었습니까?

**18**

1시간 30분 동안 6.9 km를 달리는 사람이 $9\frac{1}{5}$ km를 달리는 데는 몇 시간이 걸리겠습니까?

## 19

밭의 $\frac{5}{9}$에는 무를 심고, 나머지의 $\frac{2}{3}$에는 배추를 심었습니다. 무도 배추도 심지 않은 부분은 전체의 몇 분의 몇입니까?

## 20 서술형

혜선이네 학교 6학년 학생 중에서 7할은 체육을 좋아하고, 나머지의 $\frac{3}{4}$은 수학을 좋아한다고 합니다. 수학을 좋아하는 학생이 36명일 때, 6학년 학생 수는 모두 몇 명입니까?

## 21

집에서 은행까지는 $\frac{3}{4}$ km, 은행에서 파출소까지는 0.6 km, 파출소에서 도서관까지는 $1\frac{1}{5}$ km입니다. 집에서 파출소까지의 거리는 은행에서 도서관까지의 거리의 몇 배입니까?

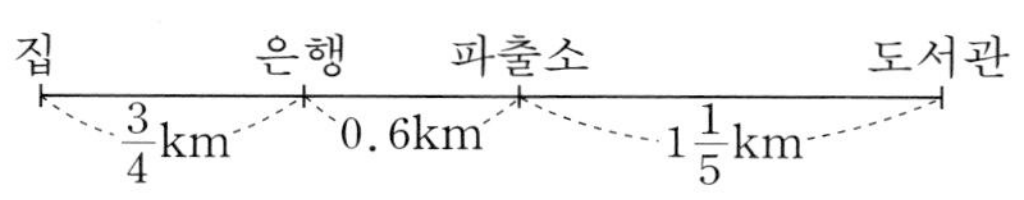


## 22

철사 $2\frac{2}{5}$ m 중 0.8 m를 사용하고, 남은 것으로 정사각형을 만들었습니다. 정사각형 한 변의 길이를 구하시오.

【23～26】 색칠한 부분의 넓이를 구하시오.

## 23

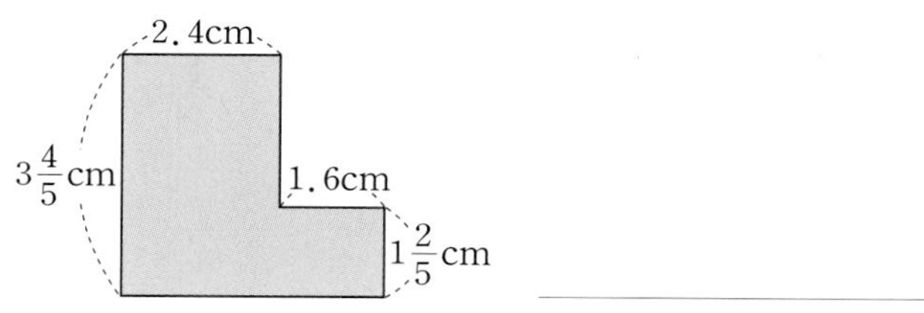


## 24

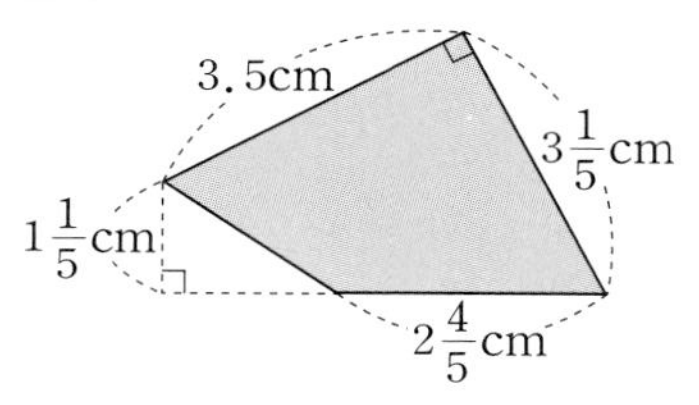


## 25

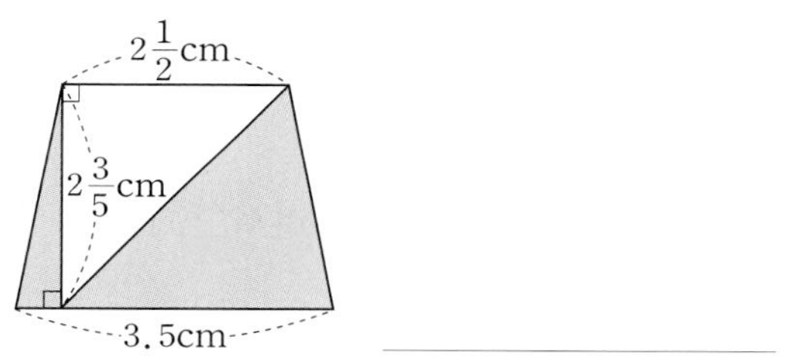


## 26

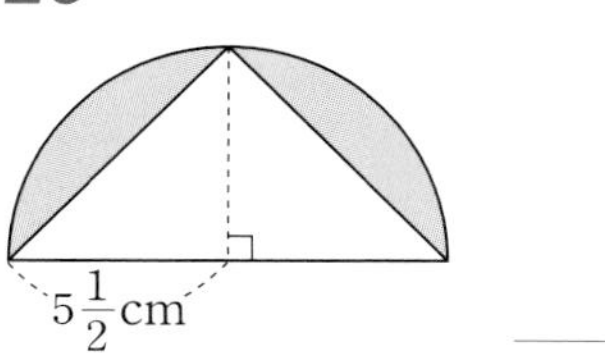


## 27 서술형

윗변의 길이가 $2\frac{3}{4}$ cm, 높이가 2.5 cm인 사다리꼴의 넓이가 8.75 $cm^2$일 때, 이 사다리꼴의 아랫변의 길이를 구하시오.

# 중단원 평가 문제(3) 분수와 소수의 혼합계산 ①, ②

【1~2】 다음을 계산하시오.

**01**

$\left(2.3+3\frac{3}{4}-4\frac{1}{4}\right)\div\frac{8}{25}\times\frac{2}{3}$

**02**

$1.4+\frac{3}{8}\times0.6-0.85\div1\frac{1}{4}$

【3~4】 두 식을 계산하여 차를 구하시오.

**03**

$A=1.75\times\frac{3}{10}\div\left(1.5+\frac{1}{4}\right)$

$B=\frac{3}{10}\times1.75\div1.5+\frac{1}{4}$

**04**

$A=\left(\frac{4}{5}-0.3\right)\div0.2\times1\frac{1}{2}+2$

$B=3\frac{3}{5}+0.4\div\frac{1}{5}\times\left(4.4+1\frac{3}{5}\right)$

**05**

A, B, C를 구하시오.

$A\xrightarrow{-\frac{1}{2}}B\xrightarrow{\times3.5}C\xrightarrow{\div2\frac{1}{10}}1\frac{7}{18}$

**06**

계산 결과가 큰 것부터 차례로 기호를 쓰시오.

㉠ $\frac{5}{8}\div0.25$　㉡ $0.7\div\left(\frac{3}{4}-\frac{11}{20}\right)$

㉢ $9\frac{3}{4}\div2.5-0.75\times\frac{2}{5}$

**07**

$12\frac{4}{5}$와 3.2의 차를 0.6으로 나누었더니 어떤 수의 4배가 되었습니다. 어떤 수는 얼마입니까?

**08**

어떤 수에 2.5를 더한 다음 $3\frac{2}{5}$로 나누어야 할 것을 잘못하여 2.5를 뺀 다음 $3\frac{2}{5}$를 곱하였더니 5.1이 되었습니다. 바르게 계산한 답을 구하시오.

### 09
A를 B로 나누면 1.2가 되고, A를 C로 나누면 $\frac{12}{13}$가 됩니다. B를 C로 나눈 몫을 구하시오.

### 10
밑변이 2.5 cm, 높이가 $4\frac{2}{5}$ cm인 삼각형이 있습니다. 밑변을 $\frac{1}{2}$ cm 늘이고 높이를 0.4 cm 줄인 삼각형의 넓이는 처음 삼각형의 넓이보다 몇 $cm^2$ 더 늘어났습니까?

【11～12】 도형의 넓이를 구하시오.

### 11
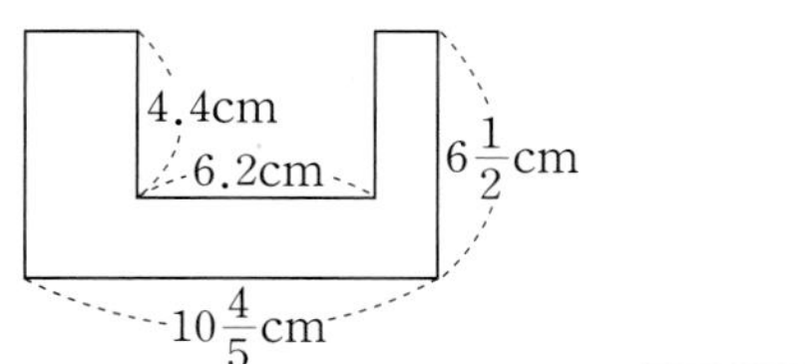


### 12
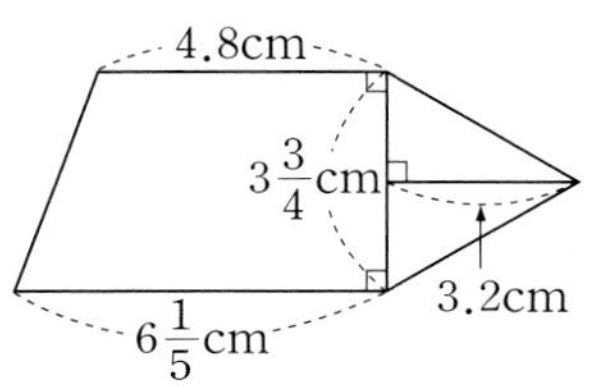


【13～15】 색칠한 부분의 넓이를 구하시오.

### 13
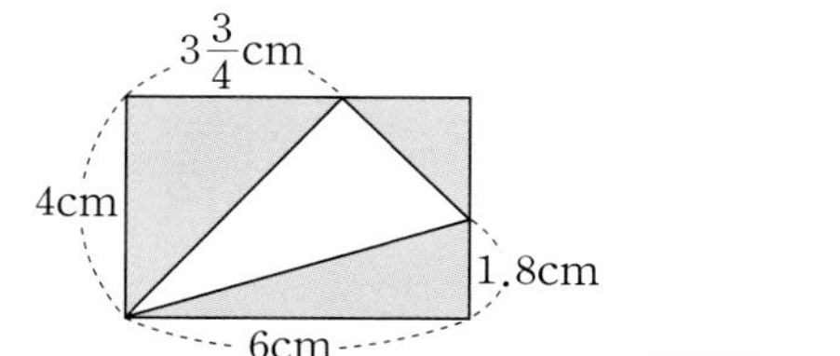


### 14
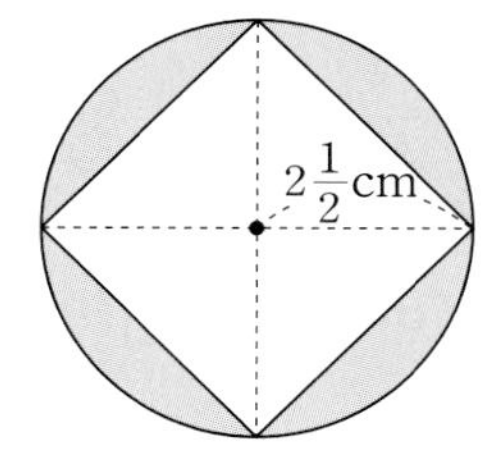


### 15
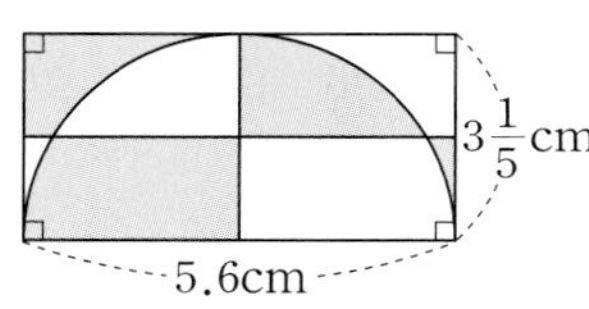


### 16 서술형
A가 가진 연필 개수는 B가 가진 연필 개수의 $1\frac{3}{4}$배이고, C가 가진 연필 개수는 B가 가진 연필 개수의 1.25배라고 합니다. A가 가진 연필 개수가 28자루라면, B, C가 가진 연필 개수는 각각 몇 자루입니까?

**17**
준호의 키는 1.4 m이고, 아버지의 키는 $1\frac{3}{4}$ m입니다. 준호와 아버지의 키를 합한 것은 동생 키의 3배라고 합니다. 동생의 키는 몇 m입니까?

**18** 서술형
넓이가 73.2 $m^2$인 밭이 있습니다. 이 밭의 $\frac{1}{6}$에는 고추를 심고, $\frac{2}{5}$에는 양파를 심었습니다. 그리고 나머지의 $\frac{1}{2}$에 배추를 심었다면, 배추를 심은 밭의 넓이는 몇 $m^2$입니까?

**19**
길이가 5.6 m인 색 테이프를 4등분한 것 중 하나와 길이가 $4\frac{4}{5}$ m인 색 테이프의 $\frac{3}{4}$을 0.08 m가 겹쳐지도록 이었습니다. 이어진 색 테이프의 전체 길이는 몇 m입니까?

**20**
준상이네 반 학생 수는 40명입니다. 그 중에서 $\frac{3}{8}$은 교실 청소를 하고 나머지의 20 %는 현관 청소를 하였습니다. 청소를 하지 않은 학생은 몇 명입니까?

**21**
어머니의 몸무게는 아버지의 몸무게의 $\frac{4}{5}$보다 4.1 kg 더 가볍고, 도희는 어머니의 몸무게의 $\frac{2}{3}$보다 7.4 kg 더 무겁습니다. 아버지의 몸무게가 74.5 kg일 때, 어머니와 도희의 몸무게의 차는 몇 kg입니까?

**22** 서술형
어떤 공을 떨어뜨리면 떨어진 높이의 $\frac{2}{5}$만큼 튀어오릅니다. 두 번째 튀어오른 높이가 20 cm이면, 처음 떨어뜨릴 때부터 이 공이 두 번째 튀어오를 때까지 움직인 거리는 모두 몇 m입니까?

**23** 서술형
어떤 평행사변형의 밑변과 높이를 각각 0.9배, $1\frac{1}{4}$배 하였더니 넓이가 처음보다 45 $cm^2$ 넓어졌습니다. 이 평행사변형의 처음 넓이를 구하시오.

**24** 서술형
다음 두 철근을 3.6 m씩 잘라서 무게를 재면 그 차는 몇 kg입니까?

A ➡ 철근 5 m의 무게가 $4\frac{3}{8}$ kg

B ➡ 철근 8 m의 무게가 $8\frac{4}{5}$ kg

➡ 더 높은 수준의 실력을 원하는 학생은 이 책 147 쪽에 있는 고난도 문제에 도전하세요.

# 1단원 마무리하기(1) ······· 1. 분수와 소수의 혼합계산

【1~2】 다음 물음에 답하시오.

$$7-\left(0.25+5\frac{1}{4}\div2\frac{1}{3}\right)\times1.2$$

**01**

위 식에서 가장 먼저 계산해야 할 부분에 밑줄을 그으시오.

**02**

위 식을 계산하시오.

【3~4】 다음의 계산 과정을 보고 물음에 답하시오.

$1.8\div4\frac{1}{2}+\left(2\frac{3}{4}-1.25\right)\times2$

① $=1.8\div4\frac{1}{2}+\left(2\frac{3}{4}-1\frac{1}{4}\right)\times2$

② $=1.8\div4\frac{1}{2}+1\frac{1}{2}\times2$

③ $=1.8\div6\times2$

④ $=0.3\times2$

⑤ $=0.6$

**03**

계산 과정 중 어느 부분부터 잘못 풀었는지 찾으시오. ________

**04**

틀린 부분을 고쳐 바르게 계산하시오.

$1.8\div4\frac{1}{2}+\left(2\frac{3}{4}-1.25\right)\times2$

$=$ ________

【5~13】 다음을 계산하시오.

**05**

$1\frac{4}{5}\div0.3+4\times1\frac{1}{2}-0.5$

________

**06**

$\frac{5}{6}\div0.5+1\frac{2}{9}\times1.5-\frac{2}{3}$

________

**07**

$4\frac{2}{3}\times1.5-1\frac{1}{2}\div0.5$

________

**08**

$1.8\div\frac{1}{2}+3\times1\frac{5}{9}\div1.4$

________

**09**

$\left(1\frac{1}{2}+0.75\right)\times4\div1.8-3\frac{3}{4}$

________

**10**

$\left(1\frac{2}{5}-0.6\right)\div4+1.8\div\frac{1}{2}$

________

**11**

$3.4\times5\frac{1}{2}\div\left(\frac{1}{5}+0.3\right)-2.6$

________

**12**

$2\frac{1}{2}\times\left(1.6-\frac{3}{10}\right)\div0.4+2\frac{5}{8}$

________

**13**

$7-6.8\times1\frac{1}{2}\div\left(0.2+3\frac{1}{5}\right)$

________

【14~15】 A, B의 크기를 비교하시오.

**14**

$A=2+4\frac{4}{5}\div0.2-\frac{2}{5}\times3\frac{1}{4}$

$B=\left(2+4\frac{4}{5}\right)\div0.2-\frac{2}{5}\times3\frac{1}{4}$

**15**

$A=\frac{3}{4}\div1\frac{7}{8}+1.5\times\frac{2}{5}-0.6$

$B=6\frac{1}{4}\times\left(2.5+1\frac{1}{2}\right)\div\frac{5}{6}-29\frac{3}{4}$

【16~17】 A의 값을 구하시오.

**16**

$\frac{5}{2}\times0.8\div(2.5-A)+1\frac{2}{3}=4\frac{1}{3}$

**17**

$A\div\frac{4}{5}\times\left(4.3-\frac{4}{5}\right)+1\frac{3}{4}=7$

【18~20】 다음 식이 참이 되도록 ( )를 알맞은 곳에 하시오.

**18**

$\frac{49}{100}\times1\frac{3}{7}+\frac{3}{4}-\frac{2}{5}\div2=\frac{7}{8}$

**19**

$2\frac{1}{3}+4\frac{2}{5}-2.4\times\frac{1}{3}\div0.2=5\frac{2}{3}$

**20**

$4\frac{1}{6}\times1\frac{4}{5}+1\frac{2}{5}-0.5\div3=7.8$

**21**

배 2.5 kg 한 상자의 가격이 8000원이라고 합니다. 배 $1\frac{3}{5}$ kg의 가격은 얼마입니까?

**22**

어떤 수를 $\frac{2}{5}$로 나누었더니 몫이 0.8, 나머지가 0.125였습니다. 어떤 수를 $\frac{3}{8}$으로 나눌 때의 몫을 구하시오.

**23**

어떤 수를 3.75로 나누어야 할 것을 잘못하여 3.75를 곱했더니 $3\frac{1}{8}$이 되었습니다. 바르게 계산했을 때의 몫을 구하시오.

**24**

떨어진 높이의 $\frac{3}{4}$만큼 튀어오르는 공이 있습니다. 두 번째로 튀어오른 높이가 3.6 m이면, 처음에 떨어뜨린 높이는 몇 m입니까?

**25** 서술형

2분 30초에 1.6 cm씩 타는 양초가 있습니다. 이 양초에 불을 붙이고 20분 뒤에 양초의 길이를 재었더니 처음 길이의 $\frac{3}{5}$이었습니다. 불을 붙이기 전의 양초의 길이를 구하시오.

**26** 서술형

밭의 $\frac{2}{3}$에 배추를 심고, 나머지 밭의 반에 무를 심었습니다. 아무 것도 심지 않은 밭의 넓이는 배추를 심은 밭의 넓이의 몇 배입니까?

**27** 서술형

지우네 집에서는 올해 수확한 감자의 $\frac{9}{16}$는 팔고, 나머지의 $\frac{3}{7}$은 큰댁에 드렸습니다. 남은 감자가 52.5 kg이면 올해 수확한 감자는 몇 kg입니까?

**28**

길이가 다른 끈이 2개 있습니다. 길이가 4.5 m인 긴 끈에서 0.9 m를 잘라 냈더니 남은 끈의 길이가 짧은 끈의 길이의 $1\frac{4}{5}$가 되었습니다. 짧은 끈의 길이는 몇 m입니까?

**29**

$85\frac{1}{4}$ km를 가는 데 1시간 15분이 걸리는 자동차가 있습니다. 이 자동차로 375.1 km를 가려면 몇 시간 몇 분이 걸리겠습니까?

**30**

포도 $9\frac{2}{3}$ kg 중에서 $1\frac{1}{2}$ kg을 먹고, 나머지는 한 사람에게 $1\frac{1}{6}$ kg씩 나누어 주었습니다. 몇 명에게 나누어 주었습니까?

【31～32】 도형의 넓이를 구하시오.

**31**

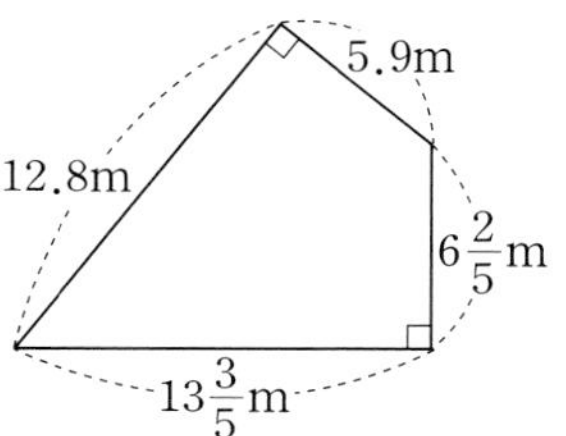


**32**

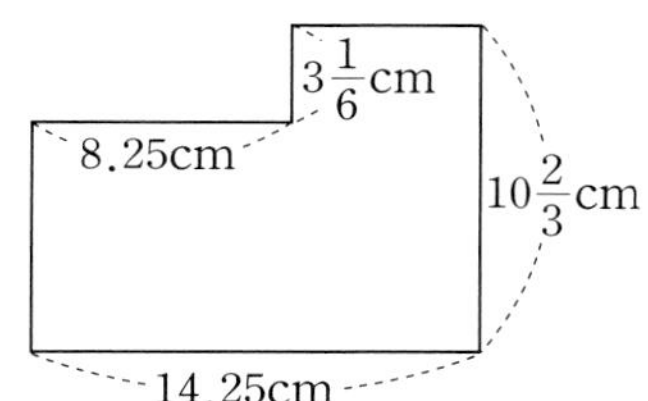

【1~4】 다음을 계산하시오.

**01**

$1.5-0.25\times1\frac{1}{5}+\left(4.5-1\frac{9}{10}\right)\div0.4$

**02**

$1\frac{1}{20}\div0.3+0.48\times\left(1\frac{1}{4}-0.75\right)\div6$

**03**

$\left(18.2-3.14\div\frac{1}{5}\right)-\frac{1}{2}\times\left(1\frac{1}{4}-0.8\right)$

**04**

$\left(2\frac{1}{4}+0.75\div0.5\right)-1\frac{1}{4}\times\left(\frac{3}{5}-0.3\right)$

**05**

두 수 A, B의 크기를 비교하여 부등호로 나타내시오.

$A=2\frac{1}{3}-\left(1\frac{3}{5}+0.5\right)\times\frac{3}{14}\div0.3$

$B=1\frac{1}{9}\div\left(1\frac{1}{3}\times1.5-\frac{5}{6}\right)\times0.7$

【6~7】 A의 값을 구하시오.

**06**

$\left(2\frac{1}{4}+A\right)\div1.5\times6.8-7=4.56$

**07**

$\left(0.4\times A+\frac{1}{3}\right)\div2.2\times\frac{3}{4}-0.6=0.6$

【8~10】 식이 성립되도록 알맞은 곳에 ( )를 넣으시오.

**08**

$4\frac{9}{10}\times\frac{1}{7}+\frac{3}{4}-\frac{3}{5}\div3=\frac{3}{4}$

**09**

$0.98\times1\frac{3}{7}+\frac{4}{5}-0.4\div4=1\frac{1}{2}$

**10**

$2\frac{1}{5}\div0.5+\frac{3}{5}\times0.3-\frac{1}{5}=\frac{2}{5}$

**11**

어떤 수에 0.2를 곱한 수에서 1.8을 뺀 다음 $3\frac{3}{8}$으로 나누었더니 몫이 $\frac{2}{15}$가 되었습니다. 어떤 수를 구하시오.

**12**

4.8과 $2\frac{2}{5}$의 합을 $1\frac{2}{3}$로 나누었더니 어떤 수의 $\frac{3}{4}$배가 되었습니다. 어떤 수를 구하시오.

**13** 서술형

어떤 수에 0.25를 더한 것에 $1\frac{3}{4}$을 곱한 다음 0.3으로 나누어야 할 것을 어떤 수에서 0.25를 뺀 다음 $1\frac{3}{4}$으로 나누고 이것에 0.3을 곱하여 $\frac{27}{70}$을 얻었습니다. 바른 답을 구하시오.

**14**

집에서 우체국까지는 $\frac{1}{2}$ km, 우체국에서 역까지는 1.5 km입니다. 그리고 우체국에서 학교까지는 1.1 km입니다. 집에서 역까지의 거리는 집에서 학교까지의 거리의 몇 배입니까?

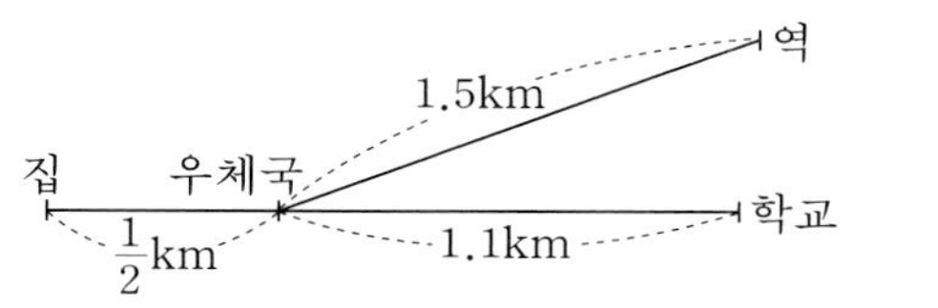


**15**

세 사람이 마신 우유의 양은 모두 몇 L입니까?

A ➡ 2.5 L의 $\frac{1}{5}$을 마셨습니다.

B ➡ A가 마신 것의 2.1배보다 0.3 L를 더 마셨습니다.

C ➡ B의 0.8배를 마셨습니다.

**16**

1.8 L 들이 주스 2병이 있습니다. 이 중 $\frac{3}{4}$을 친구들에게 주고 남은 주스를 매일 0.4 L씩 마시려고 합니다. 마지막 날에는 몇 L를 마시겠습니까?

**17** 서술형

색 테이프 36개를 한 줄로 이어 붙였습니다. 겹쳐지는 부분을 똑같이 $\frac{12}{25}$ cm가 되게 붙였더니 전체 길이는 856.2 cm가 되었습니다. 색 테이프 한 개의 길이를 구하시오.

**18**

종철이는 찰흙 $2\frac{1}{2}$ kg의 반을 가지고 있고, 홍식이는 찰흙 5.4 kg 중 $1\frac{1}{5}$ kg을 사용하고 난 나머지의 $\frac{1}{4}$을 가지고 있습니다. 종철이가 가지고 있는 찰흙의 양은 홍식이의 몇 배입니까?

**19**

전체 쪽수가 300쪽인 책이 있습니다. 월요일에는 전체의 $\frac{1}{6}$을 읽었고, 화요일에는 월요일 날 읽은 나머지 부분의 $\frac{3}{5}$을, 오늘은 전체의 $\frac{1}{4}$을 읽었습니다. 나머지를 내일 모두 읽으려면, 내일은 몇 쪽을 읽어야 하겠습니까?

**20**

재원이가 1년 동안 예금한 돈은 67500원이었습니다. 지난 달에는 예금한 돈의 $\frac{2}{9}$를 찾았고, 이 달에는 나머지의 A할을 찾았더니, 남은 예금액은 31500원이었습니다. A를 구하시오.

**21** 서술형

1분 45초에 0.42 cm씩 타는 양초가 있습니다. 이 양초에 불을 붙인 후 4분 50초가 지난 후에 양초의 길이를 재었더니 처음 양초의 길이의 $\frac{14}{15}$배가 되었습니다. 처음 양초의 길이를 구하시오.

**22**

딸기 $50\frac{2}{5}$ kg을 바구니 12개에 2.25 kg씩 나누어 담고, 나머지는 모두 봉지에 0.9 kg씩 나누어 담았습니다. 딸기를 담은 봉지는 모두 몇 개입니까?

【23~26】 색칠한 부분의 넓이를 구하시오.

**23**

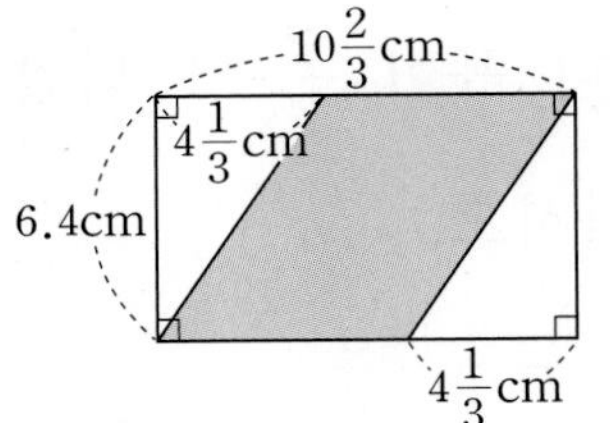


**24**

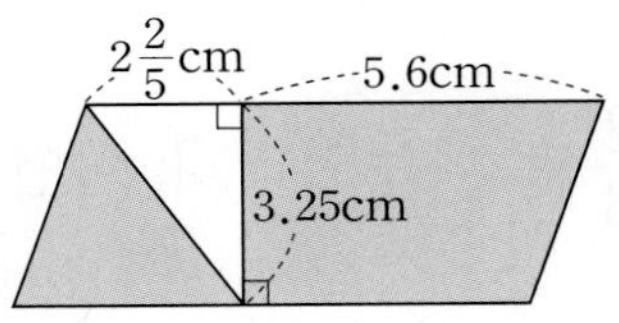


**25**

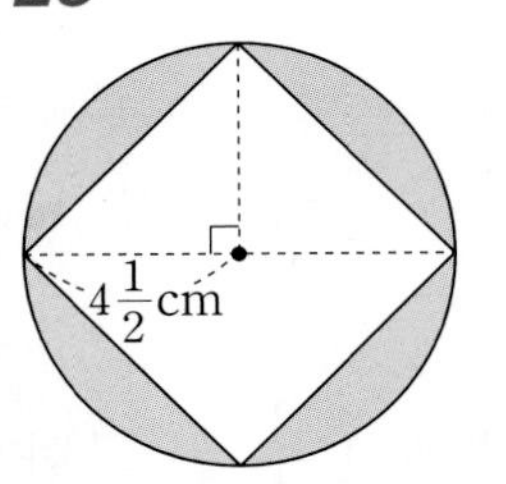


**26**

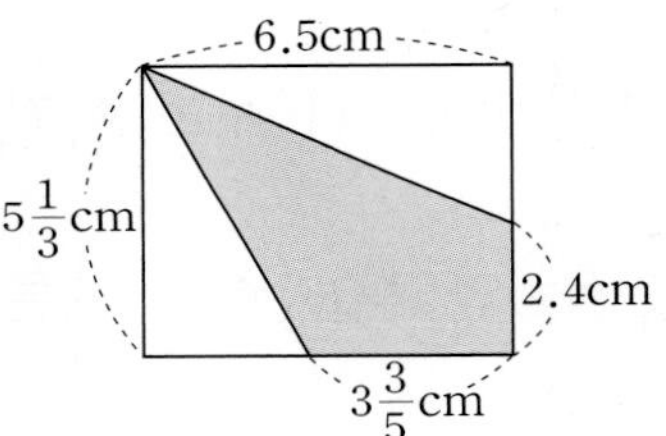


【27~28】 도형의 넓이를 구하시오.

**27**

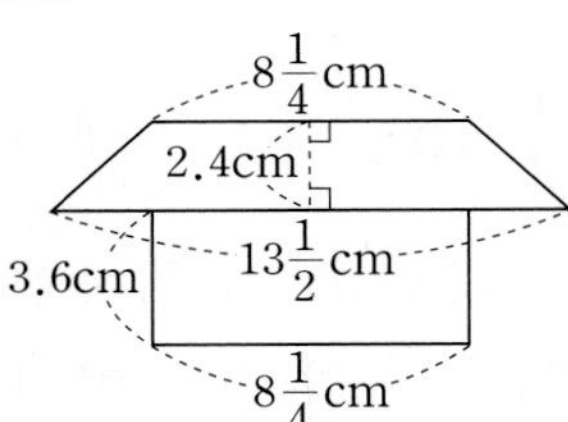


**28**

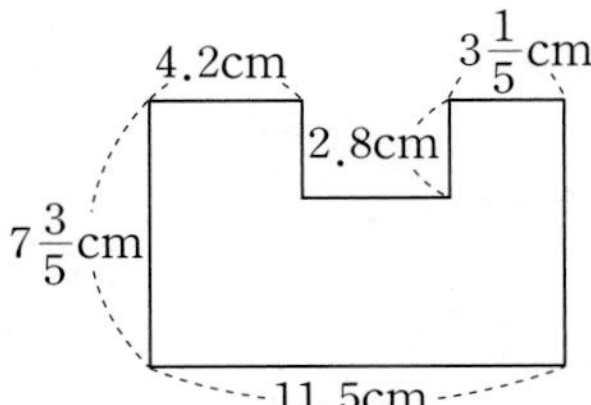




더 높은 수준의 실력을 원하는 학생은 이 책 149쪽에 있는 고난도 문제에 도전하세요.

## 2 단원을 시작하면서

- 이 단원에서는 학생들의 생활 주변에 있는 물건들을 관찰하여 원기둥과 원뿔의 구체물에서 추상하여 이해하고, 그 구성 요소들을 알아보며, 구체물을 펼치는 활동을 통하여 전개도를 이해합니다.
- 평면도형을 한 직선을 축으로 1회전 하여 얻어지는 입체도형을 회전체라 함을 이해시키고, 회전체를 보고 회전시킨 평면도형을 알아보게 합니다.
- 회전체를 여러 방향으로 자른 단면을 살펴보고 회전체의 특징을 알게합니다.

## 2 단원 학습 목표

① 원기둥과 원뿔의 개념을 이해하고 식별할 수 있다.
② 원기둥과 원뿔의 구성 요소를 말할 수 있다.
③ 원기둥의 전개도를 이해하고 바르게 그릴 수 있다.
④ 회전체를 이해하고 회전축과 회전하기 전의 도형을 찾을 수 있다.
⑤ 회전체의 단면을 살펴보고 회전체의 특징을 알 수 있다.
⑥ 구의 특징을 알 수 있다.

# 2 원기둥과 원뿔

# 원기둥 (개념 알기)

【1~8】 두 입체도형을 보고 물음에 답하시오.

가 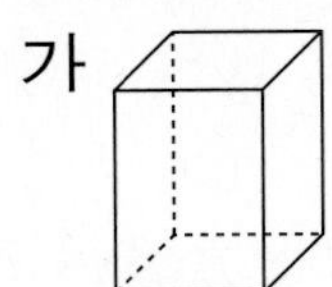

나 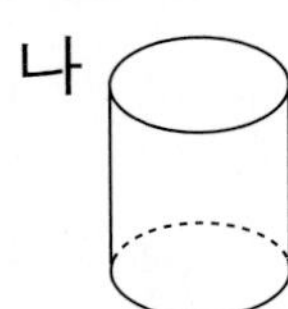

### 01

가는 위와 아래에 있는 면의 모양과 크기가 갑습니다, 다릅니다.

### 02

나는 위와 아래에 있는 면의 모양과 크기가 같습니다, 다릅니다.

### 03

가와 나는 위와 아래에 있는 면이 서로 평행입니다, 수직입니다.

### 04

가의 밑면의 수는 ______개이고, 나의 밑면의 수는 ______개입니다.

### 05

가와 나의 같은 점을 쓰시오.

______

______

______

### 06

밑면이 다각형인 입체도형은 가, 나이고, 밑면이 원인 입체도형은 가, 나입니다.

### 07

옆에 둘러싸인 면이 직사각형인 입체도형은 가, 나이고, 옆에 둘러싸인 면이 곡면(굽은 면)인 입체도형은 가, 나입니다.

### 08

가와 나의 다른 점을 쓰시오.

______

______

______

**개념 1** 원기둥의 뜻

- 그림과 같이 위와 아래에 있는 면이 서로 평행이고 합동인 원으로 되어 있는 입체도형을 **원기둥**이라고 합니다.

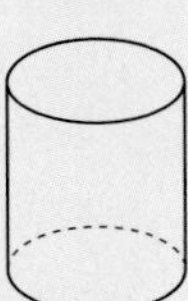

### 09

원기둥을 모두 찾으시오.

______

가 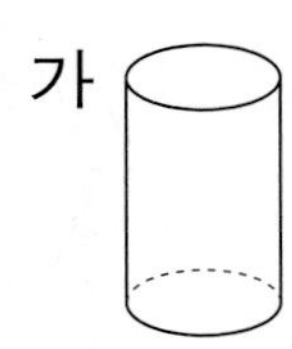

나 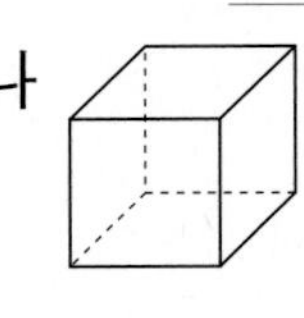

다 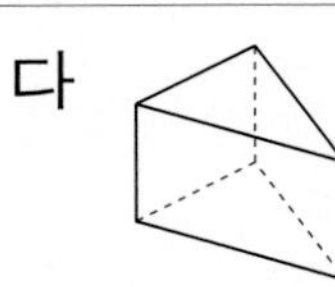

라 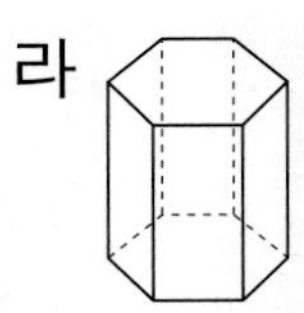

마 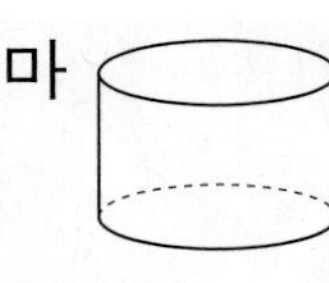

**10**

원기둥을 모두 찾으시오. ____________

① 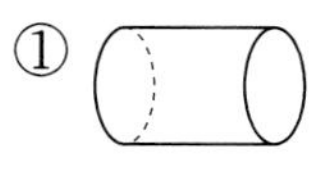 ② 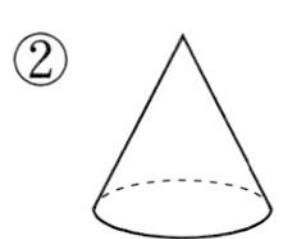 ③ 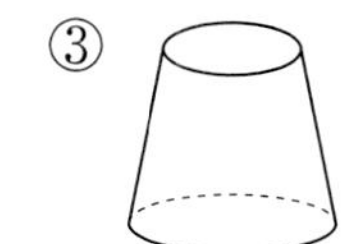

④ 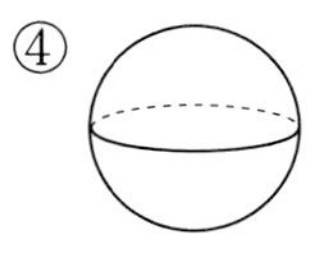 ⑤ 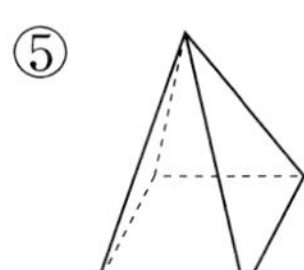 ⑥ 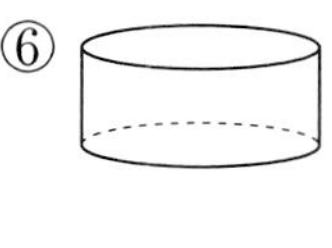

**【11~12】** 각기둥의 각 부분의 이름을 써넣으시오.

**11**

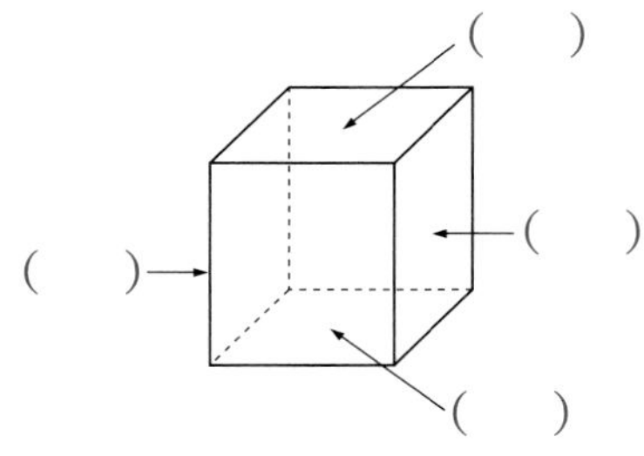

**12**

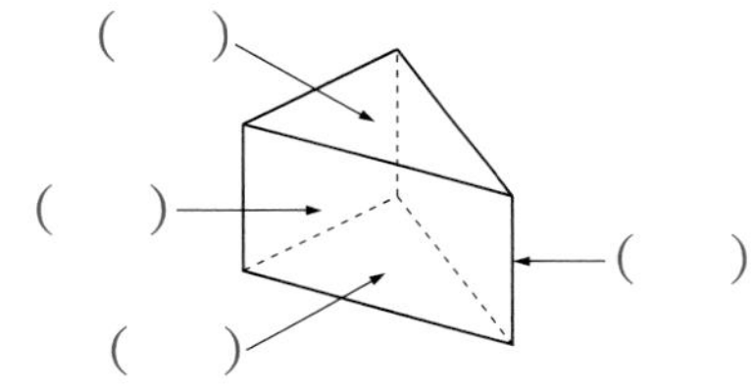

**【13~15】** 원기둥을 보고 물음에 답하시오.

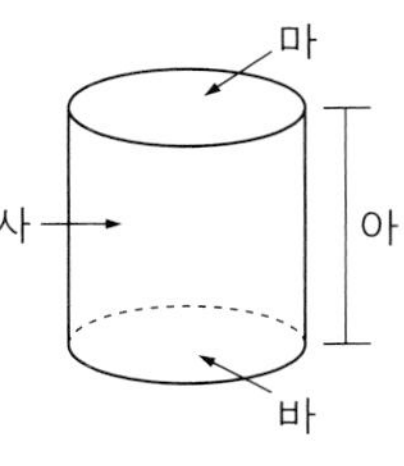

**13**

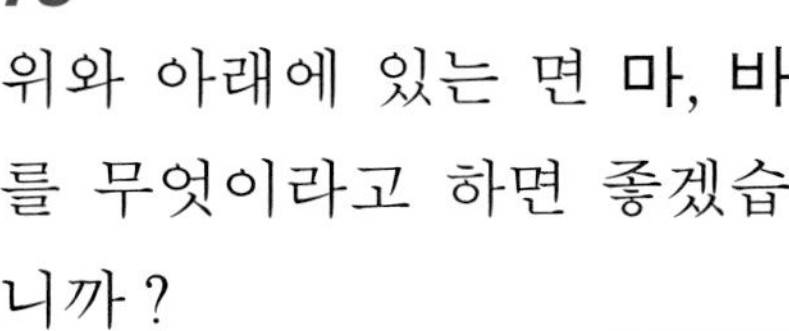

위와 아래에 있는 면 **마**, **바**를 무엇이라고 하면 좋겠습니까? ____________

**14**

옆으로 둘러싸인 곡면(굽은 면) **사**를 무엇이라고 하면 좋겠습니까? ____________

**15**

두 밑면 사이의 거리 **아**를 무엇이라고 하면 좋겠습니까? ____________

**개념 2** 원기둥의 밑면, 옆면, 높이

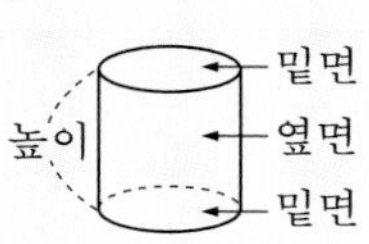


❶ 원기둥에서 위와 아래에 있는 면을 각각 밑면이라고 합니다.
❷ 옆으로 둘러싸인 곡면(굽은 면)을 옆면이라고 합니다.
❸ 두 밑면에 수직인 선분의 길이를 높이라고 합니다.

**16**

빈칸에 알맞은 말을 쓰시오.

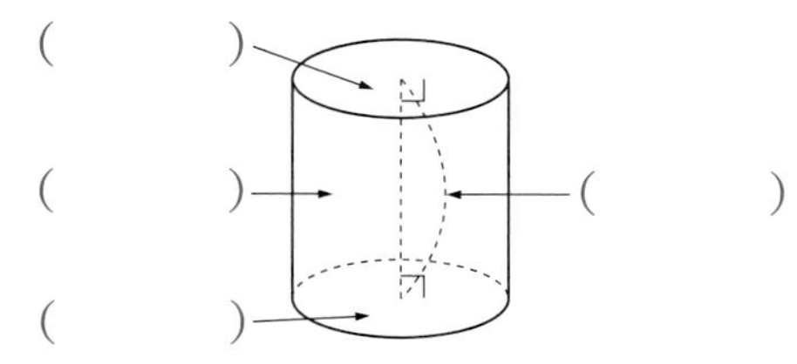

**【17~19】** 원기둥에서 밑면의 성질을 알아보시오.

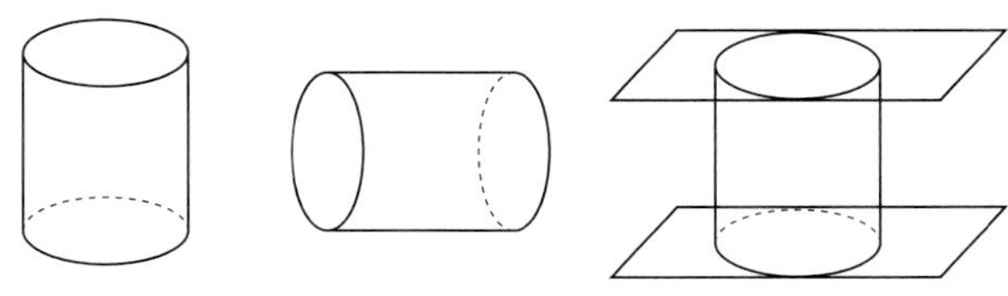

**17**

두 밑면을 본떠서 모양과 크기를 비교하면 두 밑면은 서로 ____________입니다.

**18**

두 밑면에 자를 대고 여러 곳에서 밑면 사이의 거리를 재면 두 밑면 사이의 거리는 모두 ____________

**19**

원기둥의 두 밑면은 서로 만나지 않으므로 두 밑면은 ____________합니다.

# 원기둥 (연습하기)

**01**

입체도형 중에서 원기둥을 찾으시오.

가 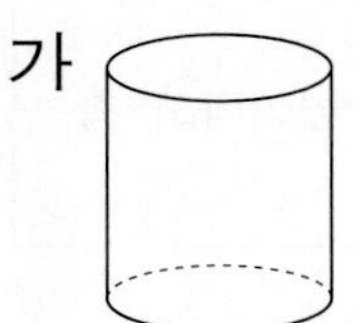

나 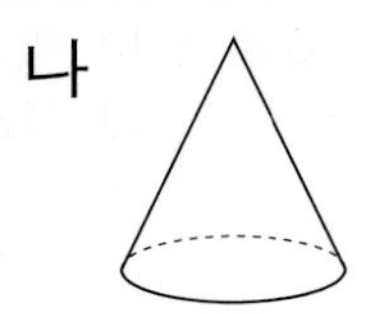

다

라 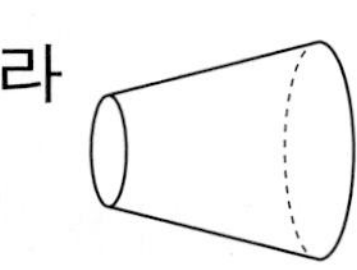

**【2～3】** 원기둥에서 각 부분의 이름을 써넣으시오.

**02**

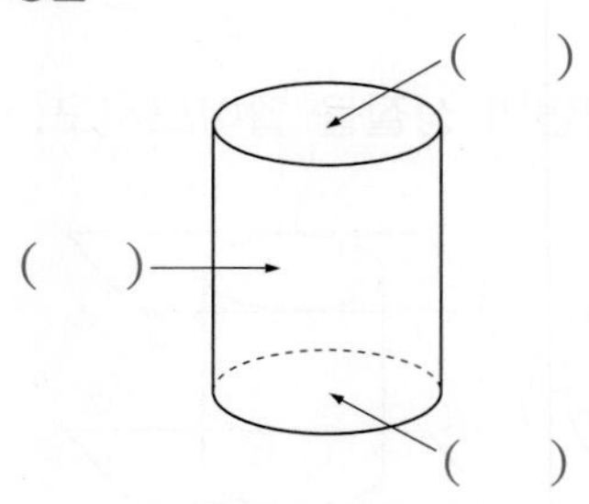

**03**

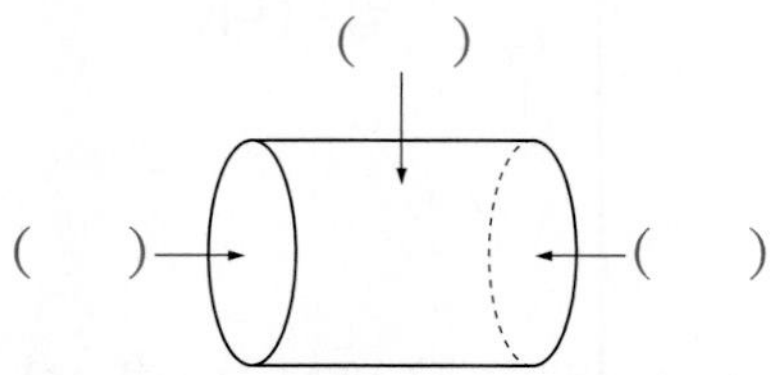

**04**

원기둥의 높이를 나타내는 것을 찾으시오.

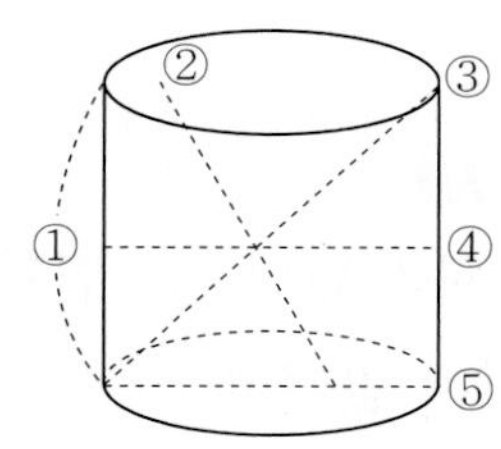


**05**

원기둥의 높이를 바르게 나타낸 것은 어느 것입니까?

① 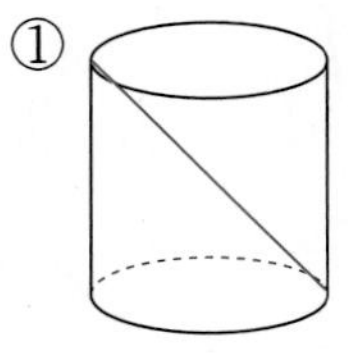

② 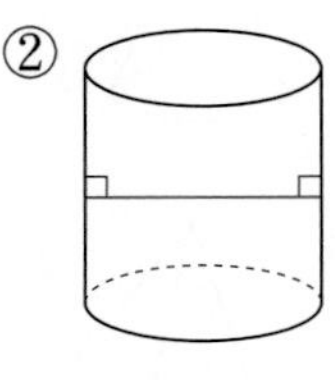

③ 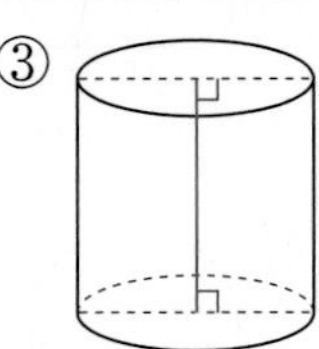

④ 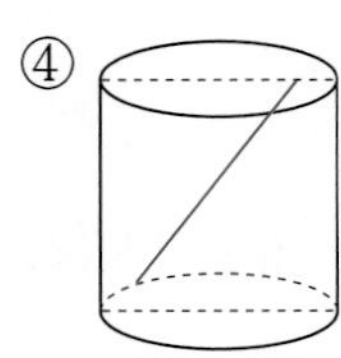

⑤ 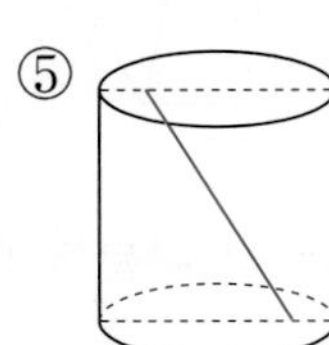

**06**

오른쪽 원기둥의 높이를 구하시오.

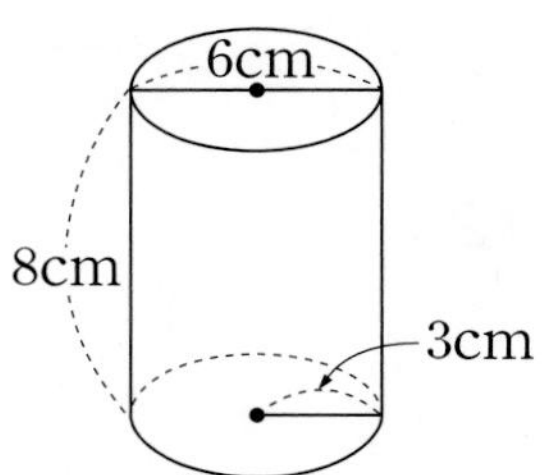


**【7～8】** 원기둥의 높이를 바르게 그리시오.

**07**

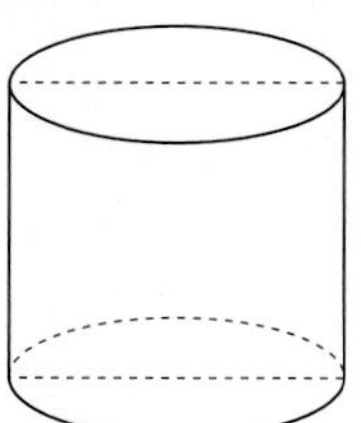

**08**

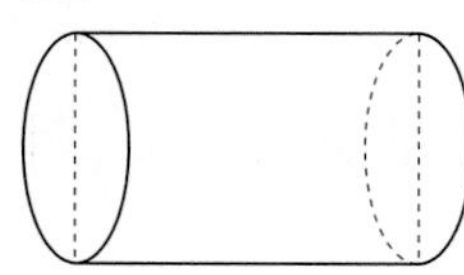

【9～14】 빈칸에 알맞게 써넣으시오.

| | 원기둥 | |
|---|---|---|
| | 도형 그림 | 도형 이름 |
| 밑면의 모양 | **9.** | **10.** |
| 옆면의 모양 | **11.** | **12.** |
| 밑면의 수 | **13.** | |
| 옆면의 수 | **14.** | |

**15**

원기둥에서 만나지 않는 두 면을 색칠하시오.

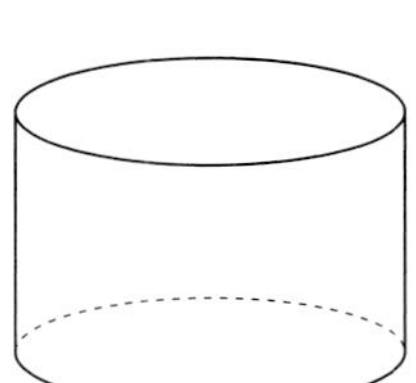

**16**

원기둥의 두 밑면이 합동인지 알아보시오.

**17**

오른쪽 입체도형이 원기둥이 아닌 이유를 쓰시오.

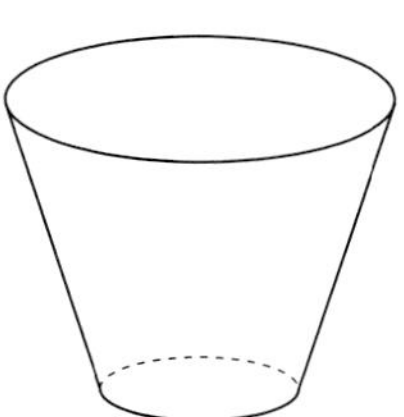

**18**

오른쪽 입체도형이 원기둥이 아닌 이유를 쓰시오.

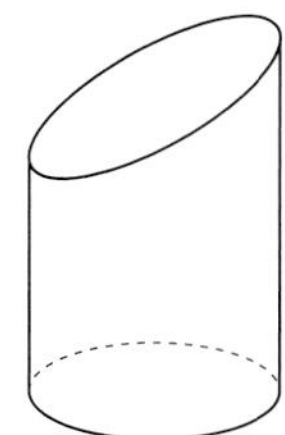

**19**

오른쪽 입체도형이 원기둥이 아닌 이유를 쓰시오.

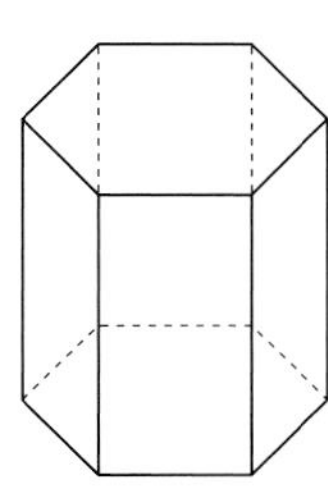

**20**

원기둥을 고르고, 원기둥이 아닌 것은 그 이유를 쓰시오.

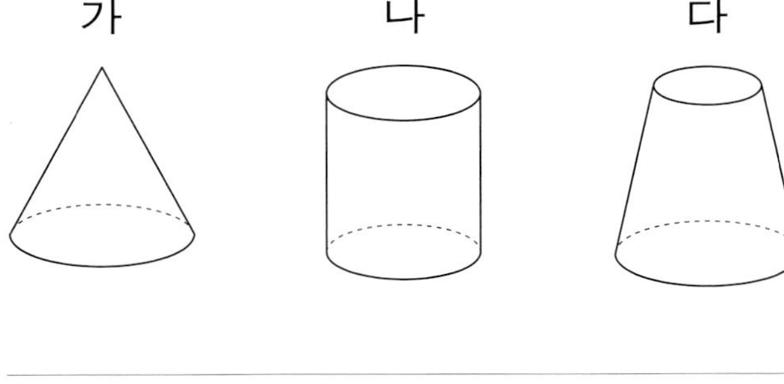

# 원기둥의 전개도

【1～6】 원기둥 모양의 상자를 그림과 같이 잘라서 펼쳤습니다. 물음에 답하시오.

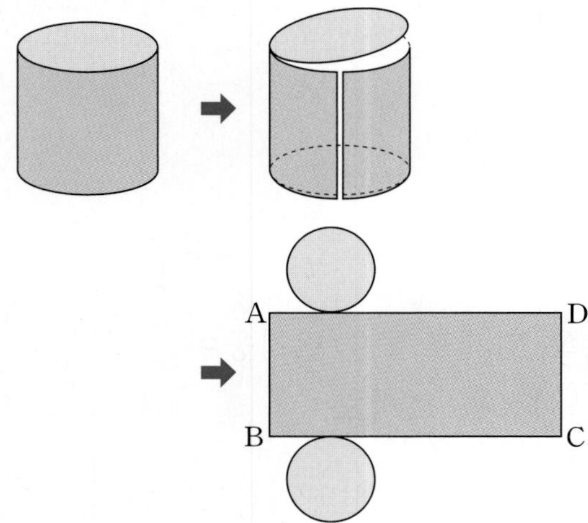


**01**
검게 칠한 곳은 밑면, 옆면, 곡면입니다.

**02**
밑면의 모양은 ________이고, 모두 ________ 개입니다.

**03**
파란색으로 칠한 곳은 밑면, 옆면, 높이입니다.

**04**
옆면을 펼친 모양은 ____________입니다.

**05**
밑면인 원의 둘레와 길이가 같은 선분은 선분 _________와 선분 _________입니다.

**06**
원기둥의 높이와 길이가 같은 선분은 선분 _________와 선분 _________입니다.

**개념 1** 원기둥의 전개도

● 다음 그림과 같이 원기둥을 펼쳐 놓은 그림을 **원기둥의 전개도**라고 합니다.

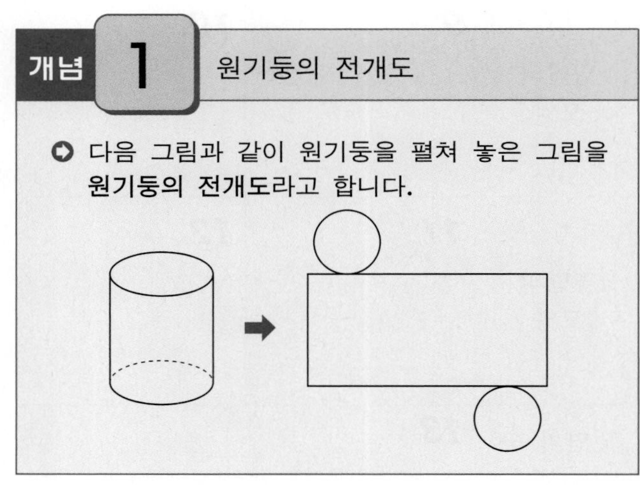

【7～13】 그림을 보고 물음에 답하시오.

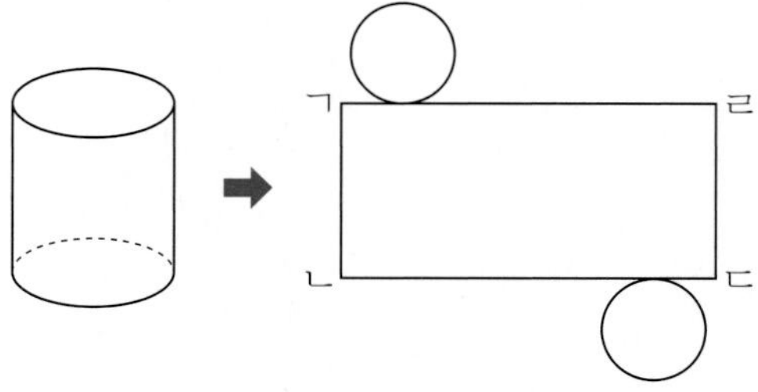


**07**
밑면을 검게 칠하시오.

**08**
밑면의 모양은 어떤 도형이며, 몇 개입니까?
____________________

**09**
옆면에 빗금을 치시오.

**10**
선분 ㄱㄹ의 길이는 밑면의 무엇의 길이와 같습니까? ____________

**11**
선분 ㄱㄴ의 길이는 원기둥의 무엇과 같습니까? ____________

**12**
선분 ㄹㄷ의 길이가 15 cm이면, 이 원기둥의 높이는 몇 cm입니까? ____________

**13**
선분 ㄴㄷ의 길이가 314 cm이면 밑면인 원의 둘레는 몇 cm입니까? ____________

**14**
①, ②, ③, ④에 알맞은 말을 쓰시오.

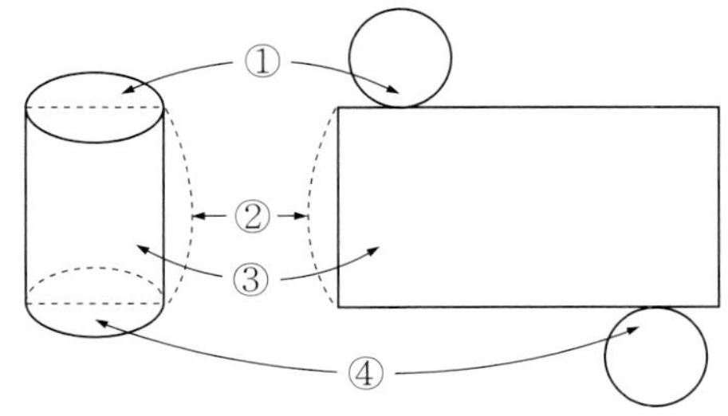


____________

**15**
빈칸에 알맞은 수를 쓰시오.

____________

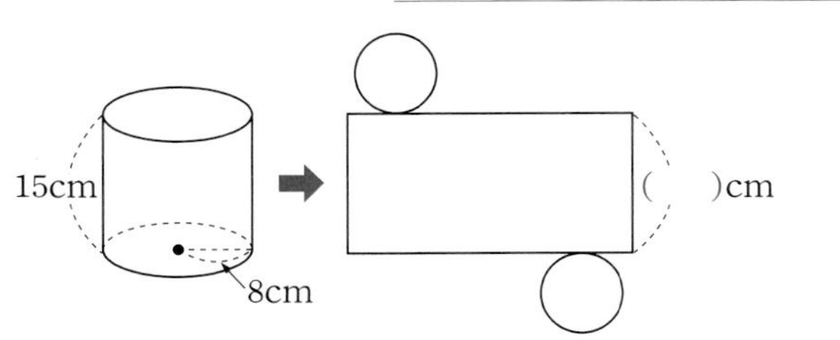


**16**
다음 원기둥과 원기둥의 전개도를 보고 ①, ② 부분의 길이를 구하시오.

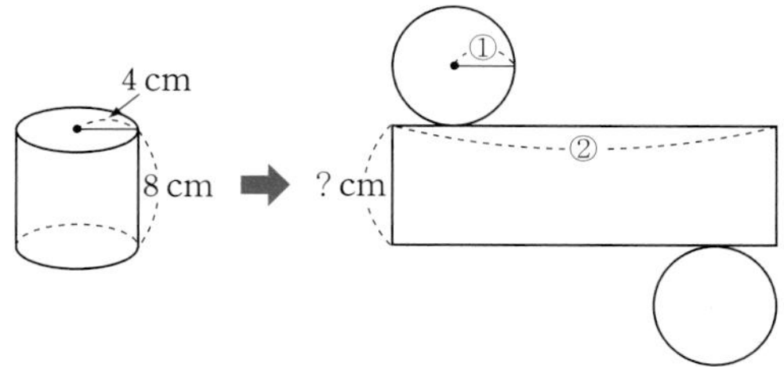


**17**
원기둥의 전개도에서 직사각형의 가로와 세로의 길이의 차를 구하시오.

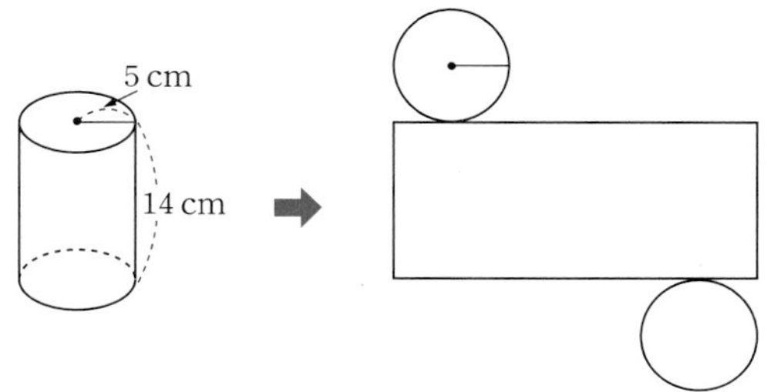


**18**
원기둥의 전개도가 아닌 것을 찾고, 그 이유를 쓰시오.

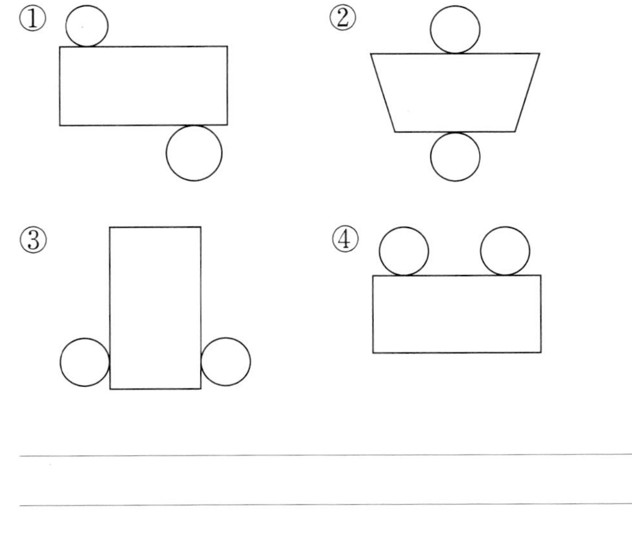


____________

# 원뿔 (개념 알기)

【1~3】 그림을 보고 물음에 답하시오.

가 나

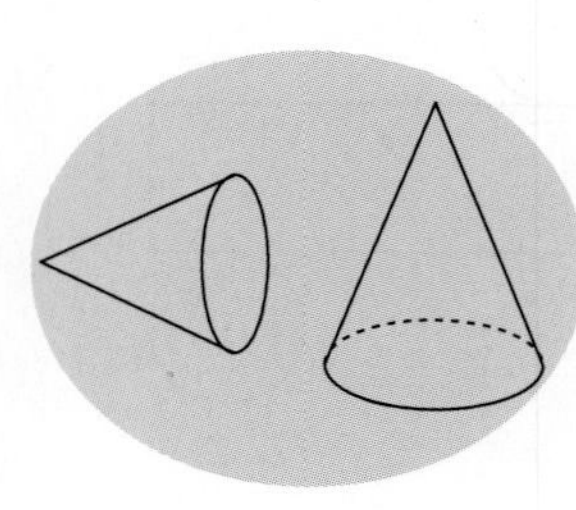

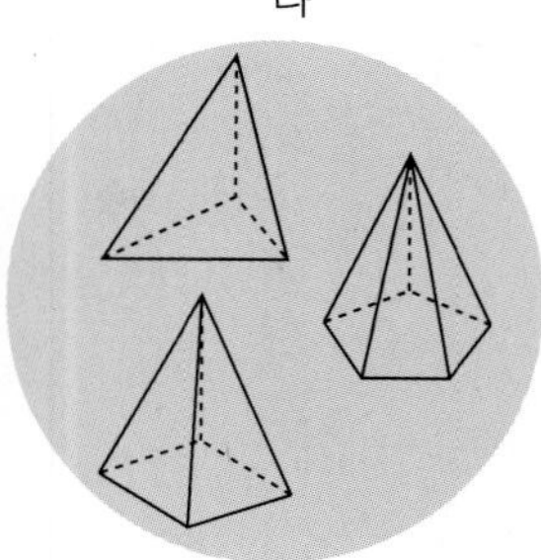

**01**

그림 나는 무엇을 모아 놓은 것입니까?

**02**

그림 가는 그림 나와 어떤 점이 다릅니까?

**03**

그림 가와 같은 입체도형을 무엇이라고 하면 좋겠습니까?

**개념 1** 원뿔의 뜻

➲ 그림과 같이 밑면이 원이고 옆면이 곡면(굽은 면)인 뿔 모양의 입체도형을 **원뿔**이라고 합니다.

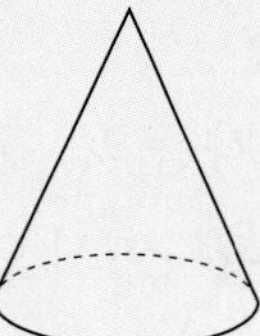

**04**

원뿔을 모두 찾으시오.

① 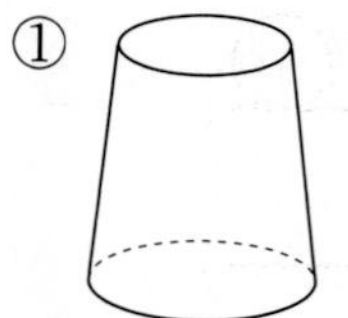
② 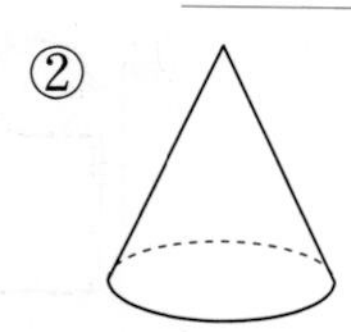
③ 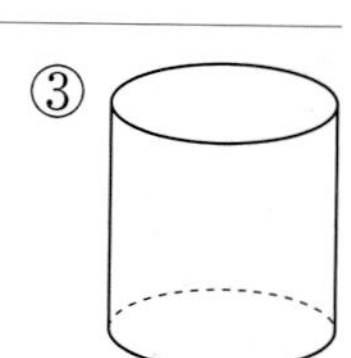
④ 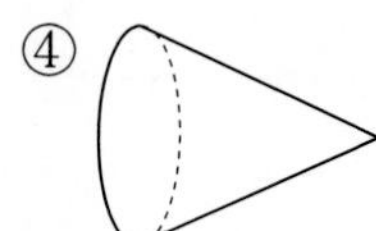
⑤ 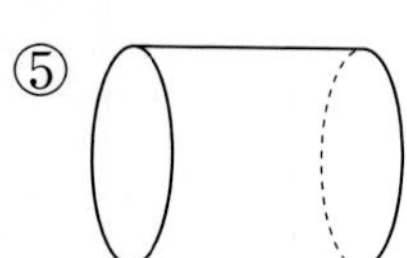

**05**

원뿔을 모두 찾으시오.

① 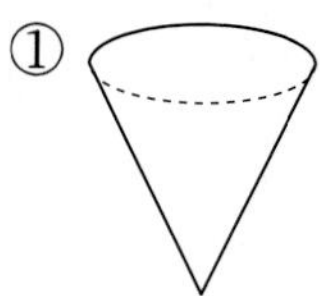
② 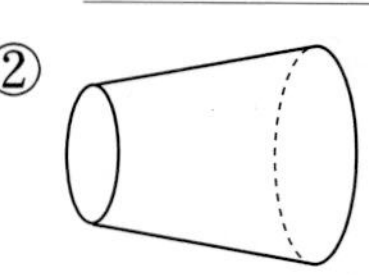
③
④ 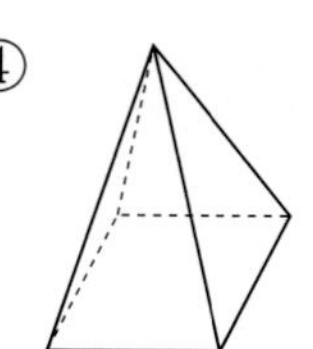
⑤ 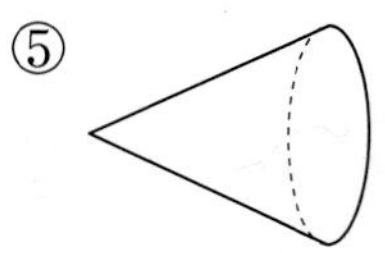
⑥ 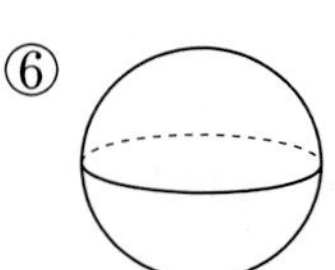

**06**

각뿔의 각 부분의 이름을 쓰시오.

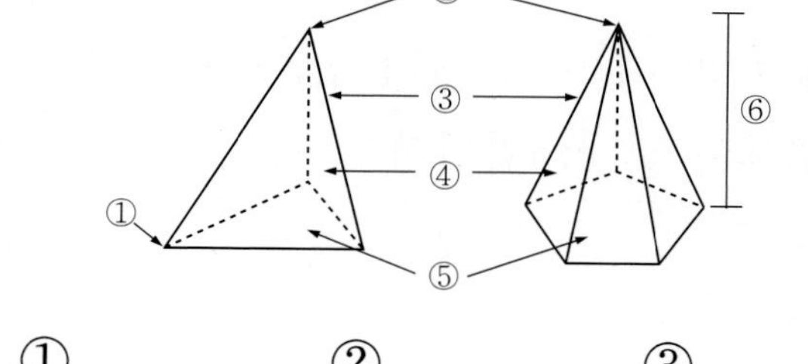


① ② ③

④ ⑤ ⑥

【7~11】 원뿔을 보고 물음에 답하시오.

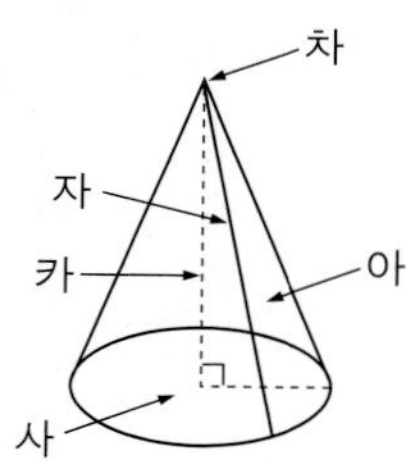


**07**

밑에 있는 면 사를 무엇이라고 하면 좋겠습니까?

**08**

옆으로 둘러싸인 면 아를 무엇이라고 하면 좋겠습니까?

**09**

원뿔의 뾰족한 점 차를 무엇이라고 하면 좋겠습니까?

**10**

원뿔의 뾰족한 점과 밑에 있는 면인 원 둘레의 한 점을 이은 선분 자를 무엇이라고 하면 좋겠습니까? ______

**11**

원뿔의 뾰족한 점에서 밑에 있는 면에 수직인 선분의 길이 카를 무엇이라고 하면 좋겠습니까? ______

**개념 2** 원뿔의 꼭짓점, 모선, 높이

❶ 원뿔의 뾰족한 점을 원뿔의 **꼭짓점**이라고 합니다.

❷ 원뿔의 꼭짓점과 밑면인 원 둘레의 한 점을 이은 선분을 **모선**이라고 합니다.

❸ 원뿔의 꼭짓점에서 밑면에 수직인 선분의 길이를 원뿔의 **높이**라고 합니다.

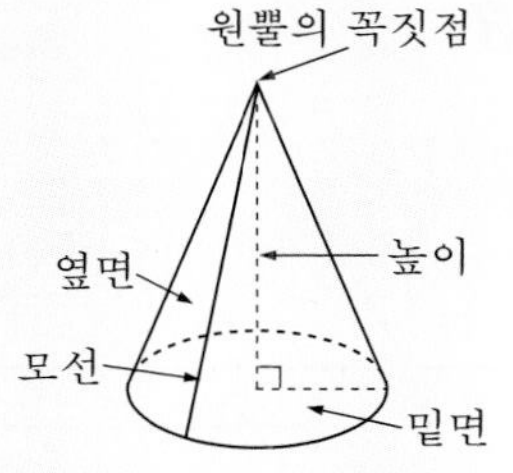


【12~13】 원뿔과 각뿔의 같은 점과 다른 점을 쓰시오.

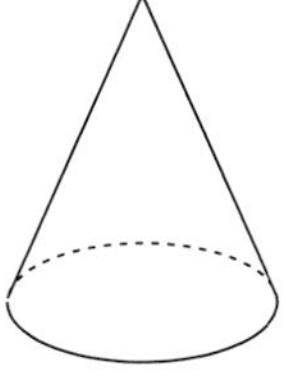 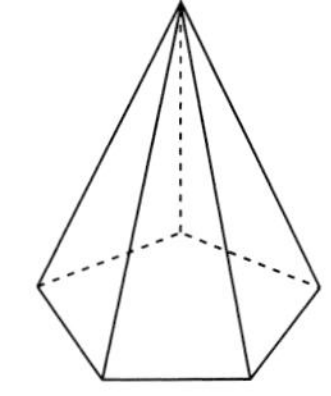 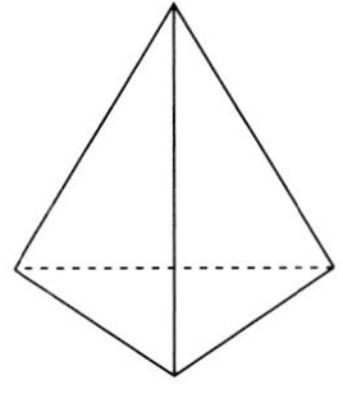

**12**

밑면과 옆면은 각각 무엇이 다릅니까?

______

**13**

원뿔의 모선은 각뿔의 모서리와 무엇이 다릅니까? ______

【14~20】 다음 두 입체도형을 비교하고 물음에 답하시오.

가 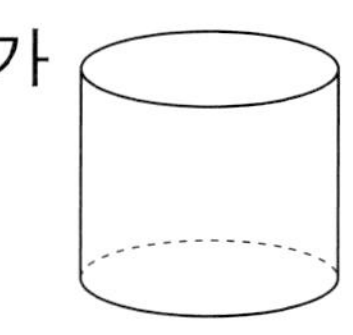 나 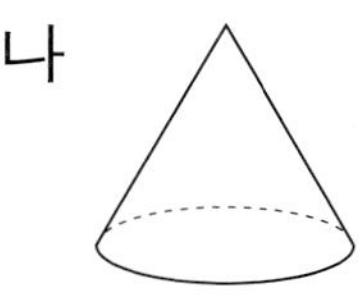

**14**

가의 밑면의 모양은 ______ 입니다.

**15**

나의 밑면의 모양은 ______ 입니다.

**16**

가는 밑면이 ______ 개이고, 나는 밑면이 ______ 개입니다.

**17**

가와 나의 옆면은 모두 ______ 으로 둘러싸여 있습니다.

**18**

가는 기둥 모양, 뿔 모양이고,

나는 기둥 모양, 뿔 모양입니다.

**19**

가와 나의 같은 점은 무엇입니까?

______

______

**20**

가와 나의 다른 점은 무엇입니까?

______

______

# 원뿔 (연습하기)

【1~3】 그림을 보고 물음에 답하시오.

가 나 다 라

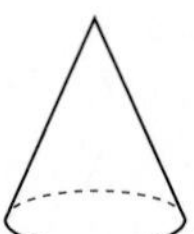
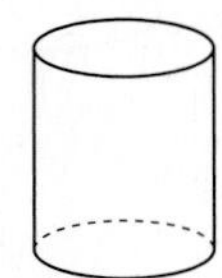
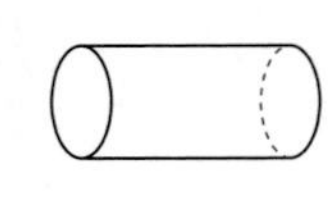
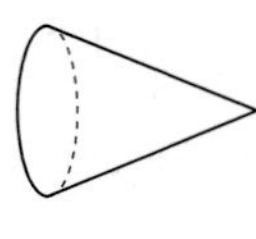

**01**

입체도형들의 공통점은 무엇입니까?

**02**

위 입체도형을 가와 라, 나와 다의 두 종류로 분류하였습니다. 어떤 기준으로 분류한 것입니까?

**03**

이 도형들의 이름을 쓰시오.

가, 라 ➡ ______

나, 다 ➡ ______

【4~6】 서로 관계 있는 것을 〈보기〉에서 찾아 기호를 쓰시오.

**04**

모선

**05**

원뿔의 높이

**06**

원뿔의 꼭짓점

〈보기〉

① 원뿔의 뾰족한 점

② 원뿔의 꼭짓점과 밑면인 원 둘레의 한 점을 이은 선분

③ 원뿔의 꼭짓점에서 밑면에 수직으로 그은 선분의 길이

**07**

원뿔에서 각 부분의 이름을 써넣으시오.

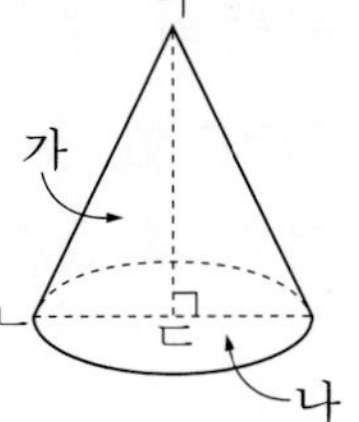


점 ㄱ ① ______

선분 ㄱㄴ ② ______

선분 ㄱㄷ ③ ______

면 가 ④ ______

면 나 ⑤ ______

【8~10】 다음은 원뿔의 무엇을 재는 그림인지 쓰시오.

**08**

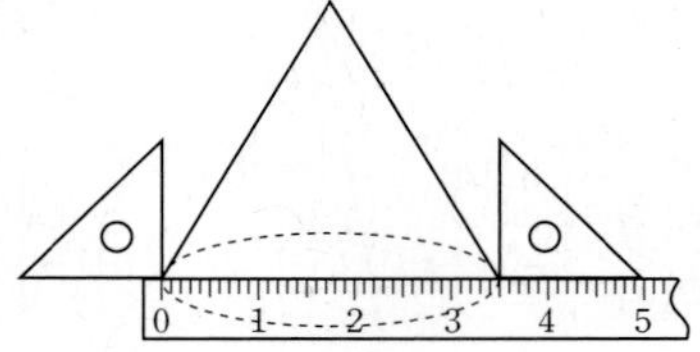


**09**

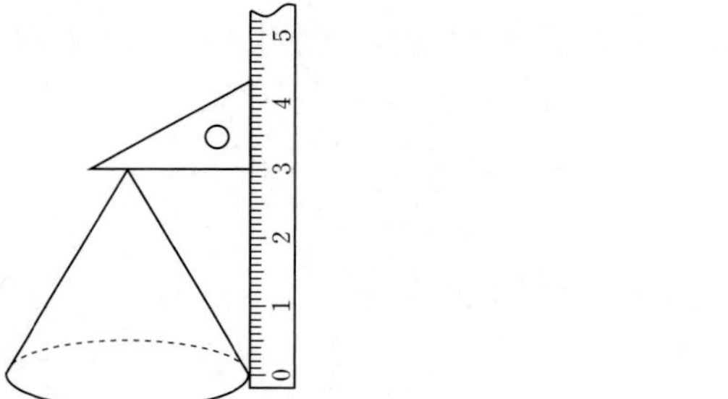


**10**

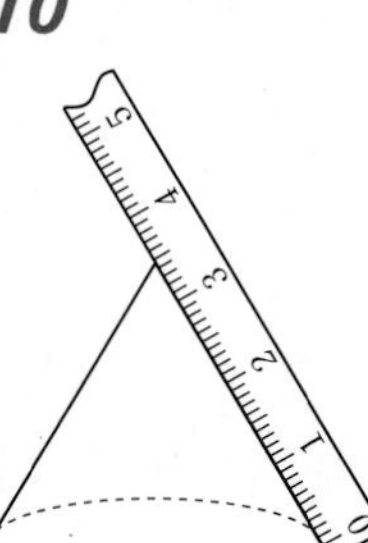

【11～13】 원뿔에서 모선의 길이, 높이, 밑면의 지름을 각각 구하시오.

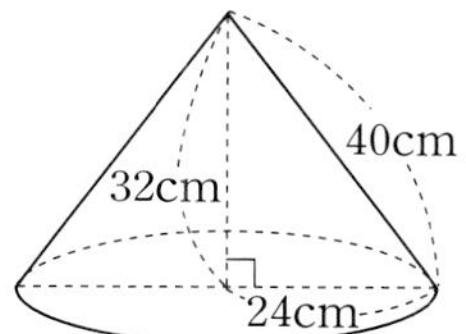


**11**

모선의 길이 ________ cm

**12**

원뿔의 높이 ________ cm

**13**

밑면의 지름 ________ cm

【14～17】 원뿔을 보고 물음에 답하시오.

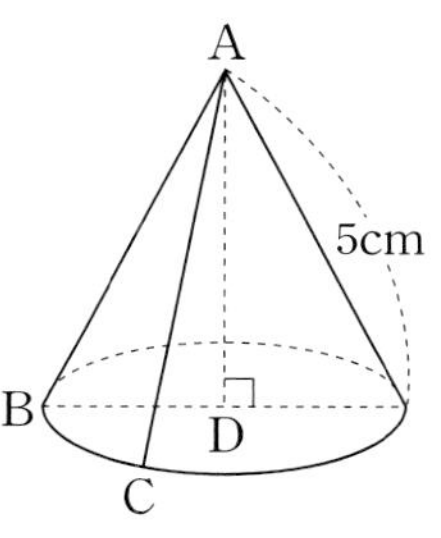


**14**

밑면은 어떤 모양입니까?

________

**15**

원뿔의 모선을 나타내는 선분을 모두 쓰시오. ________

**16**

원뿔의 모선의 길이를 구하시오.

________

**17**

원뿔의 높이를 나타낸 것은 어느 선분입니까? ________

【18～20】 원뿔을 보고 물음에 답하시오.

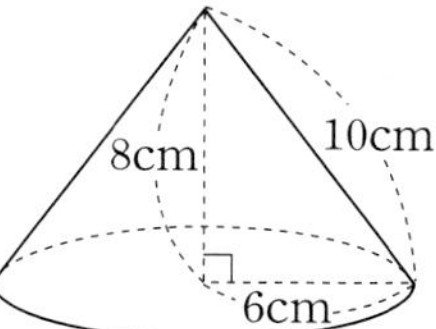


**18**

밑면의 지름은 몇 cm입니까?

________

**19**

모선의 길이는 몇 cm입니까?

________

**20**

원뿔의 높이는 몇 cm입니까?

________

**21**

두 입체도형의 높이의 차를 구하시오.

________

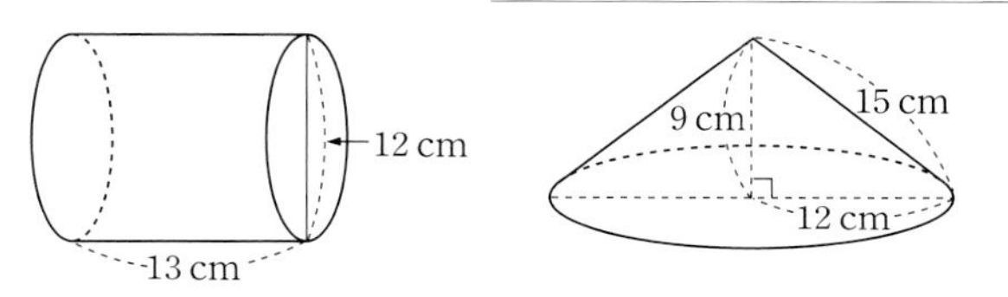


**22**

원뿔에서 모선의 길이와 높이의 차를 구하시오.

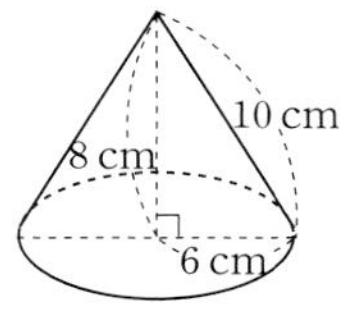


________

**23**

원뿔을 설명한 것을 모두 찾으시오.

________

① 밑면은 원이고 2개입니다.

② 옆면은 곡면입니다.

③ 거꾸로 세워도 모양이 같습니다.

④ 꼭짓점이 있습니다.

# 중단원 평가 문제(1) 원기둥~원뿔

**01**
원기둥을 찾으시오.

① 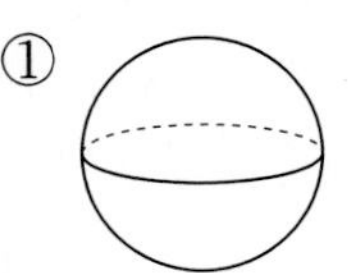
② 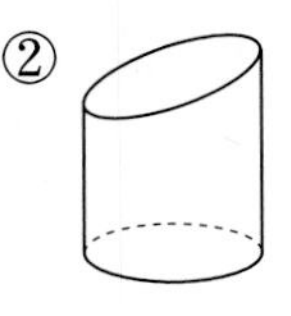
③ 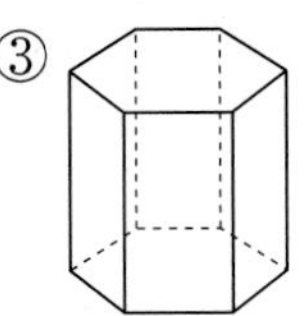
④ 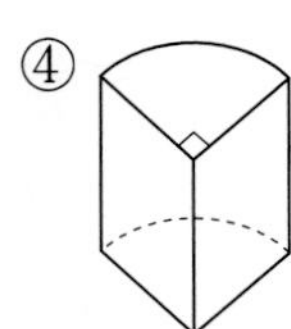
⑤ 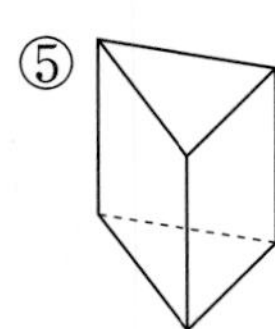
⑥ 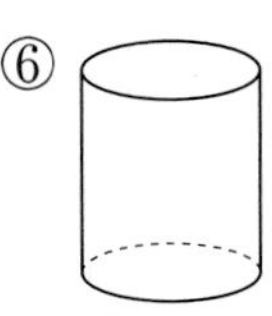

**02**
각기둥과 원기둥의 같은 점을 찾으시오.

① 모서리의 수
② 옆면의 모양
③ 밑면의 수
④ 꼭짓점의 수
⑤ 밑면의 모양

**03**
그림에서 원기둥의 높이를 찾으시오.

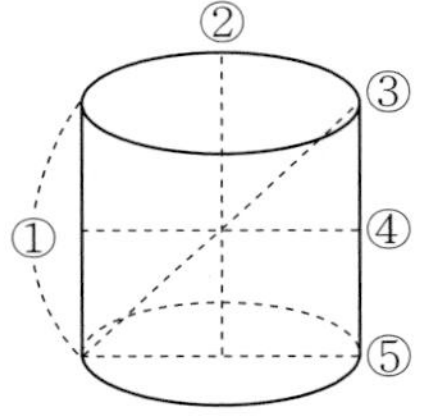


**04**
다음과 같은 입체도형의 이름을 쓰시오.

| 앞에서 본 모양 | 위에서 본 모양 |
|---|---|
| 직사각형 | 원 |

**05**
오른쪽 도형이 원기둥이 아닌 이유를 두 가지만 쓰시오.

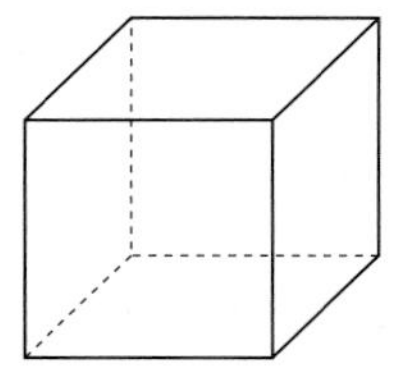

**06**
원기둥의 전개도를 모두 찾으시오.

① 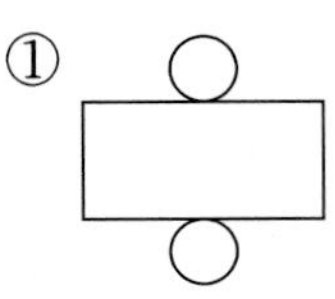
② 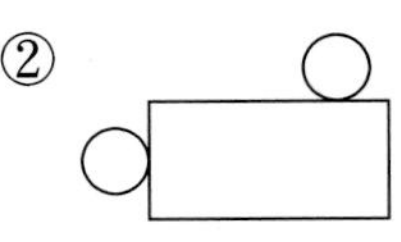
③ 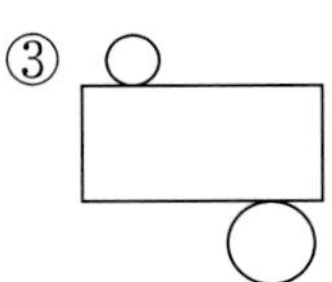
④ 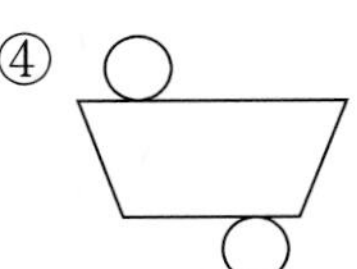
⑤ 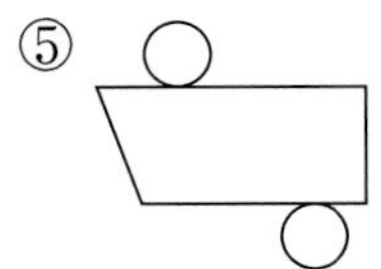
⑥ 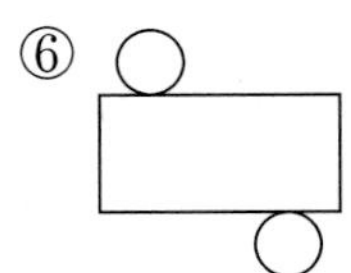

**07**
밑면을 그려 원기둥의 전개도를 완성하려고 합니다. 밑면의 위치로 바른 것을 모두 짝지으시오.

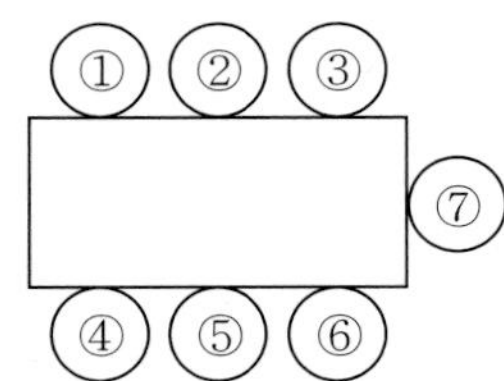


**08**
밑면의 둘레의 길이가 62.8 cm, 높이가 32 cm인 원기둥의 전개도입니다. 선분 AD의 길이는 몇 cm입니까?

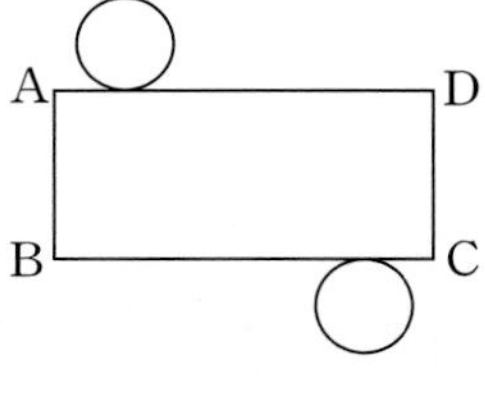

**09**
오른쪽 원기둥의 전개도로 만든 원기둥의 높이는 몇 cm입니까?

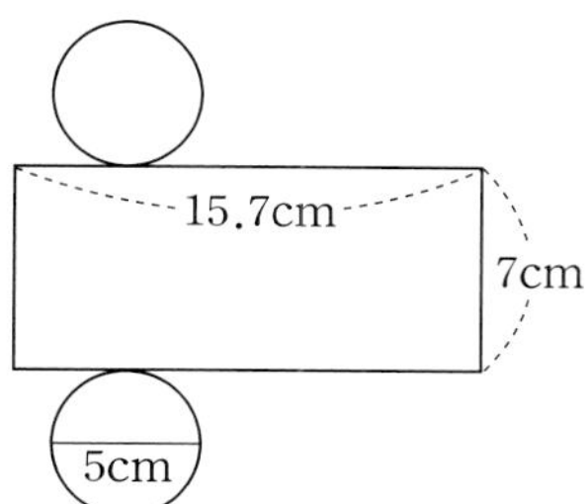


**10**
오른쪽 원기둥에서 밑면의 둘레가 25.12 cm입니다. 이 원기둥의 전개도에서 옆면의 넓이를 구하시오.

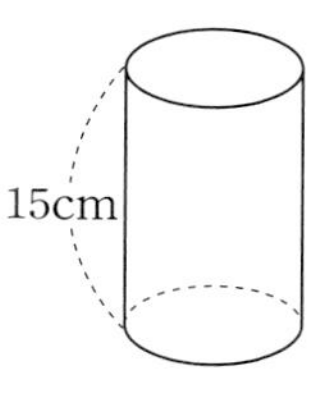


**11**
원뿔을 찾으시오.

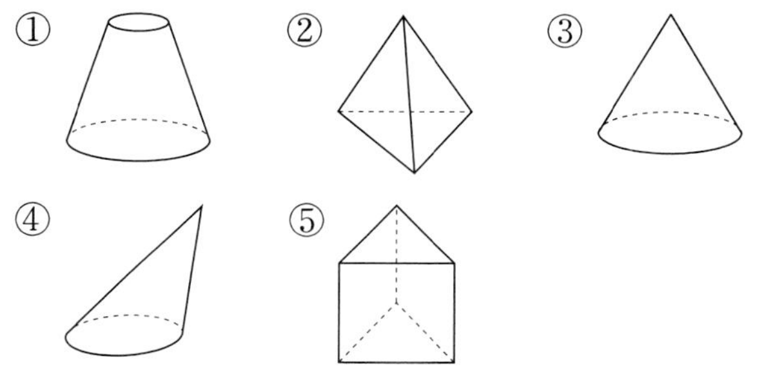


**12**
어떤 입체도형을 여러 방향에서 본 모양입니다. 이 입체도형의 이름을 쓰시오.

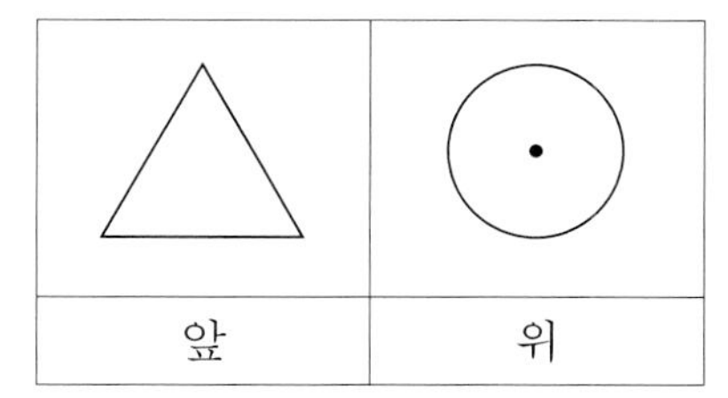


**13**
오른쪽 원뿔에서 모선의 길이, 높이, 밑면의 지름의 길이를 각각 구하시오.

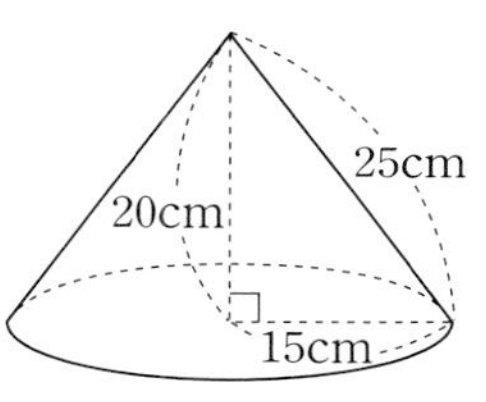


**14**
원뿔에 대한 설명으로 옳은 것을 모두 찾으시오.

① 밑면의 모양은 원입니다.
② 꼭짓점은 1개입니다.
③ 밑면은 1개입니다.
④ 모선은 무수히 많습니다.
⑤ 모선의 길이와 높이가 같을 때도 있습니다.

**15**
오른쪽 그림에서 모선을 나타낸 선분은 모두 몇 개입니까?

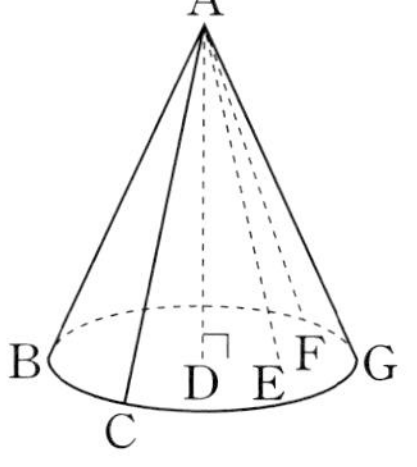


**16**
오른쪽 원기둥을 앞에서 본 모양의 넓이를 구하시오.

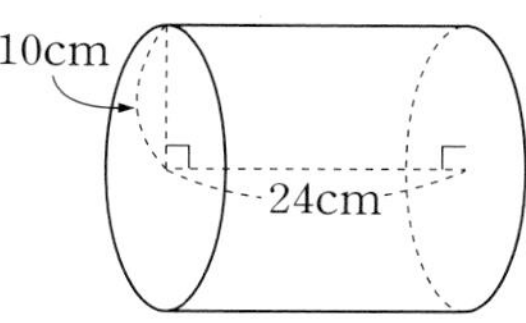


**17**
오른쪽 원뿔을 앞에서 본 모양의 넓이를 구하시오.

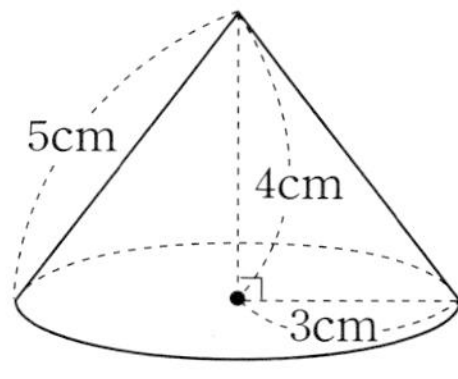


**18**
오른쪽 입체도형이 원뿔이 아닌 이유를 두 가지만 쓰시오.

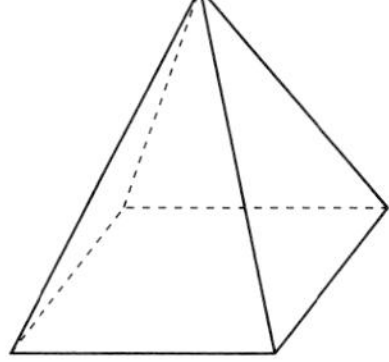

# 중단원 평가 문제(2) 원기둥~원뿔

**01**
원기둥의 성질을 바르게 말한 것은 어느 것입니까? ______

① 밑면과 옆면이 각각 2개씩 있습니다.
② 밑면이 다각형입니다.
③ 두 밑면이 서로 수직으로 만납니다.
④ 두 밑면이 서로 합동입니다.
⑤ 옆면은 원 모양입니다.

**02**
원기둥에 대하여 바르게 말한 것은 어느 것입니까? ______

① 밑면의 개수는 1개이고 서로 평행입니다.
② 밑면의 모양은 원이고, 옆면과 평행입니다.
③ 꼭짓점의 개수는 2개입니다.
④ 옆면은 곡면으로 되어 있습니다.
⑤ 높이가 될 수 있는 선분은 무수히 많습니다.

**03**
오른쪽 원기둥을 앞에서 본 모양의 넓이를 구하시오.

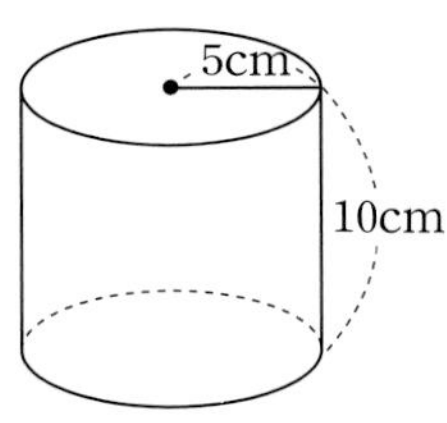


______

**04**
다음은 어떤 입체도형을 여러 방향에서 본 모양입니다. 이 입체도형의 이름을 쓰고, 높이를 구하시오.

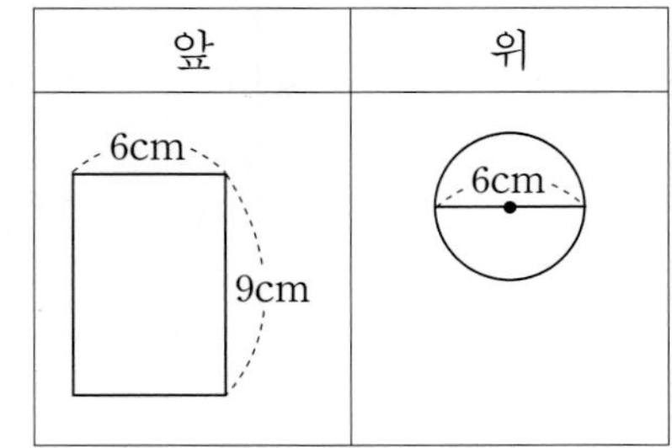


이름 ➡ ______ 높이 ➡ ______

**05**
그림은 밑면의 둘레의 길이가 31.4 cm이고, 높이가 11 cm인 원기둥의 전개도입니다. 사각형 ABCD의 넓이를 구하시오. ______

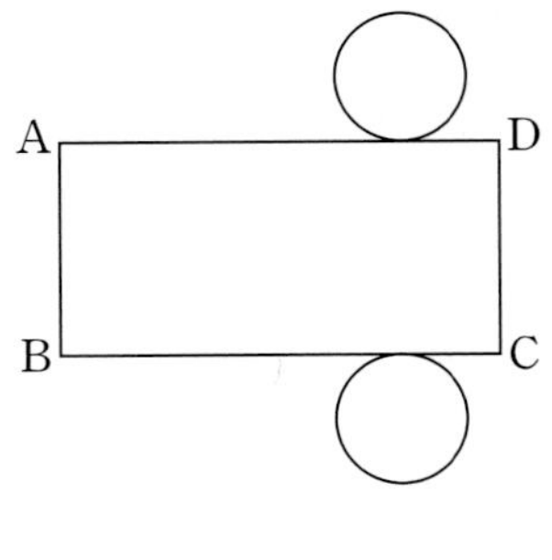


**06**
전개도에서 옆면의 넓이가 471 $cm^2$일 때, 한 밑면의 둘레의 길이를 구하시오.

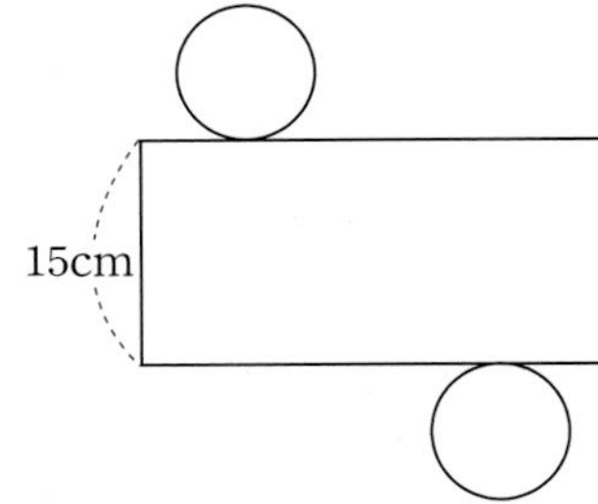


______

**07**
밑면의 둘레의 길이가 20 cm이고, 높이가 12 cm인 원기둥의 전개도에서 옆면의 둘레의 길이를 구하시오. ______

**08**
오른쪽 그림과 같은 원기둥에서 밑면의 둘레의 길이는 지름의 3.14배일 때, 옆면의 넓이를 구하시오.

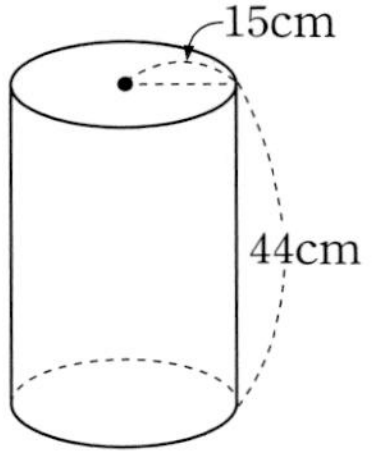


______

**09** 서술형
그림과 같은 롤러에 페인트를 묻힌 후 세 바퀴 굴렸더니 색칠된 넓이가 4710 $cm^2$였습니다. 롤러의 한 밑면의 둘레의 길이는 몇 cm입니까?

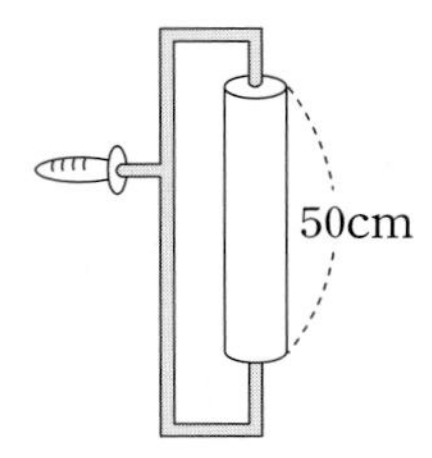


______

**10**
원기둥 모양의 종이컵에 파란 물감을 그림과 같이 담았습니다. 종이컵의 전개도를 그리고, 파란 물감이 묻어 있는 부분에 색칠하시오.

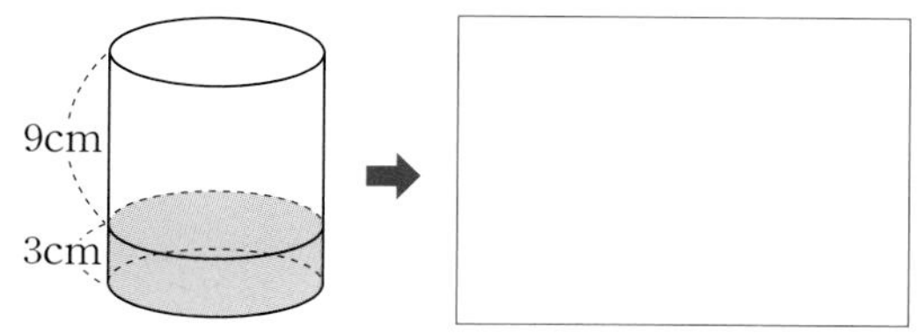


**11**
원기둥 A와 원기둥 B의 높이가 같습니다. 두 원기둥을 앞에서 본 모양의 넓이를 가장 간단한 자연수의 비로 나타내시오.

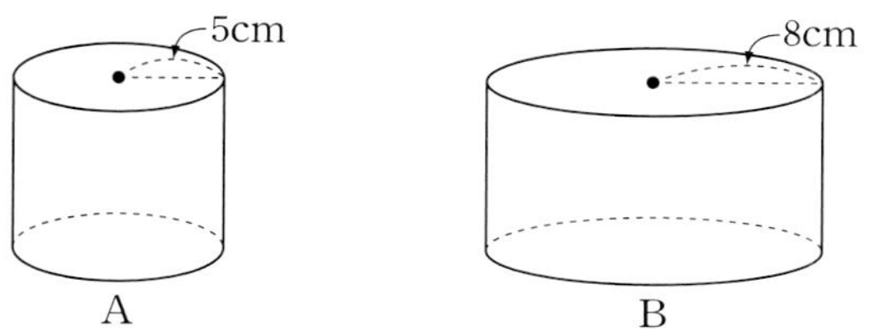


**12** 서술형
넓이가 788 cm²이고 세로가 20 cm인 직사각형 모양의 종이로 오른쪽 원기둥을 감았더니 1번 감고 8 cm가 더 겹쳤습니다. 이 원기둥의 밑면의 둘레의 길이를 구하시오.

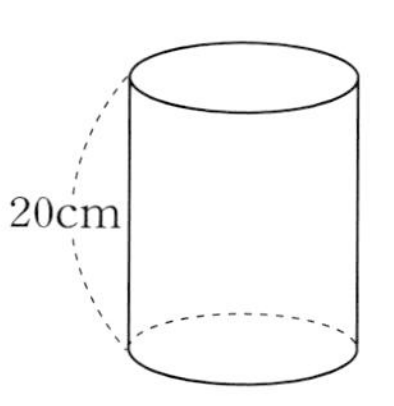


**13**
전개도에서 색칠한 부분의 넓이가 50 cm² 일 때, 점 A에서 점 B에 이르는 최단 거리는 얼마입니까?

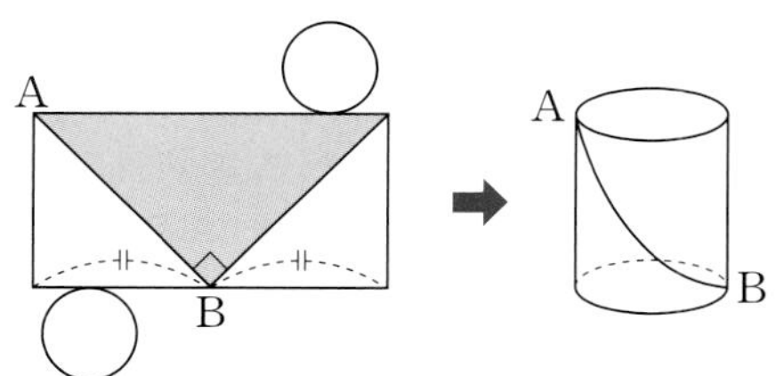


**14**
원뿔에 대한 설명으로 옳은 것을 모두 찾으시오.

① 위에서 보면 원 모양입니다.
② 모선의 수는 무수히 많습니다.
③ 모선의 길이는 모두 같습니다.
④ 옆면은 곡면입니다.
⑤ 옆에서 보면 이등변삼각형입니다.
⑥ 높이는 모선의 길이보다 짧습니다.

**15**
오른쪽 원뿔을 앞에서 본 모양의 둘레의 길이가 64 cm일 때, 모선의 길이를 구하시오.

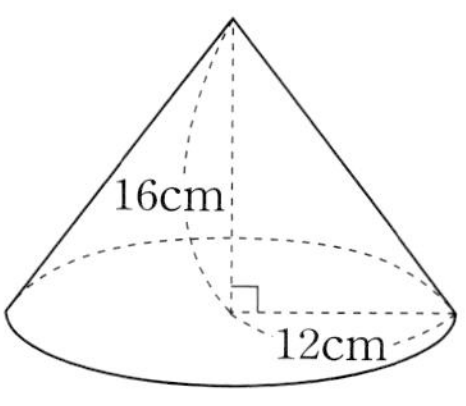


**16**
오른쪽 원뿔을 앞에서 본 모양의 둘레의 길이가 36 cm입니다. 이 원뿔을 앞에서 본 모양의 넓이를 구하시오.

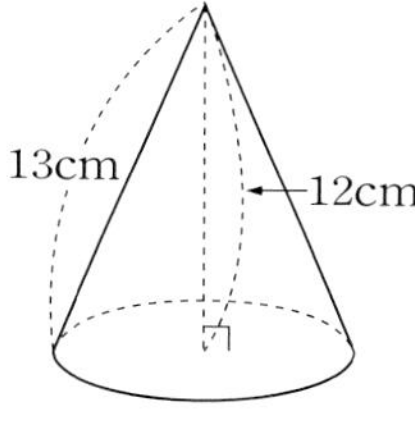


**17**
높이가 30 cm인 고깔이 속으로 밀려 들어가 그림과 같이 되었습니다. 들어간 고깔 부분의 높이는 얼마입니까?

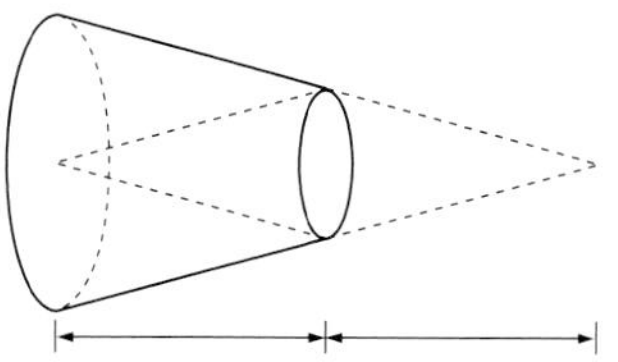

**18**
밑면의 반지름이 서로 같고, 높이도 같은 원기둥과 원뿔이 있습니다. 두 입체도형을 앞에서 본 넓이의 비를 구하시오.

교과서 실력쌓기

# 회전체 (개념 알기)

**01**
도자기 공장에서 회전판을 돌려서 도자기를 만들 때 생기는 여러 가지 모양을 5가지만 쓰시오. ______

**【2~3】** 직사각형 모양의 종이를 나무 젓가락에 붙여서 돌리면서 모양을 관찰하시오.

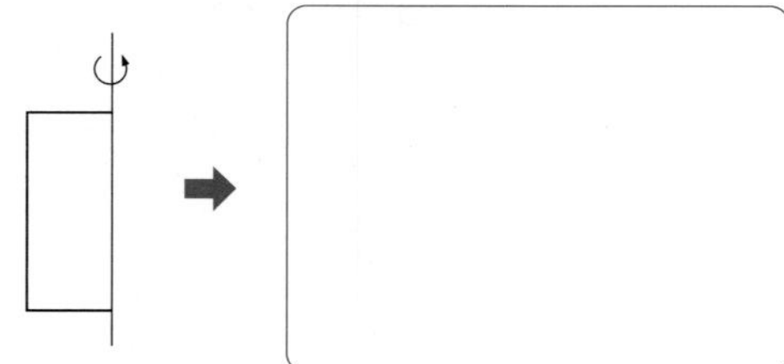

**02**
어떤 모양이 되는지 위에 그리시오.

**03**
만들어진 입체도형의 이름은 무엇입니까?

______

**04**
왼쪽 직사각형 모양의 종이를 나무 젓가락에 붙여서 1회전 시킬 때 나오는 입체도형을 그리시오.

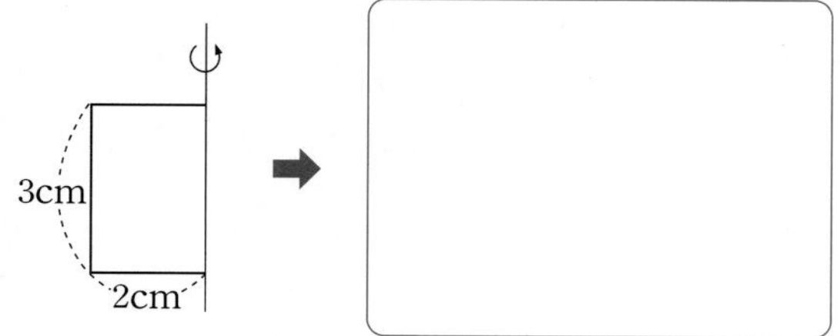


**【5~6】** 직각삼각형 모양의 종이를 나무 젓가락에 붙여서 돌리면서 모양을 관찰하시오.

**05**
어떤 모양이 되는지 위에 그리시오.

**06**
만들어진 입체도형의 이름은 무엇입니까?

______

**07**
왼쪽 직각삼각형 모양의 종이를 나무젓가락에 붙여서 1회전 시킬 때 나오는 입체도형을 그리시오.

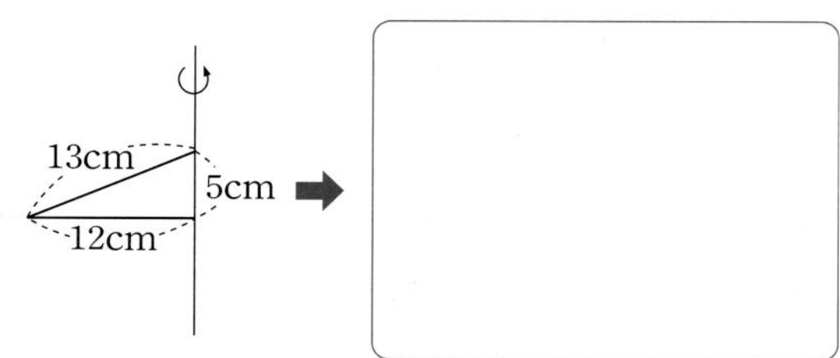


**개념 1** 회전체, 회전축

- 평면도형을 한 직선을 축으로 하여 1회전 해서 얻어지는 입체도형을 **회전체**라고 합니다. 이때, 축으로 사용한 직선을 **회전축**이라고 합니다.

【8~9】 반원 모양의 종이를 나무 젓가락에 붙여서 돌리면서 모양을 관찰하시오.

**08**

어떤 모양이 되는지 위에 그리시오.

**09**

만들어진 입체도형의 모양은 무엇입니까?

______________

**개념 2** 구

- 반원의 지름을 회전축으로 하여 1회전 한 회전체를 **구**라고 합니다. 이때, 반원의 중심은 **구의 중심**이 되고, 반원의 반지름은 **구의 반지름**이 됩니다.

**10**

①, ②, ③, ④에 알맞은 말을 쓰시오.

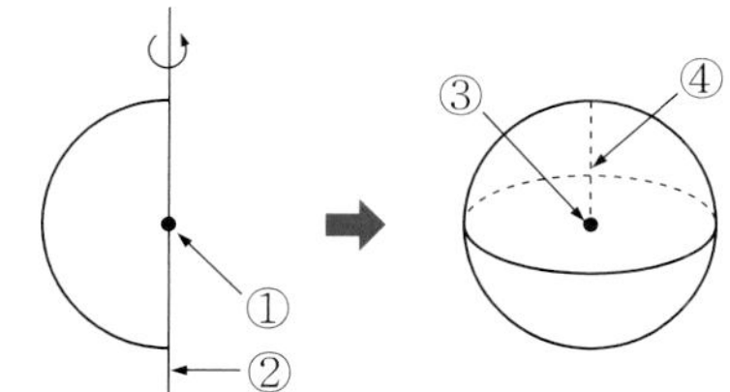


① ______________ ② ______________

③ ______________ ④ ______________

**11**

회전체를 모두 찾으시오. ______________

① 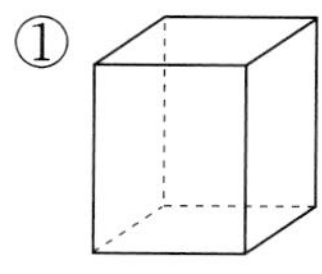 ② 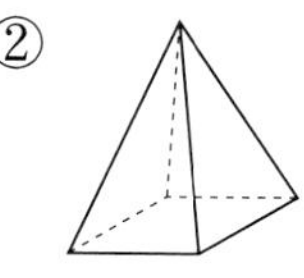 ③ 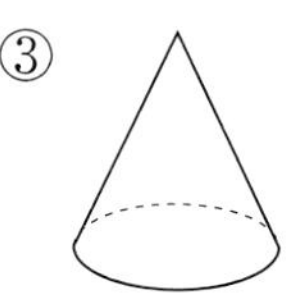

④ 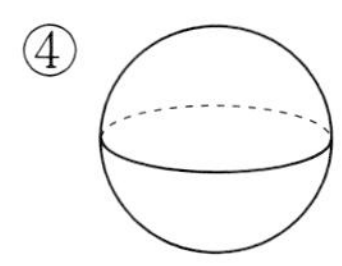 ⑤ 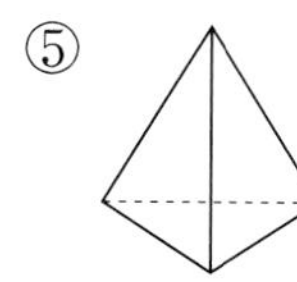 ⑥ 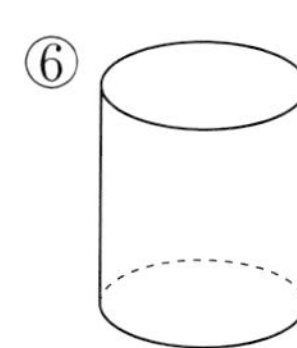

**12**

오른쪽 도형을 회전축을 중심으로 하여 1회전 시켰을 때, 만들어진 입체도형의 반지름은 몇 cm입니까?

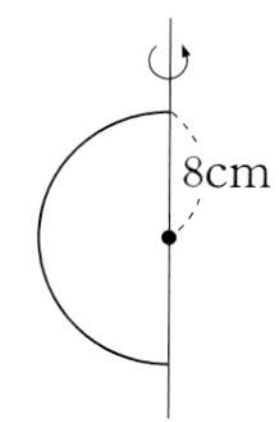


______________

【13~15】 직각삼각형을 그림과 같이 1회전 시키려고 합니다. 빈칸에 알맞은 것을 쓰시오.

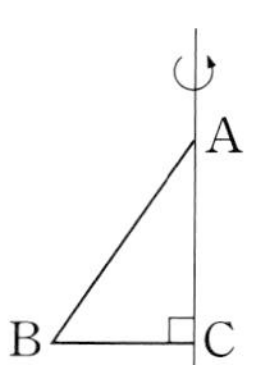


**13**

선분 AC는 회전체의 ______________ 이(가) 됩니다.

**14**

선분 AB는 회전체의 ______________ 이(가) 됩니다.

**15**

선분 BC는 회전체의 ______________ 이(가) 됩니다.

【*16*~*17*】 직사각형을 그림과 같이 1회전 시키려고 합니다.

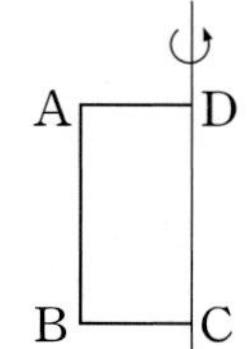


***16***

회전체의 높이가 되는 선분을 쓰시오.

______________

***17***

회전체의 밑면의 반지름이 되는 선분을 쓰시오.

______________

【*18*~*20*】 평면도형을 한 직선을 축으로 하여 1회전 시켰을 때, 생기는 입체도형을 그리시오.

***18***

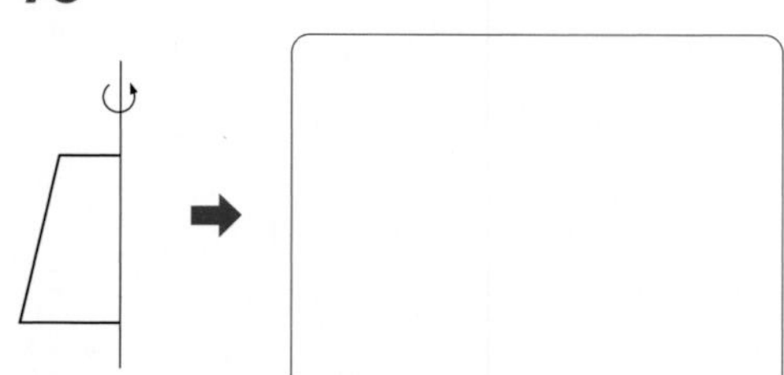

***19***

***20***

【*21*~*26*】 평면도형과 관계 있는 회전체를 찾아 짝지으시오.

***21***

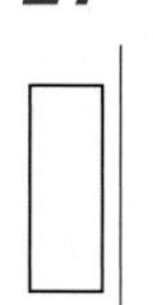

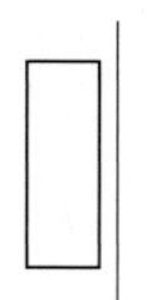

① 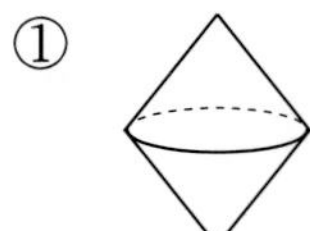

***22***

② 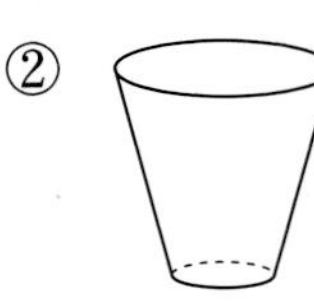

***23***

③ 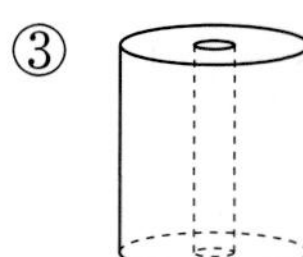

***24***

④ 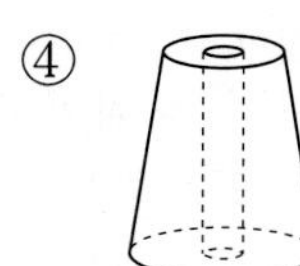

***25***

⑤ 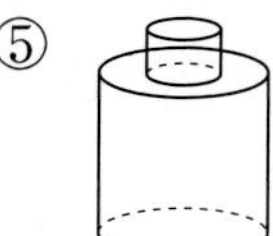

***26***

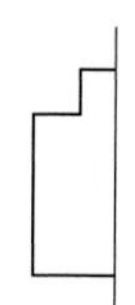

⑥ 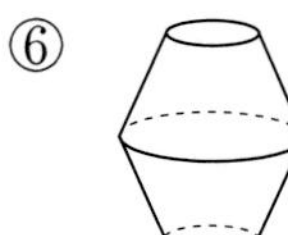

# 회전체 (연습하기)

**01**

회전체를 모두 찾으시오. ____________

① 

② 

③ 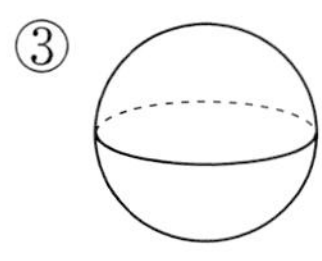

④ 

⑤ 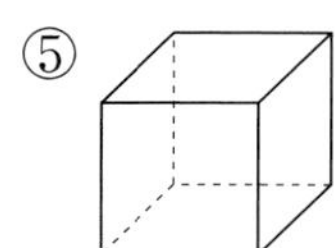

⑥ 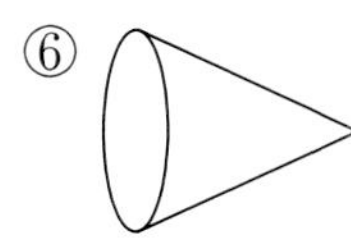

**02**

회전체를 모두 찾으시오. ____________

① 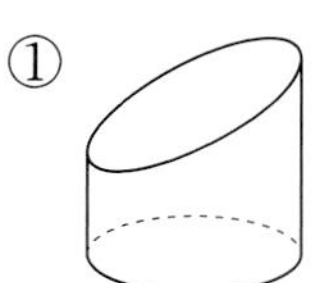

② 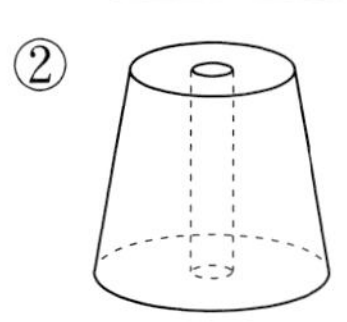

③ 

④ 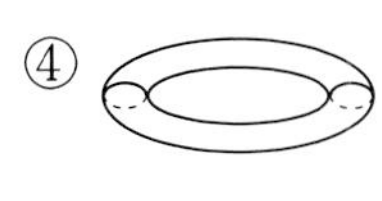

⑤ 

⑥ 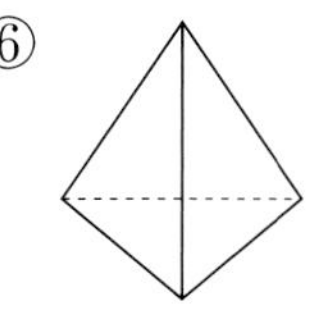

**03**

평면도형 **가**를 회전하여 입체도형 **나**를 얻었습니다. 축으로 사용한 직선 ㄱㄴ을 무엇이라고 합니까? ____________

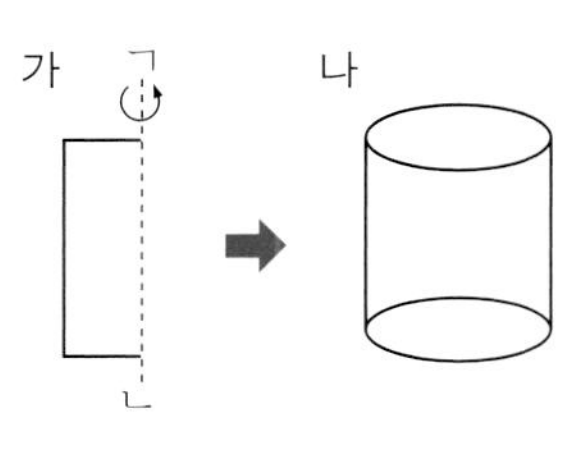


【4~9】 각 평면도형을 회전축을 중심으로 하여 1회전 시켰을 때에 만들어지는 입체도형을 그리시오.

**04**

➡

**05**

➡

**06**

➡

**07**

➡

**08**

➡

**09**

➡

【*10*~*19*】 각 회전체는 어떤 평면도형을 한 직선을 축으로 하여 1회전 시켜 만든 것입니다. 회전시키기 전의 평면도형과 회전축을 그리시오.

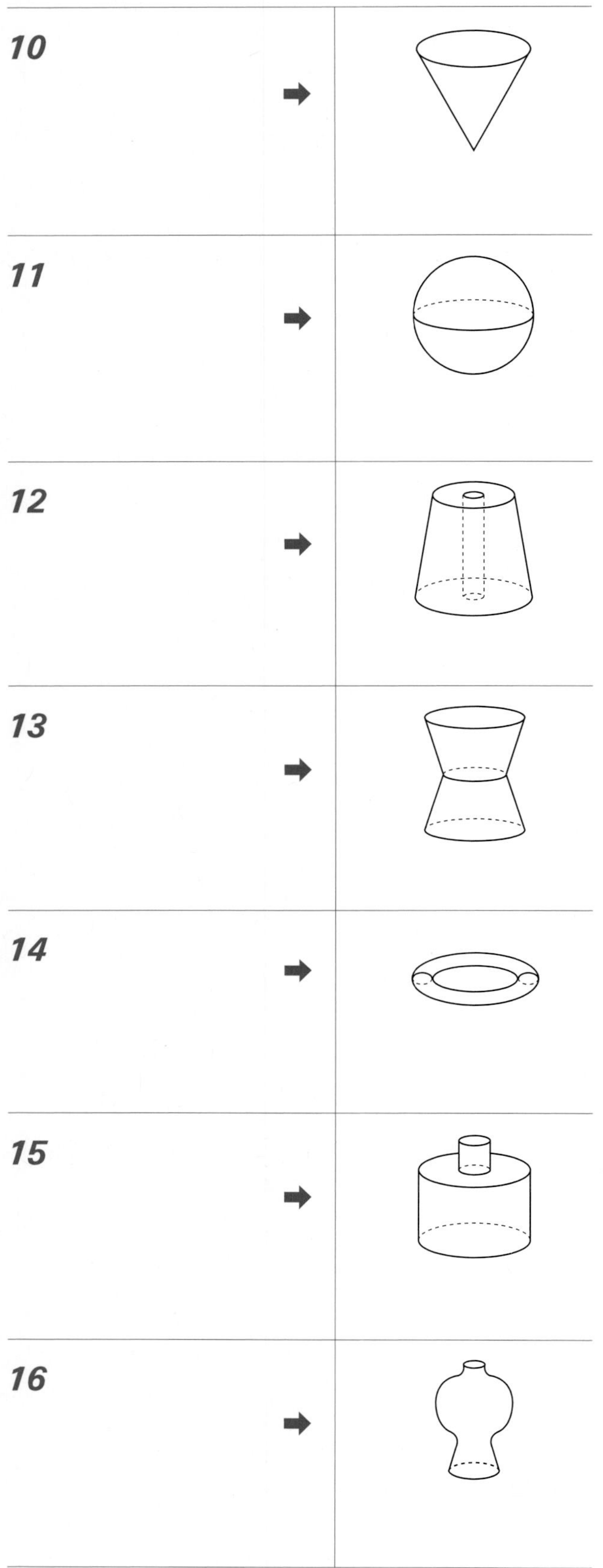


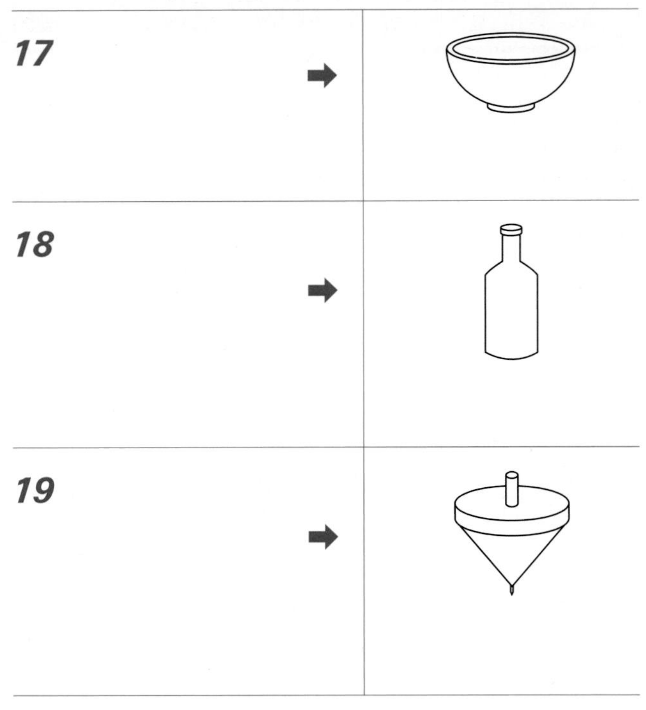


【*20*~*23*】 관계 있는 것끼리 짝지으시오.

*20*

①

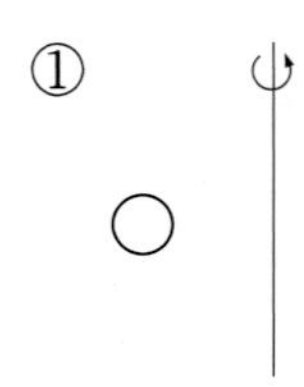

*21*

②

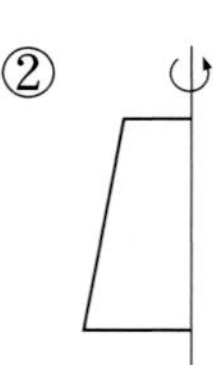

*22*

③

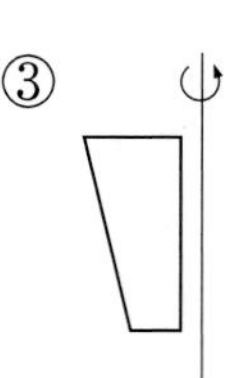

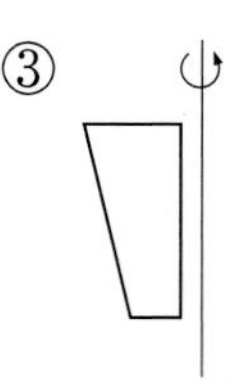

*23*

④

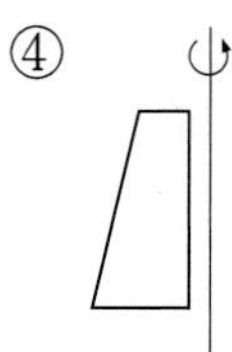

【24～30】 회전체와 관계 있는 평면도형을 찾아 짝지으시오.

**24**

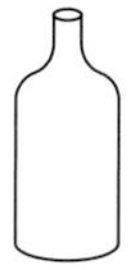

①

**25**

②

**26**

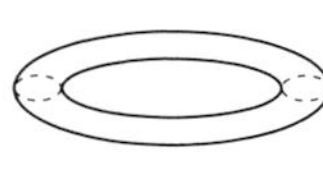

③

**27**

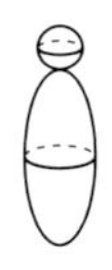

④

**28**

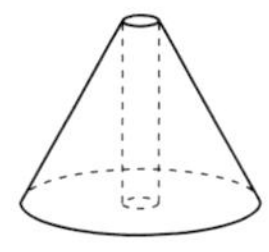

⑤

**29**

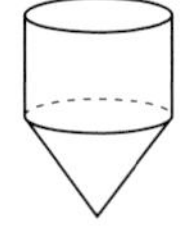

⑥

**30**

⑦

【31～33】 다음은 어떤 평면도형을 1회전 시켜서 만든 회전체입니다. 회전시키기 전의 평면도형을 회전축과 함께 그리시오.

**31**

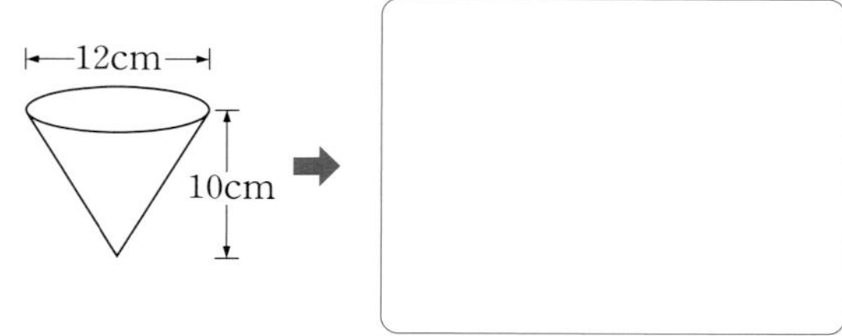


**32**

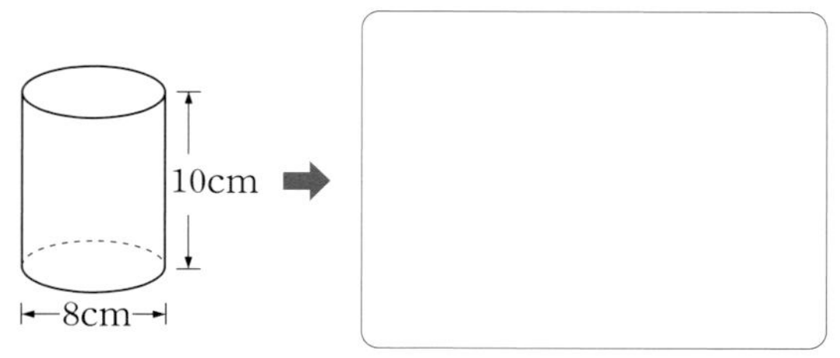


**33**

**34**

어떤 평면도형을 1회전 시켜 밑면의 지름이 10 cm이고, 높이가 20 cm인 원기둥을 만들었습니다. 회전시키기 전의 평면도형의 넓이를 구하시오. ________

**35**

어떤 평면도형을 1회전 시켜 밑면의 지름이 10 cm이고, 높이가 12 cm, 모선의 길이가 13 cm인 원뿔을 만들었습니다. 회전시키기 전의 평면도형의 넓이를 구하시오.

________

# 회전체의 단면 (개념 알기)

【1~3】 원기둥 모양의 무를 여러 방향의 평면으로 자르시오.

**01**
가와 같이 회전축을 품은 평면으로 원기둥을 자르면, 잘린 면은 어떤 도형이 되는지 알아보시오. ________

**02**
나와 같이 회전축에 수직인 평면으로 원기둥을 자르면, 잘린 면은 어떤 도형이 되는지 알아보시오. ________

**03**
다와 같이 회전축에 수직이 아닌 평면으로 원기둥을 자르면, 잘린 면은 어떤 모양이 되는지 알아보시오. ________

**개념 1 단면**

입체도형을 평면으로 잘랐을 때에 생기는 도형의 면을 **단면**이라고 합니다.

**04**
그림과 같이 회전축을 품은 평면으로 원기둥을 자르면, 단면은 어떤 도형이 되는지 그리시오.

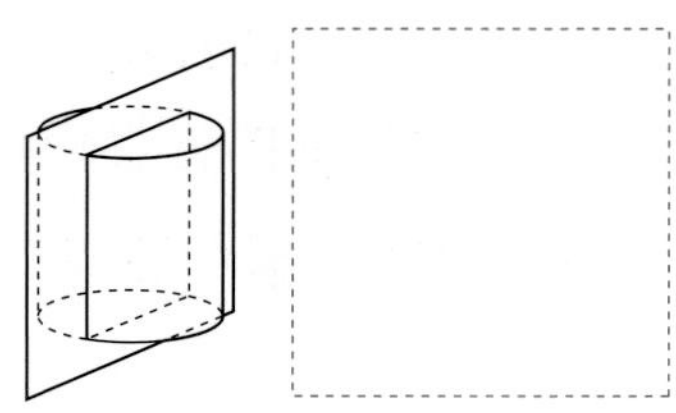

**05**
그림과 같이 회전축에 수직인 평면으로 원기둥을 자르면, 단면은 어떤 도형이 되는지 그리시오.

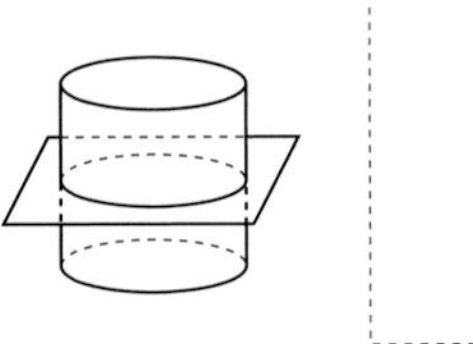

**06**
그림과 같이 회전축에 수직이 아닌 평면으로 원기둥을 자르면, 단면은 어떤 모양이 되는지 그리시오.

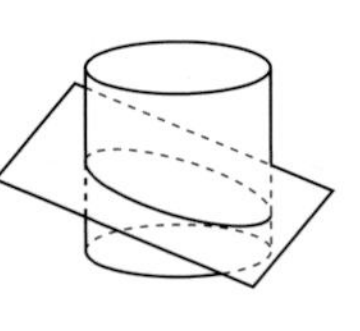

【7~9】 원뿔 모양의 당근을 여러 방향의 평면으로 잘랐을 때에 생기는 단면의 모양을 살펴보시오.

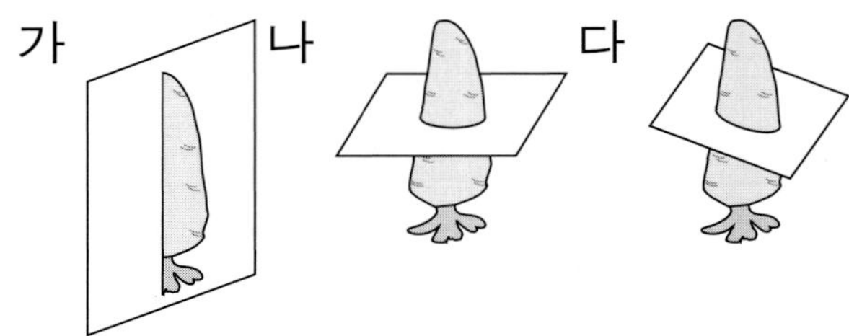


**07**
가와 같이 회전축을 품은 평면으로 원뿔을 자른 뒤에 그 단면을 오른쪽에 그리시오. ________

**08**
나와 같이 회전축에 수직인 평면으로 원뿔을 자른 뒤에 그 단면을 오른쪽에 그리시오. ________

**09**

다와 같이 회전축에 수직이 아닌 평면으로 원뿔을 자른 뒤에 그 단면을 오른쪽에 그리시오. ____________

【10~13】 구 모양의 오렌지를 여러 방향의 평면으로 잘랐을 때에 생기는 단면의 모양을 살펴보시오.

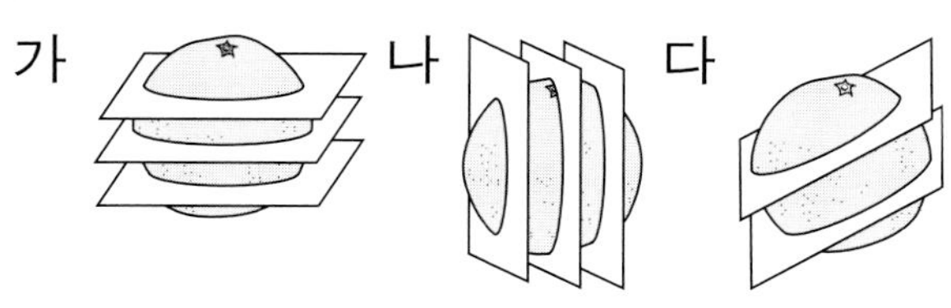


**10**

가와 같이 자른 뒤에 그 단면을 오른쪽에 그려 보고, 어떤 모양이 되었는지 발표하여 보시오. ____________

**11**

나와 같이 자른 뒤에 그 단면을 오른쪽에 그려 보고, 어떤 모양이 되었는지 발표하여 보시오. ____________

**12**

다와 같이 자른 뒤에 그 단면을 오른쪽에 그려 보고, 어떤 모양이 되었는지 발표하여 보시오. ____________

**13**

구를 여러 방향의 평면으로 자른 단면은 모두 ________이 됩니다.

【14~16】 회전체를 회전축을 품은 평면으로 잘랐을 때, 생기는 단면을 그리시오.

**14**

**15**

**16**

【17~19】 회전체를 회전축에 수직인 평면으로 잘랐을 때 생기는 단면을 그리시오.

**17**

**18**

**19**

【20~22】 똑같은 원뿔 2개를 붙여서 만든 모양의 회전체를 여러 방향의 평면으로 잘랐을 때에 생기는 단면의 모양을 살펴보시오.

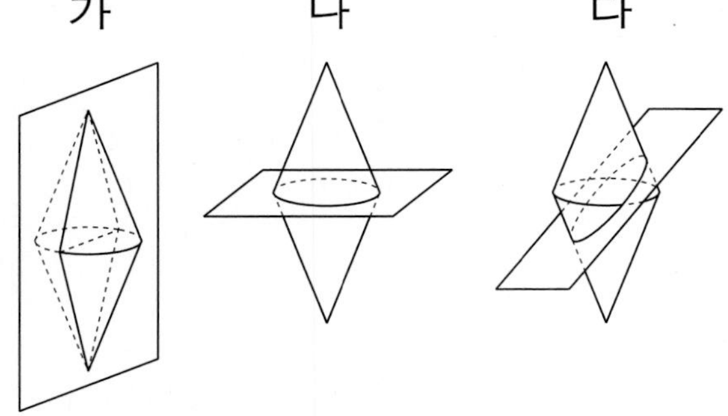


**20**

가와 같이 회전축을 품은 평면으로 자른 뒤에 그 단면을 오른쪽에 그리시오. ____________

**21**

나와 같이 회전축에 수직인 평면으로 자른 뒤에 그 단면을 오른쪽에 그리시오. ____________

**22**

다와 같이 회전축에 수직이 아닌 평면으로 자른 뒤에 그 단면을 오른쪽에 그리시오. ____________

**23**

회전체를 회전축에 수직인 평면으로 자른 단면은 어떤 도형이 되는지 쓰시오.

____________

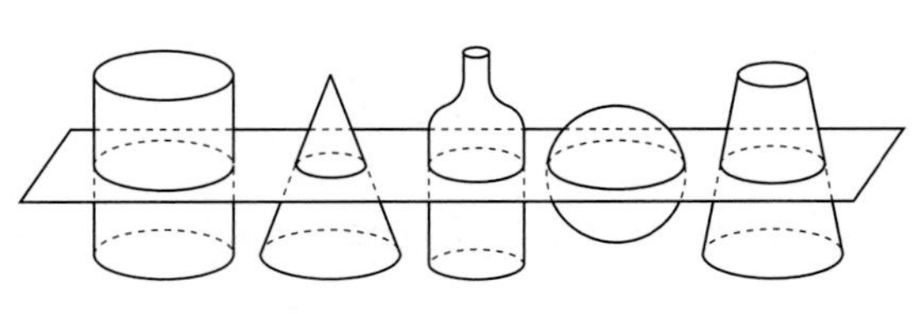

【24~32】 원기둥, 원뿔, 구를 여러 가지 방향으로 잘랐을 때에 생기는 단면의 모양을 그리시오.

| | 원기둥 | 원뿔 | 구 |
|---|---|---|---|
| 회전축을 품은 평면 | 24. | 25. | 26. |
| 회전축에 수직인 평면 | 27. | 28. | 29. |
| 그 밖의 방향 | 30. | 31. | 32. |

**33**

위의 표를 보고 회전체의 성질을 쓰시오.

____________

____________

____________

____________

# 회전체의 단면 (연습하기)

【1～12】 회전체를 평면으로 자른 단면을 그리시오.

| 회전체 \ 평면 | 회전축을 품은 평면 | 회전축에 수직인 평면 |
|---|---|---|
| 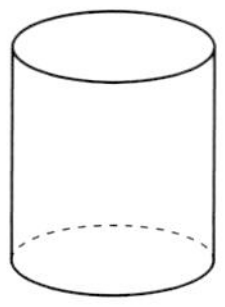 | 1. | 2. |
| 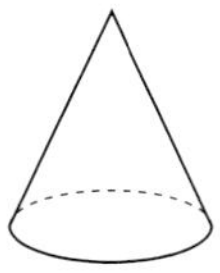 | 3. | 4. |
| 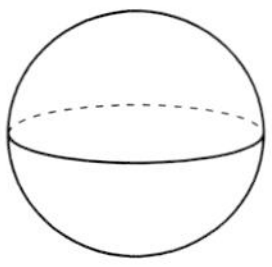 | 5. | 6. |
| 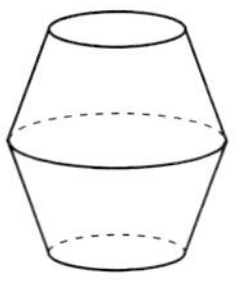 | 7. | 8. |
| 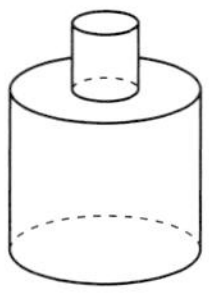 | 9. | 10. |
| 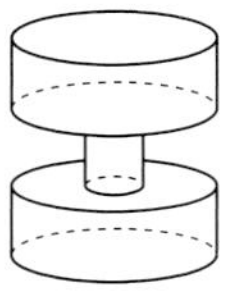 | 11. | 12. |

【13～30】 각 입체도형을 평면으로 여러 방향에서 잘랐을 때의 단면을 그리시오.

| 자르는 방향 | 단면 |
|---|---|
| 13. 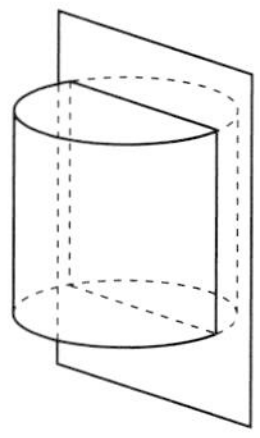 | |
| 14. 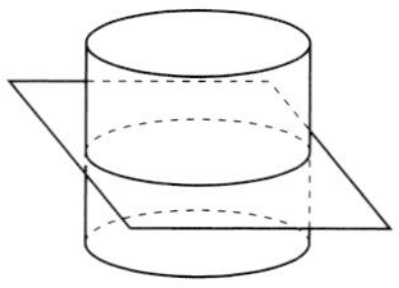 | |
| 15. 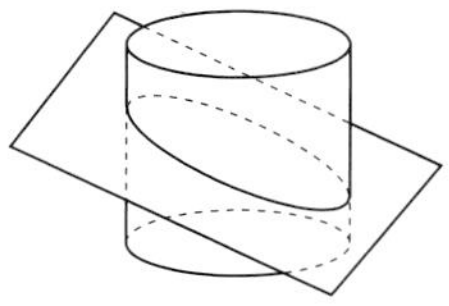 | |
| 16. 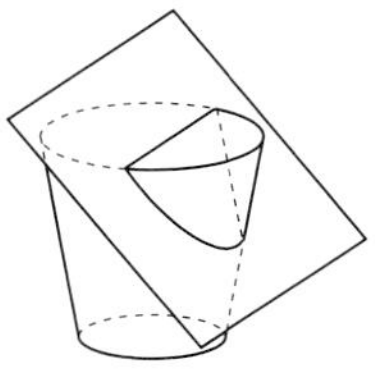 | |
| 17. 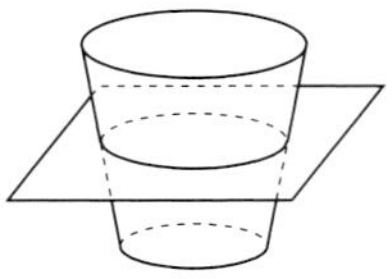 | |
| 18. 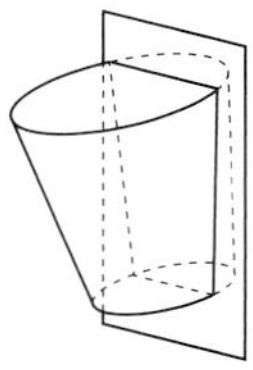 | |

| 자르는 방향 | 단면 |
|---|---|
| 19. 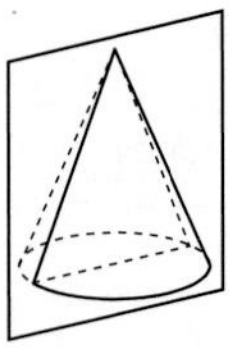 | |
| 20. 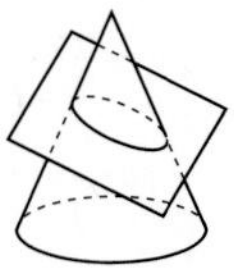 | |
| 21. 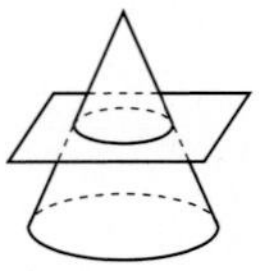 | |
| 22. 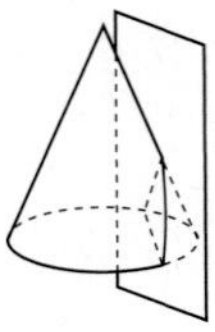 | |
| 23. 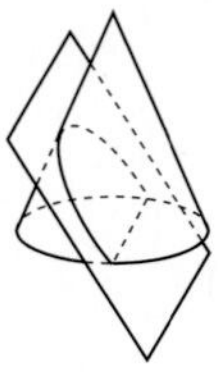 | |
| 24. 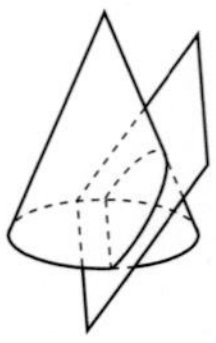 | |

| 자르는 방향 | 단면 |
|---|---|
| 25. 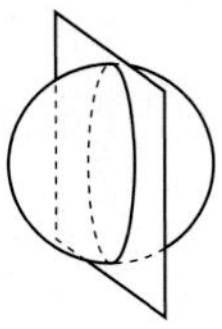 | |
| 26. 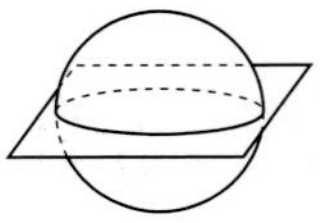 | |
| 27. 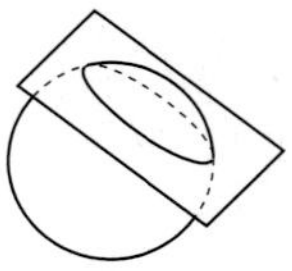 | |
| 28. 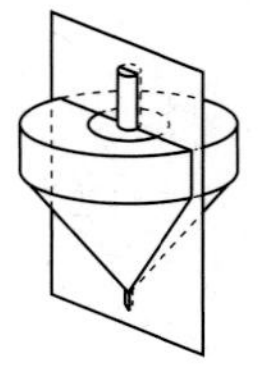 | |
| 29. 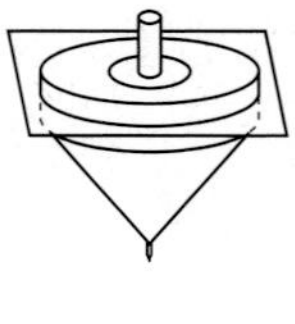 | |
| 30. 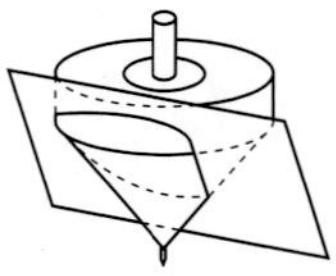 | |

# 문제 해결

【1～8】 빈칸에 알맞게 그리시오.

| 회전체 | 앞에서 본 모양 | 위에서 본 모양 |
|---|---|---|
| | 1. | 2. |
| | 3. | 4. |
| | 5. | 6. |
| | 7. | 8. |

**09**

그림과 같은 평면도형을 직선을 축으로 하여 1회전 시켰을 때에 만들어지는 입체도형을 그리시오.

【10～21】 각 회전체를 회전축에 수직으로 자른 단면을 그리고, 두 도형이 합동인지 알아보시오.

| 회전체 | 단면 1 | 단면 2 | 합동 ? |
|---|---|---|---|
| ② ① | 10. | 11. | 12. |
| ② ① | 13. | 14. | 15. |
| ② ① | 16. | 17. | 18. |
| ② ① | 19. | 20. | 21. |

**22**

오른쪽 평면도형을 회전축으로 1회전 시켜서 회전체를 만들었습니다. 만들어진 회전체를 회전축을 품은 평면으로 잘랐을 때 생기는 단면의 넓이와 회전축에 수직인 평면으로 자른 단면의 넓이의 차를 구하시오.

5 cm
7 cm

【*23*～*25*】 오른쪽 회전체는 어떤 평면도형을 직선을 축으로 하여 1회전 시켜 얻은 것입니다. 물음에 답하시오.

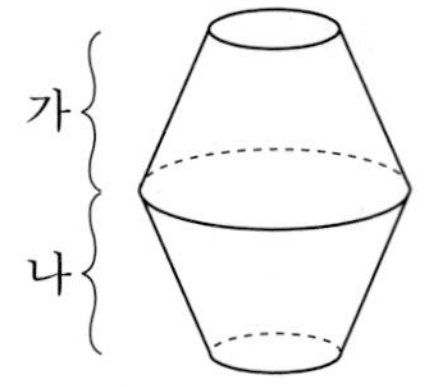


### *23*

가 부분이 만들어지도록 회전시킨 평면도형을 그리시오.

### *24*

나 부분이 만들어지도록 회전시킨 평면도형을 그리시오.

### *25*

이 회전체가 만들어지도록 회전시킨 평면도형을 그리시오.

### *26*

다음 회전체를 회전축을 품은 평면으로 잘랐을 때의 단면을 그리시오.

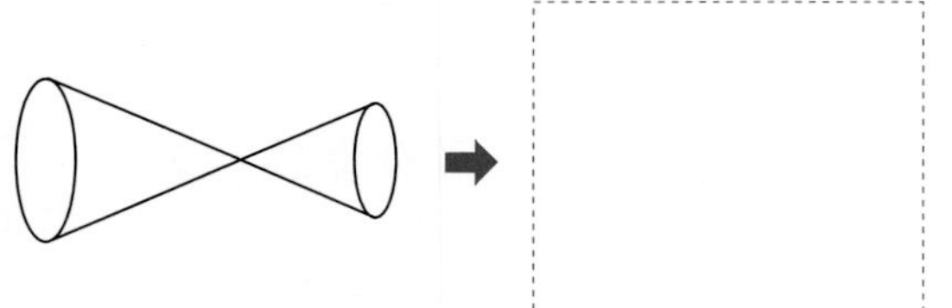

### *27*

위 *26*번의 회전체를 회전축에 수직인 평면으로 잘랐을 때의 단면을 그리시오.

### *28*

다음 회전체는 어떤 평면도형을 회전시켜 만들었는지 평면도형을 그리시오.

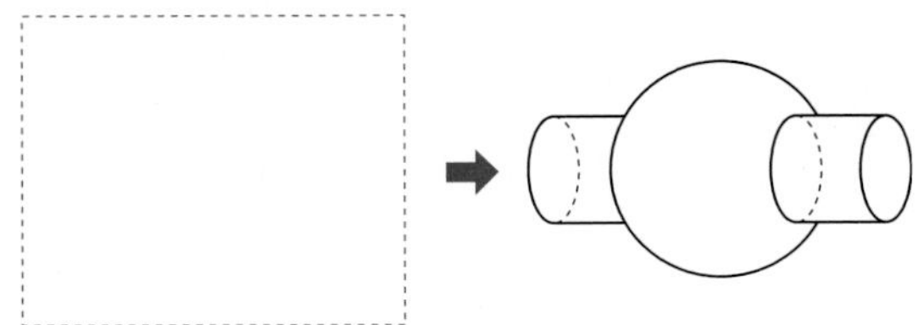

### *29*

다음 도형을 1회전 시켰을 때에 만들어지는 회전체를 회전축에 수직인 평면으로 자른 단면을 그리시오.

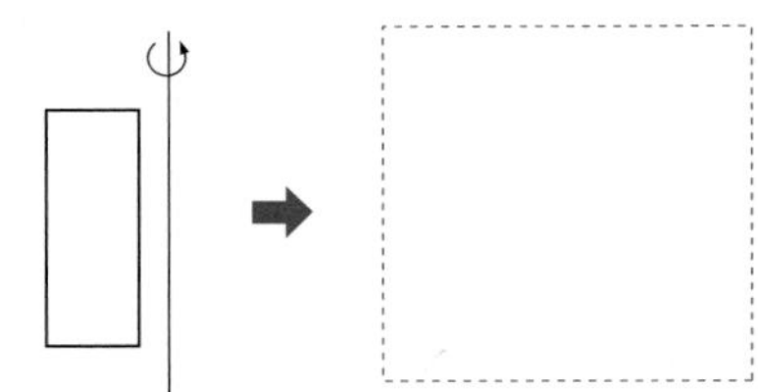

【*30*～*31*】 다음 평면도형을 1회전 시켰을 때에 만들어지는 회전체의 전개도를 그리시오.

### *30*

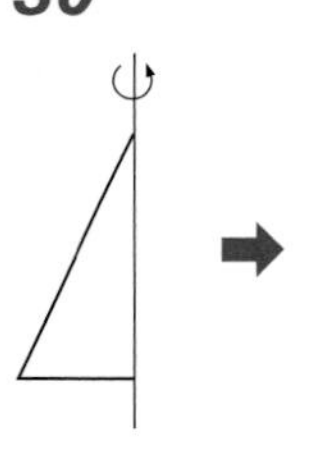

### *31*

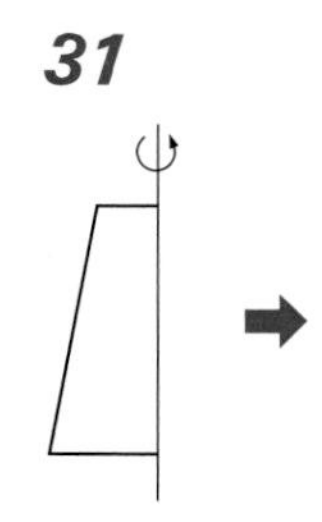

# 중단원 평가 문제(1) 회전체~회전체의 단면

**01**

회전체를 모두 찾으시오. ____________

① 각뿔 ② 원뿔 ③ 각기둥
④ 원기둥 ⑤ 원뿔대

**02**

빈칸에 알맞은 말을 쓰시오.

평면도형을 한 직선을 축으로 하여 1회전 해서 얻어지는 입체도형을 ________라고 합니다. 이때, 축으로 사용한 직선을 ________이라고 합니다.

**03**

회전체의 성질을 모두 찾으시오.

____________

① 평면도형입니다.
② 원기둥을 회전축을 품은 평면으로 자른 단면의 모양은 직사각형입니다.
③ 원뿔을 회전축에 수직인 평면으로 자른 단면의 모양은 이등변삼각형입니다.
④ 위에서 본 모양은 모두 원입니다.
⑤ 회전체를 회전축에 수직인 평면으로 자른 단면은 직사각형입니다.

**04**

직사각형 ABCD를 선분 BC를 축으로 하여 1회전 하면 회전체의 밑면의 반지름이 되는 선분은 ① ________, ________이고, 회전체의 높이가 되는 선분은 ② ________, ________입니다.

**05**

삼각형 ABC를 선분 AC를 축으로 하여 1회전 하면 회전체의 밑면의 반지름이 되는 선분은 ________이고, 회전체의 높이가 되는 선분은 ________입니다.

**06**

삼각형 ABC의 세 변 중 하나를 회전축으로 하여 1회전 해서 원뿔을 만들려고 합니다. 회전축이 될 수 없는 변은 어느 것입니까? ____________

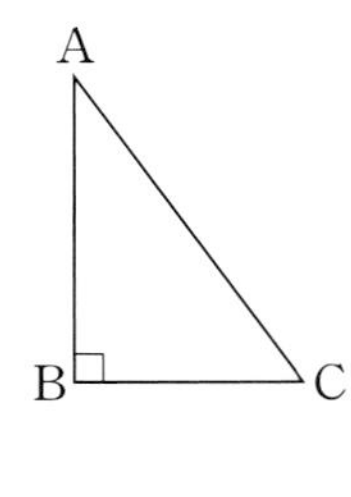


**07**

오른쪽 도형을 1회전 했을 때 생기는 회전체를 위쪽에서 내려다 본 모양은 어떤 도형입니까?

____________

**08**

그림과 같은 평면도형을 1회전 하여 얻은 입체도형의 밑면의 지름은 몇 cm입니까?

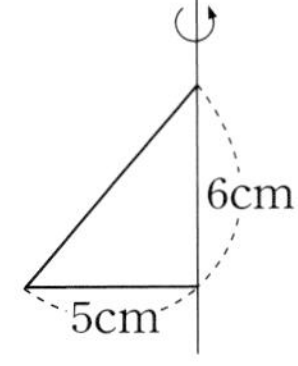


____________

**09**

반원의 지름을 회전축으로 하여 1회전 한 회전체를 ________라고 합니다. 이때, 반원의 중심은 ____________이 되고, 반원의 반지름은 ____________이 됩니다.

**10**
A, B, C에 알맞은 말이나 수를 쓰시오.

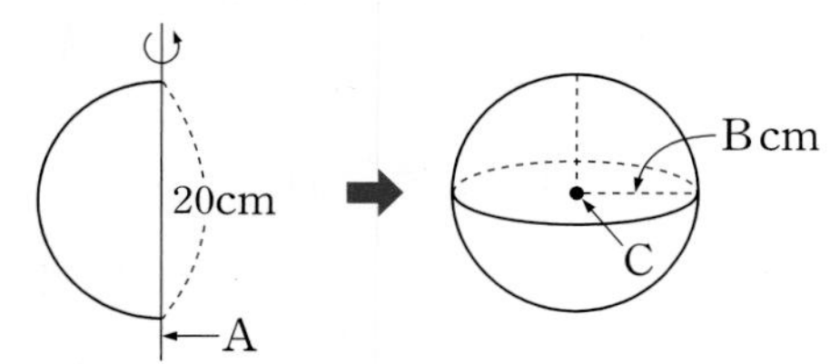


**11**
오른쪽 회전체를 위에서 본 모양을 그리시오.

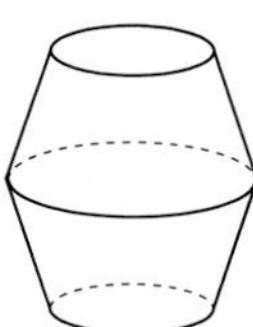

【12~15】 서로 관계 있는 것끼리 짝지으시오.

**12**

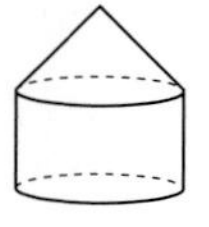

① 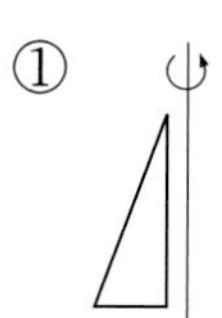

**13**

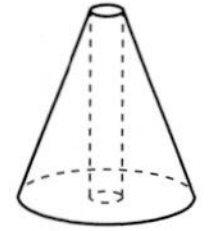

② 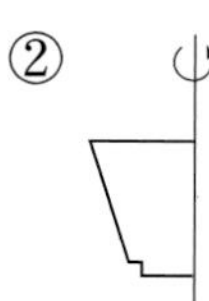

**14**

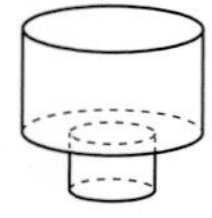

③ 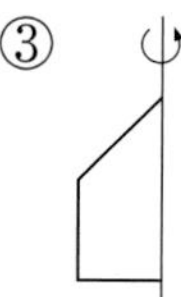

**15**

④ 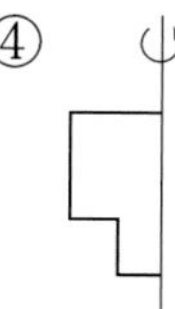

**16**
속이 비어 있지 않은 회전체를 회전축에 수직인 평면으로 자른 단면은 항상 어떤 도형입니까?

**17**
왼쪽 회전체를 회전축에 수직인 평면으로 잘랐을 때의 단면을 오른쪽에 그리시오. (단, 모눈 한 칸은 2 cm)

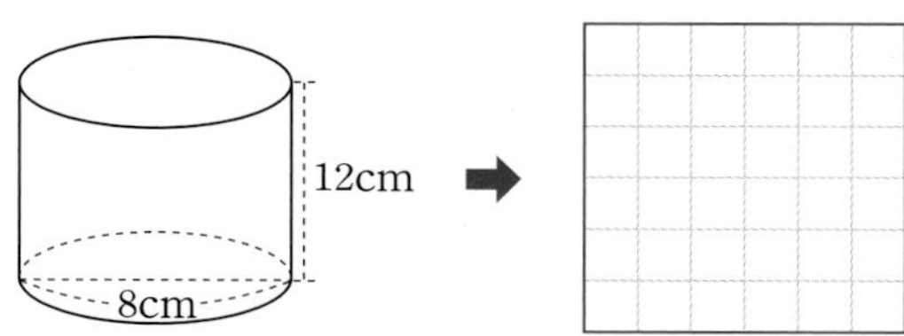


**18**
그림과 같이 원뿔을 회전축에 수직인 평면으로 잘랐을 때, 단면의 반지름이 가장 긴 것의 번호를 쓰시오.

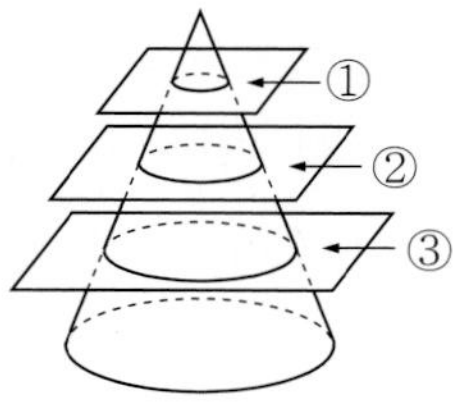


**19**
다음 입체도형의 이름을 쓰시오.

▶ 직각삼각형을 이용하여 만든 회전체입니다.
▶ 회전축에 수직인 평면으로 자른 단면은 원입니다.
▶ 앞에서 본 모양은 이등변삼각형입니다.

**20**
그림과 같은 원뿔을 회전축을 품은 평면으로 잘랐을 때, 생기는 단면의 넓이를 구하시오.

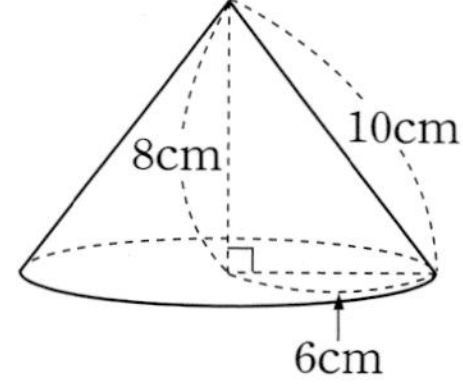


**21**
이 회전체는 여러 방향의 평면으로 자른 단면의 모양이 항상 원이라고 합니다. 이 회전체의 이름은 무엇입니까?

**22**

구를 여러 방향에서 잘라 생긴 단면 중 가장 큰 원이 생기는 곳은 어느 것입니까? ______

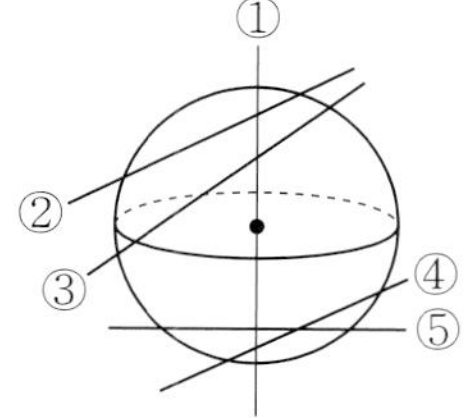


**23**

왼쪽 회전체를 회전축을 품은 평면으로 자른 단면의 모양을 그리시오.

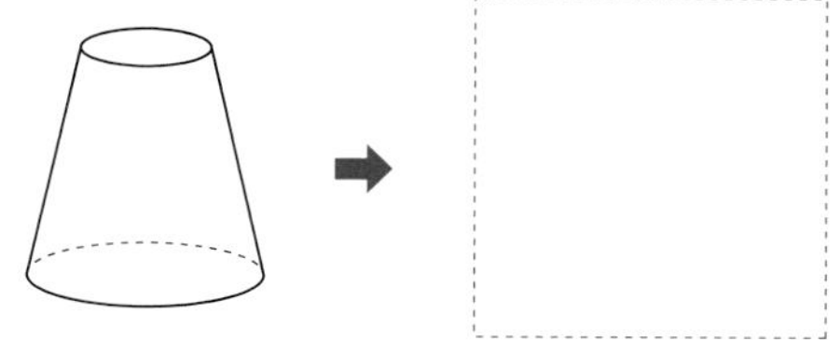

**24**

왼쪽 회전체를 회전축을 품은 평면으로 자른 단면의 모양을 그리시오.

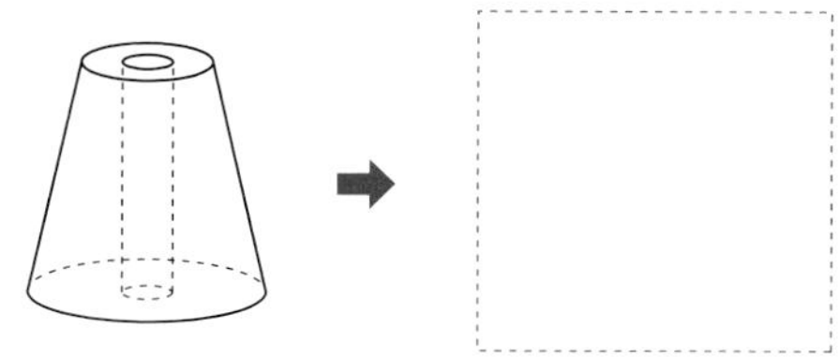

**25**

오른쪽 회전체를 위와 앞에서 본 모양을 각각 그리시오.

**26**

왼쪽 평면도형을 1회전 해서 얻어진 회전체를 회전축을 품은 평면으로 자른 단면을 그리시오.

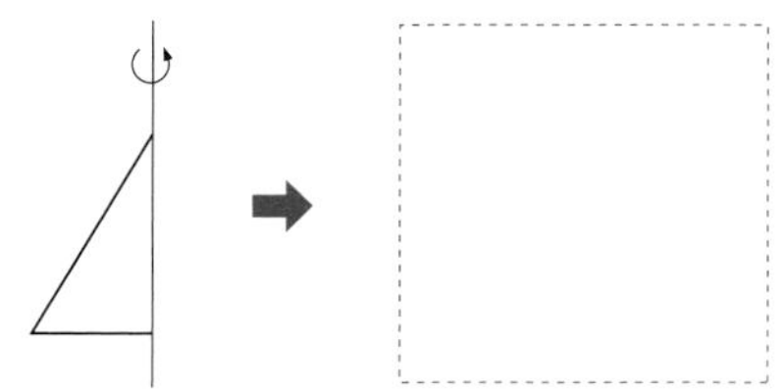

**27**

왼쪽 평면도형을 1회전 해서 얻어지는 회전체를 회전축을 품은 평면으로 자른 단면의 모양을 그리시오.

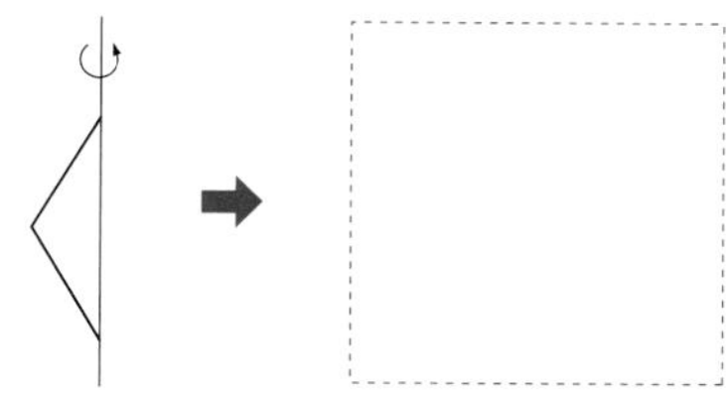

**28**

왼쪽 평면도형을 1회전 해서 얻어지는 회전체를 밑면에 평행한 면으로 잘랐을 때의 단면을 그리시오.

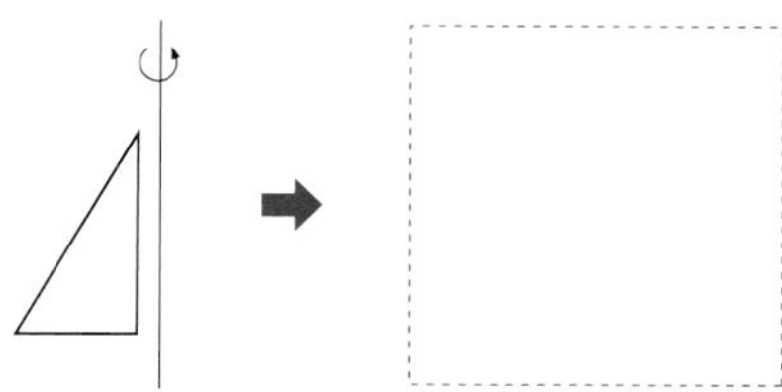

**29**

왼쪽 평면도형을 1회전 해서 얻은 입체도형을 회전축에 수직인 평면으로 자른 단면을 그리시오.

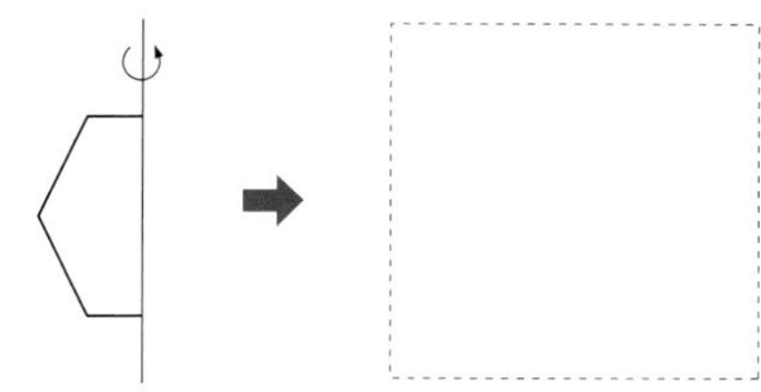

**【30~31】** 회전체를 그림과 같이 자를 때의 단면을 그리시오.

**30**

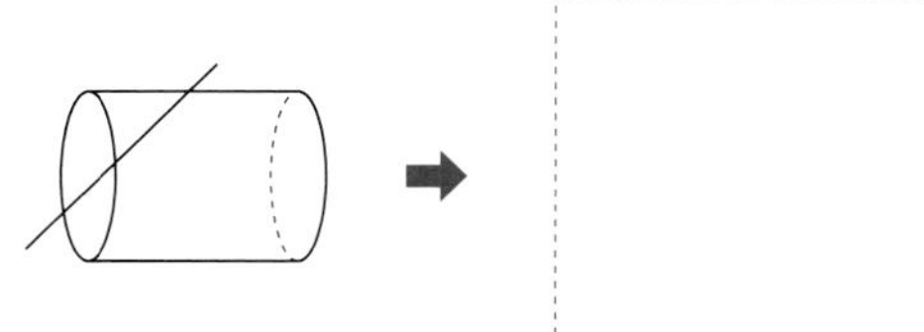

**31**

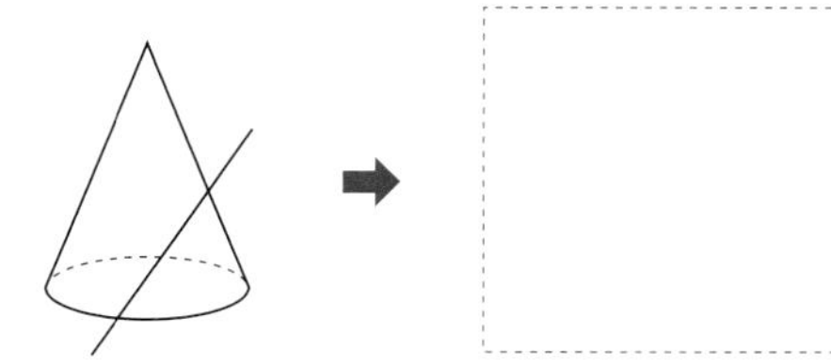

# 중단원 평가 문제(2) 회전체~회전체의 단면

【1~5】 다음 평면도형을 직선을 축으로 하여 1회전 시켰을 때, 만들어지는 입체도형을 그리시오.

**01**

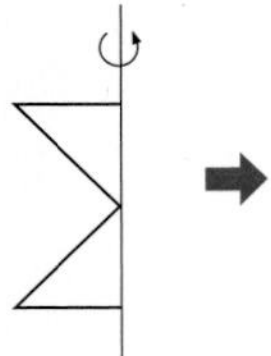

**02**

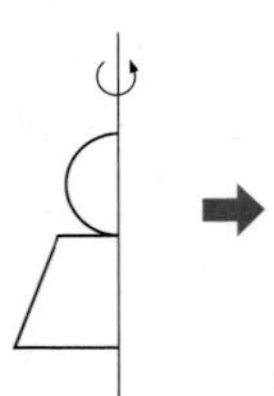

**03**

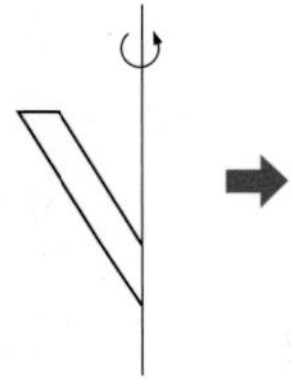

**04**

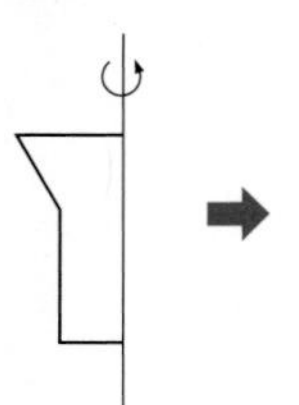

**05**

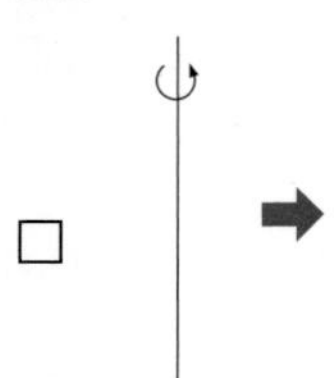

【6~9】 다음 회전체는 어떤 평면도형을 한 직선을 축으로 하여 1회전 시켜 만든 것입니다. 회전시킨 평면도형을 그리시오.

**06**

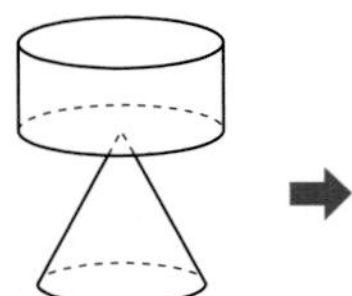

**07**

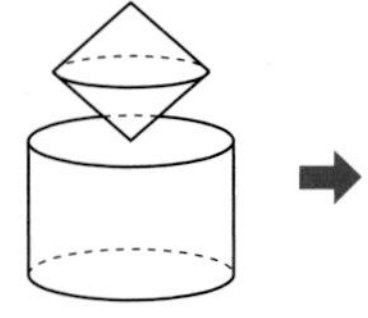

**08**

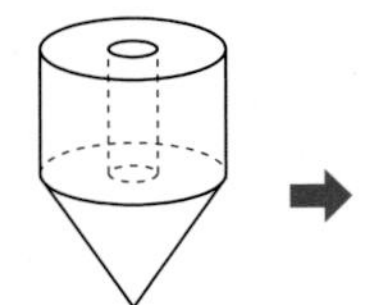

**09**

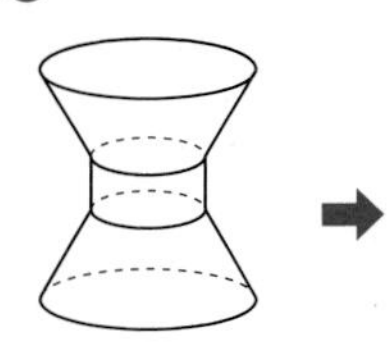

【10~11】 회전체를 다음과 같은 방향에서 평면으로 잘랐을 때의 단면을 그리시오.

**10**

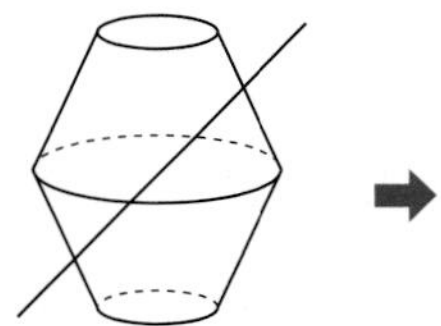

**11**

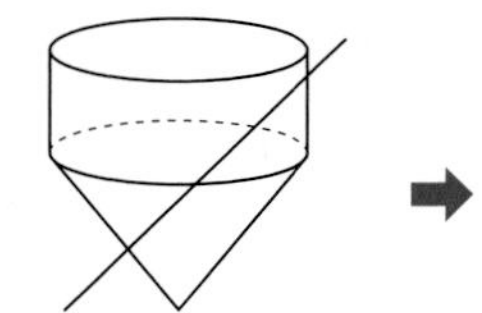

**12**

원뿔을 여러 방향에서 평면으로 잘랐을 때, 자른 단면의 모양으로 적당한 것을 모두 고르시오.

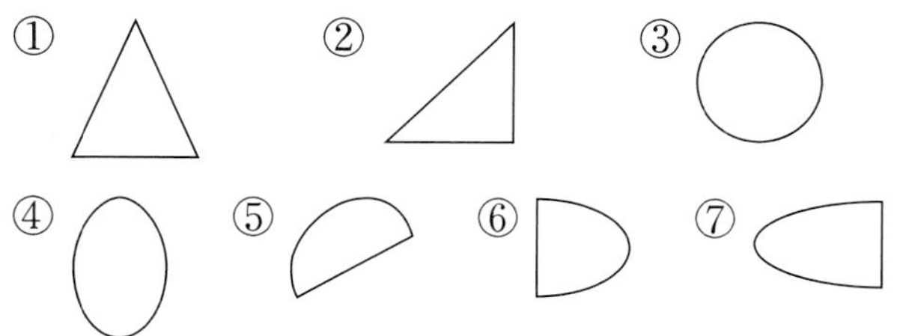


**13**

어떤 회전체를 회전축을 품은 평면으로 자른 단면이 오른쪽 그림과 같을 때, 회전축에 수직인 평면으로 잘랐을 때 나올 수 있는 모양에는 어떤 것이 있는지 모두 그리시오.

**14**

그림과 같이 원뿔을 회전축에 수직인 평면으로 잘랐더니 윗부분에 작은 원뿔이 생겼습니다. 이 작은 원뿔의 밑면의 둘레를 구하시오. (단, 원의 둘레는 원의 지름의 3.14배입니다.)

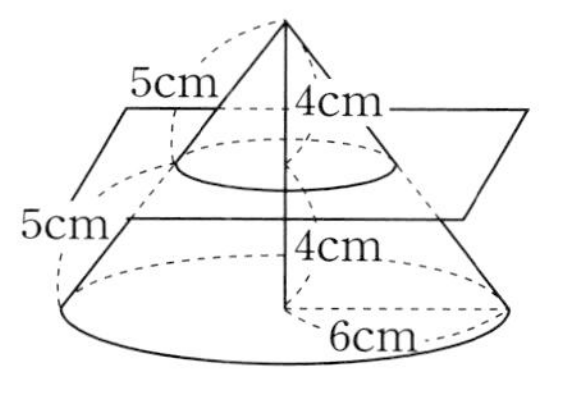


【15~16】 회전체를 보고, 회전축을 품은 평면으로 자른 단면의 넓이를 구하시오.

**15**

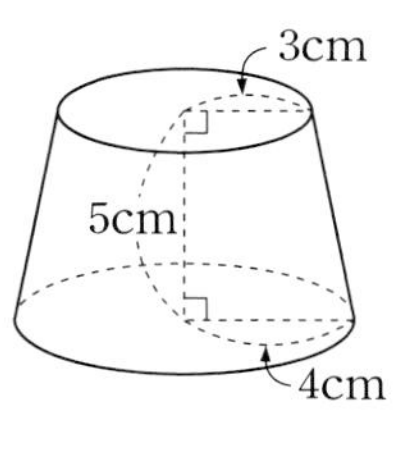


**16**

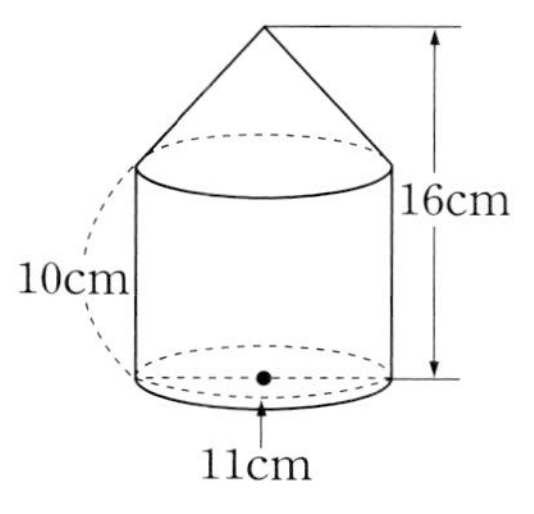


**17**

오른쪽 입체도형은 어떤 평면도형을 1회전 시켜서 만든 회전체입니다. 회전시키기 전의 평면도형의 넓이를 구하시오.

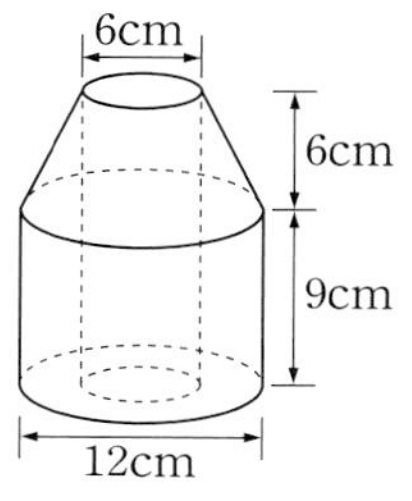


**18** 서술형

오른쪽 도형을 회전축으로 1회전 해서 얻은 회전체를 회전축을 품은 평면으로 자른 단면의 넓이를 구하시오.

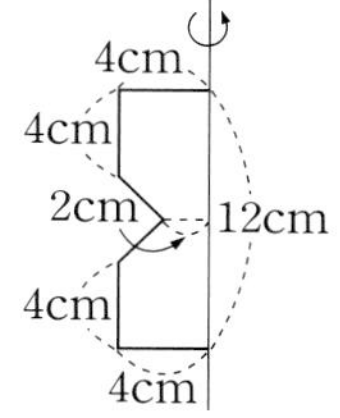


**19**

오른쪽의 평면도형을 회전축으로 1회전 시켜 얻을 수 있는 입체도형을 회전축을 품은 평면으로 잘랐을 때, 단면의 넓이를 구하시오.

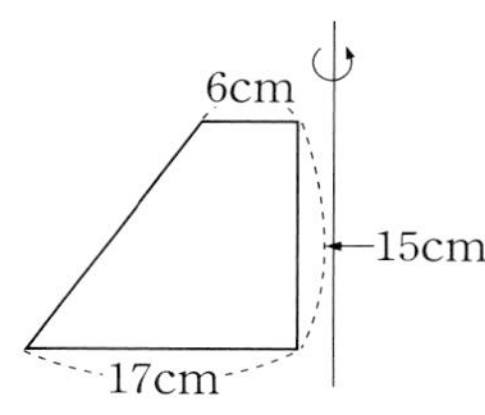


**20**

왼쪽 도형을 회전시켜 얻은 회전체를 회전축을 포함하는 평면으로 잘랐습니다. 단면에서 삼각형 AOB의 넓이를 구하시오.

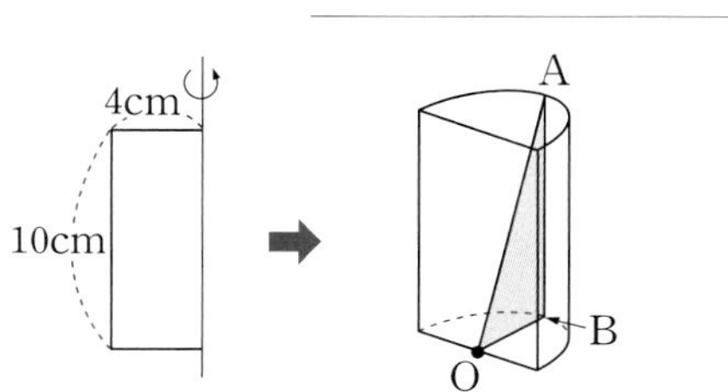

**01**

다음 중 개수가 1개인 것을 모두 쓰시오.

① 원기둥의 밑면의 개수
② 원기둥의 높이의 개수
③ 원뿔의 밑면의 개수
④ 원뿔의 꼭짓점의 개수
⑤ 원기둥의 옆면의 개수
⑥ 원뿔의 모선의 개수

**02**

원기둥과 원뿔의 같은 점을 모두 찾으시오.

① 옆면은 곡면입니다.
② 꼭짓점은 1개입니다.
③ 밑면의 모양이 원입니다.
④ 모선의 개수는 수없이 많습니다.
⑤ 두 밑면이 서로 평행이고 합동입니다.

**【3~5】** 그림을 보고 물음에 답하시오.

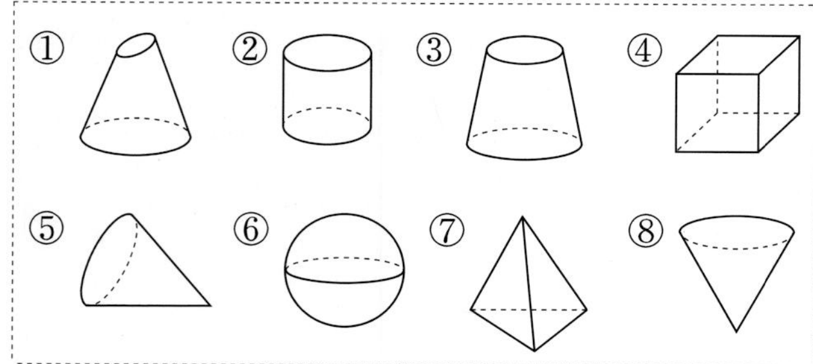


**03**

원기둥을 모두 찾아 쓰시오.

**04**

회전체가 아닌 것을 모두 찾아 쓰시오.

**05**

어느 방향에서 자르든지 단면의 모양이 항상 같은 회전체를 찾아 쓰시오.

**【6~10】** 관계 있는 것끼리 서로 짝지으시오.

**06**

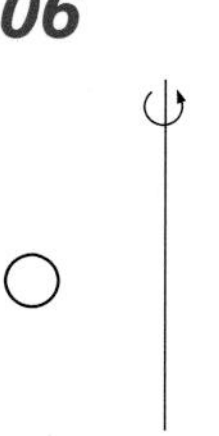

① 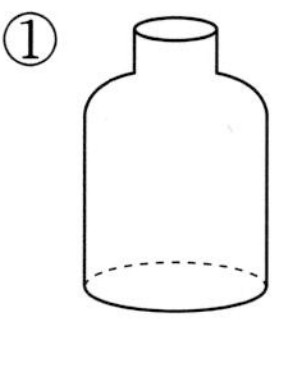

**07**

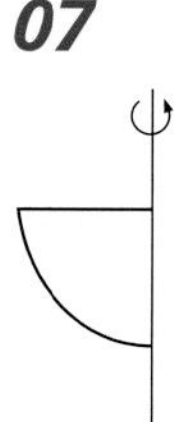

② 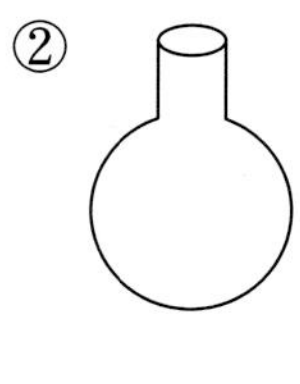

**08**

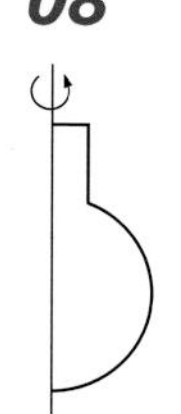

③ 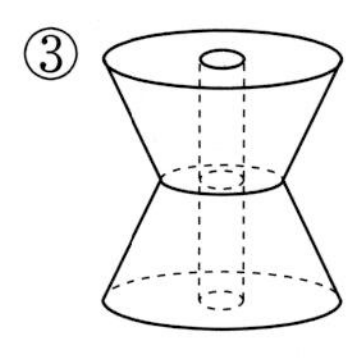

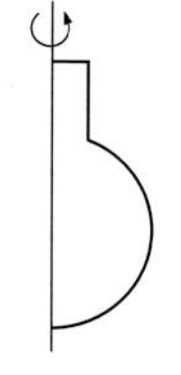

④ 

**09**

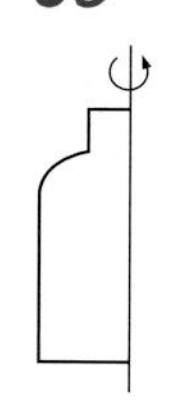

⑤ 

**10**

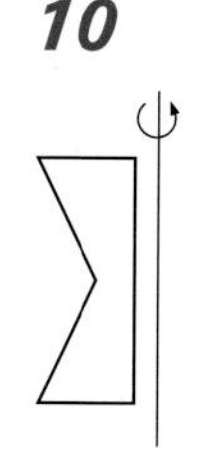

⑥ 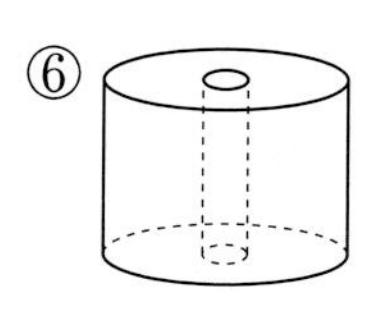

**11**

오른쪽 회전체의 회전축을 그리시오.

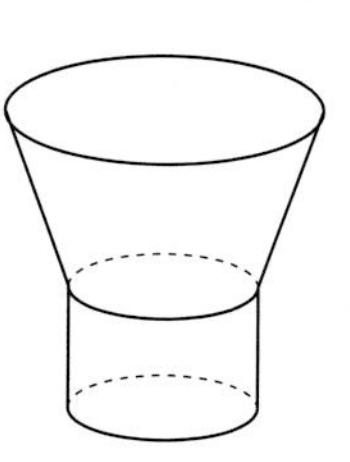

**12**

다음 중 단면의 반지름의 길이가 8 cm인 원이 되도록 자를 수 있는 것은 어느 것입니까?

① 지름이 8 cm인 구
② 밑면의 지름이 16 cm이고, 높이가 10 cm인 원기둥
③ 반지름이 16 cm인 구
④ 밑면의 지름이 8 cm이고, 모선이 16 cm인 원뿔

【13～17】 다음 회전체를 회전축을 품은 평면으로 잘랐을 때 생기는 단면의 모양을 그리시오.

**13**

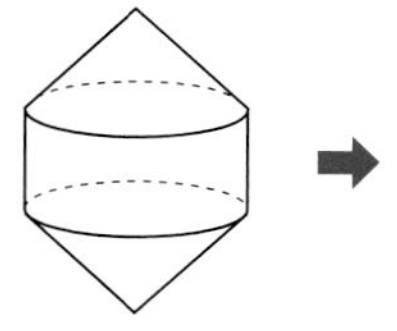

**14**

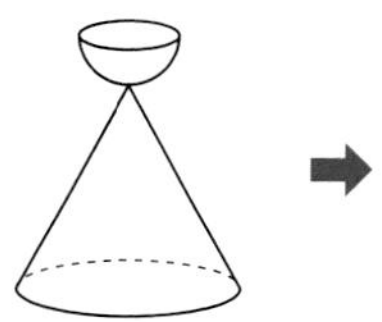

**15**

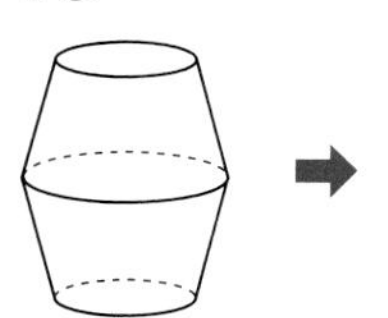

**16**

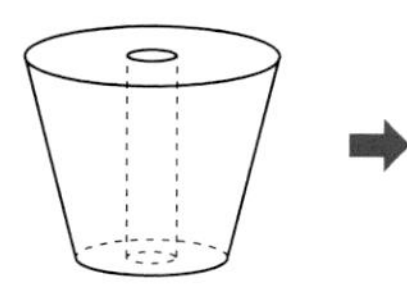

**17**

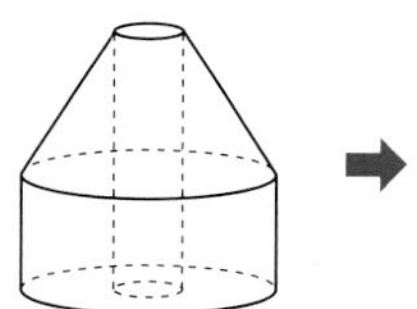

【18～21】 그림과 같은 회전체를 회전축에 수직인 평면으로 잘랐을 때, 생기는 단면의 모양을 그리시오.

**18**

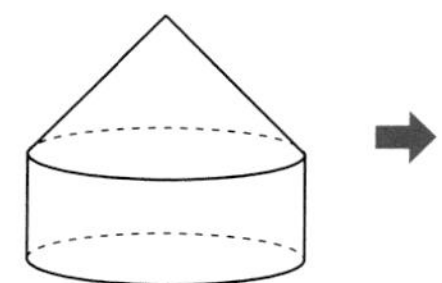

**19**

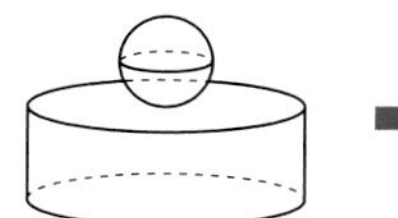

**20**

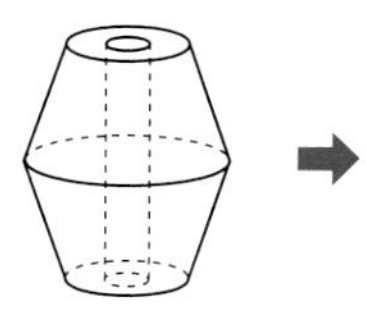

**21**

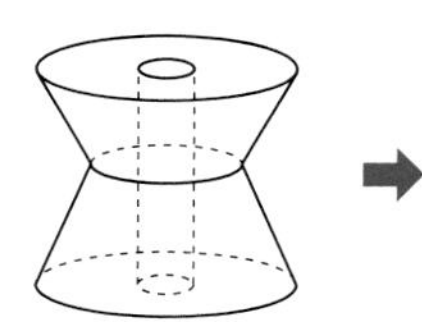

【22～25】 다음 평면도형을 1회전 해서 얻은 회전체를 회전축을 품은 평면으로 자른 단면을 그리시오.

**22**

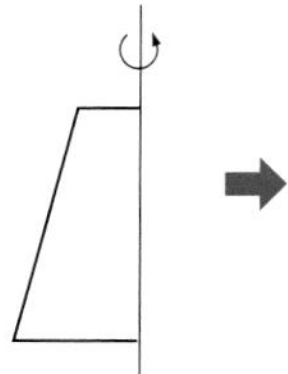

**23**

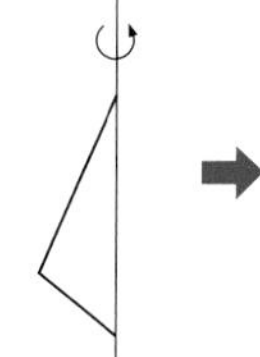

**24**

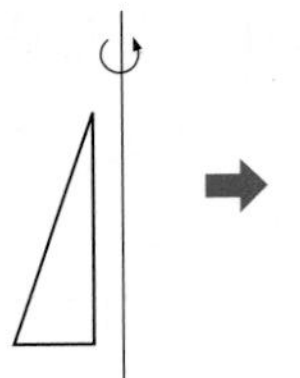

**25**

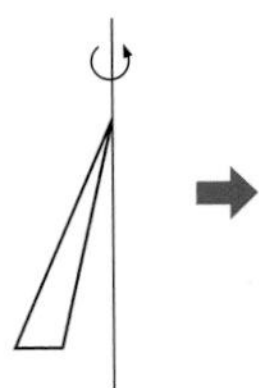

【*26*~*27*】 다음 평면도형을 1회전 시켰을 때 얻은 입체도형을 회전축에 수직인 평면으로 자른 단면을 그리시오.

**26**

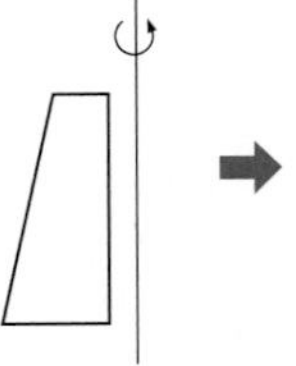

**27**

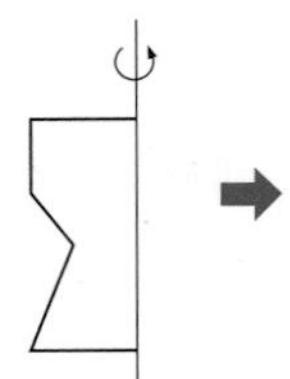

【*28*~*30*】 다음 입체도형을 그림과 같은 방향으로 자를 때 단면의 모양을 그리시오.

**28**

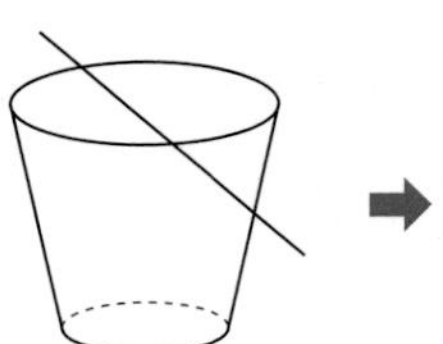

**29**

**30**

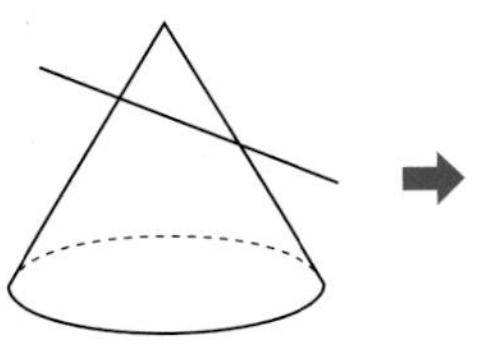

【*31*~*32*】 다음 입체도형을 회전축을 품은 평면으로 잘랐을 때 생기는 단면의 넓이를 구하시오.

**31**

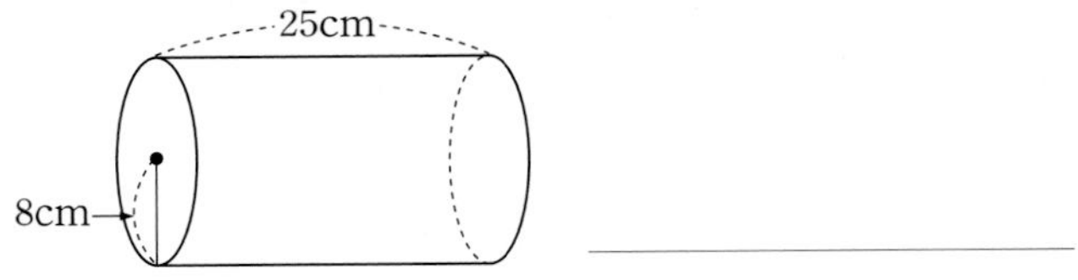


**32**

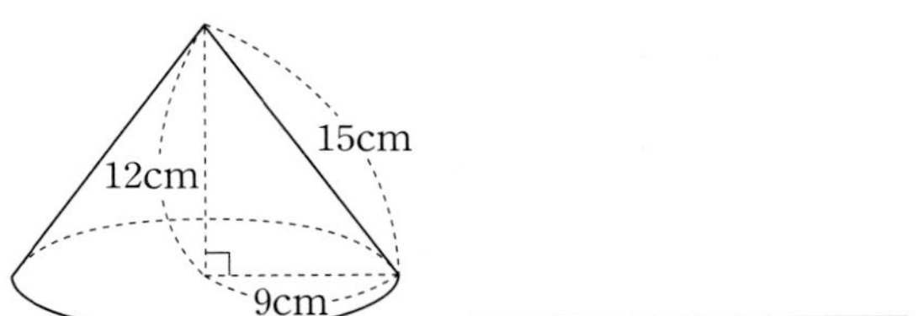


【*33*~*34*】 다음 평면도형을 1회전 시켜 얻은 입체도형을 회전축을 품은 평면으로 자른 단면의 넓이를 구하시오.

**33**

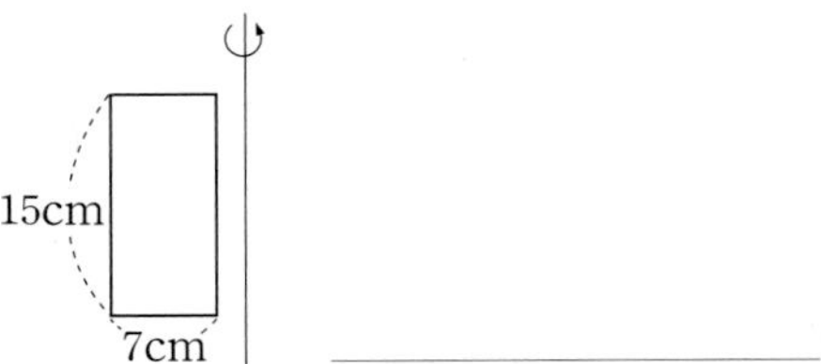


**34**

# 2단원 마무리하기(2) ······· 2. 원기둥과 원뿔

【1~2】 다음 회전체는 어떤 평면도형을 회전시켜 만들었는지 평면도형을 회전축과 함께 그리시오.

**01**

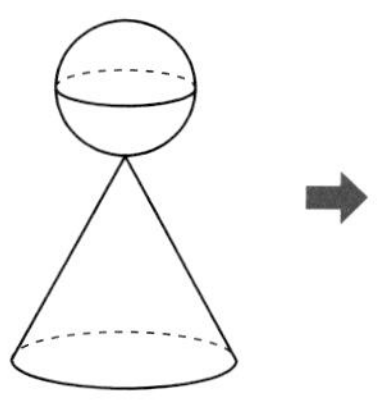

**02**

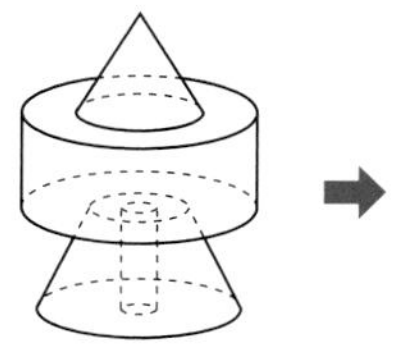

**03**

다음 평면도형을 회전축을 중심으로 하여 1회전 시켰을 때, 얻을 수 있는 입체도형을 그리시오.

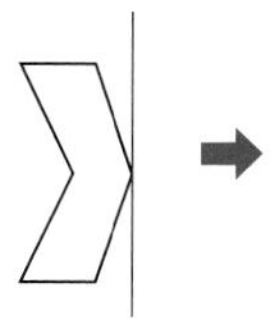

**04**

직사각형 모양의 종이를 회전축을 중심으로 하여 1회전 시키는 데 12초가 걸린다고 합니다. 같은 빠르기로 이 종이를 9초 동안 돌려서 생기는 입체도형의 밑면의 모양을 그리시오.

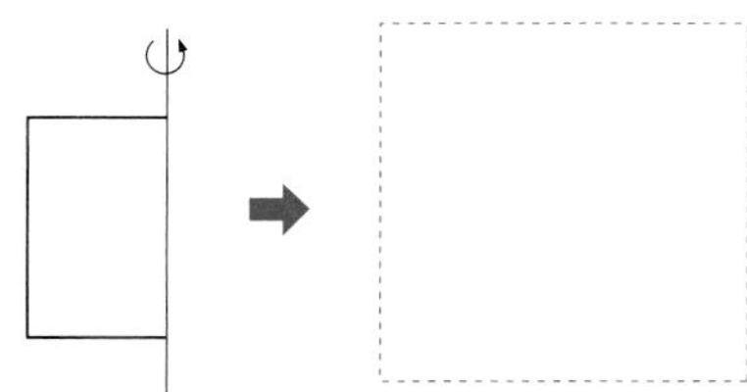

**05**

원기둥을 평면으로 자를 때 나올 수 있는 단면을 모두 찾으시오. ____________

① ② ③

④ ⑤

**06**

원뿔을 평면으로 자를 때 나올 수 있는 단면을 모두 찾으시오. ____________

① ② ③

④ ⑤ ⑥

**07**

똑같은 원뿔 2개를 붙여서 만든 모양의 회전체를 여러 방향의 평면으로 잘랐을 때 생기는 단면을 모두 찾으시오.

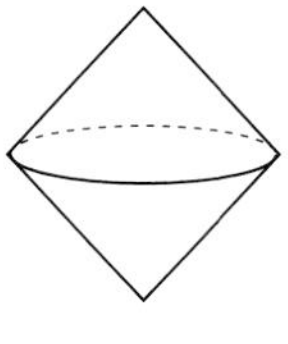

____________

① ② 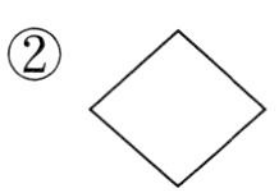 ③ 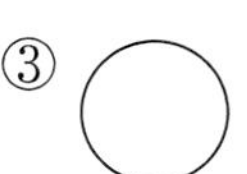

④  ⑤ 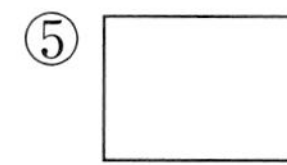 ⑥ 

**08**
다음 도형을 변 AB를 회전축으로 하여 1회전 했을 때, 생기는 입체도형의 전개도를 그리시오.

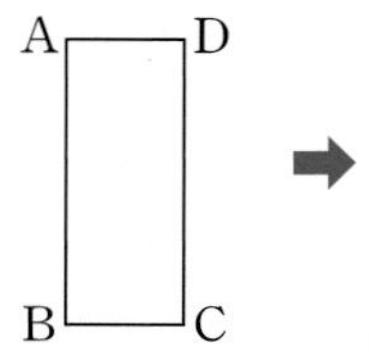


**09**
회전체를 회전축을 품은 평면으로 자른 단면이 그림과 같습니다. 단면의 둘레의 길이가 29 cm일 때, 밑면의 반지름의 길이를 구하시오.

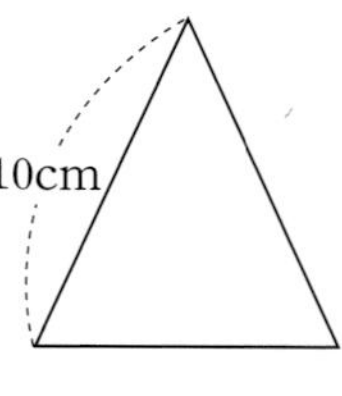


**10**
오른쪽 입체도형은 어떤 평면도형을 자기 자신의 한 변을 회전축으로 하여 1회전 시켜 만든 회전체입니다. 처음 평면도형의 넓이를 구하시오.

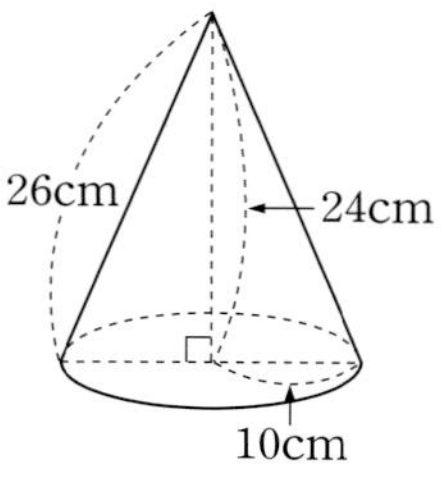


**11**
오른쪽 원기둥을 회전축을 품은 평면으로 잘랐을 때, 생기는 단면의 둘레의 길이를 구하시오.

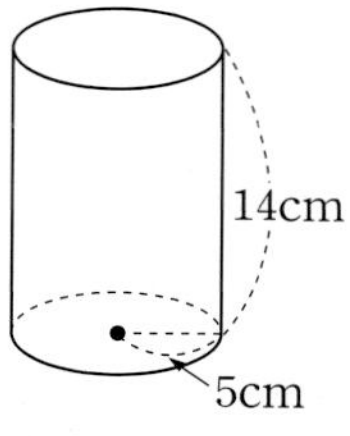


**12**
오른쪽 직사각형을 직선 AB를 회전축으로 하여 1회전 시킨 회전체를 회전축을 품은 평면으로 자른 단면의 넓이를 구하시오.

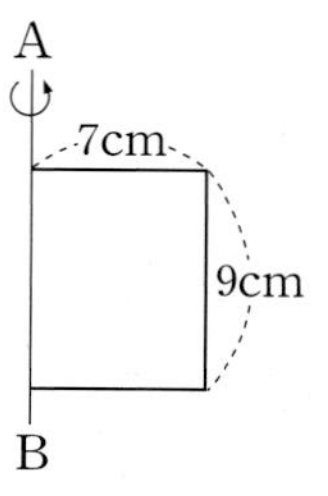


**13**
한 변의 길이가 8 cm인 정사각형의 한 변을 회전축으로 하여 1회전 시켜 얻은 회전체를 앞에서 본 모양을 그리고 이 도형의 넓이를 구하시오.

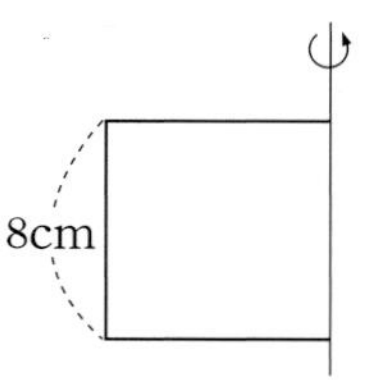


**14**
오른쪽 평면도형을 1회전 해서 얻은 입체도형을 회전축을 품은 평면으로 잘랐을 때 나타나는 단면의 넓이를 구하시오.

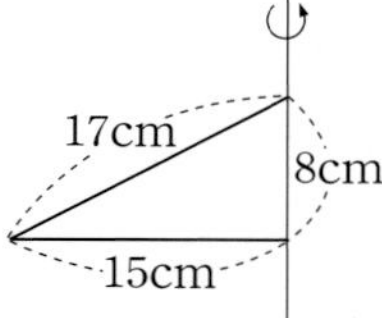


**15**
오른쪽 직각삼각형을 변 AC와 변 BC를 각각 회전축으로 하여 1회전 시킨 후, 회전축을 품은 평면으로 잘랐을 때, 생기는 단면의 넓이는 어느 회전체가 더 넓습니까?

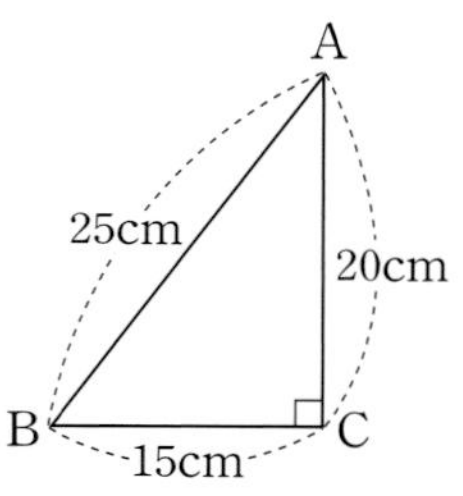


**【16～17】** 평면도형을 회전축을 중심으로 1회전 시킨 회전체를 회전축을 품은 평면으로 잘랐습니다. 물음에 답하시오.

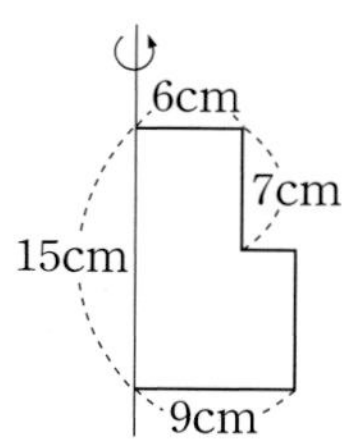


**16**
자른 단면의 둘레의 길이를 구하시오.

**17**
자른 단면의 넓이를 구하시오.

더 높은 수준의 실력을 원하는 학생은 이 책 **152**쪽에 있는 고난도 문제에 도전하세요.

## 3 단원을 시작하면서

- 이 단원에서는 직육면체와 정육면체의 겉넓이를 이해하고 이를 구할 수 있게 합니다.
- 부피와 부피의 단위를 이해하고, 부피의 단위를 이용하여 직육면체와 정육면체의 부피를 이해하며, 직육면체와 정육면체의 부피를 구할 수 있게 합니다.
- 부피의 큰 단위를 알아보고, 부피와 들이 단위 사이의 관계를 알아보게 합니다.

## 3 단원 학습 목표

① 직육면체와 정육면체의 겉넓이를 이해하고, 이를 구할 수 있다.
② 부피와 부피의 단위를 이해한다.
③ 부피의 단위를 이용하여 직육면체와 정육면체의 부피를 이해하고, 직육면체와 정육면체의 부피를 구할 수 있다.
④ 부피의 큰 단위를 알아보고, 부피와 들이 단위 사이의 관계를 알 수 있다.

# 3 겉넓이와 부피

# 직육면체와 정육면체의 겉넓이 (개념 알기)

【1~2】 직육면체의 여섯 면의 넓이의 합을 구하시오.

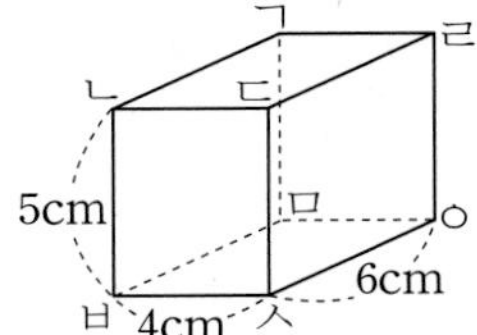


**01**
각 면의 넓이를 계산하시오.

① 면 ㄱㄴㄷㄹ ____________

② 면 ㅁㅂㅅㅇ ____________

③ 면 ㄴㅂㅅㄷ ____________

④ 면 ㄱㅁㅇㄹ ____________

⑤ 면 ㄴㅂㅁㄱ ____________

⑥ 면 ㄷㅅㅇㄹ ____________

**02**
각 면의 넓이를 모두 더하시오.

____________

【3~4】 직육면체의 여섯 면의 넓이의 합을 구하시오.

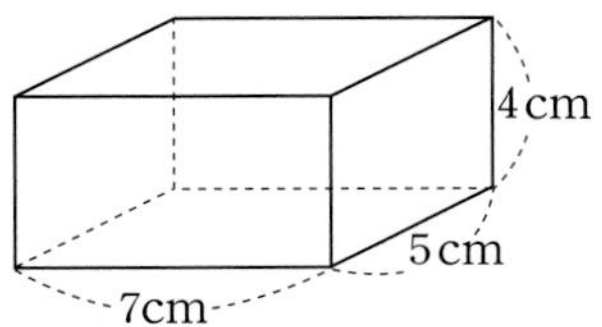


**03**
각 면의 넓이를 쓰시오.

____________

**04**
각 면의 넓이의 합을 구하시오.

____________

**개념 1** 직육면체의 겉넓이

➲ 직육면체의 여섯 면의 넓이의 합을 **직육면체의 겉넓이**라고 합니다.

【5~7】 직육면체의 겉넓이를 구하시오.

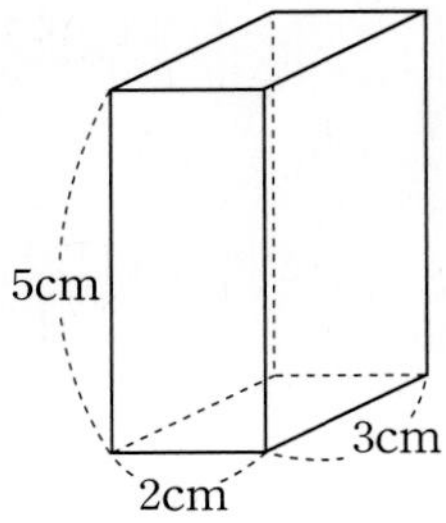


**05**
면 6개의 넓이를 각각 구하시오.

____________

____________

**06**
면 6개의 넓이를 더하시오.

____________

**07**
직육면체의 겉넓이를 구하시오.

____________

【8~10】 직육면체의 겉넓이를 구하시오.

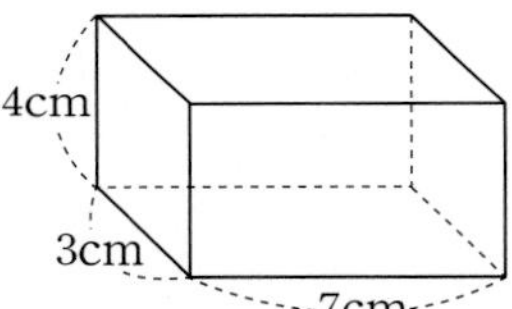


**08**
한 밑면의 넓이를 구하시오.

____________

**09**
옆면의 넓이를 구하시오.

____________

**10**
직육면체의 겉넓이를 구하시오.

____________

【11~13】 직육면체의 겉넓이를 구하는 방법을 알아보시오.

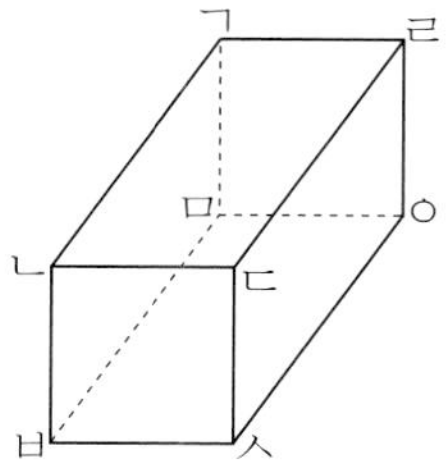


## 11

합동인 사각형끼리 짝지어 쓰시오.

## 12

합동인 면은 몇 쌍입니까?

## 13

겉넓이를 구하는 방법을 쓰시오.

【14~15】 직육면체에서 ㉠, ㉡, ㉢의 넓이와 겉넓이를 구하시오.

## 14

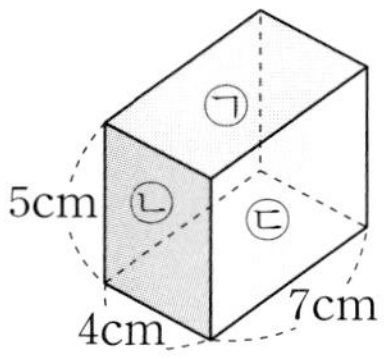


㉠

㉡

㉢

겉넓이

## 15

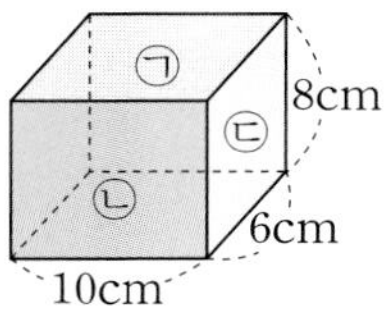


㉠

㉡

㉢

겉넓이

【16~18】 다음 직육면체의 ① 한 밑면의 넓이 ② 옆면의 넓이 ③ 겉넓이를 구하시오.

## 16

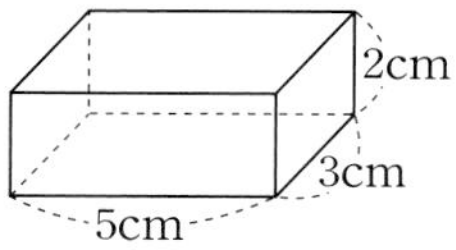


①

②

③

## 17

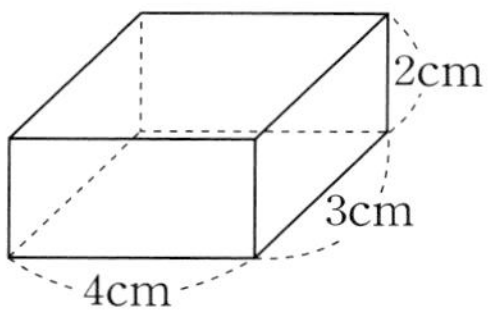


①

②

③

## 18

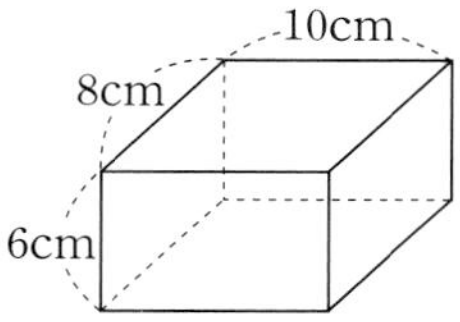


①

②

③

【19~20】 직육면체의 겉넓이를 구하시오.

## 19

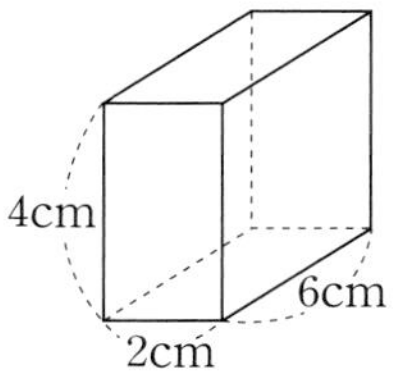


[답]

## 20

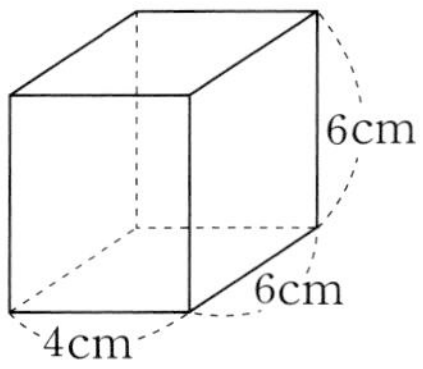


[답]

【21～23】 정육면체를 보고 물음에 답하시오.

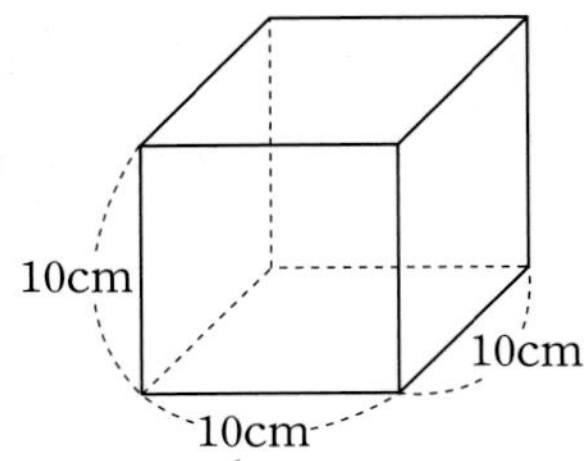


**21**
정육면체에서 정사각형인 면은 모두 몇 개입니까?

______________

**22**
정육면체의 한 면의 넓이를 구하시오.

______________

**23**
정육면체의 겉넓이를 구하시오.

______________

【24～26】 정육면체의 겉넓이를 구하시오.

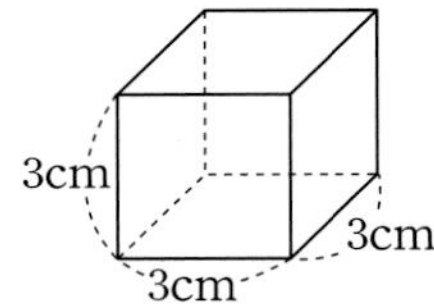


**24**
한 면의 넓이를 구하시오.

______________

**25**
한 면의 넓이를 6배 하시오.

______________

**26**
정육면체의 겉넓이를 구하시오.

______________

【27～29】 정육면체의 겉넓이를 구하시오.

**27**

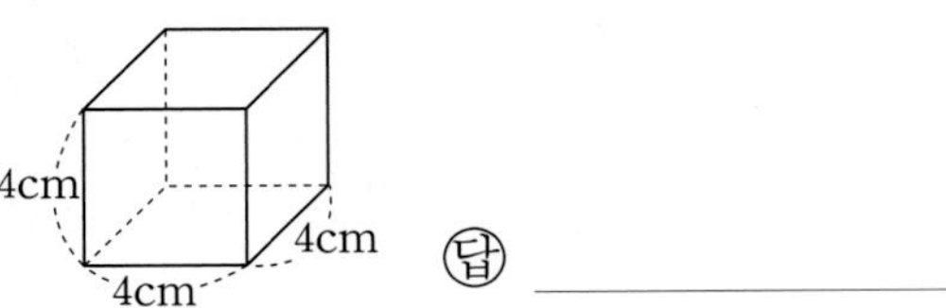


답 ______________

**28**

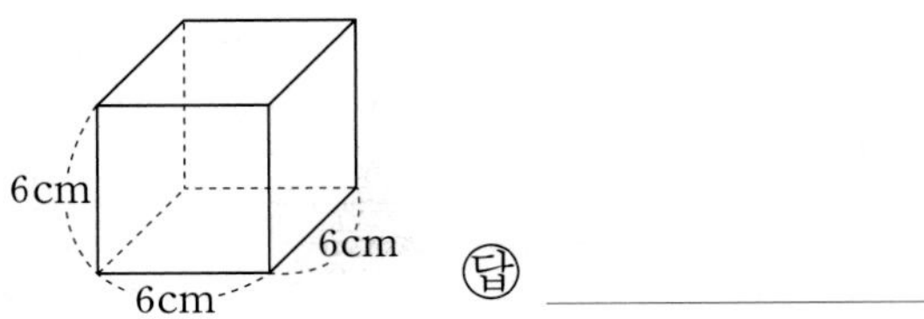


답 ______________

**29**

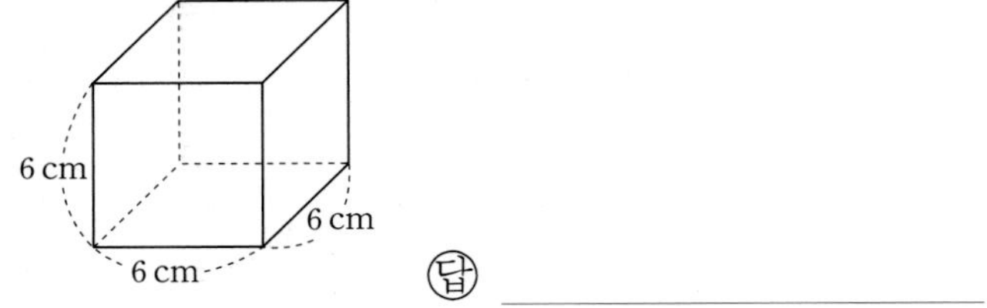


답 ______________

【30～32】 직육면체와 정육면체의 겉넓이를 구하시오.

**30**

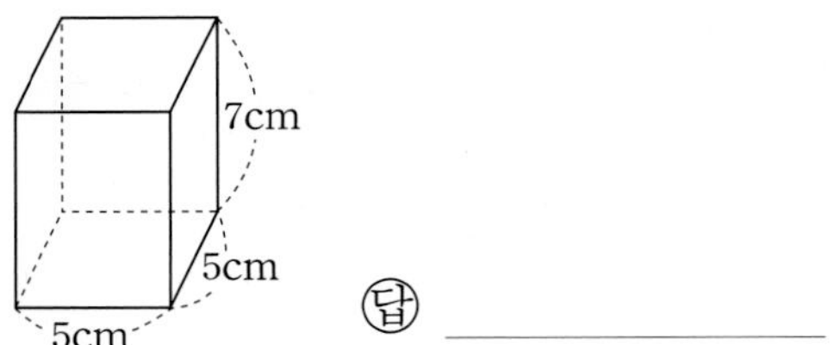


답 ______________

**31**

답 ______________

**32**

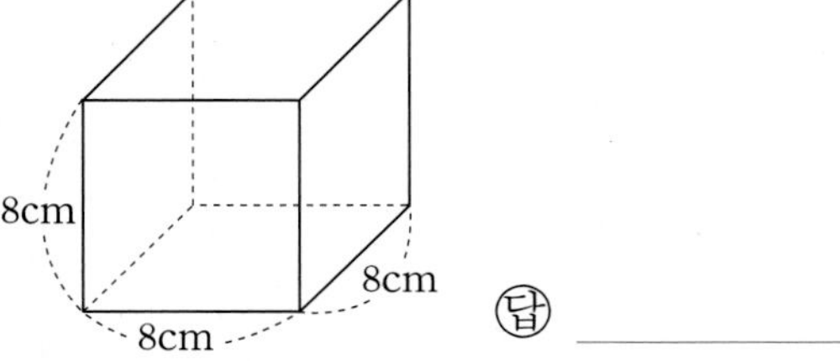


답 ______________

# 직육면체와 정육면체의 겉넓이 (연습하기)

【1~2】 직육면체의 겉넓이를 구하시오.

**01**
오른쪽 직육면체의 각 면의 넓이를 쓰시오.

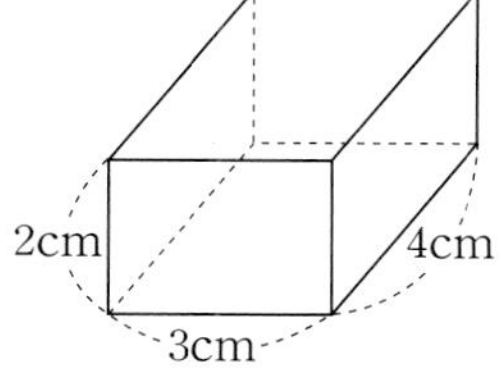


**02**
직육면체의 겉넓이를 구하시오.

【3~5】 직육면체의 겉넓이를 구하시오.

**03**
직육면체의 한 밑면의 넓이를 구하시오.

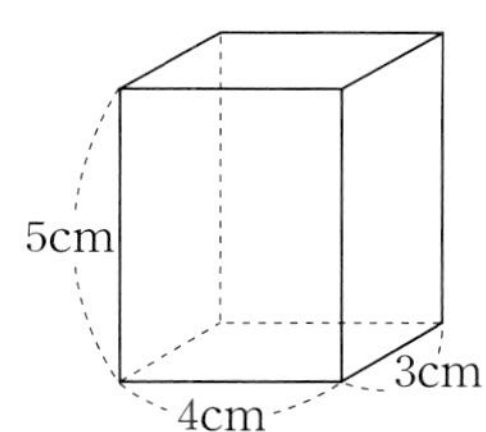


**04**
직육면체의 옆면의 넓이를 구하시오.

**05**
직육면체의 겉넓이를 구하시오.

【6~7】 다음 직육면체의 ① 한 밑면의 넓이, ② 옆면의 넓이, ③ 겉넓이를 각각 구하시오.

**06**

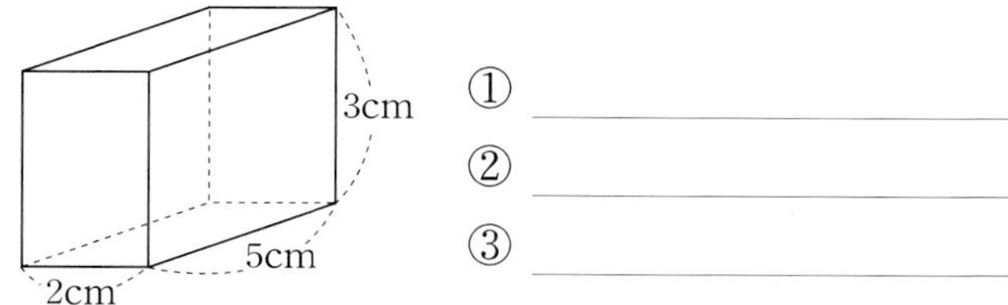


**07**

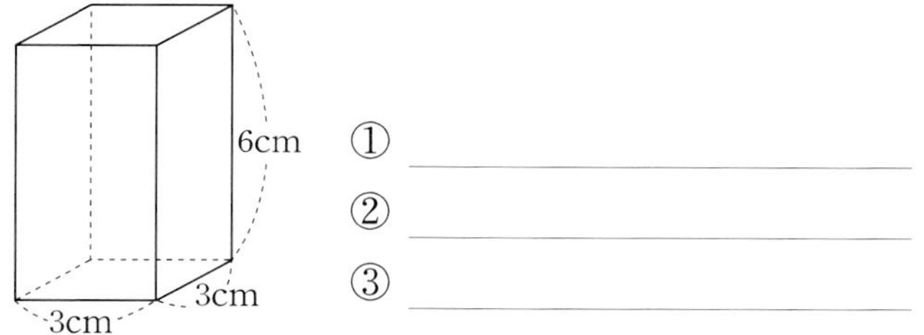


**08**
직육면체의 겉넓이를 구하려고 합니다. □ 안에 알맞은 수를 써넣으시오.

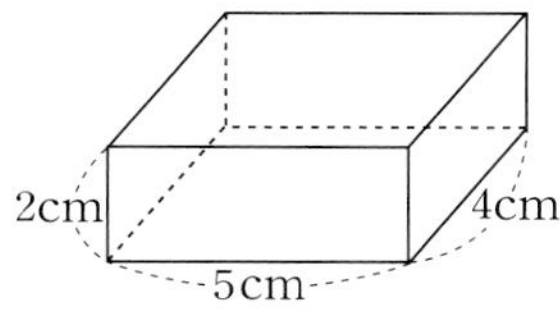


(직육면체의 겉넓이)

=(여섯 면의 넓이의 합)

$=\{(5\times4)+(4\times2)+(5\times2)\}\times\square$

$=(\square+\square+\square)\times\square$

$=\square(\mathrm{cm}^2)$

【9~12】 직육면체의 겉넓이를 구하시오.

**09**

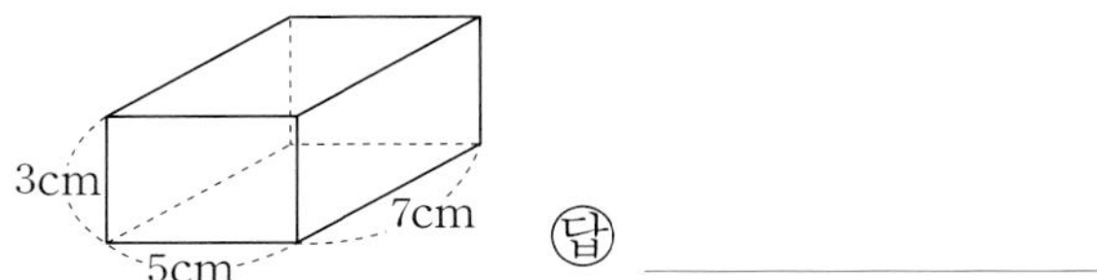

**10**

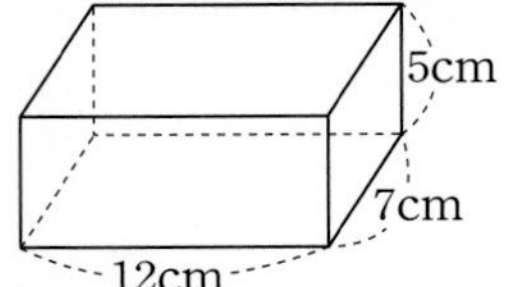


답 __________

**11**

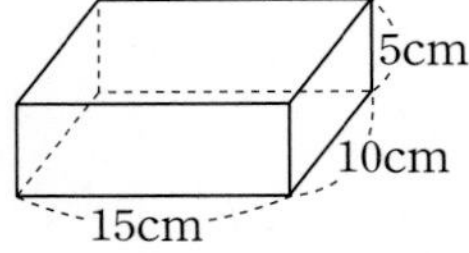


답 __________

**12**

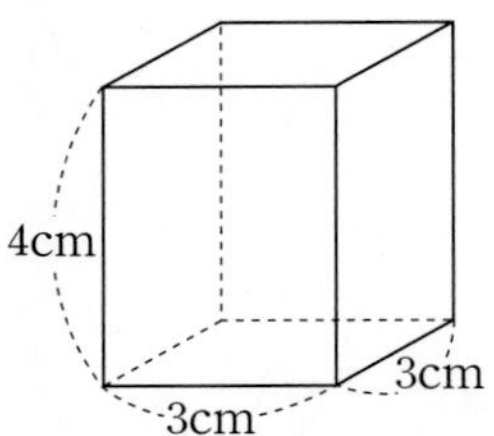


답 __________

**【13～15】** 정육면체의 겉넓이를 구하시오.

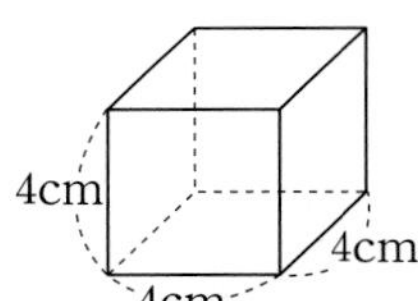


**13**

한 밑면의 넓이를 구하시오.

__________

**14**

옆면의 넓이를 구하시오.

__________

**15**

겉넓이를 구하시오. __________

**【16～17】** 정육면체의 겉넓이를 구하시오.

**16**

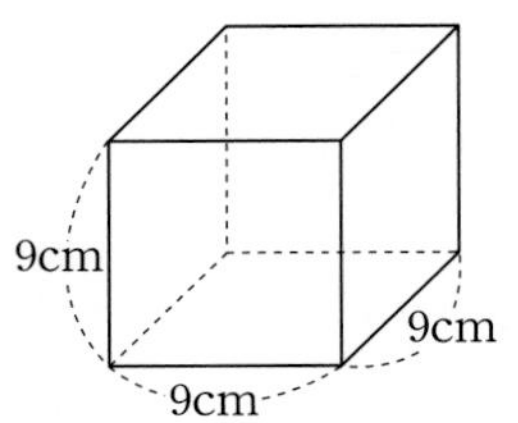


답 __________

**17**

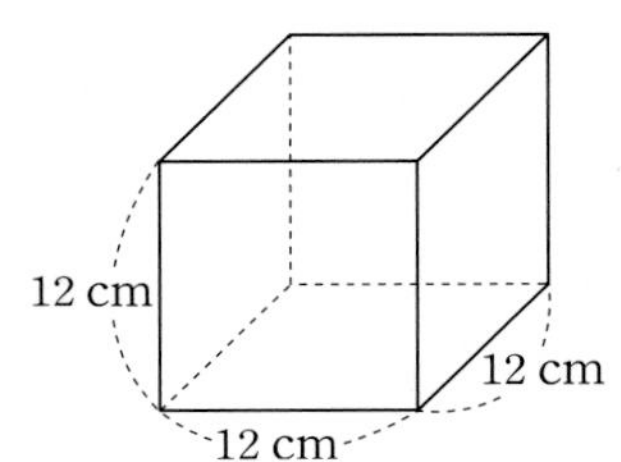


답 __________

**【18～20】** 직육면체의 겉넓이를 구하는 다른 방법을 알아보시오.

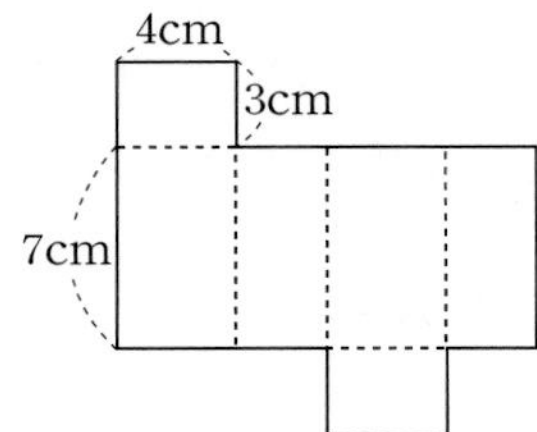


**18**

직육면체의 겨냥도를 그리시오.

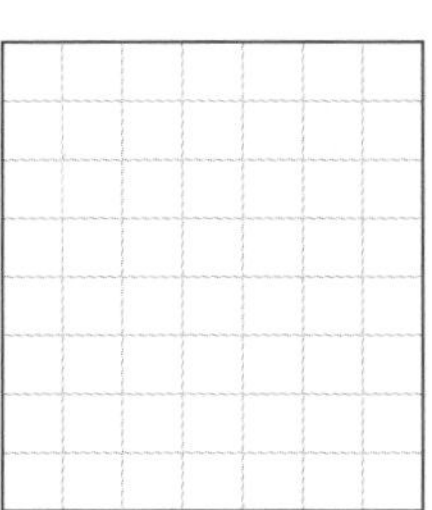

**19**

한 밑면의 넓이와 옆면의 넓이를 구하시오.

__________

**20**

직육면체의 겉넓이를 구하시오.

**21**

직육면체의 전개도를 보고 겉넓이를 구하시오.

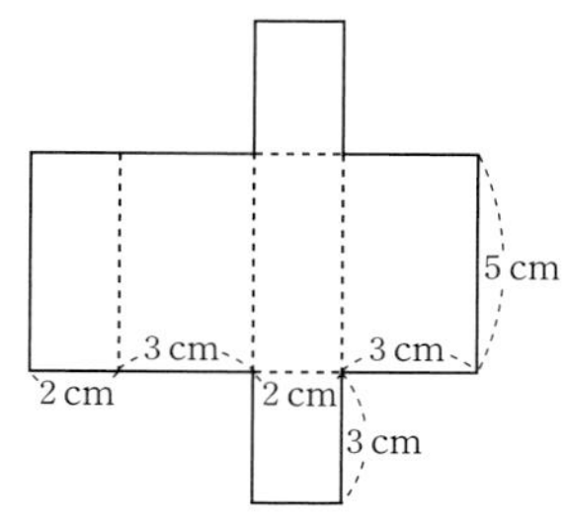

(직육면체의 겉넓이)

$=$(밑넓이)$\times 2+$(옆넓이)

$=\square\times 2+\square=\square(\text{cm}^2)$

【22~23】 전개도가 다음과 같은 직육면체의 겉넓이를 구하시오.

**22**

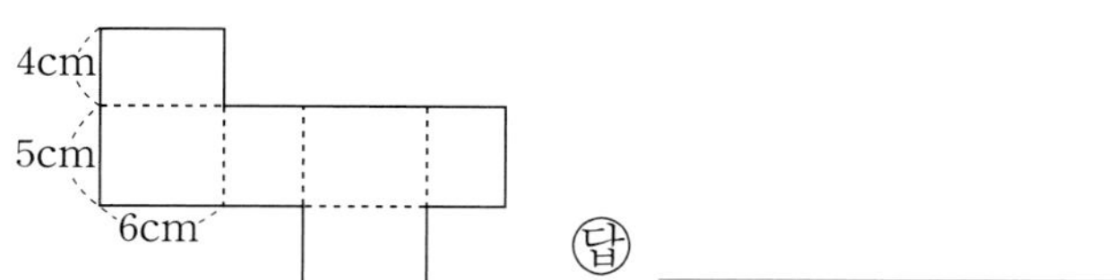

[답]

**23**

[답]

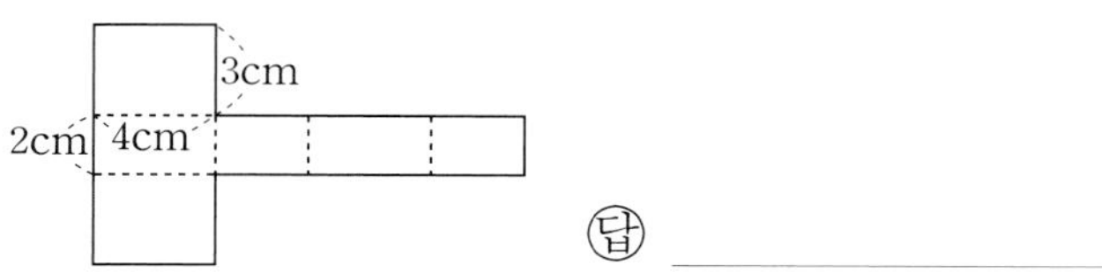

**24**

오른쪽과 같은 전개도로 만든 정육면체의 겉넓이를 구하시오.

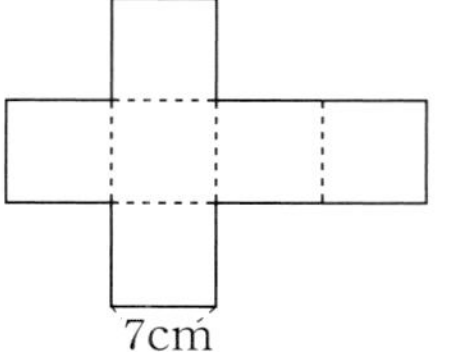

**25**

가로와 세로의 길이가 각각 8 cm, 12 cm 이고, 높이가 5 cm인 직육면체의 겉넓이를 구하시오.

**26**

한 모서리의 길이가 9 cm인 정육면체의 겉넓이를 구하시오.

**27**

정사각형 모양의 종이 6장을 이용하여 정육면체 모양을 만들었다. 만든 정육면체의 겉넓이를 구하시오.

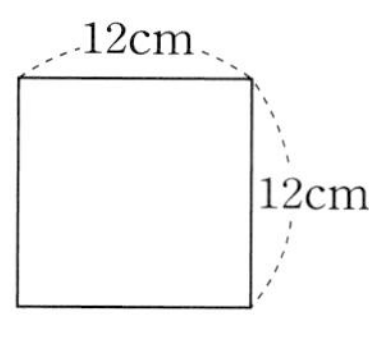

**28**

밑넓이가 40 $\text{cm}^2$, 밑면의 둘레가 26 cm, 높이가 5 cm인 직육면체의 겉넓이는 몇 $\text{cm}^2$입니까?

**29**

밑면은 둘레의 길이가 32 cm인 정사각형이고, 높이가 6 cm인 직육면체의 겉넓이를 구하시오.

# 부피의 비교 (개념 알기)

【1~4】 두 상자의 크기를 비교하시오.

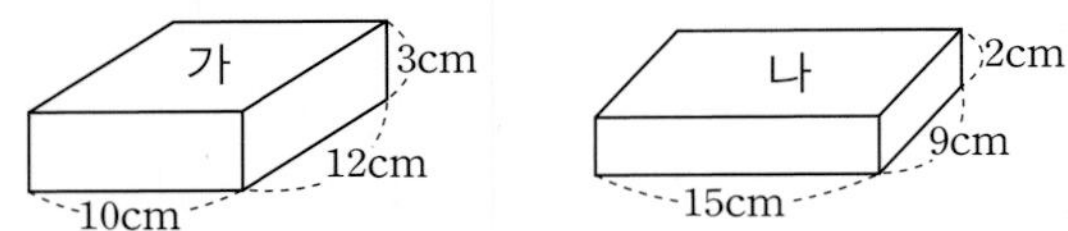


**01**
가로의 길이는 ______ 상자가 ______ cm 더 깁니다.

**02**
세로의 길이는 ______ 상자가 ______ cm 더 깁니다.

**03**
높이는 ______ 상자가 ______ cm 더 깁니다.

**04**
가로, 세로, 높이의 길이만으로 어느 상자가 더 큰지 알 수 있습니다. 없습니다.

【5~9】 서로 다른 직육면체 모양의 쑥빵 2개의 양을 비교하시오.

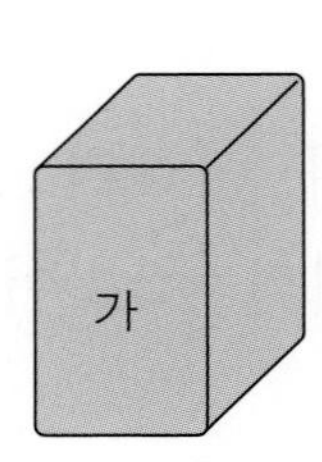


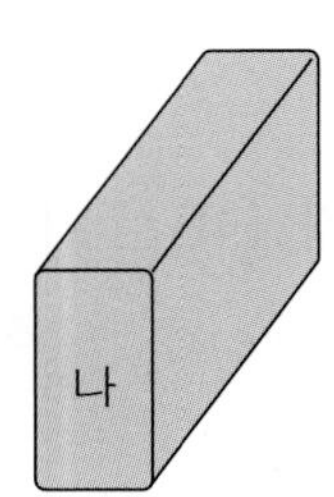


**05**
가로의 길이와 세로의 길이를 각각 직접 비교하여 보시오. ______

**06**
높이를 직접 비교하여 보시오.

______

**07**
어느 쪽의 빵이 양이 많다고 생각합니까?

______

**08**
왜 그렇게 생각합니까?

______

**09**
위의 **5~8** 에서 알게 된 것을 쓰시오.

______

______

【10~12】 두 상자의 크기를 비교하시오.

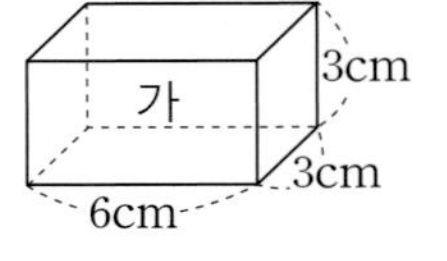


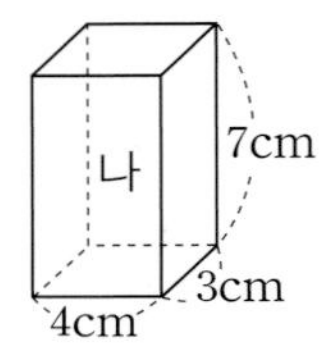


**10**
밑넓이를 비교하면 어느 것이 더 넓습니까? ______

**11**
높이는 어느 것이 더 깁니까?

______

**12**
어느 상자가 더 큰지 알 수 있습니까?

______

【13～17】 직육면체 모양의 상자 2개에 담을 수 있는 양의 크기를 비교하시오.

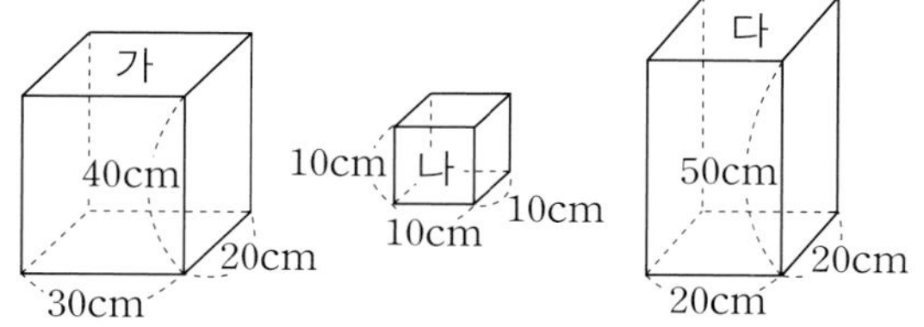


**13**
가상자에는 나상자를 몇 개 넣을 수 있습니까?

______

**14**
가상자의 부피는 나상자의 부피의 몇 배입니까?

______

**15**
다상자에는 나상자를 몇 개 넣을 수 있습니까?

______

**16**
다상자의 부피는 나상자의 부피의 몇 배입니까?

______

**17**
가상자와 다상자 중에서 어느 상자의 부피가 더 크다고 생각합니까?

______

【18～24】 직육면체 모양의 상자 2개에 담을 수 있는 양의 크기를 비교하시오.

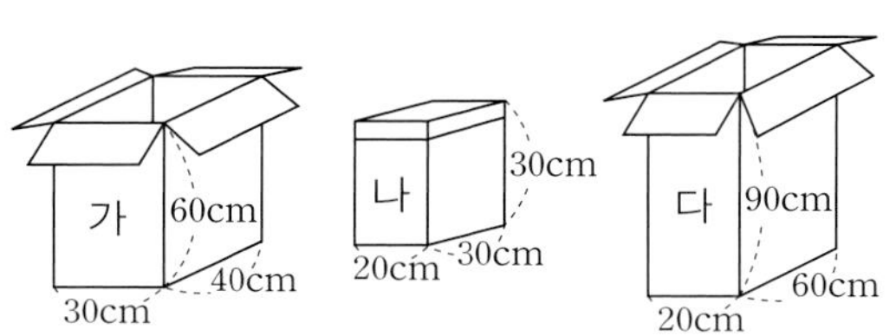


**18**
가상자에는 나상자를 몇 개 넣을 수 있습니까?

______

**19**
가상자의 부피는 나상자의 부피의 몇 배입니까?

______

**20**
다상자에는 나상자를 몇 개 넣을 수 있습니까?

______

**21**
다상자의 부피는 나상자의 부피의 몇 배입니까?

______

**22**
가상자와 다상자 중에서 어느 상자의 부피가 더 크다고 생각합니까?

______

**23**
왜 그렇게 생각합니까?

______

**24**
위의 *18～23*에서 알게 된 것을 쓰시오.

______

______

# 부피의 비교 (연습하기)

【1~4】 두 상자의 크기를 비교하시오.

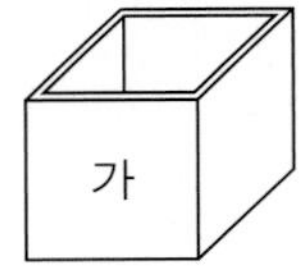

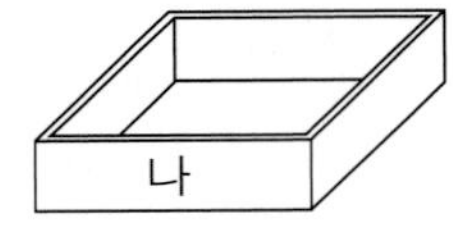


**01**
가로가 더 긴 상자는 어느 것입니까?

**02**
세로가 더 긴 상자는 어느 것입니까?

**03**
높이가 더 높은 상자는 어느 것입니까?

**04**
어느 상자가 더 큰지 알 수 있습니까?

【5~9】 비디오 테이프와 휴지통의 크기를 비교하시오.

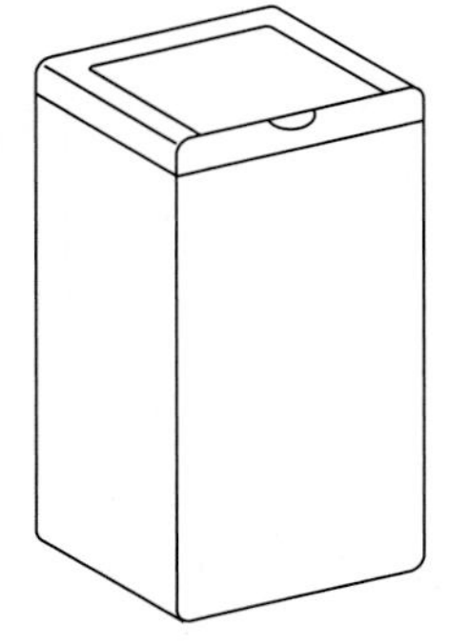

**05**
가로를 직접 비교하시오.

**06**
세로를 직접 비교하시오.

**07**
밑넓이를 직접 비교하시오.

**08**
높이를 직접 비교하시오.

**09**
부피를 직접 비교할 수 있다고 생각합니까?

【10~14】 두 상자의 크기를 비교하시오.

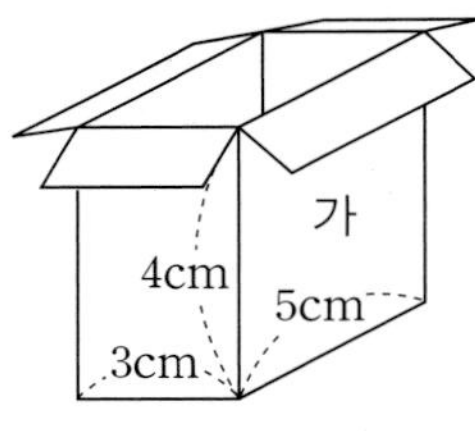

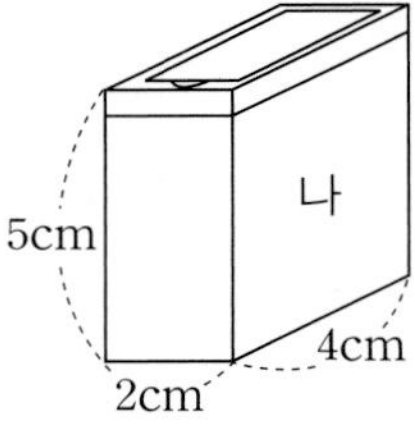


**10**
가로를 비교하시오.

**11**
세로를 비교하시오.

***12***

밑넓이를 비교하시오. ____________

***13***

높이를 비교하시오. ____________

***14***

부피를 비교할 수 있다고 생각합니까?

____________

【***15~18***】 직육면체의 부피를 비교하시오.

가

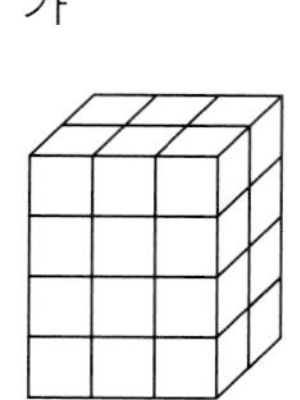

나

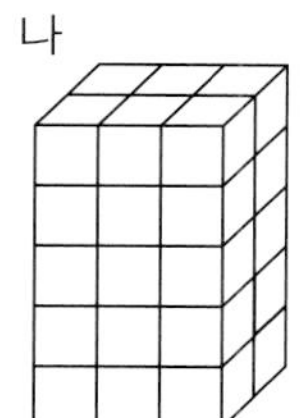

***15***

가에 있는 쌓기나무의 개수를 구하시오.

____________

***16***

나에 있는 쌓기나무의 개수를 구하시오.

____________

***17***

더 많은 쌓기나무로 만든 것은 어느 것입니까?

____________

***18***

부피가 더 큰 직육면체는 어느 것입니까?

____________

【***19~21***】 직육면체의 부피를 비교하시오.

가

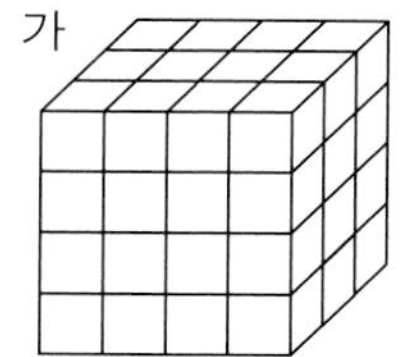

나

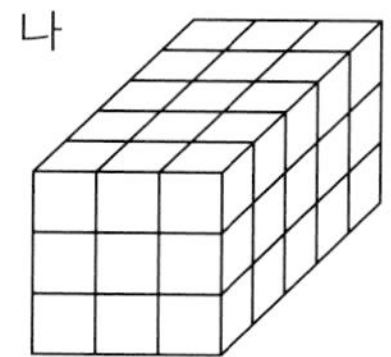

***19***

가에 있는 쌓기나무의 개수를 구하시오.

____________

***20***

나에 있는 쌓기나무의 개수를 구하시오.

____________

***21***

부피가 더 큰 직육면체는 어느 것입니까?

____________

***22***

다상자를 이용해서 가상자와 나상자 중에서 어느 상자의 부피가 더 큰지 조사하여 쓰시오.

____________

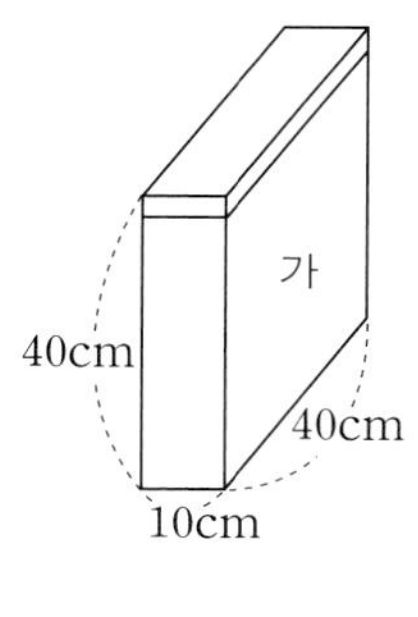


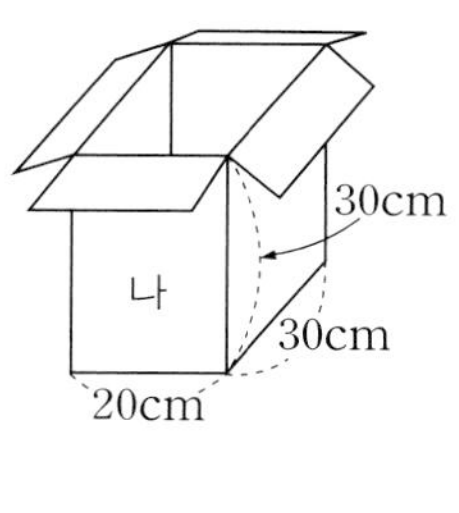


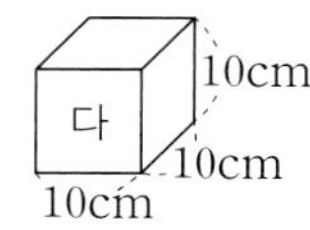


***23***

부피가 더 큰 직육면체는 어느 것입니까?

____________

가

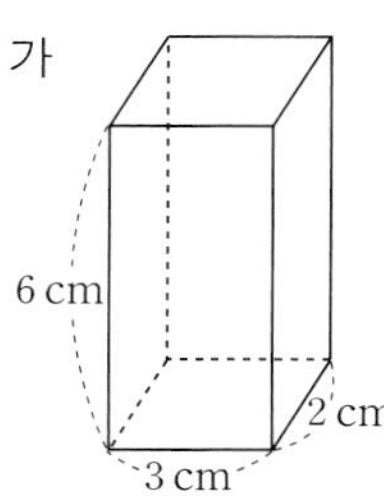


나

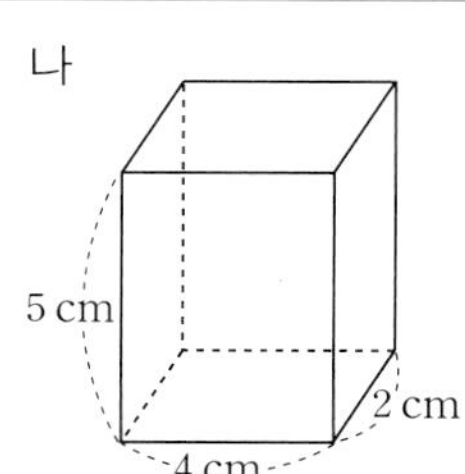

# 부피의 단위 (개념 알기)

【1~4】 한 모서리의 길이가 1 cm인 정육면체 모양의 쌓기나무로 직육면체 모양을 만들었습니다.

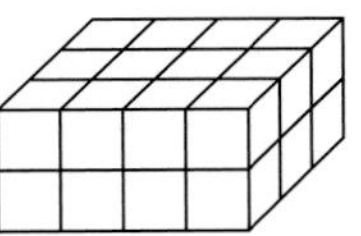

**01**
가로와 세로는 각각 몇 줄씩 쌓았습니까?

**02**
1층에 쌓은 쌓기나무는 몇 개입니까?

**03**
높이는 몇 층으로 쌓았습니까?

**04**
직육면체 모양은 쌓기나무 몇 개로 쌓았습니까?

【5~7】 가로와 세로, 높이가 각각 1 cm인 정육면체 모양의 쌓기나무로 직육면체 모양을 만드시오.

**05**
가로와 세로를 각각 4줄과 3줄로 쌓으시오.

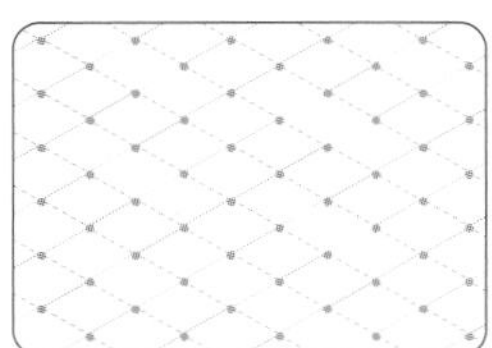

**06**
높이를 5층으로 쌓으시오.

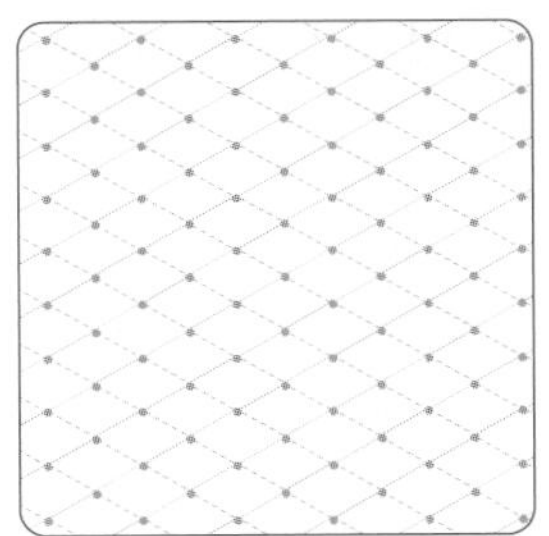

**07**
직육면체 모양은 쌓기나무 몇 개로 쌓았습니까?

【8~10】 한 모서리의 길이가 1 cm인 정육면체 모양의 쌓기나무로 아래의 직육면체 모양과 같이 쌓으시오.

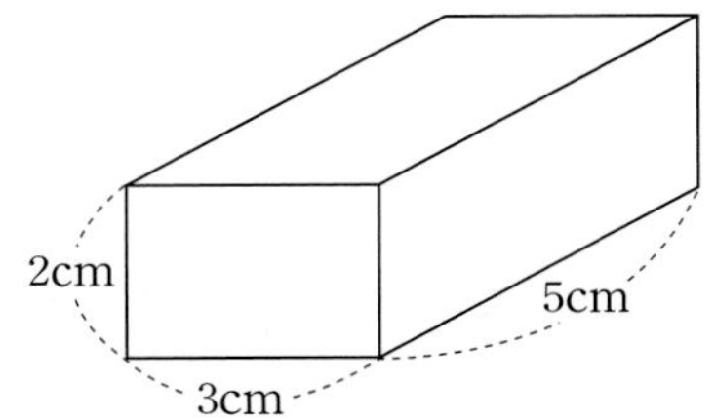


**08**
가로와 세로를 각각 몇 줄씩 쌓았습니까?

**09**
높이는 몇 층으로 쌓았습니까?

**10**
직육면체 모양은 쌓기나무 몇 개로 쌓았습니까?

【*11*～*12*】 한 모서리의 길이가 **1 cm**인 정육면체 모양의 쌓기나무로 아래의 직육면체 모양과 같이 쌓으려면 쌓기나무 몇 개가 필요합니까?

### *11*

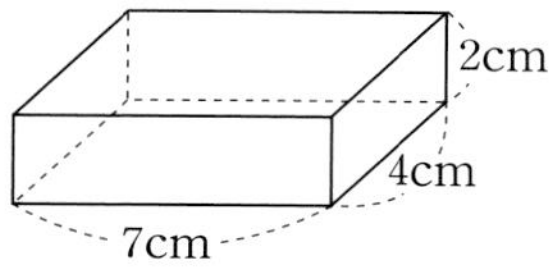


[답] ____________

### *12*

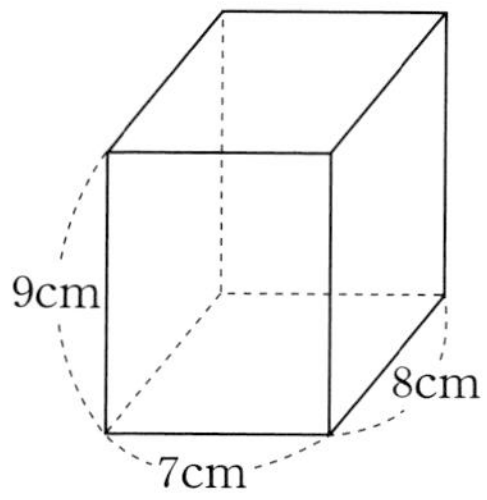


[답] ____________

**개념 1** **1 cm³, 1세제곱센티미터**

- 한 모서리의 길이가 **1 cm**인 정육면체의 부피를 **1 cm³**와 같이 쓰고 **1세제곱센티미터**라고 읽습니다.

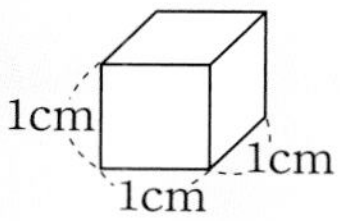


【*13*～*15*】 쌓기나무 한 개의 부피가 **1 cm³**라고 할 때, 다음을 구하시오.

### *13*

쌓기나무 7개의 부피는 ____________

### *14*

쌓기나무 24개의 부피는 ____________

### *15*

쌓기나무 32개의 부피는 ____________

【*16*～*23*】 쌓기나무 한 개의 부피가 **1 cm³**라고 할 때, 다음 입체도형의 부피를 구하시오.

### *16*

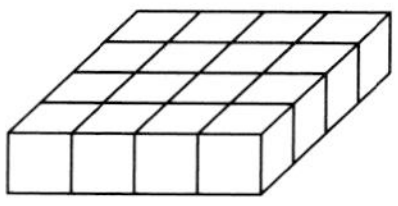

쌓기나무의 개수 ____________

부피 ____________

### *17*

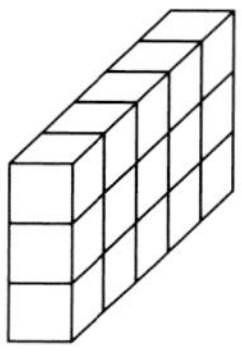

쌓기나무의 개수 ____________

부피 ____________

### *18*

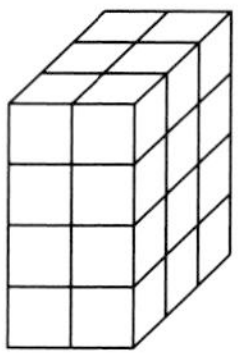

쌓기나무의 개수 ____________

부피 ____________

### *19*

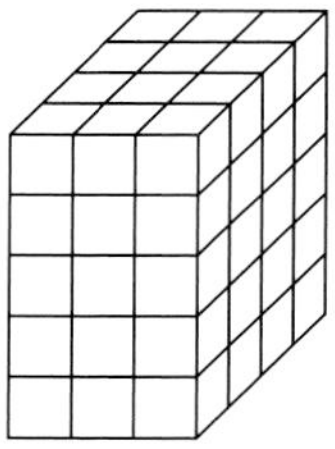

쌓기나무의 개수 ____________

부피 ____________

**20**

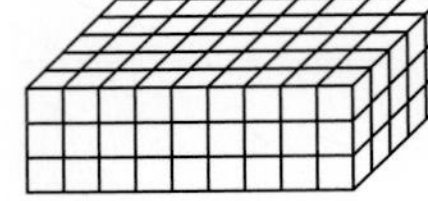

쌓기나무의 개수 ______

부피 ______

**21**

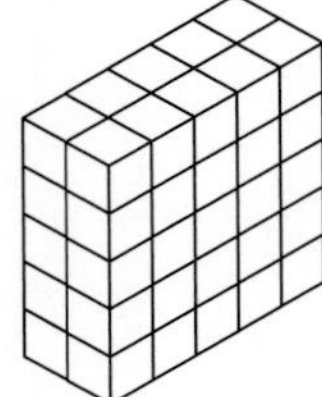

쌓기나무의 개수 ______

부피 ______

**22**

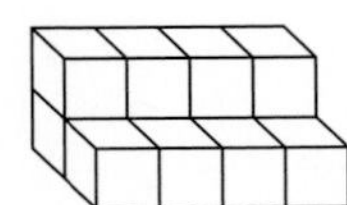

쌓기나무의 개수 ______

부피 ______

**23**

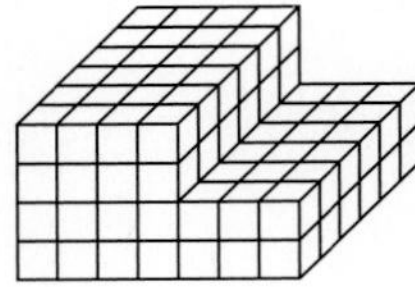

쌓기나무의 개수 ______

부피 ______

**【24～25】** 쌓기나무 한 개의 부피가 $1\,cm^3$일 때 도형의 부피를 구하시오.

**24**

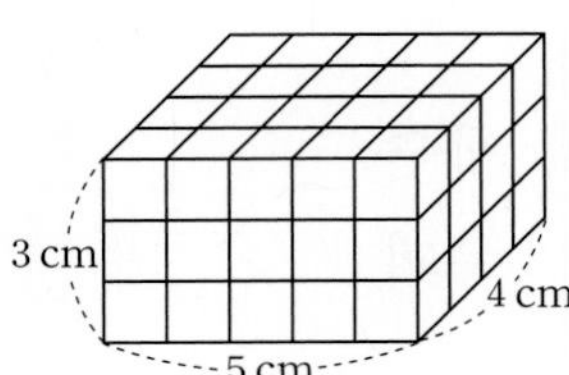


답 ______

**25**

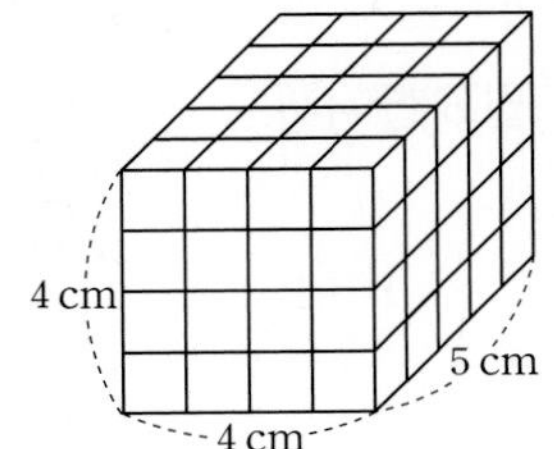


답 ______

**【26～27】** 상자 속에 부피가 $1\,cm^3$인 정육면체의 쌓기나무를 쌓고 상자의 부피를 구하시오.

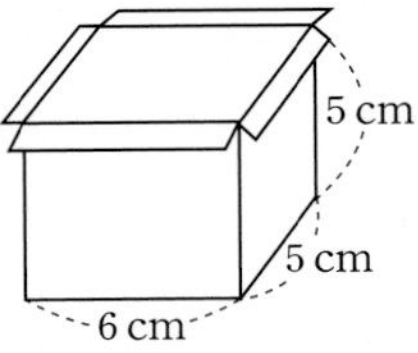


**26**

쌓기나무는 모두 몇 개가 필요합니까?

______

**27**

상자의 부피를 구하시오. ______

**【28～30】** 직육면체의 부피를 구하시오.

**28**

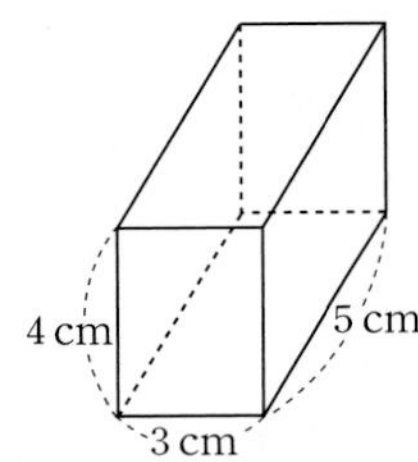


답 ______

**29**

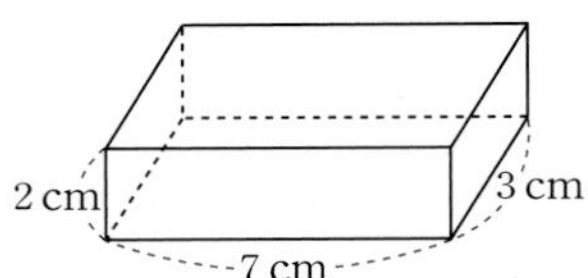


답 ______

**30**

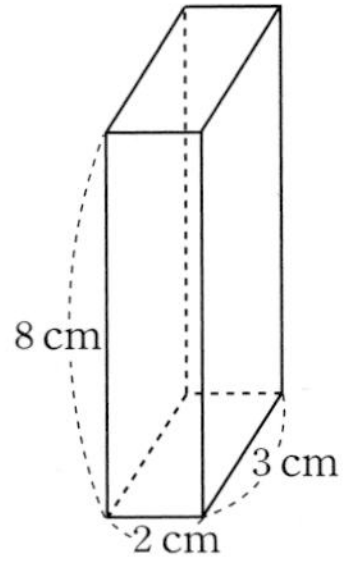


답 ______

교과서 실력쌓기

# 부피의 단위 (연습하기)

【1~3】 가로, 세로, 높이가 같은 쌓기나무로 오른쪽과 같은 정육면체 모양을 만들었습니다.

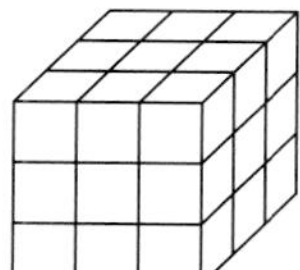

**01**

밑면에 놓인 쌓기나무는 모두 몇 개입니까? ____________

**02**

높이는 몇 층입니까? ____________

**03**

정육면체 모양을 만드는 데 사용된 쌓기나무는 모두 몇 개입니까? ____________

【4~6】 쌓기나무의 개수를 구하시오.

**04**

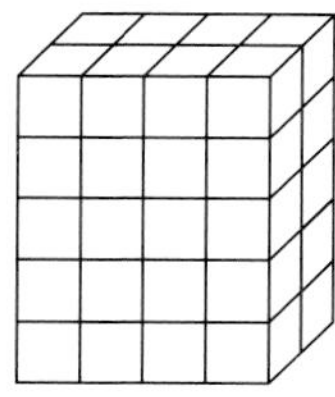

① 밑면에 놓인 쌓기나무의 개수 ____________

② 높이 ____________ 층

③ 쌓기나무의 개수 ________

**05**

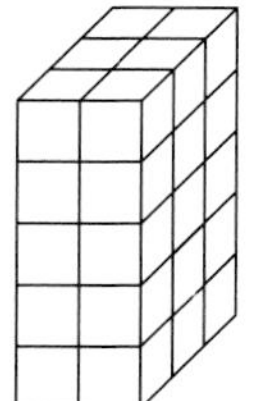

① 밑면에 놓인 쌓기나무의 개수 ____________

② 높이 ____________ 층

③ 쌓기나무의 개수 ________

**06**

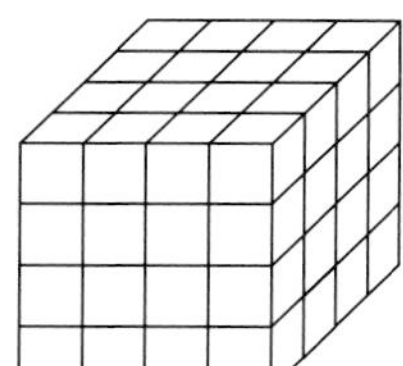

① 밑면에 놓인 쌓기나무의 개수 ____________

② 높이 ____________ 층

③ 쌓기나무의 개수 ________

【7~12】 다음 모양은 쌓기나무를 몇 개 쌓아서 만들 수 있습니까?

**07**

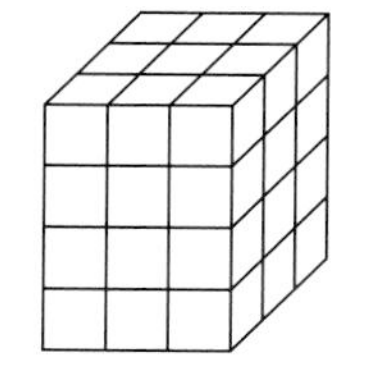

㉰답 ____________

**08**

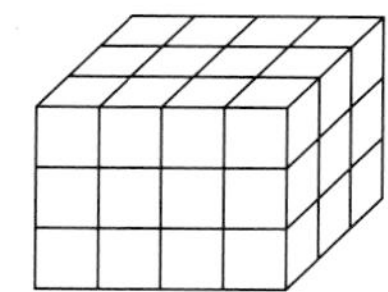

㉰답 ____________

**09**

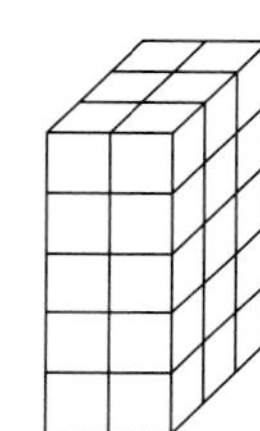

㉰답 ____________

**10**

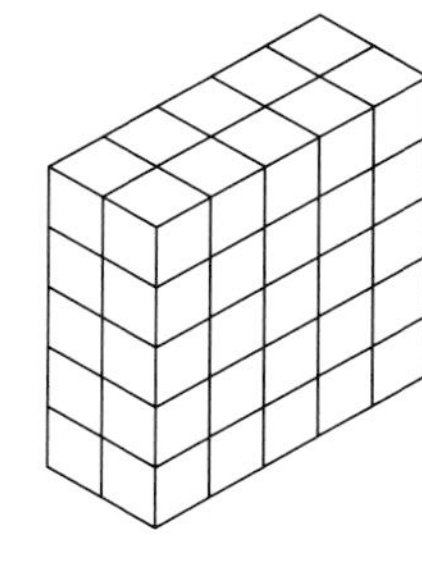

㉰답 ____________

**11**

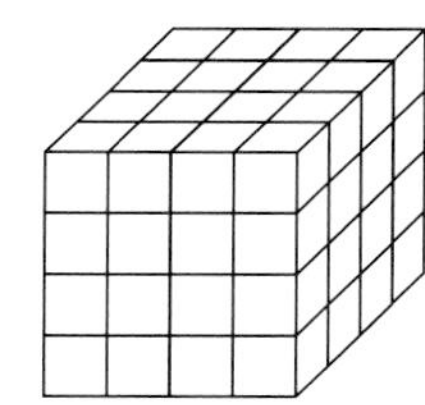

㉰답 ____________

*12*

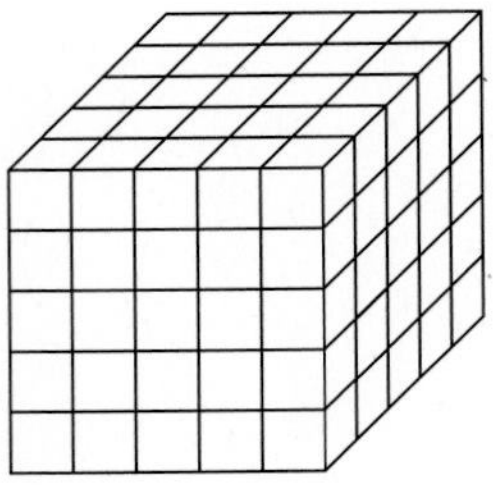

[답] ______________

【*13～15*】 쌓기나무를 다음과 같이 쌓을 때 필요한 쌓기나무의 개수를 구하시오.

*13*

가로 : 4줄, 세로 : 5줄, 높이 : 3층

______________

*14*

가로 : 5줄, 세로 : 6줄, 높이 : 4층

______________

*15*

가로 : 8줄, 세로 : 3줄, 높이 : 5층

______________

【*16～17*】 쌓기나무 한 개의 부피가 1 $cm^3$라 할 때, 오른쪽 모양의 부피를 구하시오.

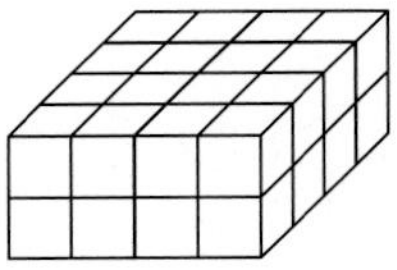

*16*

쌓기나무 몇 개로 만들었습니까?

______________

*17*

부피는 몇 $cm^3$입니까?

______________

【*18～25*】 쌓기나무 1개의 부피가 1 $cm^3$일 때, 다음 모양의 부피를 구하시오.

*18*

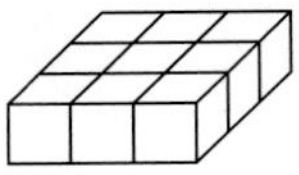

쌓기나무의 개수 ______________

부피 ______________

*19*

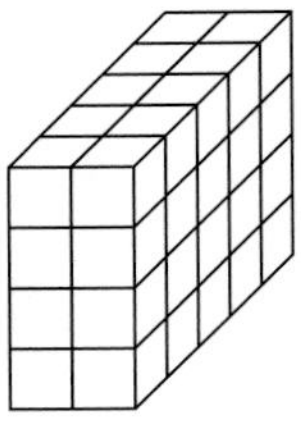

쌓기나무의 개수 ______________

부피 ______________

*20*

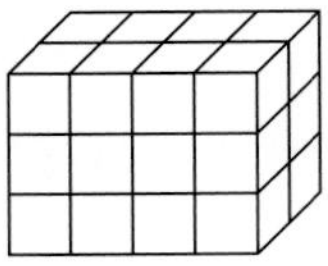

쌓기나무의 개수 ______________

부피 ______________

*21*

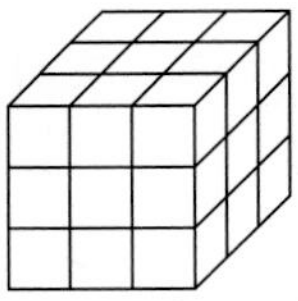

쌓기나무의 개수 ______________

부피 ______________

*22*

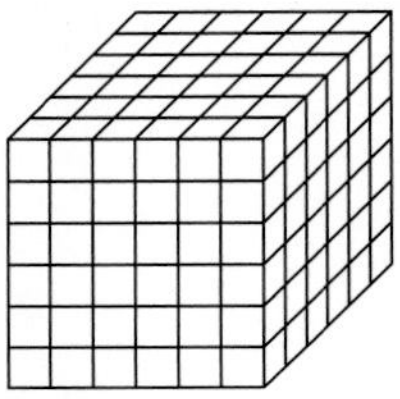

쌓기나무의 개수 ______________

부피 ______________

**23**

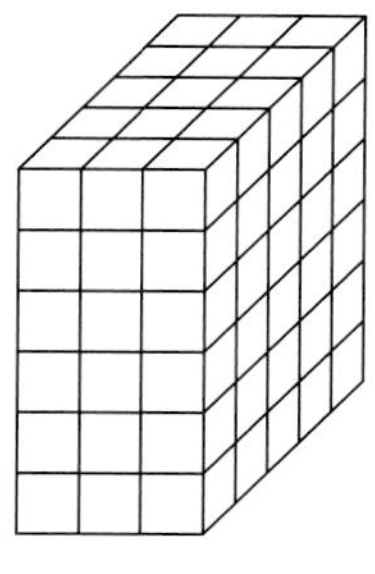

쌓기나무의 개수 ______

부피 ______

**24**

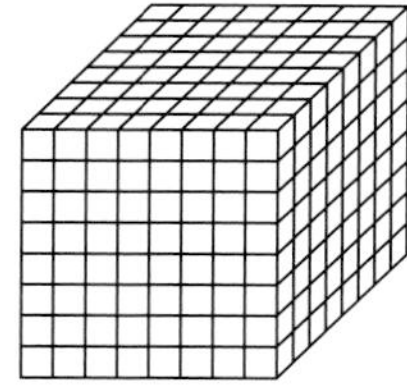

쌓기나무의 개수 ______

부피 ______

**25**

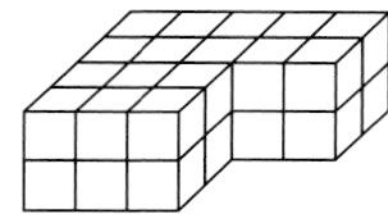

쌓기나무의 개수 ______

부피 ______

**【26～29】** 한 모서리의 길이가 **1 cm**인 정육면체 모양의 쌓기나무로 오른쪽 직육면체 모양을 만들려고 합니다.

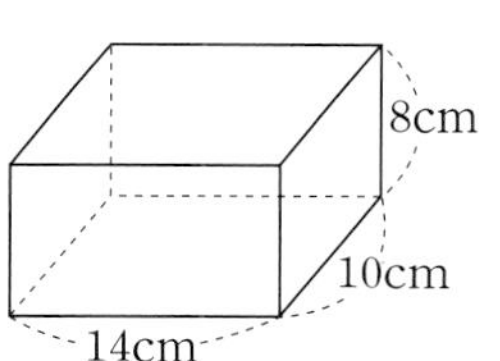


**26**

1층에 쌓기나무를 몇 개 놓을 수 있습니까?

______

**27**

쌓기나무를 몇 층까지 쌓으면 됩니까?

______

**28**

쌓기나무는 몇 개 필요합니까?

______

**29**

상자의 부피를 구하시오.

______

**30**

한 개의 부피가 1 $cm^3$인 쌓기나무가 한 층에 5개씩 4층에 쌓여 있을 때 부피를 구하시오.

______

**31**

직육면체 모양의 상자에 한 모서리의 길이가 1 cm인 정육면체를 빈틈없이 꼭 맞게 넣었습니다. 모두 240개를 넣었다면, 이 상자의 부피는 몇 $cm^3$입니까?

______

**32**

한 모서리의 길이가 1 cm인 정육면체 모양의 쌓기나무로 가로 줄에 10개, 세로 줄에 5개, 높이로 3층을 쌓아서 만든 직육면체의 부피는 몇 $cm^3$입니까?

______

**33**

한 모서리가 1 cm인 정육면체 모양의 쌓기나무를 6층까지 쌓았습니다. 각 층은 5개씩 4줄로 되어 있다고 하면 쌓여져 있는 쌓기나무의 부피는 얼마입니까?

______

# 직육면체의 부피 (개념 알기)

【1~4】 한 모서리의 길이가 1 cm인 정육면체 모양의 쌓기나무로 직육면체의 부피를 알아보시오.

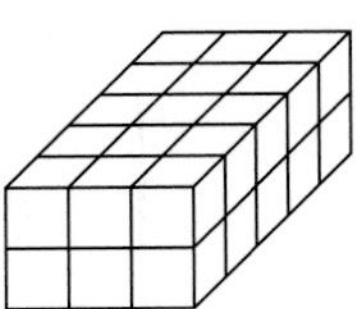

**01**
가로에 놓인 쌓기나무는 ______개이고, 세로에 놓인 쌓기나무는 ______개입니다.

**02**
1층에 놓인 쌓기나무는
3× ______ = ______(개)입니다.

**03**
2층으로 쌓였으므로 쌓기나무의 개수는 ______ ×2= ______(개)입니다.

**04**
쌓기나무가 ______개이므로, 이 직육면체의 부피는 ______입니다.

【5~9】 한 모서리의 길이가 1 cm인 정육면체 모양의 쌓기나무로 직육면체의 부피를 알아보시오.

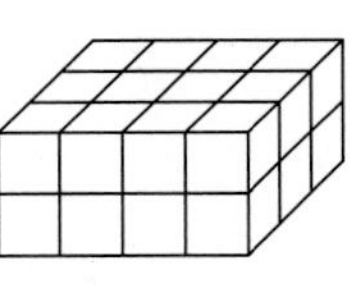

**05**
가로와 세로에 놓여진 쌓기나무는 각각 몇 줄입니까? ______

**06**
1층에 놓인 쌓기나무는 몇 개입니까? ______

**07**
2층으로 놓인 쌓기나무는 몇 개입니까? ______

**08**
이 직육면체의 부피는 몇 $cm^3$라고 생각합니까? ______

**09**
왜 그렇게 생각합니까?
______
______

【10~12】 한 모서리의 길이가 1 cm인 정육면체 모양의 쌓기나무로 쌓은 직육면체의 부피를 구하려고 합니다.

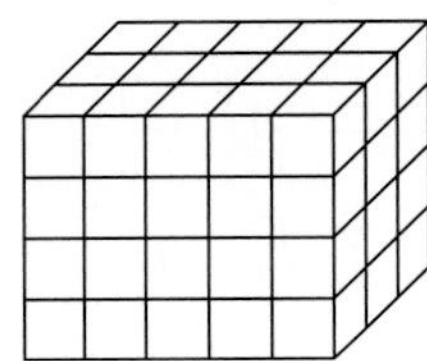

**10**
한 층에 놓인 쌓기나무의 개수는
______ × ______ = ______(개)입니다.

**11**
4층까지 쌓은 쌓기나무의 개수는
______ × ______ = ______(개)입니다.

**12**
이 직육면체의 부피를 구하시오. ______

**13**

한 모서리의 길이가 1 cm인 정육면체 모양의 쌓기나무로 쌓은 직육면체의 부피를 구하시오.

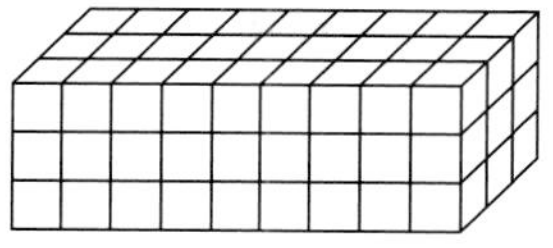

__________

【14～18】 한 모서리의 길이가 **1 cm**인 정육면체 모양의 쌓기나무로 직육면체를 만들어 직육면체의 부피를 구하는 방법을 알아보시오.

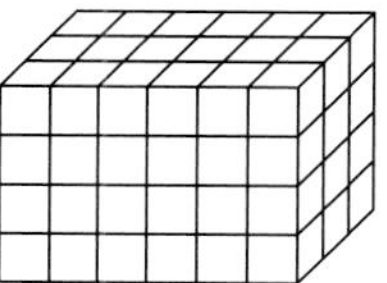

**14**

가로의 길이는 쌓기나무가 6개이므로 ______ cm입니다.

**15**

세로의 길이는 쌓기나무가 3개이므로 ______ cm입니다.

**16**

이 직육면체의 밑넓이는

_____ × _____ = ______ ($cm^2$)입니다.

**17**

높이는 쌓기나무가 4층이므로 _____ cm입니다.

**18**

이 직육면체의 부피는

______ ×4= ______ ($cm^3$)입니다.

【19～24】 한 모서리의 길이가 **1 cm**인 정육면체 모양의 쌓기나무로 쌓은 직육면체입니다. 부피를 구하는 방법을 알아보시오.

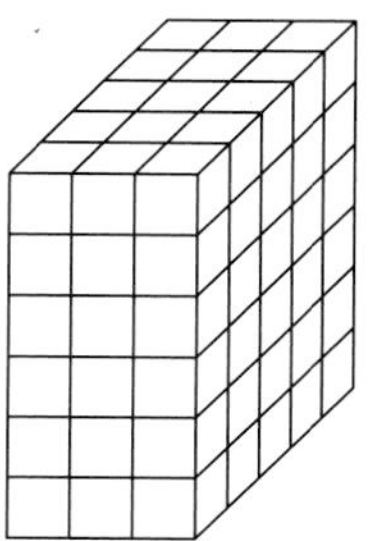

**19**

가로는 몇 cm입니까?

__________

**20**

세로는 몇 cm입니까?

__________

**21**

밑넓이는 몇 $cm^2$입니까?

__________

**22**

높이는 몇 cm입니까?

__________

**23**

이 직육면체의 부피는 몇 $cm^3$라고 생각합니까?

__________

**24**

왜 그렇게 생각합니까?

__________

**25**

직육면체의 부피를 구하는 공식을 쓰시오.

__________

【*26*～*28*】 한 모서리의 길이가 **1 cm**인 정육면체 모양의 쌓기나무로 쌓은 직육면체입니다. 이 직육면체의 부피를 구하시오.

### 26

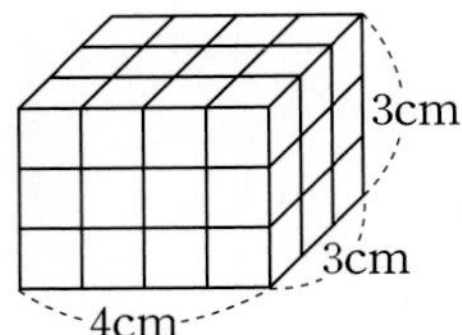


㊐ ______________

### 27

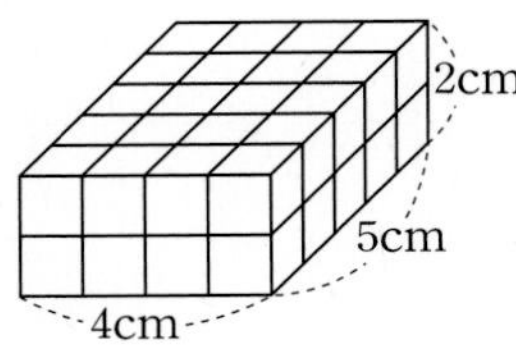


㊐ ______________

### 28

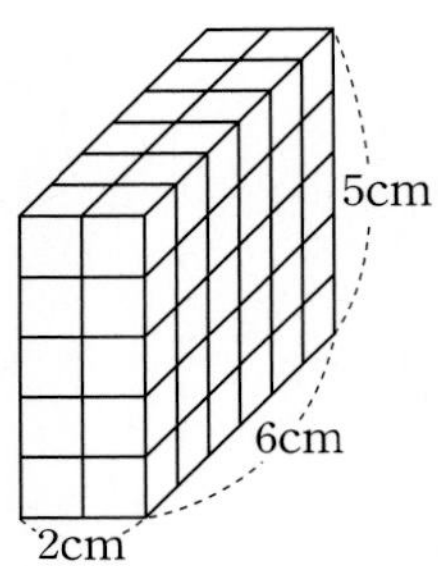


㊐ ______________

【*29*～*30*】 직육면체의 부피를 구하시오.

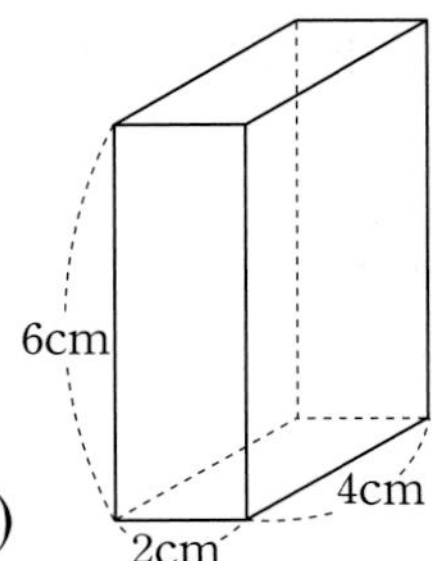


### 29

밑면의 넓이를 구하시오.

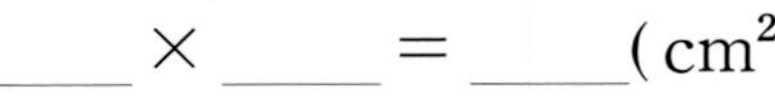

_____ × _____ = _____ ( $cm^2$ )

### 30

직육면체의 부피를 구하시오.

_____ × _____ × _____ = ______ ( $cm^3$ )

【*31*～*32*】 직육면체의 부피를 구하시오.

### 31

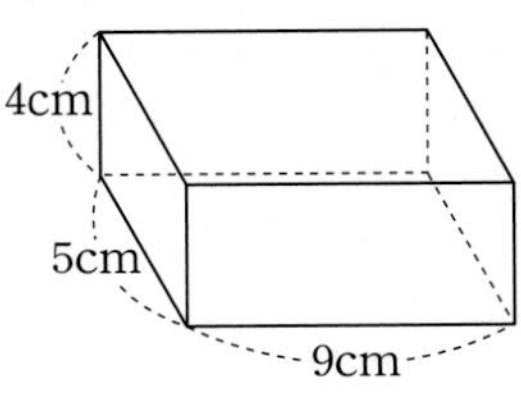


㊐ ① 밑넓이 ______________

② 부　피 ______________

### 32

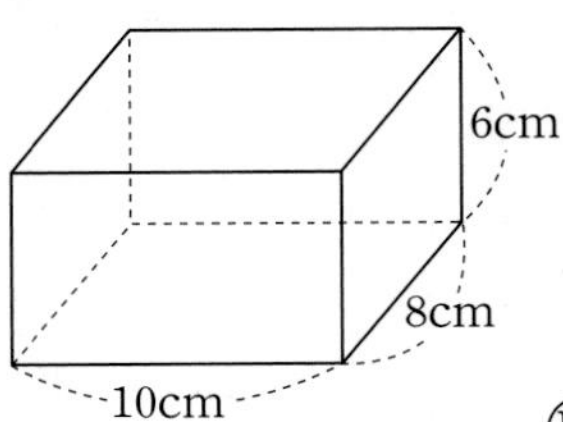


㊐ ① 밑넓이 ______________

② 부　피 ______________

【*33*～*35*】 입체도형의 부피를 구하시오.

### 33

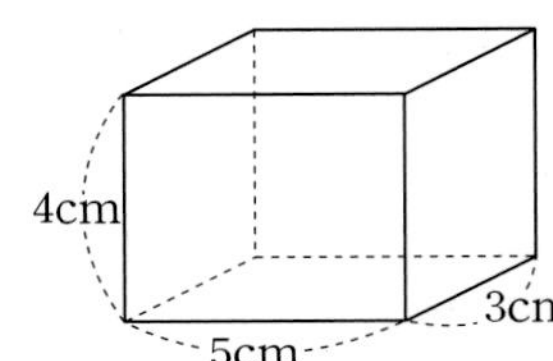


㊐ ______________

### 34

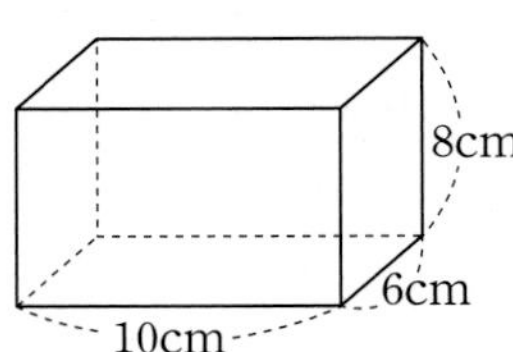


㊐ ______________

### 35

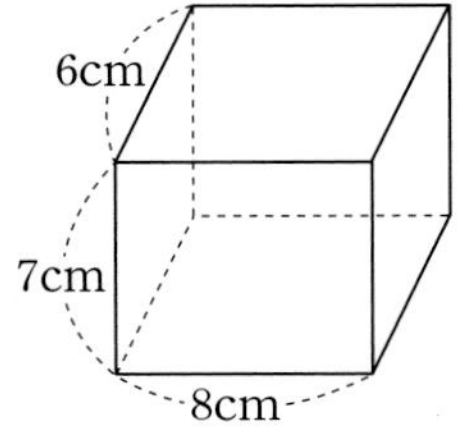


㊐ ______________

교과서 실력쌓기

# 직육면체의 부피 (연습하기)

【1~6】 한 모서리의 길이가 1 cm인 정육면체 모양의 쌓기나무로 쌓은 직육면체의 부피를 구하시오.

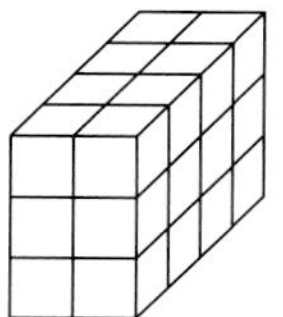

**01**
가로로 놓은 쌓기나무는 몇 줄입니까?

______________

**02**
세로로 놓은 쌓기나무는 몇 줄입니까?

______________

**03**
한 층에 놓은 쌓기나무는 모두 몇 개입니까?

______________

**04**
3층까지 놓은 쌓기나무는 모두 몇 개입니까?

______________

**05**
이 직육면체의 부피는 얼마입니까?

______________

**06**
이것을 식으로 나타내시오.

_____ × _____ × _____ = _____ ($cm^3$)

【7~12】 한 모서리의 길이가 1 cm인 정육면체 모양의 쌓기나무로 쌓은 직육면체의 부피를 알아보시오.

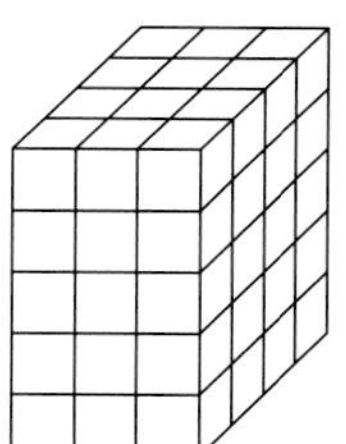

**07**
가로로 놓은 쌓기나무는 몇 줄입니까?

______________

**08**
세로로 놓은 쌓기나무는 몇 줄입니까?

______________

**09**
한 층에 놓은 쌓기나무는 모두 몇 개입니까?

______________

**10**
5층까지 놓은 쌓기나무는 모두 몇 개입니까?

______________

**11**
이 직육면체의 부피는 얼마입니까?

______________

**12**
이것을 식으로 나타내시오.

_____ × _____ × _____ = _____ ($cm^3$)

【13～18】 부피가 1 cm³인 정육면체 모양의 쌓기나무로 쌓은 직육면체의 부피를 구하시오.

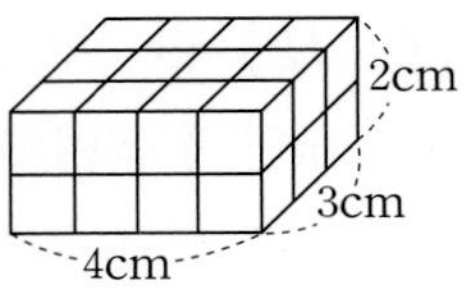


**13**
가로로 쌓은 쌓기나무는 몇 줄입니까?

______

**14**
세로로 쌓은 쌓기나무는 몇 줄입니까?

______

**15**
한 층에 놓은 쌓기나무는 모두 몇 개입니까?

______

**16**
2층까지 쌓은 쌓기나무는 모두 몇 개입니까?

______

**17**
이 직육면체의 부피는 몇 $cm^3$입니까?

______

**18**
이것을 식으로 나타내시오.

______ × ______ × ______ = ______ ($cm^3$)

【19～20】 부피가 1 cm³인 정육면체 모양의 쌓기나무로 쌓은 직육면체의 부피를 구하시오.

**19**

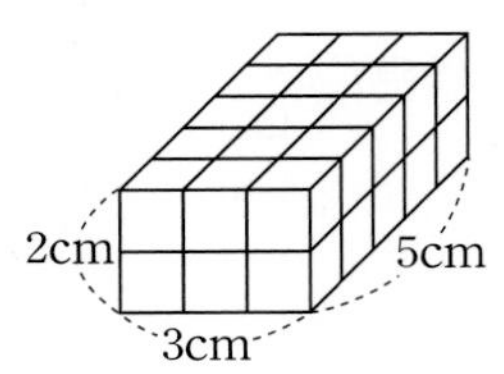


______

**20**

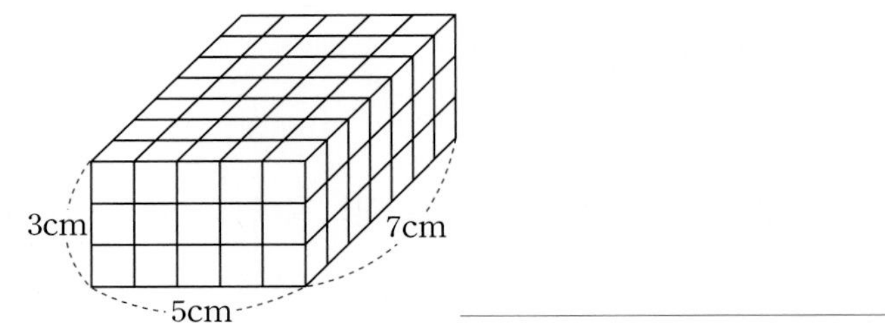


______

【21～26】 직육면체의 부피를 구하시오.

**21**

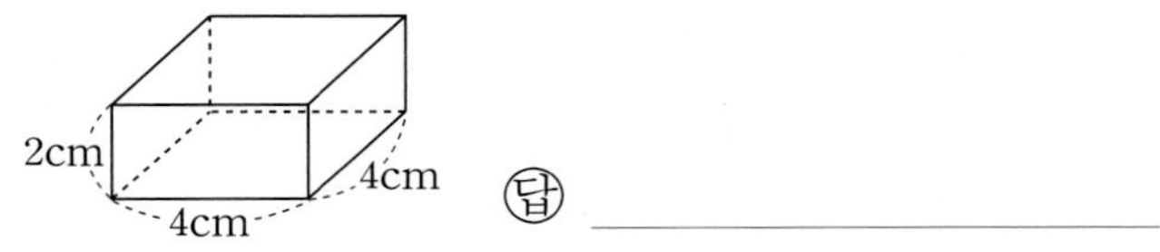


㉭ ______

**22**

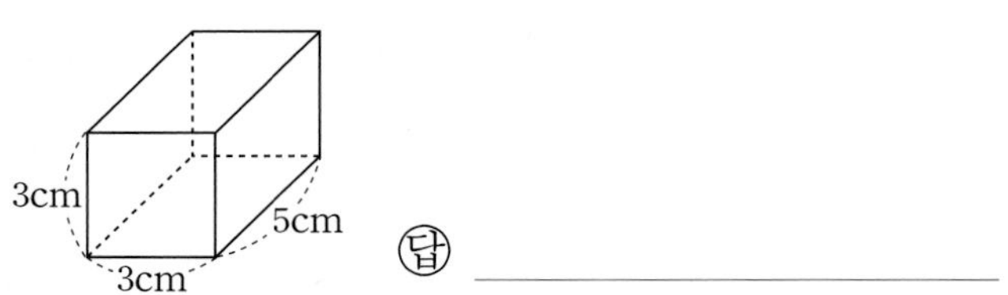


㉭ ______

**23**

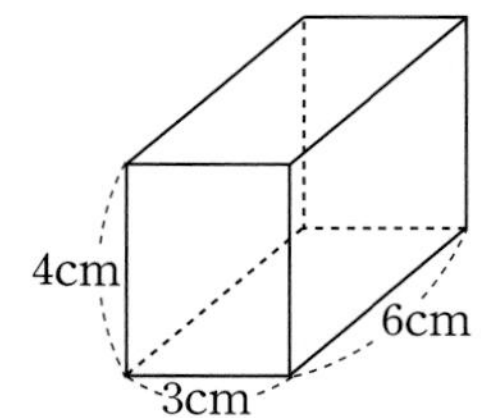


㉭ 

**24**

답 ____________

**25**

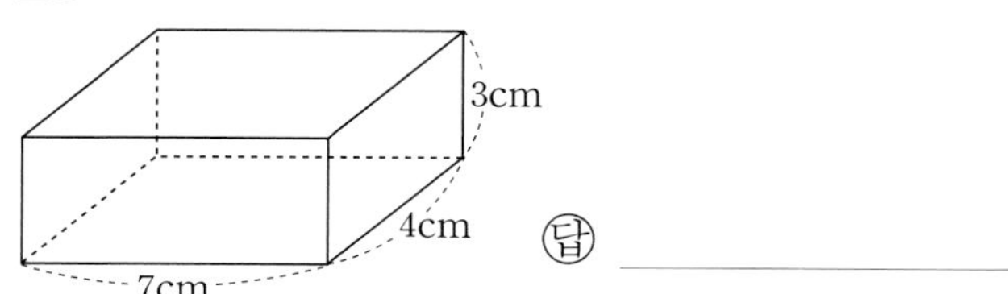


답 ____________

**26**

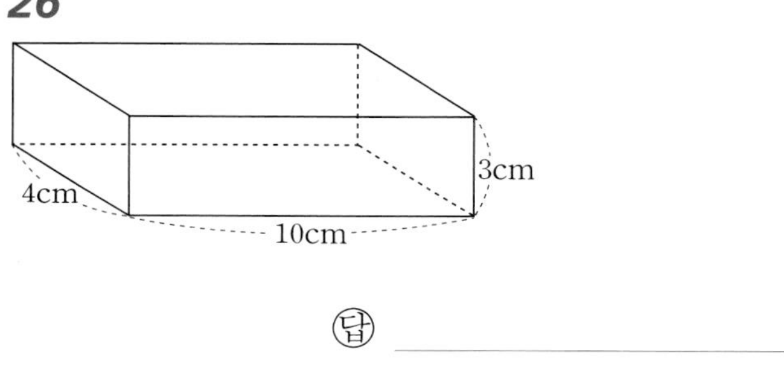


답 ____________

**27**

직육면체에서 부피가 같은 것끼리 짝지으시오.

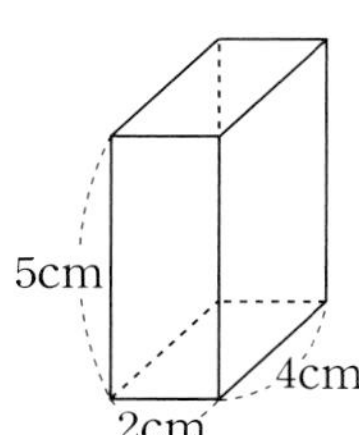


②

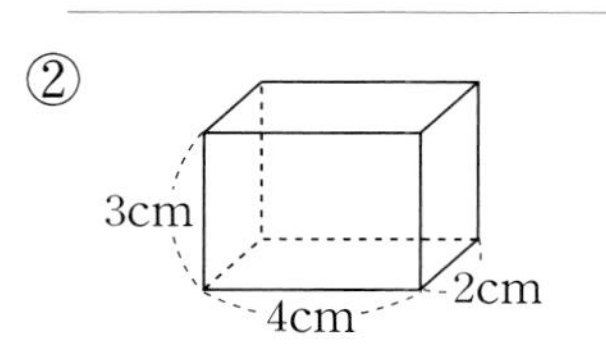


③

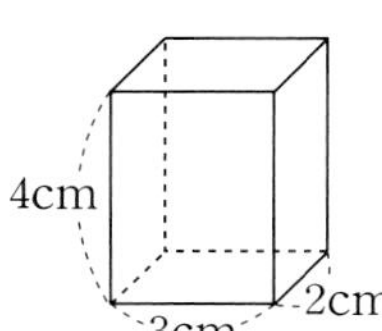


④

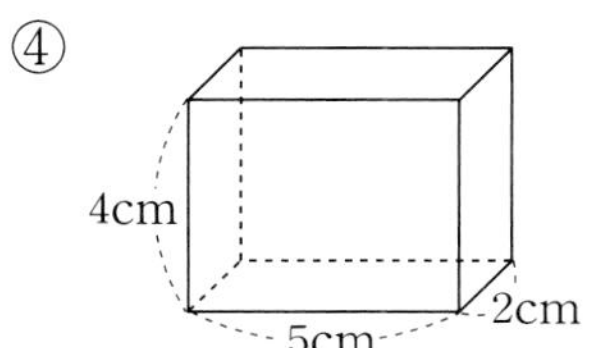


**28**

밑면의 가로의 길이가 10 cm, 세로의 길이가 7 cm이고, 높이가 6 cm인 직육면체의 부피를 구하시오.

**29**

밑면의 넓이가 24 $cm^2$이고, 높이가 5 cm인 직육면체의 부피를 구하시오.

**30**

부피가 320 $cm^3$인 직육면체의 높이가 8 cm일 때, 이 직육면체의 밑넓이를 구하시오.

**31**

밑넓이가 180 $cm^2$인 직육면체의 부피가 900 $cm^3$라고 합니다. 이 직육면체의 높이를 구하시오.

**【32~33】** □ 안에 알맞은 수를 써넣으시오.

**32**

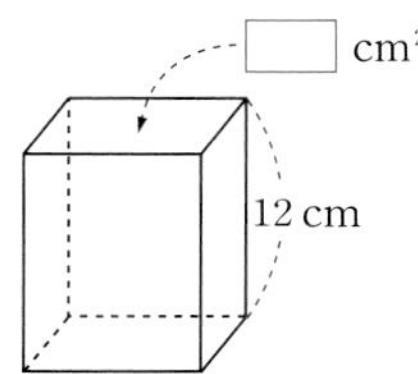


부피 240 $cm^3$

**33**

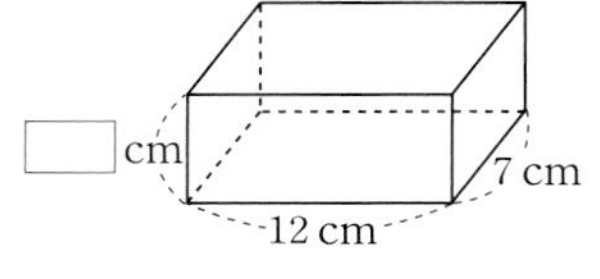


부피 420 $cm^3$

# 정육면체의 부피 (개념 알기)

【1~6】 한 모서리의 길이가 1 cm 인 정육면체 모양의 쌓기나무로 오른쪽 정육면체의 부피를 구하시오.

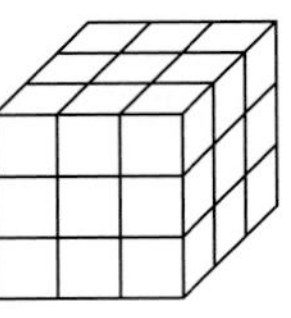

**01**
가로에 놓인 쌓기나무는 ______줄이고, 세로에 놓인 쌓기나무는 ______줄입니다.

**02**
1층에 놓인 쌓기나무는
______ × ______ = ______(개)입니다.

**03**
2층으로 놓인 쌓기나무는 ______개입니다.

**04**
3층으로 놓인 쌓기나무는 ______개입니다.

**05**
이 정육면체의 부피를 구하시오.

______

**06**
왜 그렇게 생각합니까?

______

______

【7~9】 한 모서리의 길이가 1 cm인 정육면체 모양의 쌓기나무로 오른쪽 정육면체의 부피를 구하시오.

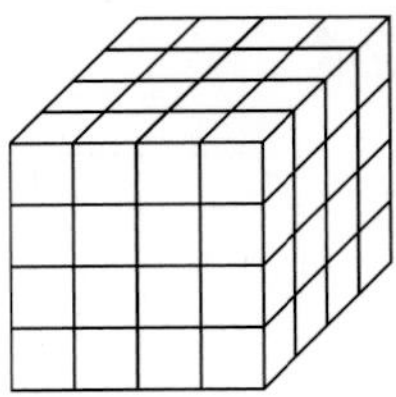

**07**
1층에 놓인 쌓기나무는
______ × ______ = ______(개)입니다.

**08**
4층으로 쌓았으므로 쌓기나무의 개수는 ______ × 4 = ______(개)입니다.

**09**
이 정육면체의 부피를 구하시오.

______

【10~14】 한 모서리의 길이가 1 cm인 정육면체 모양의 쌓기나무로 오른쪽 정육면체의 부피를 구하는 방법을 알아보시오.

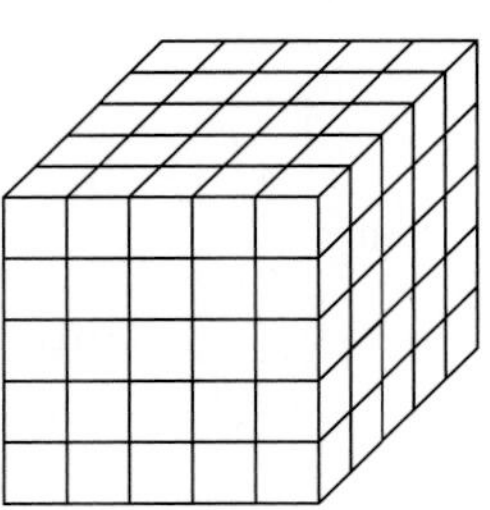

**10**
가로의 길이는 쌓기나무가 5개이므로 ______cm입니다.

**11**
세로의 길이는 쌓기나무가 5개이므로 ________ cm입니다.

**12**
밑넓이는
________ × ________ = ________ ($cm^2$)입니다.

**13**
높이는 쌓기나무가 5개이므로 ________ cm 입니다.

**14**
부피는 ________ × 5 = ________ ($cm^3$) 입니다.

【**15~19**】 한 모서리의 길이가 **1 cm**인 정육면체 모양의 쌓기나무로 오른쪽 정육면체 모양을 만들었습니다. 정육면체의 부피를 구하는 방법을 알아보시오.

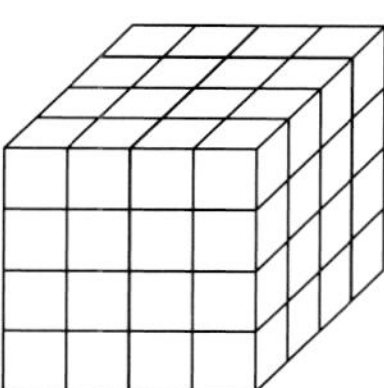

**15**
가로와 세로의 길이를 각각 구하시오.

________

**16**
밑넓이는 몇 $cm^2$라고 생각합니까?

________

**17**
높이는 몇 cm입니까?

________

**18**
부피는 몇 $cm^3$라고 생각합니까?

________

**19**
왜 그렇게 생각합니까?

________

**20**
정육면체의 부피를 구하는 방법을 쓰시오.

________

________

【**21~24**】 한 모서리의 길이가 **1 cm**인 쌓기나무로 오른쪽 정육면체 모양을 만들었습니다. 정육면체의 부피를 두 가지 방법으로 구해 보시오.

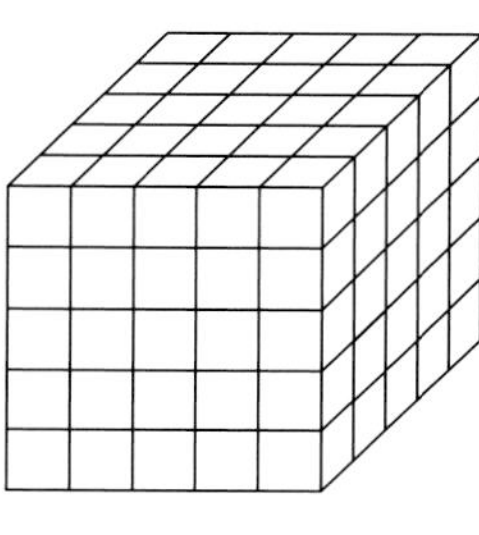

**21**
직육면체의 부피를 구하는 방법을 이용하여 정육면체의 부피를 구하시오.

________

**22**
정육면체의 부피를 구하는 방법을 이용하여 정육면체의 부피를 계산하시오.

________

**23**
두 가지 방법으로 구한 부피는 서로 같습니까? ________

***24***

위의 ***21~23*** 에서 정육면체의 부피를 두 가지 방법으로 구하고 알게 된 것을 쓰시오.

______________________

**【*25~26*】 정육면체의 부피를 구하시오.**

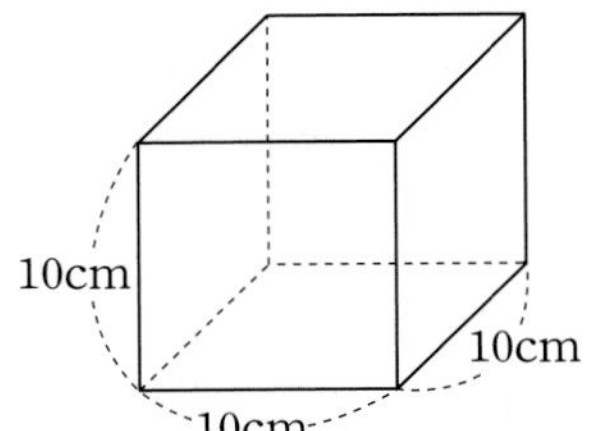


***25***

한 면의 넓이를 구하시오.

_____ × _____ = _____ $(cm^2)$

***26***

정육면체의 부피를 구하시오.

_____ × _____ × _____ = _______ $(cm^3)$

**【*27~33*】 정육면체의 부피를 구하시오.**

***27***

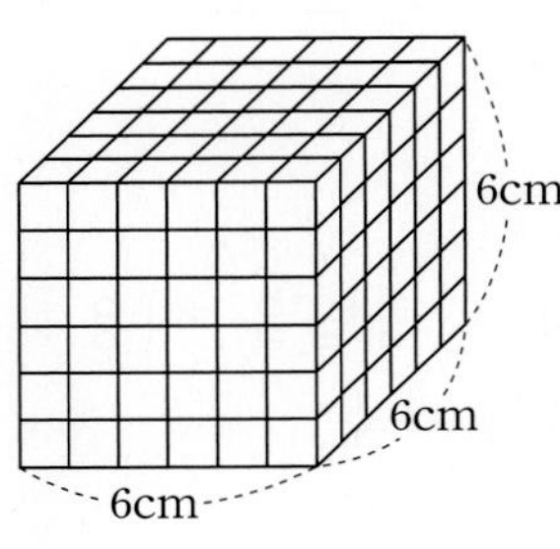


답 ______________

***28***

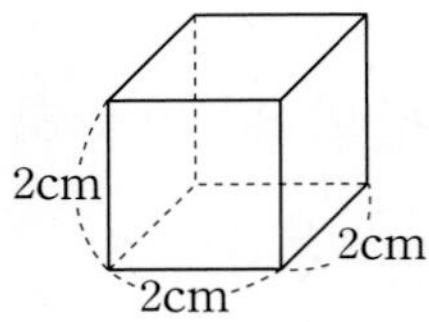


답 ______________

***29***

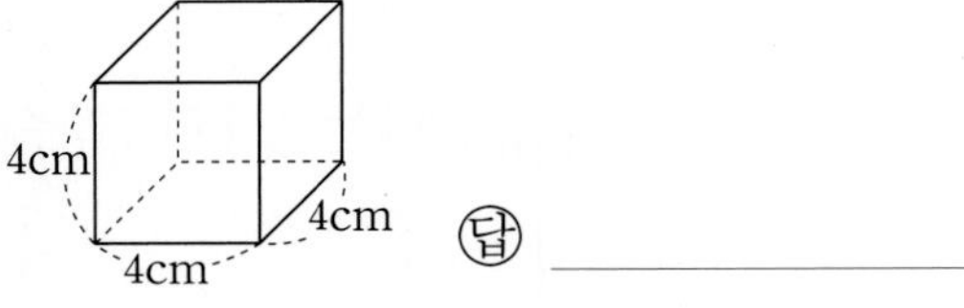


***30***

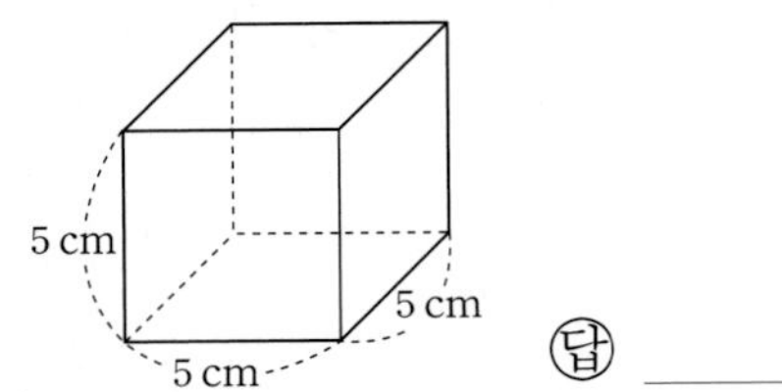


답 ______________

***31***

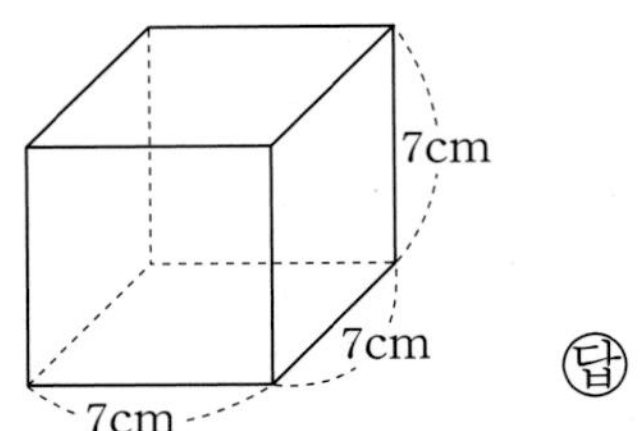


답 ______________

***32***

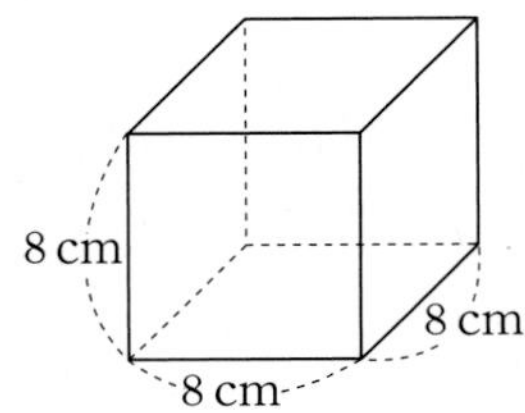


답 ______________

***33***

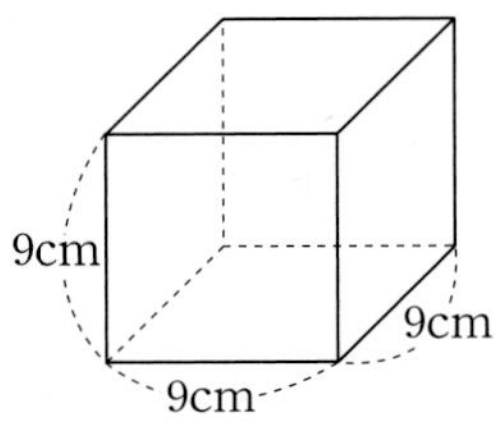


답 ______________

***34***

한 모서리의 길이가 20 cm인 정육면체의 부피를 구하시오. ______________

교과서 실력쌓기

# 정육면체의 부피 (연습하기)

【1～6】 부피가 $1\text{ cm}^3$인 정육면체 모양의 쌓기나무로 쌓은 오른쪽 정육면체의 부피를 구하시오.

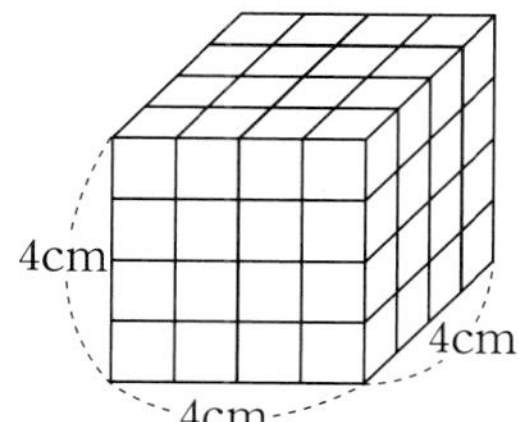


**01**
가로로 놓은 쌓기나무는 몇 줄입니까?

______

**02**
세로로 놓은 쌓기나무는 몇 줄입니까?

______

**03**
한 층에 놓은 쌓기나무는 모두 몇 개입니까?

______

**04**
4층까지 놓은 쌓기나무는 모두 몇 개입니까?

______

**05**
이 정육면체의 부피는 얼마입니까?

______

**06**
이것을 식으로 나타내시오.

______ × ______ × ______ = ______ $(\text{cm}^3)$

【7～12】 부피가 $1\text{ cm}^3$인 정육면체 모양의 쌓기나무로 쌓은 오른쪽 정육면체의 부피를 구하시오.

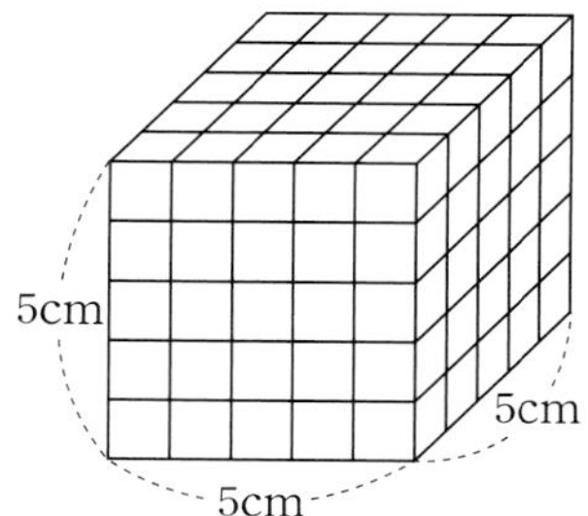


**07**
가로로 놓은 쌓기나무는 몇 줄입니까?

______

**08**
세로로 놓은 쌓기나무는 몇 줄입니까?

______

**09**
한 층에 놓은 쌓기나무는 모두 몇 개입니까?

______

**10**
5층까지 놓은 쌓기나무는 모두 몇 개입니까?

______

**11**
이 정육면체의 부피는 얼마입니까?

______

**12**
이것을 식으로 나타내시오.

______ × ______ × ______ = ______ $(\text{cm}^3)$

【13～15】 다음 정육면체의 부피를 구하시오.

**13**

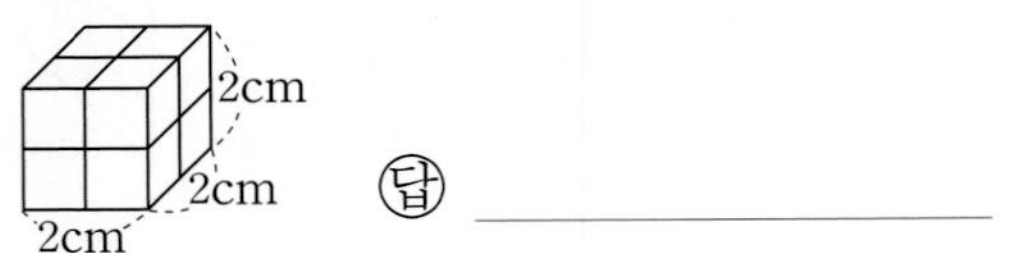


**14**

**15**

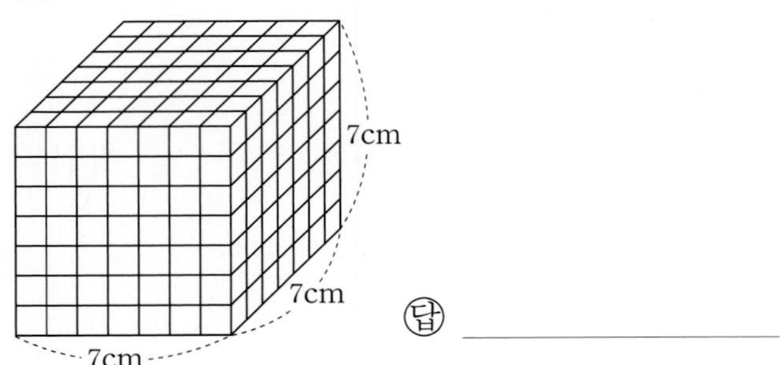


**16**

부피가 1 cm³인 정육면체 모양의 쌓기나무를 가로, 세로, 높이로 각각 6줄씩 쌓아 만든 정육면체의 부피를 구하시오.

______

**17**

부피가 1 cm³인 정육면체 모양의 쌓기나무를 가로, 세로, 높이로 각각 8줄씩 쌓아 정육면체를 만들었습니다. 이 정육면체의 부피를 구하시오. ______

**18**

한 모서리의 길이가 1 cm인 정육면체 모양의 쌓기나무를 가로, 세로로 9줄씩 3층까지 쌓았습니다. 한 모서리의 길이가 9 cm인 정육면체를 만들려면 쌓기나무를 몇 개 더 쌓아야 합니까? ______

【19～22】 정육면체의 부피를 구하시오.

**19**

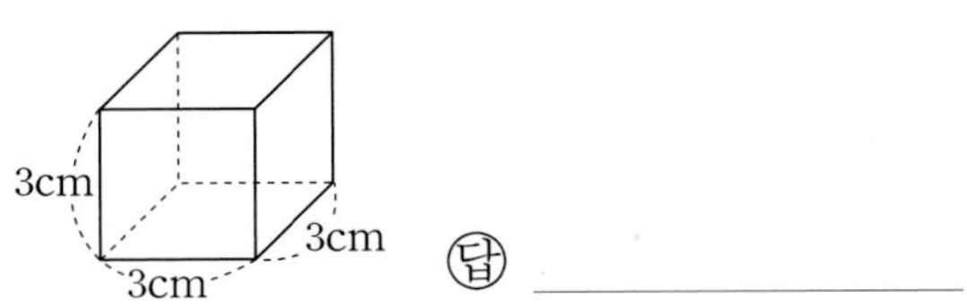


**20**

**21**

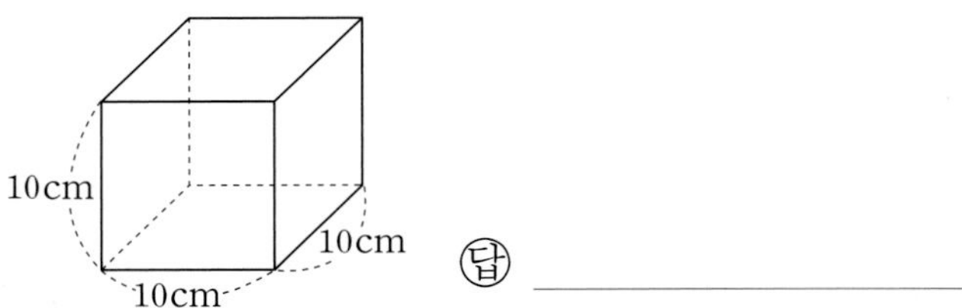


**22**

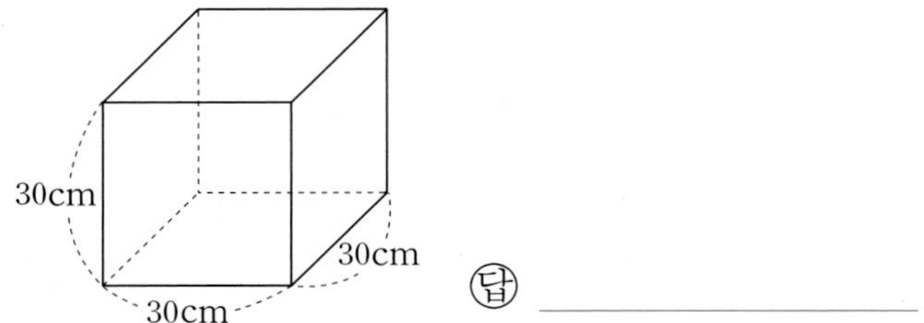

**23**
한 모서리의 길이가 11 cm인 정육면체의 부피를 구하시오.

**24**
가로의 길이가 12 cm인 정육면체의 부피를 구하시오.

**25**
정육면체의 부피가 512 cm$^3$입니다. 이 정육면체의 한 모서리의 길이를 구하시오.

**26**
밑면의 넓이가 400 cm$^2$인 정육면체의 부피를 구하시오.

**【27~32】** 직육면체와 정육면체의 부피를 구하시오.

**27**

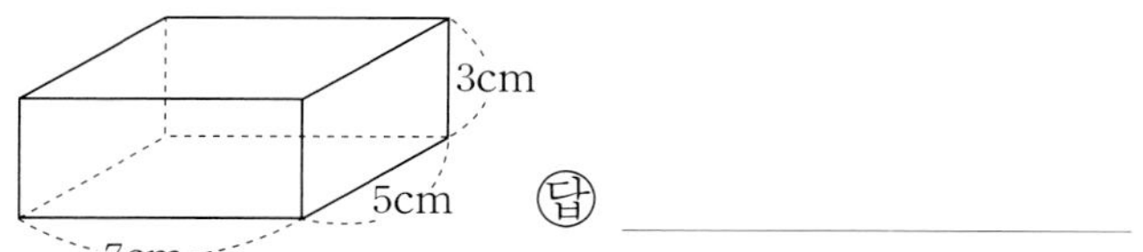


답

**28**

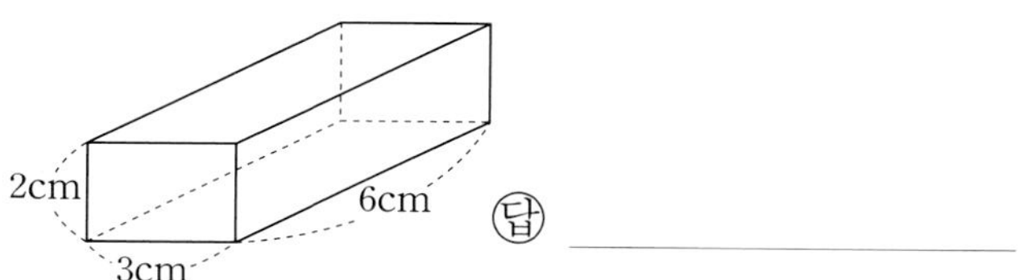


답

**29**

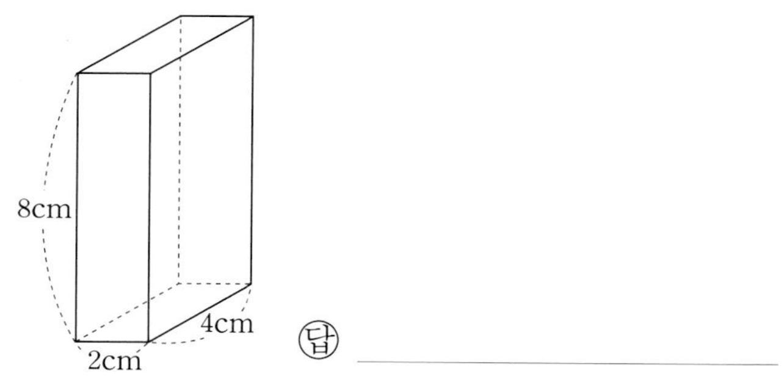


답

**30**

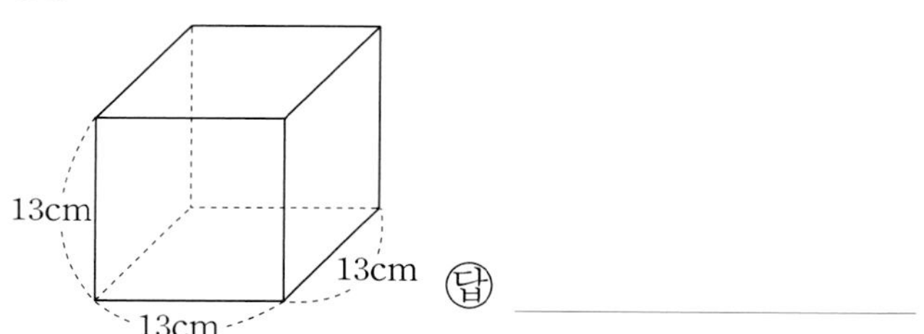


답

**31**

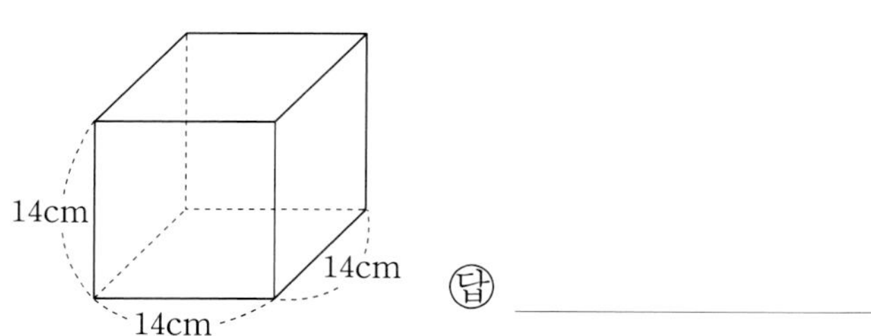


답

**32**

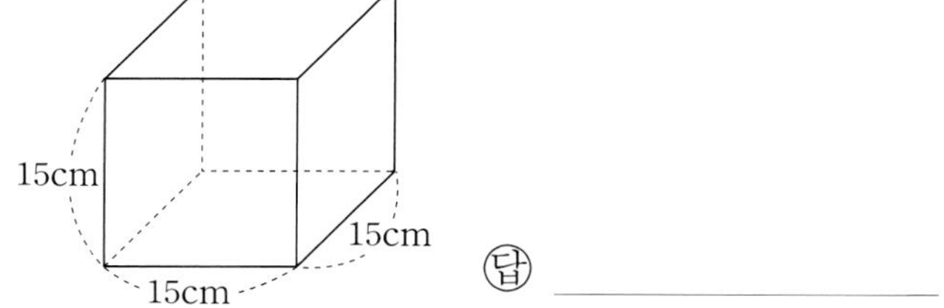


답

# 중단원 평가 문제(1) 직육면체와 정육면체의 겉넓이~정육면체의 부피

【1~2】 직육면체의 전개도입니다. 물음에 답하시오.

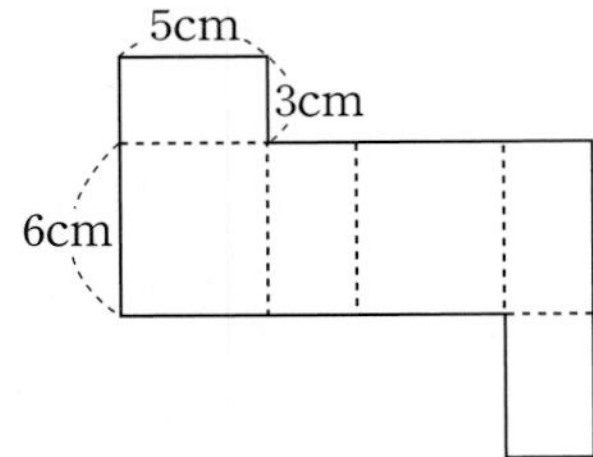


**01**
옆면의 가로의 길이를 구하시오.

**02**
직육면체의 겉넓이를 구하시오.

**03**
겉넓이가 192 cm²이고, 옆넓이가 136 cm²인 직육면체가 있습니다. 이 직육면체의 한 밑면의 넓이를 구하시오.

【4~6】 직육면체와 정육면체의 겉넓이를 구하시오.

**04**

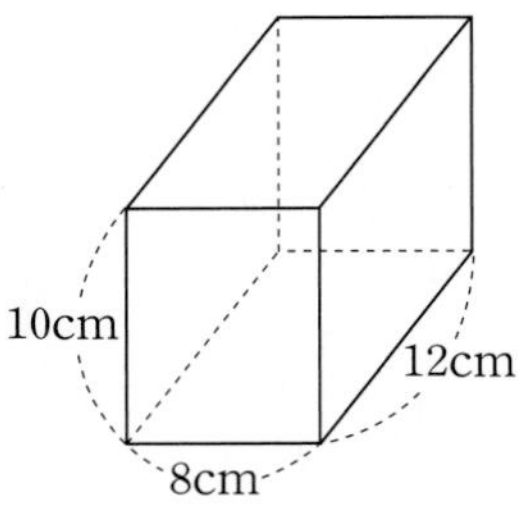


답

**05**

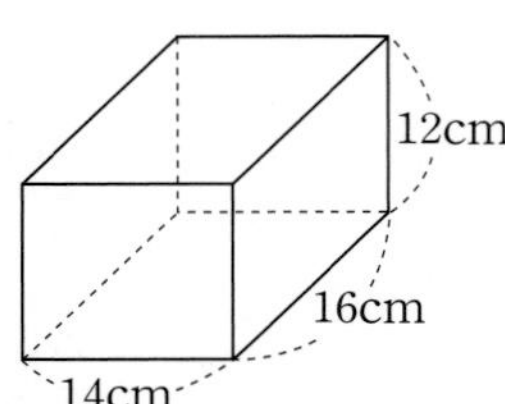


답

**06**

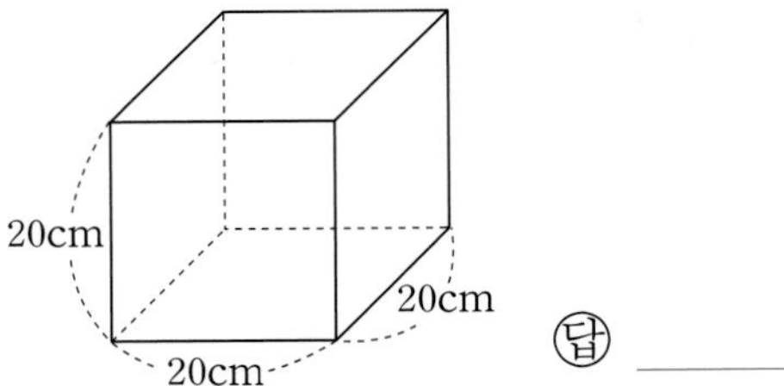


답

**07**
한 모서리의 길이가 15 cm인 정육면체의 모든 면을 색종이로 붙이려고 합니다. 색종이는 최소한 몇 cm²가 필요합니까? (단, 겹치는 부분은 없습니다.)

**08**
정육면체의 겉넓이는 한 면의 넓이의 몇 배입니까?

**09**
겉넓이가 384 cm²인 정육면체의 한 면의 넓이를 구하시오.

**10**
밑면이 정사각형이고 높이가 6 cm인 직육면체의 옆넓이가 240 cm²입니다. 밑면의 한 변의 길이를 구하시오.

【11~12】 다음 모양에서 쌓기나무의 개수를 구하시오.

**11**

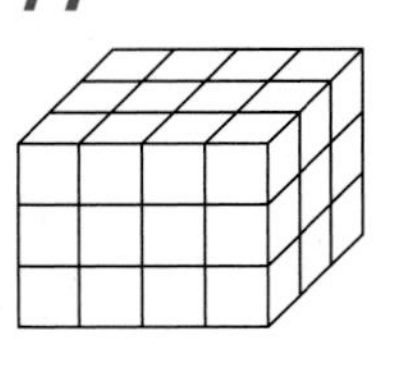

답

**12**

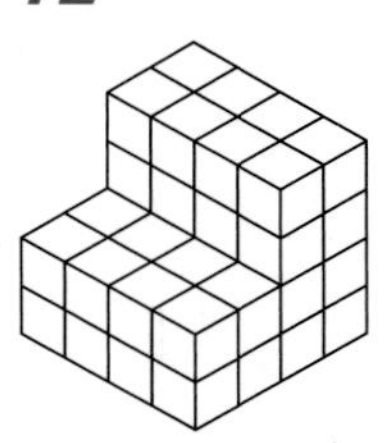

답

【13～14】 쌓기나무 한 개의 부피가 $1\,cm^3$인 정육면체라고 할 때, 입체도형의 부피를 구하시오.

**13**

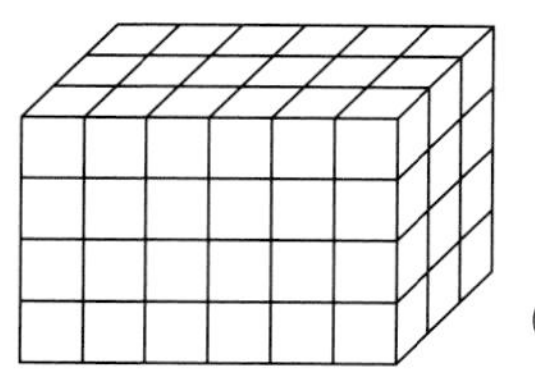

답 ________

**14**

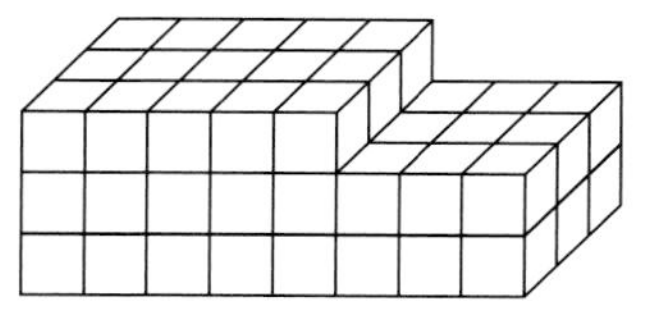

답 ________

**15**

가로, 세로, 높이가 1 cm인 정육면체 모양의 쌓기나무로 쌓은 직육면체의 부피를 구하시오. ________

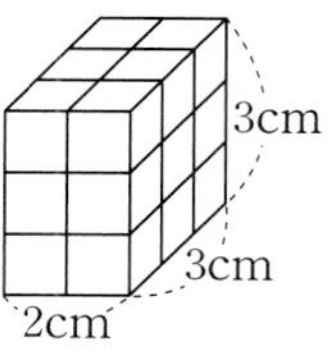



**16**

가로 5 cm, 세로 3 cm, 높이 6 cm인 직육면체를 만들려면 부피가 $1\,cm^3$인 정육면체 모양의 쌓기나무가 몇 개 필요합니까?

________

**17**

밑면의 넓이가 $48\,cm^2$이고, 부피가 $576\,cm^3$인 직육면체의 높이를 구하시오.

________

**18**

가로가 20 cm, 세로가 9 cm, 높이가 8 cm인 직육면체의 부피를 구하시오.

________

**19**

밑면의 가로가 9 cm이고, 세로가 8 cm인 직육면체의 부피가 $360\,cm^3$입니다. 이 직육면체의 높이는 몇 cm입니까?

________

**20**

한 모서리의 길이가 30 cm인 정육면체 모양의 상자가 있습니다. 이 상자의 부피를 구하시오.

________

**21**

한 모서리의 길이가 1 cm인 정육면체 모양의 쌓기나무를 2층까지 쌓았습니다. 한 모서리의 길이가 5 cm인 정육면체 모양을 만들려면 쌓기나무를 몇 개 더 쌓아야 합니까? ________

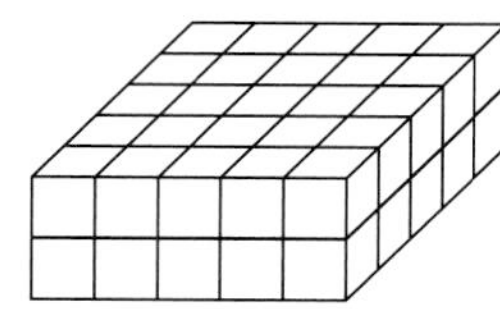

**22**

부피가 $64\,cm^3$인 정육면체의 한 모서리의 길이를 구하시오.

________

**23**

밑면의 넓이가 $81\,cm^2$인 정육면체의 부피를 구하시오.

________

**24**

밑면의 가로가 15 cm, 세로가 9 cm, 높이가 10 cm인 직육면체에서 한 모서리가 8 cm인 정육면체를 잘라냈습니다. 남은 입체도형의 부피를 구하시오. ________

**25**

두 종류의 종이가 있습니다.

㉮ 한 변의 길이가 5 cm인 정사각형
㉯ 가로가 5 cm, 세로 7 cm인 직사각형

㉮ 2장, ㉯ 4장을 각 면으로 하는 직육면체 모양을 만들면 만든 직육면체의 부피는 몇 $cm^3$입니까? ________

# 중단원 평가 문제(2)

직육면체와 정육면체의 겉넓이~ 정육면체의 부피

**01**

오른쪽 직육면체의 겉넓이를 구하는 식으로 알맞은 것을 모두 고르시오.

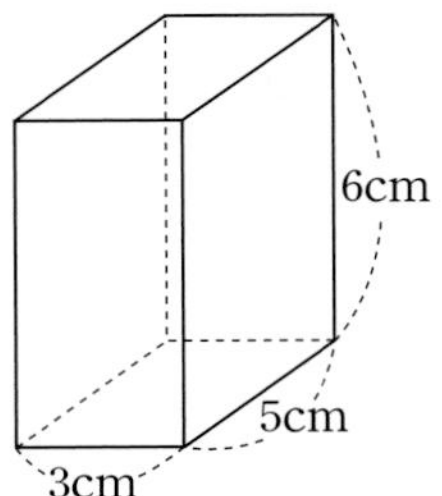


① $(3\times5)\times2+(3+5+3+5)\times6$

② $(3\times5)+(5\times6)+(3\times6)$

③ $(5\times6)\times2+(5+6+5+6)\times3$

④ $(3\times5)\times2+(5\times6)\times2+(3\times6)\times2$

⑤ $(3\times5)\times6$

**02**

직육면체 상자의 겉면에 색종이를 빈틈없이 한 장씩 붙이는데 다음과 같은 색종이 2장과 4장이 사용되었습니다. 직육면체 상자의 겉넓이는 몇 $cm^2$입니까?

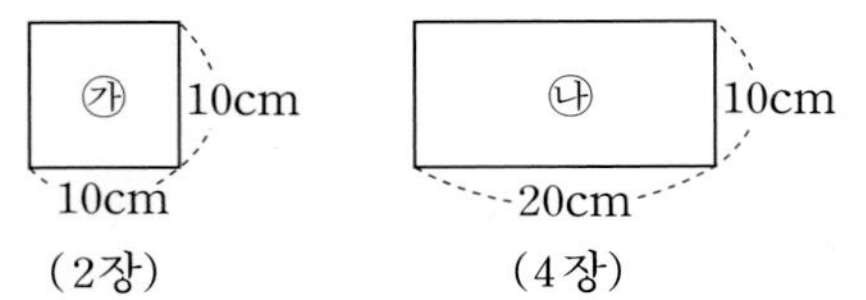


【3~4】 직육면체의 겉넓이를 구하시오.

**03**

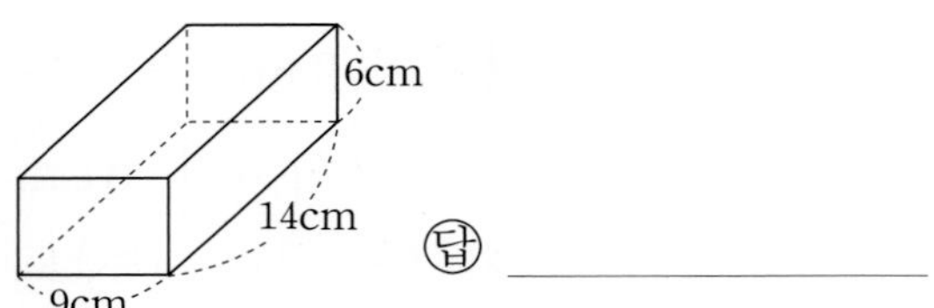


답

**04**

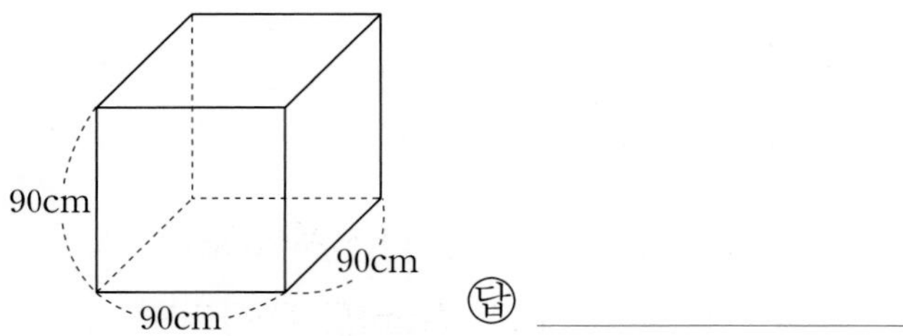


답

**05**

겉넓이가 486 $cm^2$인 정육면체의 한 모서리의 길이를 구하시오.

**06**

한 모서리의 길이가 30 cm인 정육면체의 옆넓이는 얼마입니까?

**07**

가로가 35 cm, 세로가 30 cm인 직사각형 모양의 종이에서 밑면의 가로가 9 cm, 세로가 8 cm이고, 높이가 10 cm인 직육면체의 전개도를 그려서 오려냈습니다. 전개도를 오리고 남은 종이의 넓이는 몇 $cm^2$입니까?

**08**

한 밑면의 넓이가 56 $cm^2$, 밑면의 둘레가 30 cm, 높이가 10 cm인 직육면체의 겉넓이는 몇 $cm^2$입니까?

**09**

가로가 5 cm, 세로가 7 cm인 직육면체의 겉넓이가 286 $cm^2$일 때, 옆면의 넓이를 구하시오.

**10**

밑면의 가로가 7 cm, 세로가 6 cm인 직육면체의 겉넓이가 292 $cm^2$일 때, 높이를 구하시오.

**11** 서술형

가로가 6 cm, 높이가 9 cm인 직육면체의 옆면의 넓이가 468 $cm^2$일 때, 세로의 길이를 구하시오.

**12**

밑넓이가 45 $cm^2$인 직육면체의 부피가 180 $cm^3$일 때, 높이를 구하시오.

【*13*~*14*】 쌓기나무 한 개의 부피가 $1 cm^3$라고 할 때, 입체도형의 부피를 구하시오.

***13***

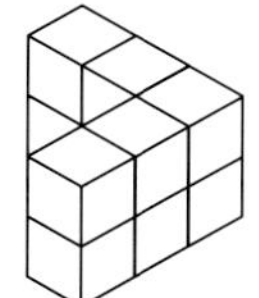

답 ____________

***14***

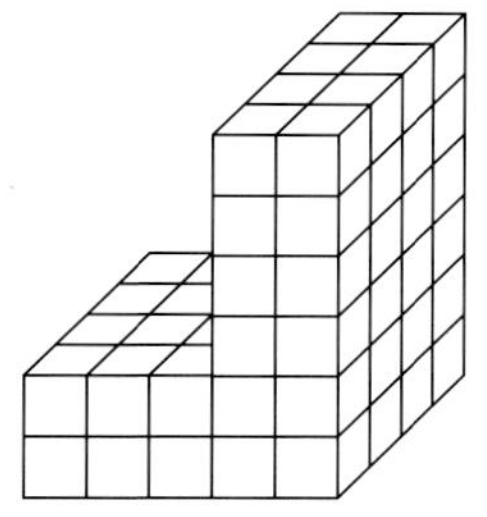

답 ____________

***15***

밑면의 가로가 15 cm, 세로가 16 cm인 직육면체의 부피가 $1200 cm^3$라고 할 때, 이 직육면체의 높이를 구하시오.

____________

***16*** 서술형

밑면의 가로가 8 cm, 높이가 6 cm인 직육면체의 옆면의 넓이가 $180 cm^2$일 때, 직육면체의 부피를 구하시오. ____________

***17***

겉넓이가 $216 cm^2$인 정육면체의 부피를 구하시오. ____________

***18***

높이가 8 cm인 정육면체의 부피를 구하시오. ____________

***19***

모서리의 길이의 합이 132 cm인 정육면체의 부피를 구하시오. ____________

***20***

한 모서리의 길이가 10 cm인 정육면체와 밑면의 가로, 세로의 길이가 각각 8 cm, 10 cm이고, 높이가 12 cm인 직육면체가 있습니다. 어느 것의 부피가 몇 $cm^3$ 더 큽니까? ____________

***21***

한 모서리의 길이가 3 cm인 정육면체가 있습니다. 이 정육면체의 각 모서리의 길이를 2배 늘리면 겉넓이와 부피는 각각 몇 $cm^2$, $cm^3$가 됩니까?

____________

***22***

가로가 3 cm, 세로가 2 cm, 높이가 4 cm인 직육면체가 있습니다. 이 직육면체의 각 모서리를 3배로 늘이면 부피는 처음의 몇 배가 됩니까? ____________

***23***

한 모서리의 길이가 3 cm인 정육면체가 있습니다. 이 정육면체의 각 모서리를 3배로 늘이면 겉넓이는 몇 배가 됩니까?

____________

***24***

가로가 8 cm, 세로가 3 cm, 높이가 5 cm인 직육면체의 부피는 한 모서리의 길이가 2 cm인 정육면체의 부피의 몇 배입니까?

____________

***25***

부피가 큰 것부터 쓰시오. ____________

① 한 모서리가 8 cm인 정육면체
② 밑넓이가 $36 cm^2$, 높이가 12 cm인 직육면체
③ 한 면의 넓이가 $81 cm^2$인 정육면체
④ 높이가 7 cm인 정육면체



더 높은 수준의 실력을 원하는 학생은 이 책 154 쪽에 있는 고난도 문제에 도전하세요.

교과서 실력쌓기

# 부피의 큰 단위 (개념 알기)

【1~2】 가로와 세로, 높이가 각각 100 cm인 상자의 부피를 구하시오.

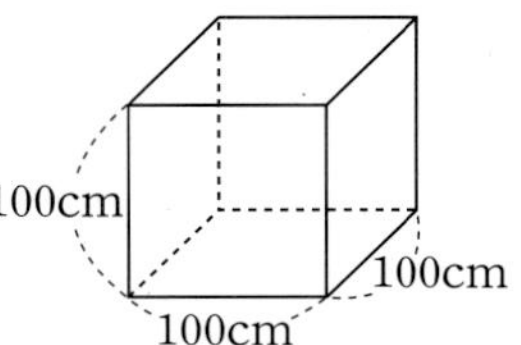


**01**
이 상자는 정육면체이고 한 모서리의 길이는 ________ cm입니다.

**02**
이 상자의 부피를 구하시오.

________

【3~7】 가로와 세로, 높이가 각각 1 m인 상자의 부피를 구하시오.

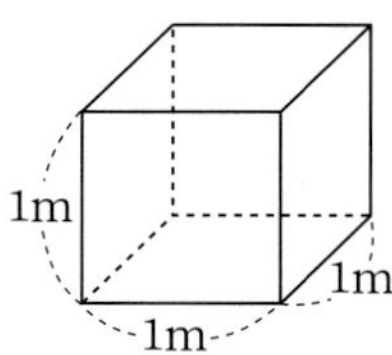


**03**
가로는 몇 m입니까?

________

**04**
세로는 몇 m입니까?

________

**05**
높이는 몇 m입니까?

________

**06**
이 상자의 부피는 몇 $m^3$라고 생각합니까?

________

**07**
왜 그렇게 생각합니까?

________

**개념 1** $1\ m^3$, 1세제곱미터

➲ 한 모서리의 길이가 1 m인 정육면체의 부피를 $1\ m^3$라 하고, 1세제곱미터라고 읽습니다.

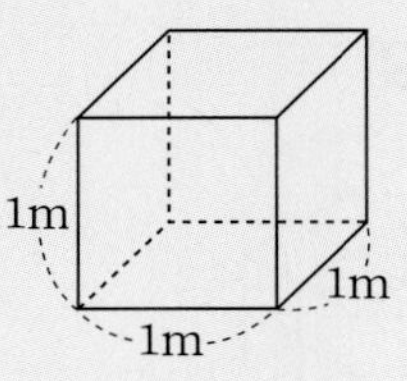


【8~10】 직육면체와 정육면체의 부피를 구하시오.

**08**

식 ________

답 ________

**09**

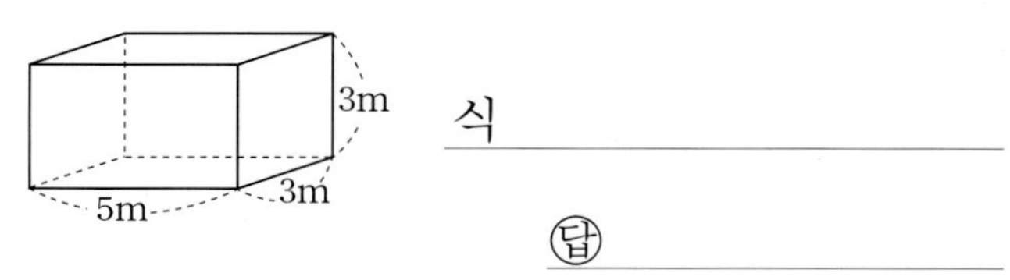


식 ________

답 ________

**10**

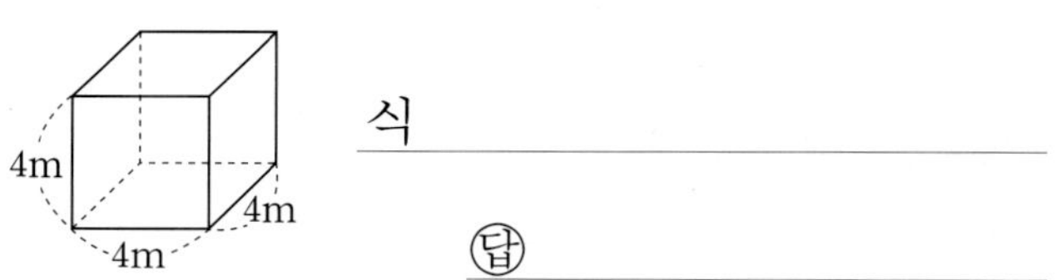


식 ________

답 ________

**11**
다음 직육면체의 각 모서리의 길이를 cm로 고쳐서 계산하고 부피를 $cm^3$로 나타내시오.

식 ________

답 ________

【12～18】 **1 $m^3$는 몇 $cm^3$인지 알아보시오.**

**12**
한 모서리가 100 cm인 정육면체의 부피는 몇 $cm^3$입니까? ______

**13**
한 모서리가 1 m인 정육면체의 부피는 몇 $m^3$입니까? ______

**14**
한 모서리가 100 cm인 정육면체의 부피는 한 모서리가 1 m인 정육면체의 부피와 같다고 생각합니까? ______

**15**
왜 그렇게 생각합니까? ______

______

**16**
한 모서리가 1 m인 정육면체의 부피는 몇 $cm^3$입니까? ______

**17**
1 $m^3$는 몇 $cm^3$라고 생각합니까?
1 $m^3$ = ______ $cm^3$

**18**
왜 그렇게 생각합니까? ______

______

【19～32】 빈칸에 알맞은 수를 쓰시오.

**19**
2 $m^3$ = ______ $cm^3$

**20**
3 $m^3$ = ______ $cm^3$

**21**
5 $m^3$ = ______ $cm^3$

**22**
9 $m^3$ = ______ $cm^3$

**23**
8.2 $m^3$ = ______ $cm^3$

**24**
6.28 $m^3$ = ______ $cm^3$

**25**
25 $m^3$ = ______ $cm^3$

**26**
3000000 $cm^3$ = ______ $m^3$

**27**
4000000 $cm^3$ = ______ $m^3$

**28**
8000000 $cm^3$ = ______ $m^3$

**29**
36000000 $cm^3$ = ______ $m^3$

**30**
1200000 $cm^3$ = ______ $m^3$

**31**
4500000 $cm^3$ = ______ $m^3$

**32**
7830000 $cm^3$ = ______ $m^3$

교과서 실력쌓기

# 부피의 큰 단위 (연습하기)

**01**

한 모서리의 길이가 1 m인 정육면체의 부피를 쓰시오. ______________

**02**

한 모서리의 길이가 100 cm인 정육면체의 부피를 쓰시오. ______________

**【3~5】** 입체도형을 보고, 물음에 답하시오.

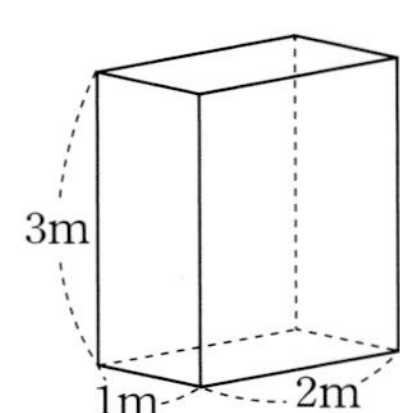


**03**

부피를 m를 기준으로 나타내어 계산하시오.

______ × ______ × ______ = ______ ($m^3$)

**04**

부피를 cm를 기준으로 나타내어 계산하시오.

______ × ______ × ______

= ____________ ($cm^3$)

**05**

부피를 두 가지 방법으로 계산할 때에 알게 된 것을 써넣으시오.

$6\,m^3$= ____________ $cm^3$

**【6~8】** 직육면체의 부피를 구하시오.

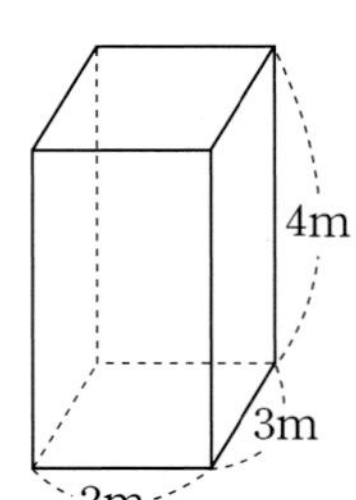


**06**

부피를 m를 기준으로 나타내어 계산하시오.

______ × ______ × ______ = ______ ($m^3$)

**07**

부피를 cm를 기준으로 나타내어 계산하시오.

______ × ______ × ______

= ____________ ($cm^3$)

**08**

앞의 계산으로 알게 된 것을 쓰시오.

______ $m^3$ = ____________ $cm^3$

**【9~11】** 다음 직육면체의 부피를 구하시오.

**09**

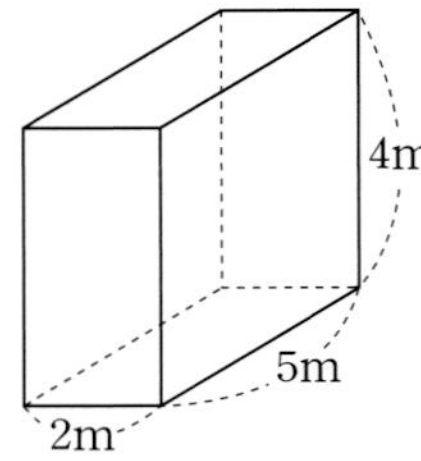


㉠ ① ____________ $m^3$

② ____________ $cm^3$

**10**

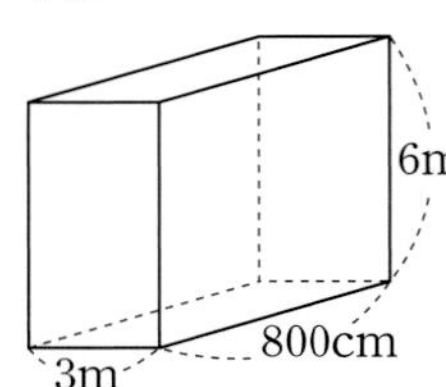


㉠ ① ____________ $m^3$

② ____________ $cm^3$

**11**

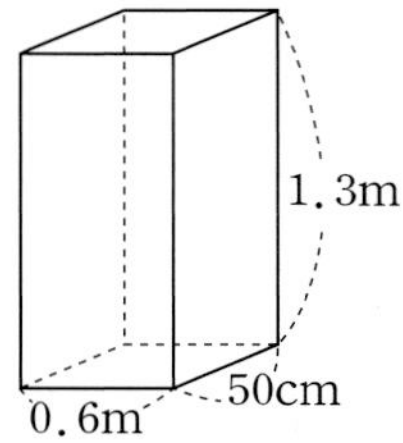


㉠ ① ____________ $m^3$

② ____________ $cm^3$

【12~19】 빈칸에 알맞은 수를 쓰시오.

**12**
$7\,m^3 =$ ________ $cm^3$

**13**
$4\,m^3 =$ ________ $cm^3$

**14**
$72\,m^3 =$ ________ $cm^3$

**15**
$96\,m^3 =$ ________ $cm^3$

**16**
$2000000\,cm^3 =$ ________ $m^3$

**17**
$6000000\,cm^3 =$ ________ $m^3$

**18**
$80000000\,cm^3 =$ ________ $m^3$

**19**
$3600000\,cm^3 =$ ________ $m^3$

【20~23】 직육면체와 정육면체의 부피를 구하시오.

**20**

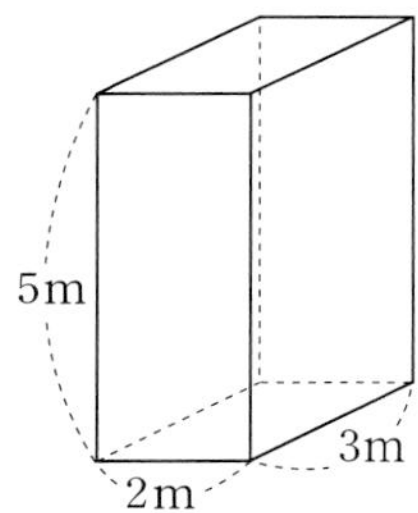


㉥ ________

**21**

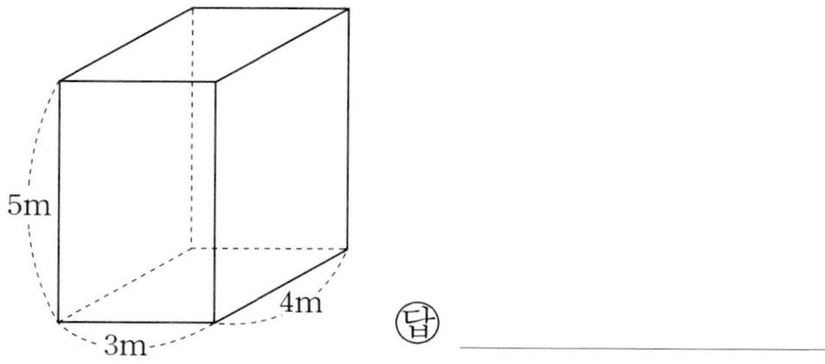


**22**

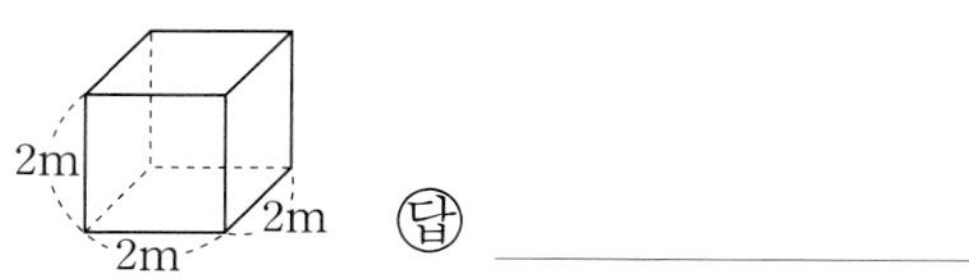


**23**

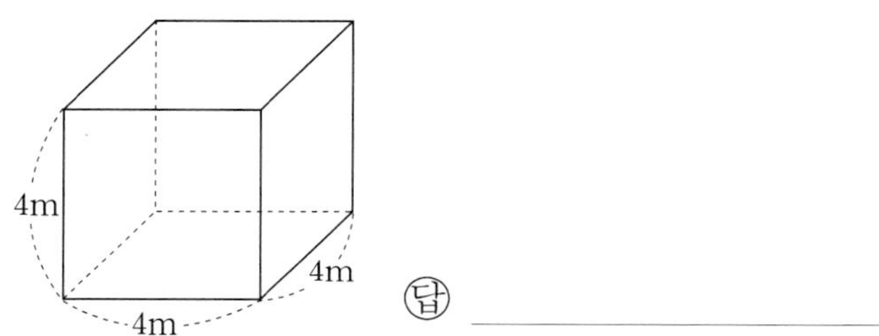


**24**
가로가 3 m, 세로가 4 m, 높이가 2 m 50 cm인 직육면체의 부피를 $m^3$와 $cm^3$ 단위로 구하시오. ________

**25**
한 모서리의 길이가 3 m인 정육면체의 부피는 몇 $cm^3$입니까? ________

**26**
가로가 4 m, 세로가 3 m인 직육면체의 부피가 $30\,m^3$일 때, 높이는 몇 cm입니까?

________

교과서 실력쌓기

# 부피와 들이 사이의 관계 (개념 알기)

【1~5】 그릇에 담을 수 있는 들이를 구하시오.

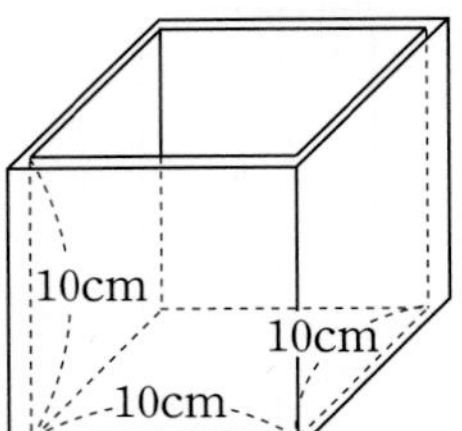


**01**
안치수의 가로는 몇 cm 입니까? ________

**02**
안치수의 세로는 몇 cm입니까? ________

**03**
안치수의 높이는 몇 cm입니까? ________

**04**
이 그릇의 들이는 얼마라고 생각합니까? ________

**05**
왜 그렇게 생각합니까?

________

________

**개념 1** **1 L, 1리터**

◉ 물건의 들이를 나타내기 위하여 안치수의 가로, 세로, 높이가 각각 **10 cm**인 단위를 사용합니다. 이 그릇의 들이를 **1 L**라 하고, **1 리터**라고 읽습니다.

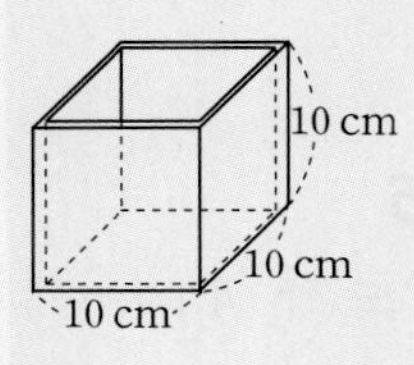


**$1000\ cm^3 = 1\ L$**

【6~14】 빈칸에 알맞은 수를 쓰시오.

**06**
$1\ L =$ ________ $\times$ ________ $\times$ ________
$=$ ________ $(cm^3)$

**07**
$2\ L =$ ________ $cm^3$

**08**
$3\ L =$ ________ $cm^3$

**09**
$5\ L =$ ________ $cm^3$

**10**
$8.6\ L =$ ________ $cm^3$

**11**
$4000\ cm^3 =$ ________ L

**12**
$21000\ cm^3 =$ ________ L

**13**
$3000\ cm^3 =$ ________ L

**14**
$3700\ cm^3 =$ ________ L

【15～17】 안치수가 다음과 같은 통에 물을 가득 담으면 물의 양은 얼마입니까?

**15**

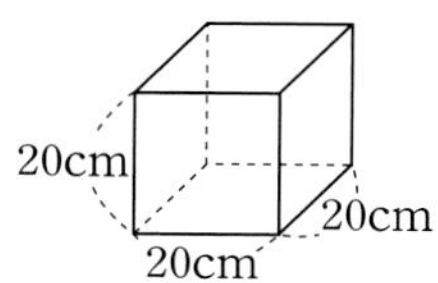


답 ① ________ $cm^3$

② ________ L

**16**

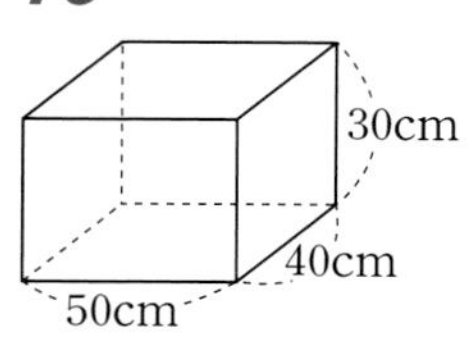


답 ① ________ $cm^3$

② ________ L

**17**

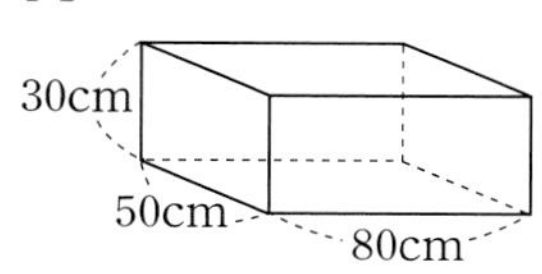


답 ① ________ $cm^3$

② ________ L

**개념 2** **1 mL, 1밀리리터**

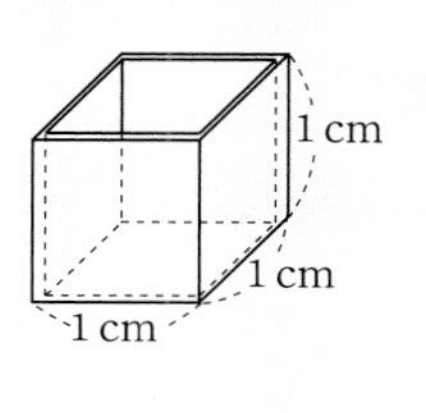


작은 들이의 단위를 나타내기 위하여 안치수의 가로, 세로, 높이가 각각 **1 cm**인 단위를 사용합니다. 이 그릇의 들이를 **1 mL**라 하고, **1 밀리리터**라고 읽습니다.

$1\ cm^3 = 1\ mL$

【18～19】 그릇에 담을 수 있는 들이를 알아보시오.

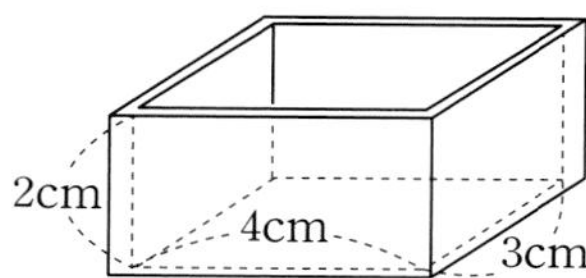


**18**

안치수의 가로, 세로, 높이는 각각 몇 cm입니까? ________

**19**

이 그릇의 들이는 ________ mL입니다.

【20～26】 빈칸에 알맞은 수를 쓰시오.

**20**

$82\ mL =$ ________ $cm^3$

**21**

$3.6\ mL =$ ________ $cm^3$

**22**

$5\ mL =$ ________ $cm^3$

**23**

$73\ mL =$ ________ $cm^3$

**24**

$153\ mL =$ ________ $cm^3$

**25**

$127\ cm^3 =$ ________ mL

**26**

$353\ cm^3 =$ ________ mL

【27~29】 안치수가 다음과 같은 통에 물을 가득 담으면 물의 양은 얼마입니까?

**27**

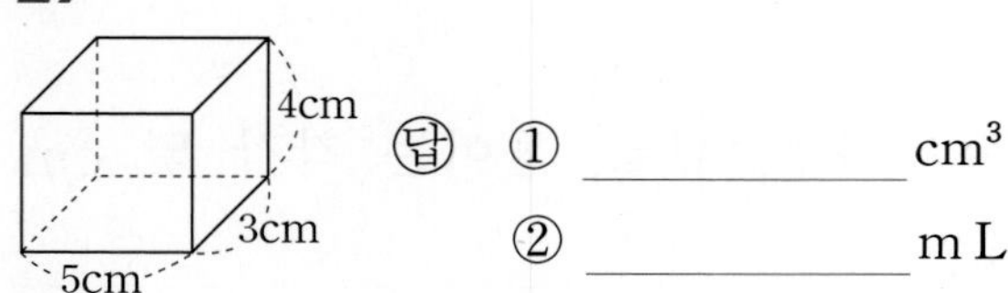


답 ① ________ $cm^3$

② ________ mL

**28**

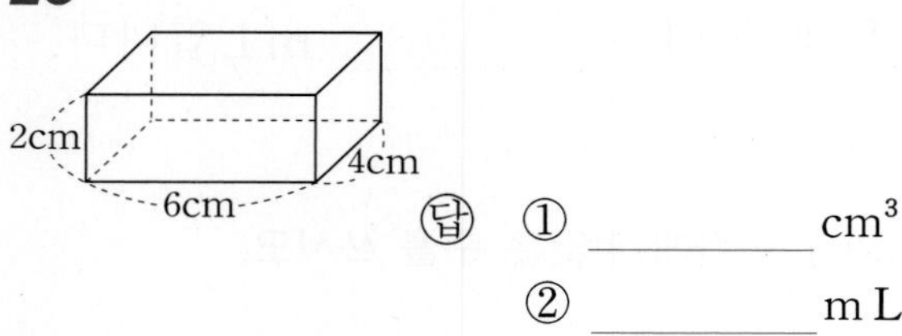


답 ① ________ $cm^3$

② ________ mL

**29**

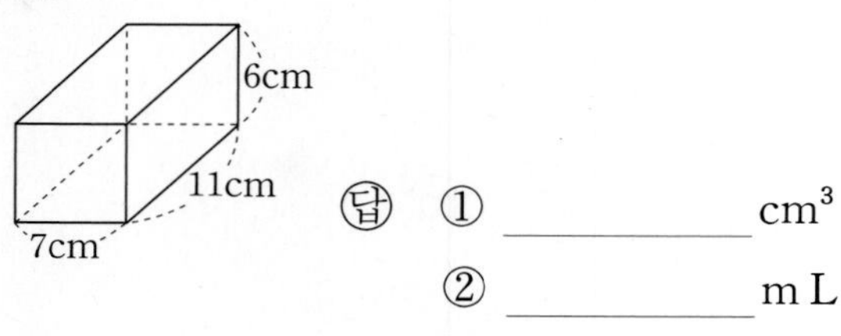


답 ① ________ $cm^3$

② ________ mL

【30~32】 들이 사이의 관계를 구하시오.

**30**

1 mL는 몇 $cm^3$입니까?

________

**31**

1 L는 몇 $cm^3$입니까?

________

**32**

1 L는 몇 mL입니까?

________

【33~43】 빈칸에 알맞은 수를 쓰시오.

**33**

3 L = ________ mL

**34**

5.7 L = ________ mL

**35**

80 L = ________ mL

**36**

6000 mL = ________ L

**37**

8500 mL = ________ L

**38**

5.7 L = ________ mL

**39**

95 L = ________ mL

**40**

3 L 200 mL = ________ $cm^3$

**41**

3560 $cm^3$ = ________ L ________ mL

**42**

5 L 675 mL = ________ mL

**43**

12300 $cm^3$ = ________ L

교과서 실력쌓기

# 부피와 들이 사이의 관계 (연습하기)

**01**
안치수의 가로, 세로, 높이가 각각 10 cm인 그릇의 들이를 구하시오.

______

**02**
안치수의 가로, 세로, 높이가 각각 1 cm인 그릇의 들이를 구하시오.

______

【3~5】 그릇을 보고, 물음에 답하시오.

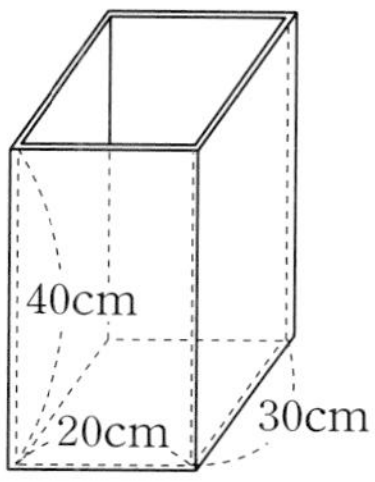


**03**
안치수의 들이를 10 cm를 기준으로 나타내어 계산하시오.

2 × 3 × ______ = ______ (L)

**04**
안치수의 부피를 1 cm를 기준으로 나타내어 계산하시오.

20 × 30 × ______ = ______ ($cm^3$)

**05**
들이와 부피의 계산으로 알게 된 것을 써넣으시오.

24 L = ______ $cm^3$

【6~8】 그릇을 보고 물음에 답하시오.

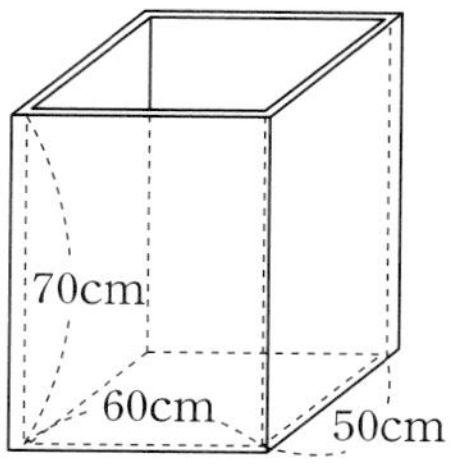


**06**
안치수의 들이를 10 cm를 기준으로 나타내면

5 × ______ × ______ = ______ (L)

**07**
안치수의 부피를 1 cm를 기준으로 나타내어 계산하면

50 × ______ × ______ = ______ ($cm^3$)

**08**
들이와 부피의 계산으로 알게된 것을 써넣으시오.

______ L = ______ $cm^3$

【9~10】 안치수가 다음과 같은 그릇의 들이를 구하시오.

**09**

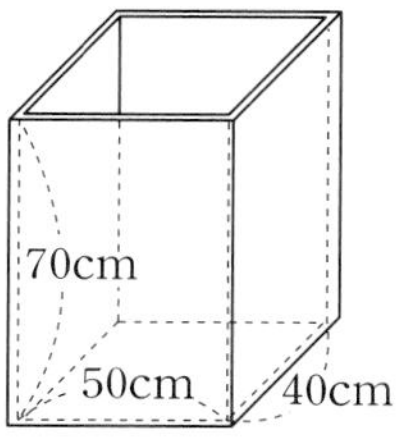


[답] ______

**10**

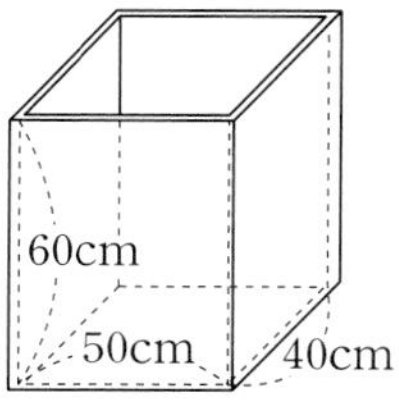


[답] ______

【11～13】 그릇의 안치수를 보고 물음에 답하시오.

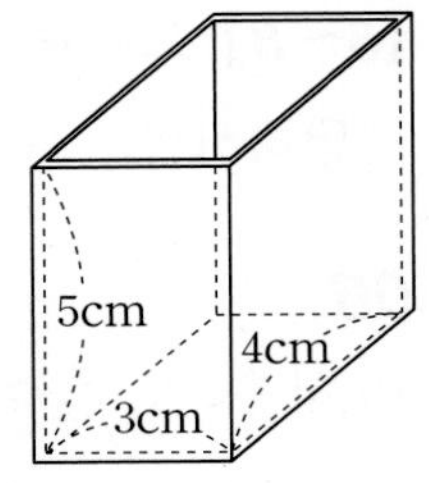


*11*
안치수의 들이를 1 cm를 기준으로 나타내면
3 × ______ × ______ = ______ (mL)

*12*
안치수의 부피를 1 cm를 기준으로 나타내어 계산하면
3 × ______ × ______ = ______ ($cm^3$)

*13*
들이와 부피의 계산으로 알게 된 것을 써넣으시오.
______ mL = ______ $cm^3$

【14～18】 다음 상자의 들이를 구하시오.

*14*

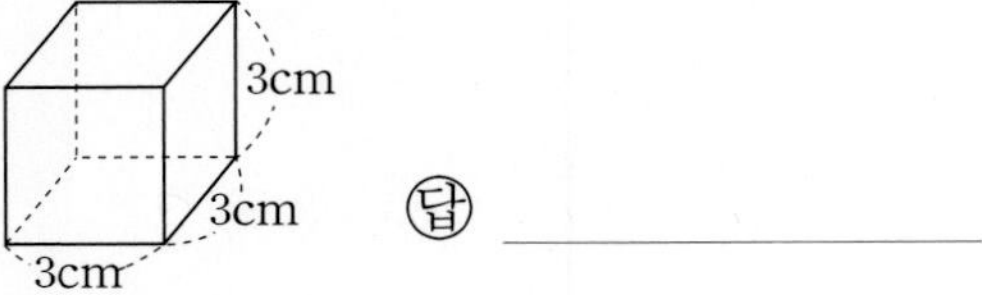


답 ______

*15*

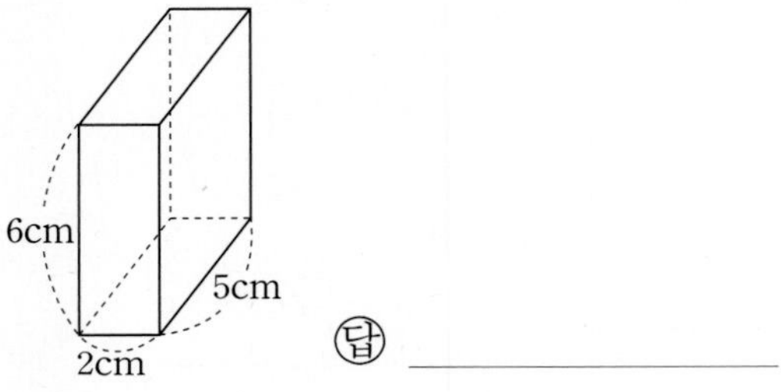


답 ______

*16*

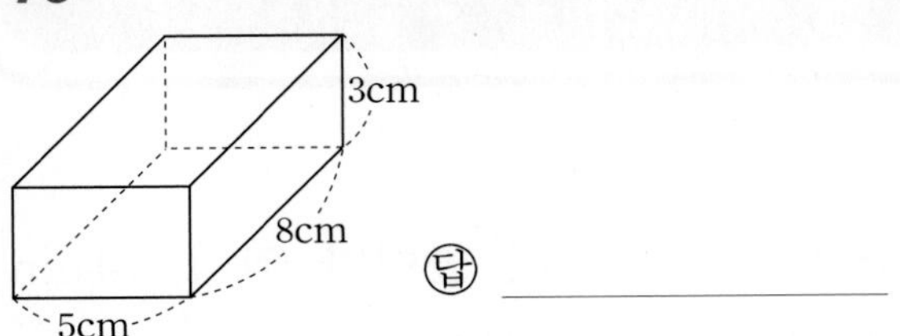


답 ______

*17*

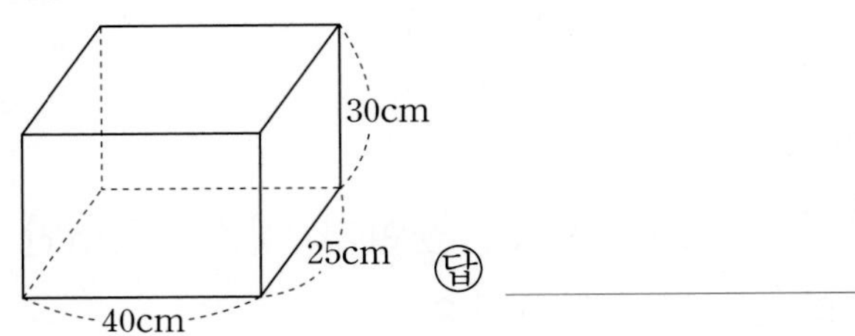


답 ______

*18*

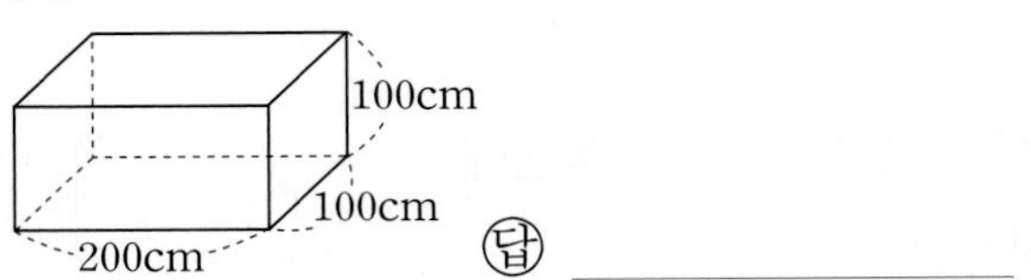


답 ______

【19～21】 안치수가 다음과 같은 그릇의 들이를 구하시오.

*19*

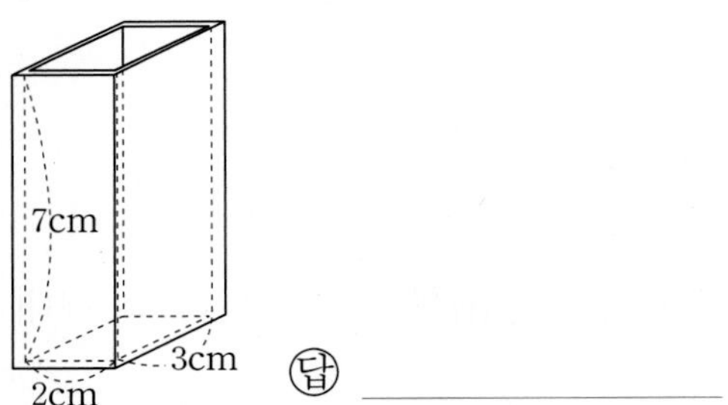


답 ______

*20*

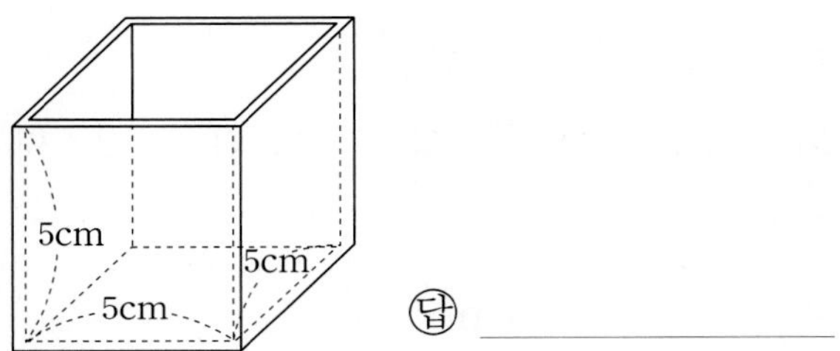


답 ______

**21**

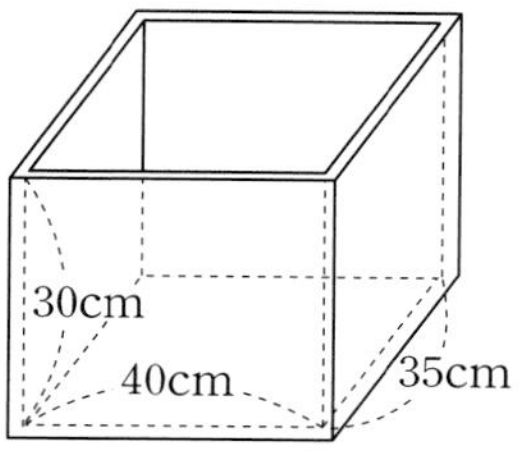


[답] ________

【22~37】 빈칸에 알맞은 수를 써라.

**22**

$2\,mL =$ ________ $cm^3$

**23**

$51\,mL =$ ________ $cm^3$

**24**

$4.2\,mL =$ ________ $cm^3$

**25**

$12.7\,mL =$ ________ $cm^3$

**26**

$3\,L =$ ________ $cm^3$

**27**

$5\,L =$ ________ $cm^3$

**28**

$79\,L =$ ________ $cm^3$

**29**

$6.8\,L =$ ________ $cm^3$

**30**

$0.31\,L =$ ________ $cm^3$

**31**

$2\,L =$ ________ $mL$

**32**

$90\,L =$ ________ $mL$

**33**

$6.9\,L =$ ________ $mL$

**34**

$16.3\,L =$ ________ $mL$

**35**

$3000\,mL =$ ________ $L$

**36**

$4500\,mL =$ ________ $L$

**37**

$7400\,mL =$ ________ $L$

**38**

물통에 각각 12 L를 부으면 물의 높이는 몇 cm가 됩니까?

(1)

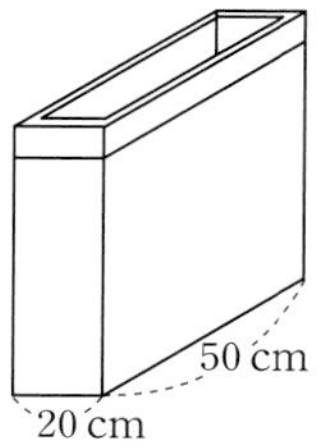


(2)

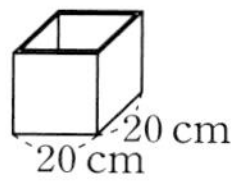


**39**

안치수가 20 cm, 10 cm, 10 cm인 그릇에 물을 가득 담아 들이가 30 L인 통에 부어서 가득 채우려고 합니다. 몇 번 부어야 합니까?

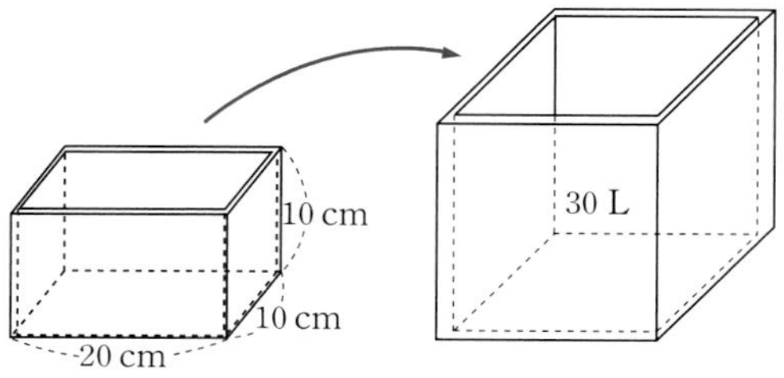


**40**

정육면체 모양의 통 속에 돌을 넣고 물을 가득 채운 후 돌을 꺼냈더니 물의 높이가 2 cm 줄었습니다. 이 통에 넣은 돌의 부피는 몇 $cm^3$입니까?

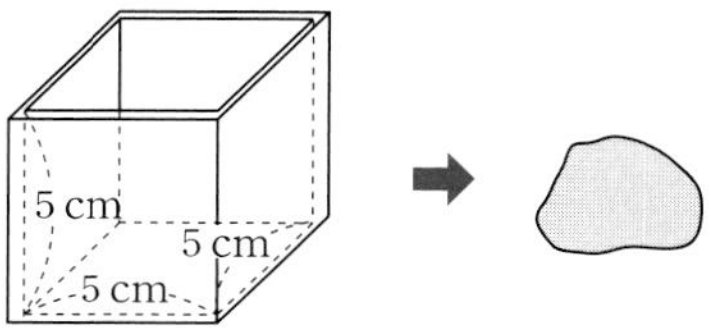

# 중단원 평가 문제(1) 부피의 큰 단위~부피와 들이 사이의 관계

【1~5】 빈칸에 알맞은 수를 쓰시오.

**01**

$1\,m^3 =$ ______ m × ______ m × ______ m

= ______ cm × ______ cm × ______ cm

= ______________________ $cm^3$

**02**

$8\,m^3 =$ ______________ $cm^3$

**03**

$7.25\,m^3 =$ ______________ $cm^3$

**04**

$9000000\,cm^3 =$ __________ $m^3$

**05**

$3870000\,cm^3 =$ __________ $m^3$

**06**

부피가 큰 것부터 번호를 쓰시오.

______________________

① $3\,m^3$　② $4.9\,m^3$

③ $400000\,cm^3$　④ $5000000\,cm^3$

⑤ $0.5\,m^3$　⑥ $1000000\,cm^3$

**07**

한 모서리의 길이가 0.2 m인 정육면체의 부피는 몇 $cm^3$입니까?

______________

**08**

밑넓이가 $56\,m^2$이고 높이가 9 m인 직육면체의 부피는 몇 $m^3$입니까?

______________

**09**

밑넓이가 $640\,cm^2$이고, 부피가 $0.016\,m^3$인 직육면체가 있습니다. 이 직육면체의 높이는 몇 cm입니까? ______________

**10**

가로가 4 m, 세로가 3 m인 직육면체의 부피가 $30\,m^3$일 때, 높이는 몇 m입니까?

______________

【11~13】 다음 직육면체의 부피를 $m^3$와 $cm^3$로 답하시오.

**11**

가로 : 6 m, 세로 : 4 m, 높이 : 1 m 50 cm

______________

**12**

가로 : 450 cm, 세로 : 2 m, 높이 : 3 m

______________

*13*
가로 : 2.5 m, 세로 : 250 cm, 높이 : 200 cm

_______________

*14*
한 모서리의 길이가 1 cm인 정육면체의 부피는 ______ $cm^3$이고, 들이는 ______ m L입니다. 따라서, 1 $cm^3$ = ______ m L입니다.

*15*
한 모서리의 길이가 ______ cm인 정육면체 그릇의 들이는 1 L입니다.
따라서, 1 L = ______ $cm^3$입니다.

【*16*~*23*】 빈칸에 알맞은 수를 쓰시오.

*16*
13 L = ______ $cm^3$

*17*
60 L = ______ $cm^3$

*18*
5 m L = ______ $cm^3$

*19*
8.3 m L = ______ $cm^3$

*20*
8700 m L = ______ L

*21*
9000 m L = ______ L

*22*
3000 $cm^3$ = ______ L

*23*
87 L = ______ m L

【*24*~*26*】 다음 직육면체의 들이를 구하시오.

*24*
안치수의 가로가 4 cm, 세로가 7 cm, 높이가 9 cm ______

*25*
안치수의 가로가 0.4 m, 세로가 30 cm, 높이가 50 cm ______

*26*
안치수의 한 모서리의 길이가 6 cm인 정육면체 ______

**27**

안치수로 가로가 120 cm, 세로가 90 cm, 높이가 1.5 m인 직육면체 모양의 물탱크가 있습니다. 이 물통에 물의 높이가 60 cm 되게 채우려면 몇 L의 물을 넣어야 합니까?

**28**

한 모서리의 길이가 8 cm인 정육면체 모양의 물통에 물이 $\frac{3}{4}$ 들어 있을 때, 물은 몇 mL입니까?

**29**

안치수로 가로가 1.6 m, 세로가 0.6 m, 높이가 40 cm인 직육면체 모양의 그릇에 물을 가득 부으려고 합니다. 2 L의 물통으로 몇 번을 부어야 합니까?

**30**

안치수로 가로, 세로의 길이가 각각 30 cm, 40 cm인 직육면체 모양의 통이 있습니다. 이 물통에 물을 36 L까지 부을 수 있다면 통의 높이의 안치수는 몇 cm입니까?

**31**

안치수로 가로가 40 cm, 세로가 30 cm, 높이가 80 cm인 직육면체 모양의 물통이 있습니다. 이 물통에 2 L들이 그릇으로 3번 부으면 물의 높이는 몇 cm입니까?

**32**

가로가 34 cm, 세로가 24 cm, 높이가 14 cm이고 여섯 면이 모두 막혀 있는 직육면체가 있습니다. 이 상자의 두께가 균일하게 2 cm일 때, 상자의 들이를 구하시오.

**33** 서술형

오른쪽 상자에 한 모서리의 길이가 30 cm인 정육면체 모양의 물건을 몇 개 넣을 수 있습니까?

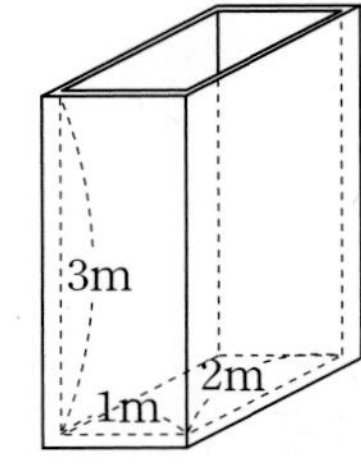


**34**

오른쪽 수조에 돌을 넣었더니 물의 높이가 5 cm만큼 늘어났습니다. 돌의 부피를 구하시오.

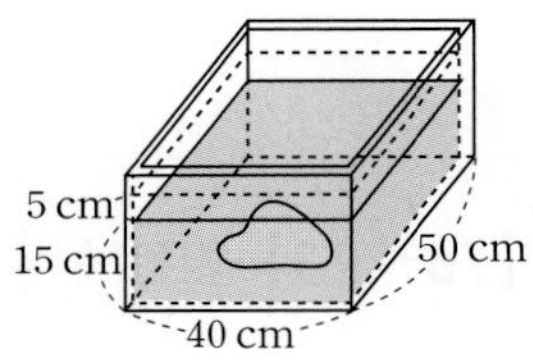


**35**

다음 전개도로 직육면체 모양의 상자를 만들었습니다. 이 상자의 부피는 몇 $cm^3$입니까?

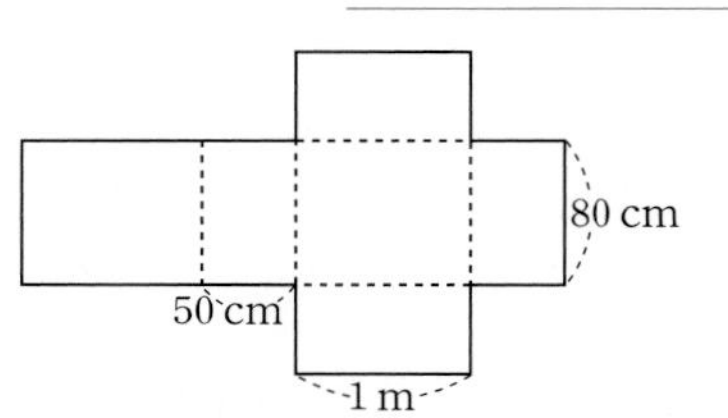

# 중단원 평가 문제(2) 부피의 큰 단위~ 부피와 들이 사이의 관계

**01**
가로가 40 cm, 세로가 0.3 m, 높이가 0.2 m인 직육면체의 부피를 $m^3$와 $cm^3$로 나타내시오.

**02**
부피가 큰 것부터 번호를 쓰시오.

① 밑넓이가 9.6 $m^2$이고, 높이가 90 cm인 직육면체
② 밑면의 가로가 2.5 m, 세로가 1.2 m이고, 높이가 2.8 m인 직육면체
③ 한 모서리가 2 m인 정육면체

**03**
밑넓이가 8 $m^2$이고, 부피가 24000000 $cm^3$인 직육면체의 높이를 구하시오.

**04**
한 모서리의 길이가 2 m인 정육면체 모양을 만들려면 한 모서리의 길이가 1 cm인 정육면체 모양의 쌓기나무를 몇 개 쌓아야 합니까?

**05**
정육면체의 밑넓이가 0.81 $m^2$일 때, 이 정육면체의 부피는 얼마입니까?

**06**
밑면의 가로가 160 cm, 세로가 1 m 40 cm이고, 옆넓이가 15 $m^2$인 직육면체의 부피는 몇 $m^3$입니까?

**07**
안치수가 가로 14 cm, 세로 10 cm, 높이 15 cm인 직육면체 모양의 그릇에 물을 가득 채우려면 70 mL 들이의 컵으로 물을 최소한 몇 번 부어야 합니까?

**08**
안치수가 가로 10 cm, 세로 5 cm, 높이 15 cm인 직육면체 모양의 그릇에 물이 150 mL 들어 있습니다. 이 물통에 물을 가득 채우려면 100 mL 컵으로 몇 번 부어야 합니까?

**09**
안치수의 가로가 50 cm, 세로가 60 cm, 높이가 50 cm인 직육면체 모양의 물통이 있습니다. 여기에 5 L 들이 양동이로 물을 가득 담아 6번 부으면, 물의 높이는 몇 cm가 됩니까?

**10**
안치수로 밑넓이가 82 $cm^2$이고, 들이가 1804 mL인 직육면체 모양의 그릇이 있습니다. 이 그릇의 안치수의 높이는 몇 cm입니까?

**11**
정육면체 모양인 어떤 물통의 안치수는 한 모서리의 길이가 40 cm입니다. 이 물통의 $\frac{5}{8}$만큼 물이 들어 있다면 물을 몇 L 더 넣어야 가득 차겠습니까?

**12**

다음과 같은 물통에 각각 27 L의 물을 넣었습니다. 어느 물통의 물의 높이가 몇 cm 더 높습니까?

㉮ 밑면의 가로가 50 cm, 세로가 20 cm인 직육면체 모양의 물통

㉯ 한 모서리의 길이가 30 cm인 정육면체 모양의 물통

**13**

안치수의 가로가 2.2 m, 세로가 1.6 m인 직육면체 모양의 욕조에 50 cm 높이까지 물을 받았습니다. 목욕을 한 후, 욕조에 남은 물의 높이를 재어 보니 30 cm였습니다. 사용한 물은 몇 L입니까?

**14**

가로, 세로, 높이가 각각 210 cm, 360 cm, 1.6 m이고 두께가 균일하게 5 cm인 직육면체 모양의 기름 탱크가 있습니다. 이 탱크의 들이를 구하시오. (윗면은 막혀있지 않음)

**15**

가로, 세로, 높이가 각각 10 cm, 20 cm, 15 cm이고 두께가 균일하게 2 cm인 직육면체 모양의 물통이 있습니다. 이 물통의 부피와 들이의 차를 구하시오.

**16**

안치수가 오른쪽 전개도와 같은 물통을 만들었습니다. 이 통에 물을 가득 채우면 물은 몇 L가 되겠습니까?

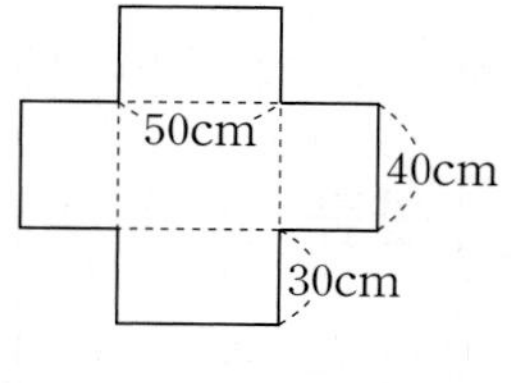


**17**

가로 30 cm, 세로 26 cm인 직사각형 모양의 종이를 가지고 네 귀퉁이에서 한 변의 길이가 6 cm인 정사각형을 오려내고 상자를 만들었습니다. 이 상자의 부피를 구하시오.

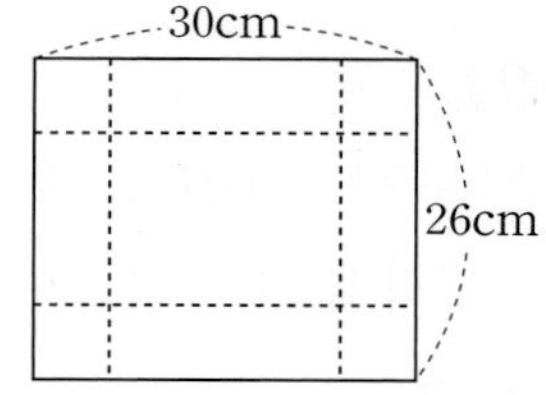


**18**

오른쪽 전개도로 만든 직육면체 모양의 물통에 물 216 mL를 부으면 물의 높이는 몇 cm가 되겠습니까?

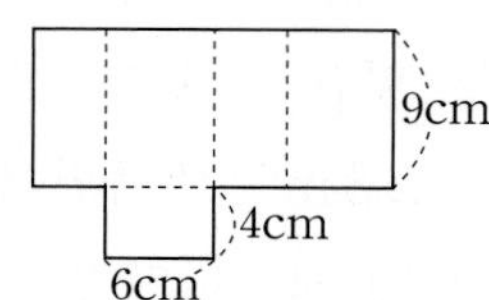


**19**

직육면체로 만든 오른쪽 입체도형의 부피를 구하시오.

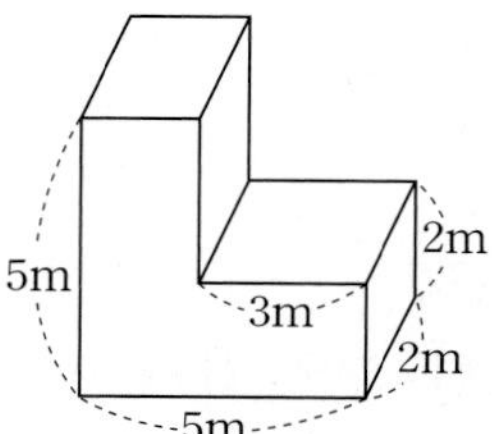


**20**

직육면체로 만든 오른쪽 입체도형의 부피를 구하시오.

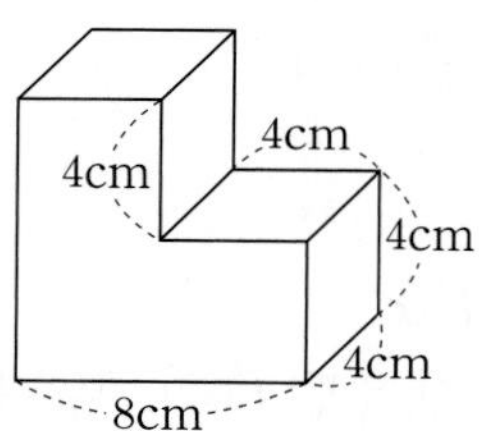


**21** 서술형

그림은 한 모서리의 길이가 3 cm인 정육면체 모양의 쌓기나무를 쌓아 놓은 것입니다. 이 모양의 겉넓이를 구하시오.

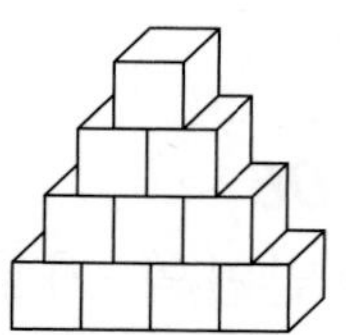



더 높은 수준의 실력을 원하는 학생은 이 책 156 쪽에 있는 고난도 문제에 도전하세요.

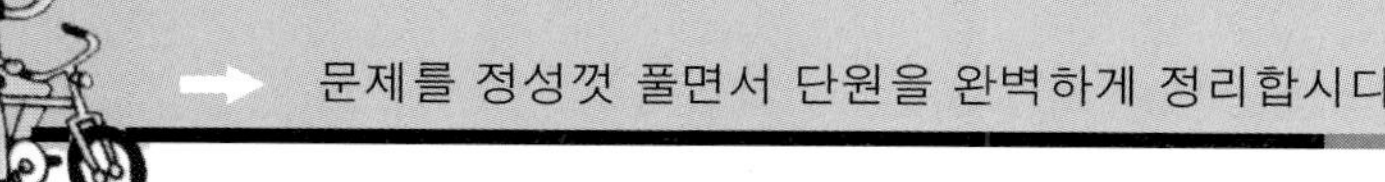



**01**
다음과 같은 색종이 가를 2장, 나를 4장 사용하여 직육면체 모양의 상자를 만들 때, 이 상자의 겉넓이를 구하시오.

㉮ 한 변의 길이가 5 cm인 정사각형
㉯ 가로가 10 cm, 세로가 5 cm인 직사각형

**02**
한 밑면의 넓이가 24 $cm^2$이고 겉넓이가 168 $cm^2$인 직육면체의 옆넓이를 구하시오.

【3~4】 다음 직육면체의 겉넓이를 구하시오.

**03**

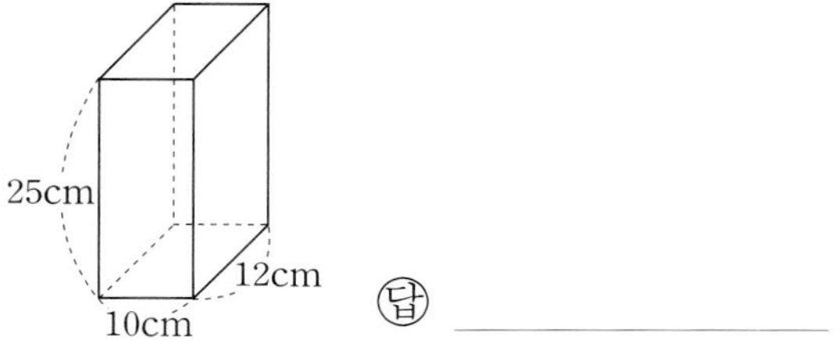


㉰ 

**04**

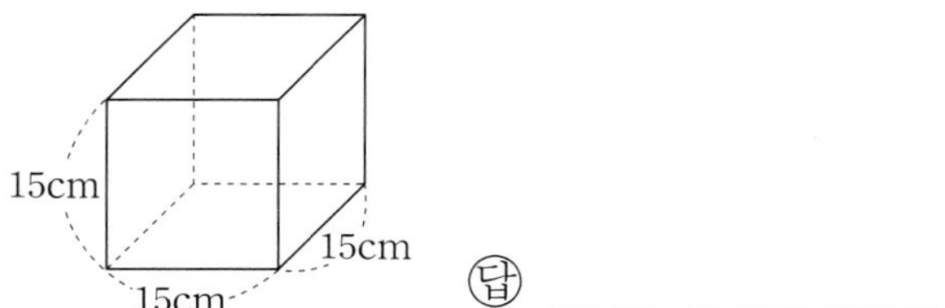


㉰ 

**05**
밑면의 가로가 12 cm, 세로가 7 cm인 직육면체의 겉넓이가 358 $cm^2$일 때, 직육면체의 옆넓이를 구하시오.

**06**
밑면의 가로가 3 cm, 세로가 7 cm인 직육면체의 겉넓이가 142 $cm^2$일 때, 직육면체의 높이를 구하시오.

**07**
밑면의 가로가 4 cm, 세로가 11 cm인 직육면체의 겉넓이가 268 $cm^2$일 때, 직육면체의 높이를 구하시오.

**08**
한 모서리의 길이가 1 cm인 정육면체를 오른쪽과 같이 쌓을 때, 이 도형의 부피를 구하시오.

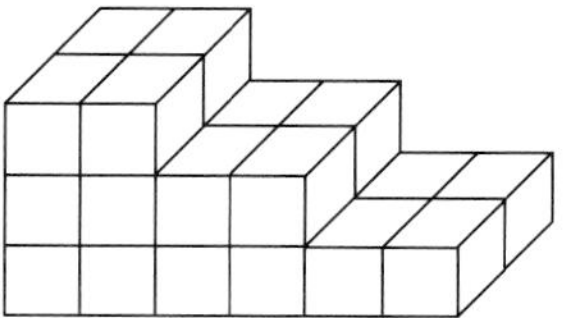

**09**
밑면의 넓이가 36 $cm^2$이고, 높이가 7 cm인 직육면체의 부피를 구하시오.

**10**
가로, 세로, 높이가 각각 10 cm, 9 cm, 8 cm인 직육면체의 부피는 몇 $cm^3$입니까?

**11**
가로가 40 cm, 높이가 30 cm인 직육면체의 부피가 42000 $cm^3$일 때, 세로의 길이를 구하시오.

**12**
오른쪽 전개도로 만든 직육면체의 부피를 구하시오.

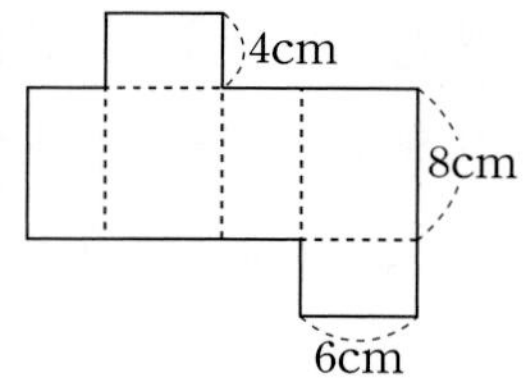


**13**
밑면의 가로가 8 cm이고 높이가 8 cm인 직육면체의 부피가 512 $cm^3$일 때, 이 도형의 세로의 길이를 구하시오.

**14**
한 모서리의 길이가 8 cm인 정육면체의 부피는 한 모서리의 길이가 2 cm인 정육면체의 부피의 몇 배입니까?

**15**
한 모서리의 길이가 6 cm인 정육면체의 부피와 가로, 세로, 높이가 각각 5 cm, 6 cm, 7 cm인 직육면체의 부피의 차를 구하시오.

**16**
밑면의 가로가 6 cm, 세로가 8 cm이고, 높이가 10 cm인 직육면체에서 한 모서리의 길이가 5 cm인 정육면체를 잘라냈습니다. 남은 입체도형의 부피를 구하시오.

**17**
밑면의 가로가 300 cm, 세로가 2 m, 높이가 1.6 m인 직육면체의 부피는 몇 $m^3$입니까?

**18**
빈칸에 알맞은 수를 쓰시오.

① 7 $m^3$ = ＿＿＿＿ $cm^3$
② 0.9 $m^3$ = ＿＿＿＿ $cm^3$
③ 15 L = ＿＿＿＿ m L
④ 3900 m L = ＿＿＿＿ L
⑤ 7.2 L = ＿＿＿＿ $cm^3$
⑥ 5700 $cm^3$ = ＿＿＿＿ L
⑦ 4500 m L = ＿＿＿＿ $cm^3$

**19**
안치수로 밑면의 가로가 0.6 m, 세로가 40 cm, 높이가 50 cm인 직육면체 모양의 그릇에 물을 가득 채우려고 합니다. 1 L 들이의 그릇으로 몇 번을 부어야 합니까?

**20**
안치수로 밑면의 가로가 65 cm, 세로가 40 cm인 직육면체 모양의 그릇이 있습니다. 여기에 물 78 L를 부으면 물의 높이는 몇 cm가 되겠습니까?

**21**
안치수로 밑면의 가로가 10 cm, 세로가 6 cm, 높이가 8 cm인 직육면체 모양의 물통에 물이 $\frac{3}{4}$ 들어 있습니다. 물은 몇 mL입니까?

**22**
안치수의 가로, 세로, 높이가 각각 10 cm, 20 cm, 15 cm인 직육면체 모양의 유리그릇이 있습니다. 이 그릇에는 참기름이 몇 L 들어 가겠습니까?

**23**
안치수로 한 모서리의 길이가 20 cm인 정육면체 모양의 그릇이 있습니다. 이 그릇에 우유를 가득 채우려면 0.2 L들이 우유 몇 병을 부어야 합니까?

**24** 서술형
밑면의 가로가 40 cm, 세로가 25 cm이고 높이가 30 cm인 직육면체 모양의 그릇이 있습니다. 이 그릇의 두께가 균일하게 2 cm일 때, 부피와 들이의 차를 구하시오.

【25~26】 직육면체로 만든 다음 입체도형의 부피를 구하시오.

**25**
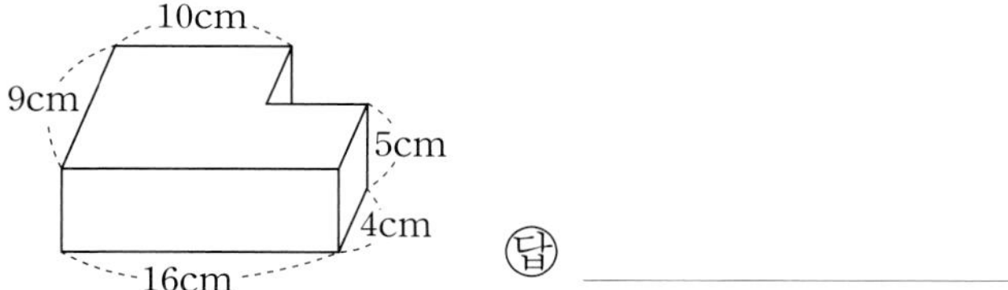


답

**26**
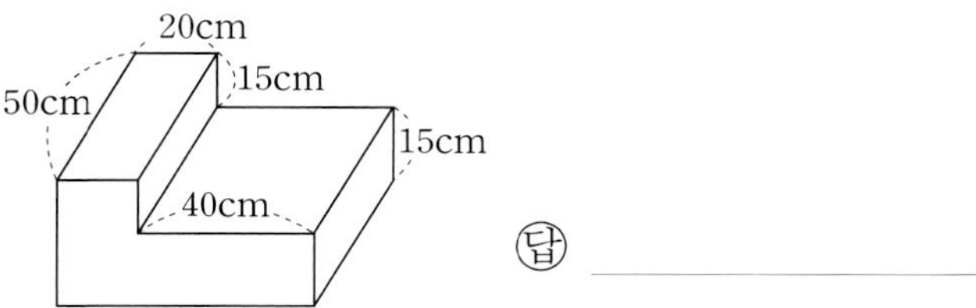


답

**27**
한 모서리의 길이가 2 cm인 정육면체 모양의 쌓기나무를 그림과 같이 쌓았습니다. 쌓기나무 전체의 부피는 얼마입니까?

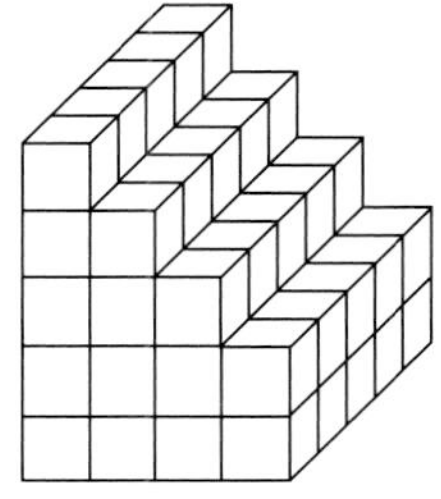

**28**
두꺼운 도화지의 네 귀퉁이에서 정사각형 모양을 오려 내어 상자를 만들었습니다. 상자의 들이를 구하시오. (단, 상자의 두께는 무시합니다.)

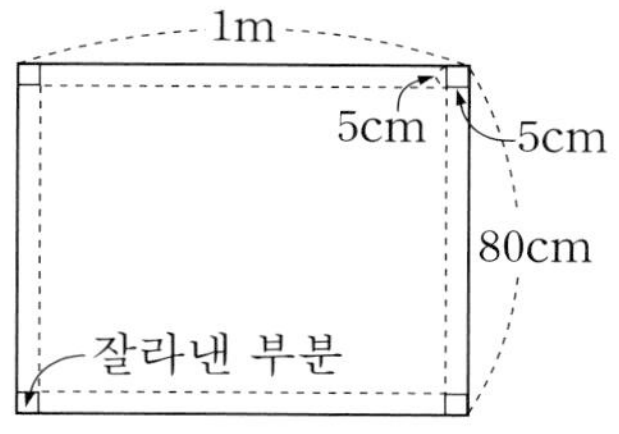


**29**
안치수가 다음 전개도와 같은 물통을 만들었습니다. 이 통에 오렌지 주스 120 L를 넣으면 높이는 몇 cm가 되겠습니까?

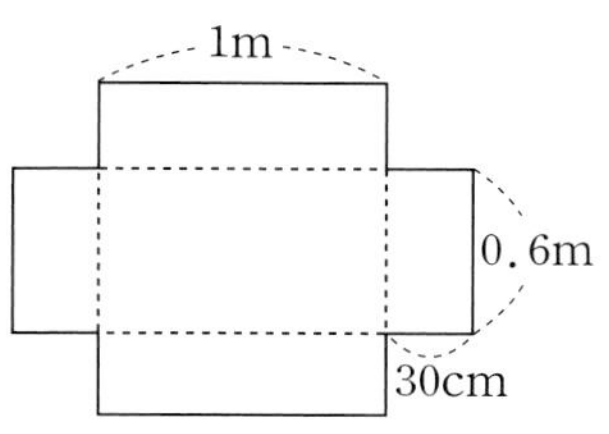


**30**
안치수로 밑면의 가로가 12 cm, 세로가 8 cm이고, 높이가 5 cm인 직육면체 모양의 그릇이 있습니다. 이 상자 안에 부피가 1 $cm^3$인 정육면체 모양의 쌓기나무를 몇 개 넣을 수 있습니까?

**31**
안치수로 밑면의 가로가 15 cm, 세로가 16 cm인 통에 물이 7 cm 높이만큼 들어 있습니다. 여기에 돌을 완전히 잠기게 넣었더니 물의 높이가 10 cm가 되었습니다. 돌의 부피는 몇 $cm^3$입니까?

**01**
겉넓이가 384 $cm^2$인 정육면체가 있습니다. 한 모서리의 길이는 몇 cm입니까?

**02**
밑면의 가로가 9 cm, 세로가 8 cm인 직육면체의 겉넓이가 314 $cm^2$일 때, 이 도형의 높이를 구하시오.

**03**
밑넓이가 63 $cm^2$이고, 밑면의 둘레가 32 cm, 높이가 8 cm인 직육면체의 겉넓이를 구하시오.

**04**
한 모서리의 길이가 3 cm인 쌓기나무를 오른쪽과 같이 빈틈없이 쌓았을 때, 이 모양의 부피를 구하시오.

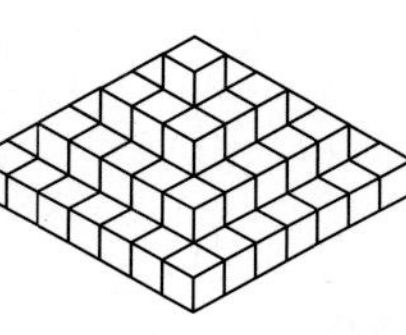

**05**
밑면의 가로가 9 cm, 세로가 6 cm인 직육면체의 부피가 432 $cm^3$일 때, 이 도형의 높이를 구하시오.

**06**
부피가 9000 $cm^3$인 직육면체의 높이가 15 cm일 때, 이 도형의 한 밑면의 넓이를 구하시오.

**[7~8]** 그림과 같은 전개도로 직육면체를 만들었습니다. 물음에 답하시오.

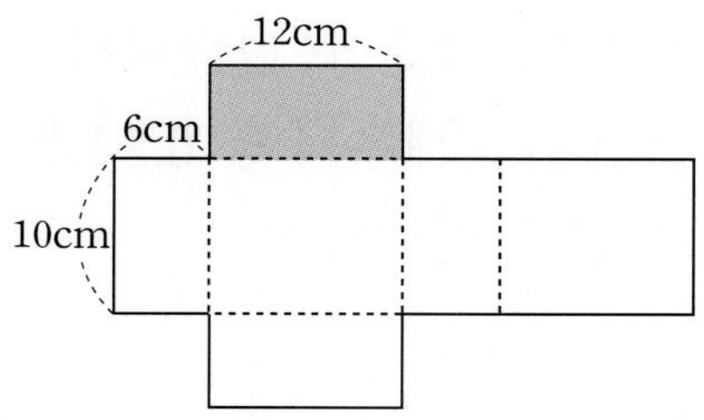


**07**
색칠한 부분이 한 밑면입니다. 옆면의 넓이를 구하시오.

**08**
부피를 구하시오.

**09**
두 종류의 색종이가 있습니다.

㉮ 한 변의 길이가 6 cm인 정사각형
㉯ 가로가 8 cm, 세로가 6 cm인 직사각형

㉮색종이 2장, ㉯색종이 4장을 각 면으로 하는 직육면체 모양을 만들면 직육면체의 부피는 몇 $cm^3$가 되겠습니까?

**10**
한 모서리의 길이가 3 cm인 정육면체가 있습니다. 이 도형의 밑면의 가로와 세로의 길이를 2배씩 늘이면 부피는 몇 배가 되겠습니까?

*11*
부피가 큰 것부터 차례로 쓰시오.

① 밑넓이가 38 cm²이고 높이가 5 cm인 직육면체
② 밑넓이가 36 cm²인 정육면체
③ 높이가 7 cm인 정육면체
④ 옆면의 넓이가 100 cm²인 정육면체

*12*
다음 중 어느 도형이 몇 cm³ 더 큽니까?

㉮ 밑넓이가 55 cm²이고 높이가 8 cm인 직육면체
㉯ 한 면의 둘레가 32 cm인 정육면체

*13*
모서리의 길이의 합이 120 cm인 정육면체의 부피를 구하시오.

*14*
오른쪽 그릇의 두께는 균일하게 2 cm입니다. 이 그릇의 들이는 몇 mL입니까?

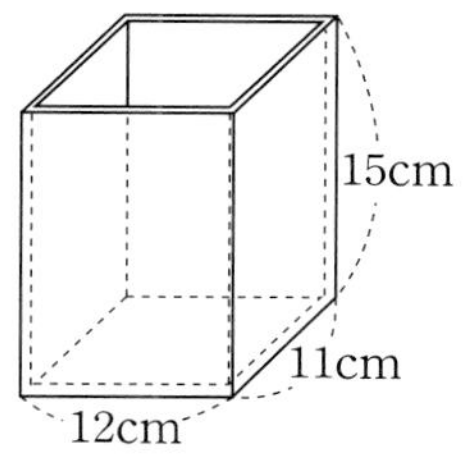


*15*
1.8 L씩 들어 있는 물병 3개가 있습니다. 이것을 다음과 같은 물통에 모두 담으면 물의 높이는 몇 cm가 됩니까?

안치수로 밑면의 가로가 30 cm, 세로가 10 cm이고 높이가 50 cm인 직육면체

*16*
안치수가 다음과 같은 직육면체 모양의 물통이 있습니다. 이 물통의 높이 $\frac{3}{4}$까지 물을 채웠을 때, 물의 양은 몇 L가 되겠습니까?

가로가 70 cm, 세로가 30 cm, 높이가 80 cm인 직육면체

*17*
안치수가 오른쪽 전개도와 같은 물통의 들이는 몇 L입니까?

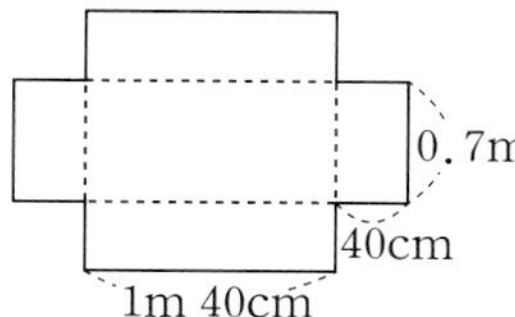


*18* 서술형
한 모서리의 길이가 2 cm인 정육면체를 그림과 같이 쌓아 만든 도형의 겉넓이를 구하시오.

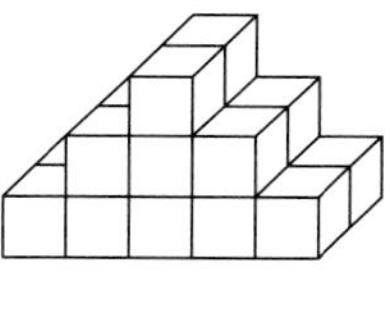

*19*
오른쪽 입체도형의 부피를 구하시오.

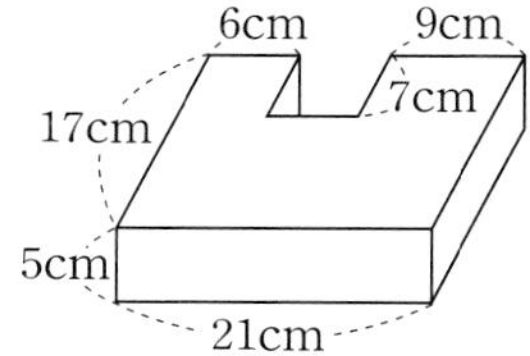


*20*
안치수로 가로의 길이 150 cm, 세로의 길이 80 cm, 높이 60 cm의 욕조가 있습니다. 이 욕조에 50 cm 높이만큼 물을 채워 넣고 여기에 도자기 화분을 완전히 잠기게 넣었더니 물의 높이가 55 cm가 되었습니다. 화분의 부피를 구하시오.


더 높은 수준의 실력을 원하는 학생은 이 책 158 쪽에 있는 고난도 문제에 도전하세요.

최상위권(1%) 학생을 위한

# 고난도 문제

**01**

지구 겉넓이의 30%는 육지이고, 육지의 $\frac{2}{3}$는 북반구에 있습니다. 남반구의 바다의 넓이는 지구 겉넓이의 몇 배입니까?

**02**

인철이는 3일 동안 책을 읽었습니다. 첫째 날은 전체의 40%를 읽고, 둘째 날은 나머지의 $\frac{2}{3}$를 읽었습니다. 셋째 날 나머지의 75%를 읽었더니 12쪽이 남았습니다.
이 책은 모두 몇 쪽입니까?

**03**

꿀이 가득 든 병의 무게를 재었더니 1.8 kg이었습니다. 꿀을 $\frac{3}{4}$만큼 먹고 무게를 재었더니 0.6 kg이었습니다. 빈 병의 무게를 구하시오.

**04**

A, B, C 세 물통의 물의 합을 구하시오.

㉠ A의 양은 B의 $1\frac{1}{5}$배입니다.
㉡ C의 양은 A의 1.4배입니다.
㉢ B의 양은 32.5 L보다 $1\frac{1}{4}$ L 적습니다.

**05**

석호네 반은 남학생이 전체 학생 수의 $\frac{1}{3}$보다 7명이 많고, 여학생은 전체 학생 수의 5할보다 1명이 적습니다. 석호네 반 학생 수는 몇 명입니까?

**06**

4분 30초에 1.8 cm씩 타는 양초가 17.5 cm 높이의 촛대에 꽂혀 있습니다. 이 양초에 불을 붙이고 45분 뒤에 양초의 길이를 재었더니 처음 길이의 $\frac{4}{5}$이었습니다. 처음 이 양초는 바닥으로부터 몇 cm 높이에서 타기 시작했습니까?

**07**

두 개의 수도관이 있습니다. 큰 수도관에서는 2시간 30분 동안 $3\frac{3}{4}$ t의 물이 나오고, 작은 수도관에서는 3시간 45분 동안 $2\frac{1}{2}$ t의 물이 나옵니다. 두 수도관을 이용해서 10.4 t의 물이 들어가는 물탱크를 가득 채우는 데는 몇 시간 몇 분이 걸리겠습니까?

**08**

어느 가게에서 어떤 물건을 사서 26 %의 이익을 붙여 물건값을 정하였습니다. 물건이 팔리지 않아 정한 물건값의 $\frac{2}{9}$를 할인하여 팔았더니 1200원의 손해를 보았습니다. 이 가게에서 물건을 산 값은 얼마입니까?

**09**
아버지의 몸무게는 주형이의 몸무게의 $1\frac{4}{5}$배이고, 동생의 몸무게는 주형이의 몸무게의 0.75배입니다. 아버지의 몸무게는 동생의 몸무게의 몇 배입니까?

**10**
어떤 삼각형의 밑변을 처음 길이의 $1\frac{2}{5}$배로, 높이를 처음 길이의 0.6배로 하였더니 넓이가 처음 넓이보다 $5.6\,cm^2$ 줄어들었습니다. 이 삼각형의 처음 넓이를 구하시오.

**11**
석훈이네 학교의 작년 입학생은 여학생이 남학생의 $\frac{5}{8}$였고, 올해는 여학생의 4%가 늘고, 남학생의 3%가 줄어 입학생은 324명이 되었습니다. 작년에 입학한 학생 수는 몇 명입니까?

**12**
가로가 7.5 m, 세로가 $6\frac{4}{5}$ m인 직사각형 모양의 밭이 있습니다. 이 밭의 40%에는 시금치를 심고, 나머지의 $\frac{5}{6}$에는 땅콩을 심었습니다. 시금치를 심은 부분은 아무것도 심지 않은 부분의 몇 배입니까?

**13**
A, B의 크기를 비교하시오.

$$A=\left\{\left(\frac{1}{5}+0.25\right)\div\frac{3}{8}+0.6\right\}\times\frac{7}{36}$$

$$B=0.4\times2\frac{1}{4}\div\left(6.2-3\frac{1}{5}\right)+7.5\times\frac{7}{150}$$

**14**
다음을 계산한 답이 모두 같을 때, 분수 A, B, C, D를 큰 것부터 쓰시오.

$$A\times\frac{3}{5},\quad B\times\frac{1}{2},\quad C\times0.9,\quad D\div0.5$$

**15**
기호 「*」을 A*B=(A×B)+(A÷B)와 같이 약속할 때, 다음을 계산하시오.

$$\left(1.5*\frac{3}{4}\right)*0.2$$

(예) 6*2=(6×2)+(6÷2)=12+3=15)

**16**
색칠한 부분의 넓이를 구하시오.

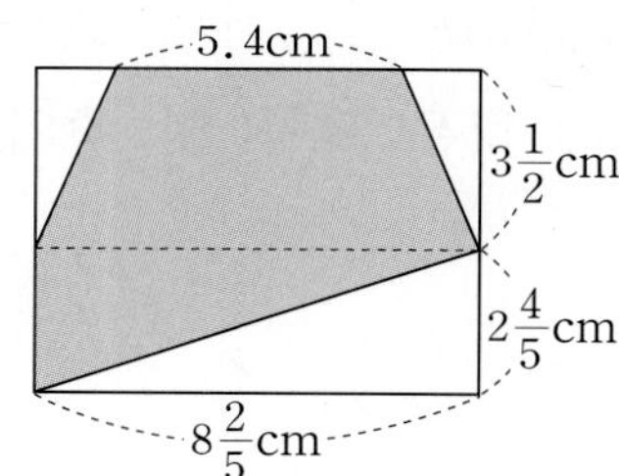


**17**
사각형 ABCD는 넓이가 $46.08\,cm^2$인 사다리꼴입니다. 삼각형 EBC의 넓이는 몇 $cm^2$입니까?

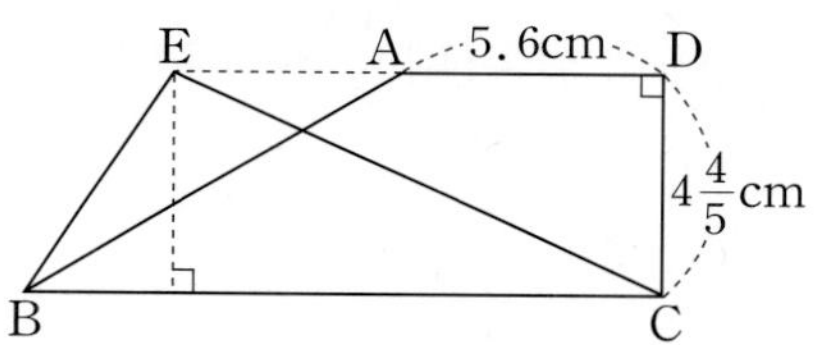


**18**
다음 사각기둥과 삼각기둥의 부피가 같을 때, 삼각기둥의 밑면인 삼각형의 높이를 구하시오.

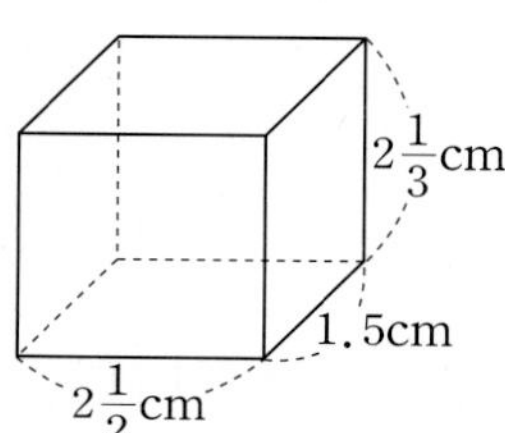


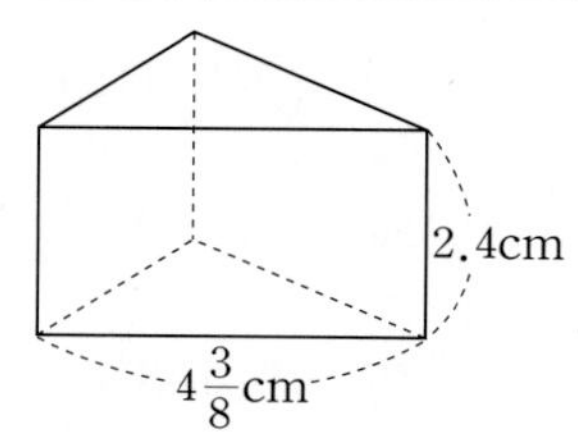

【1~3】 다음이 성립하도록 밑줄 그은 식에 (　)를 알맞게 넣으시오.

**01**

$\frac{1}{4}\times0.5+0.25\div2\frac{1}{2}$ >

$\underline{\frac{1}{4}\times0.5+0.25\div2\frac{1}{2}}$

**02**

$\underline{2\frac{1}{4}\times1.2+\frac{3}{5}\div3.6}$ <

$2\frac{1}{4}\times1.2+\frac{3}{5}\div3.6$

**03**

$\underline{2\frac{1}{4}\times1\frac{1}{5}+0.6\div3.6-\frac{3}{4}}=\frac{3}{8}$

【4~6】 □ 안에 알맞은 수를 써넣으시오.

**04**

$5\frac{3}{5}\div\square\times4.3=17\frac{1}{5}$

**05**

$5-1\frac{1}{2}\div0.5+\frac{1}{4}\times\square=3$

**06**

$5\frac{1}{2}\times1.2-\frac{3}{4}\div\square+2=3\frac{3}{5}$

**07**

어떤 수를 $\frac{2}{5}$로 나눌 것을 잘못하여 2.5로 나누었더니 3.2가 되었습니다. 바르게 계산한 값과 잘못 계산한 값의 차는 얼마입니까?

__________

**08**

사다리꼴의 넓이는 11 $cm^2$입니다. 윗변의 길이가 $2\frac{2}{3}$ cm이고 높이가 3 cm이면, 아랫변의 길이는 몇 cm입니까?

__________

**09**

상희는 요즈음 책을 읽고 있습니다. 일요일에는 전체의 $\frac{1}{5}$을 읽었고, 월요일에는 나머지의 0.5를, 화요일에는 남은 부분의 $\frac{3}{4}$을 읽었습니다. 남은 쪽수가 24쪽이라면, 이 책의 전체 쪽수는 얼마입니까?

__________

**10**

백화점에서 어떤 물건을 원가에 4할의 이익을 붙여 정가로 정했다가 할인 기간에 정가의 $\frac{1}{4}$을 할인하여 팔았더니 15000원의 이익을 보았다고 합니다. 이 물건의 원가는 얼마입니까?

______________

**11**

세 수 A, B, C가 있습니다. A를 B로 나눈 몫은 $\frac{7}{10}$이고, C를 B로 나눈 몫은 3.2입니다. $B\times\frac{C}{A}$는 얼마입니까?

______________

**12**

$\frac{B}{A\times C}=\frac{1}{20}$, $\frac{C}{A\times B}=\frac{1}{5}$, $\frac{B\times C}{A}=3.2$

일 때, A, B, C를 구하시오.

______________

**13**

지구의 겉넓이 중에서 북반구의 60 %가 바다이고, 바다의 $\frac{3}{7}$은 북반구에 있습니다. 북반구의 육지는 남반구의 육지의 몇 배입니까?

______________

**14**

인철이의 키는 체육관 바닥에서 천장까지의 높이의 $\frac{3}{8}$이고, 책상 높이의 $2\frac{2}{3}$입니다. 체육관 바닥에서 천장까지의 높이와 책상 높이의 차가 3.85 m라면, 인철이의 키는 몇 m입니까?

______________

**15**

3분 40초마다 3.3 cm씩 타는 양초가 있습니다. 양초에 불을 붙이고 11분 15초가 지난 후에 양초의 길이를 재었더니 불을 붙이기 전 양초의 길이의 $\frac{5}{8}$배가 되었습니다. 불을 붙이기 전 양초의 길이를 구하시오.

______________

**16**

그림에서 A, B 사이의 거리는 B, C 사이의 거리의 1.75배이고 C, D 사이의 거리는 B, C 사이의 거리의 $\frac{3}{4}$배입니다. A, B 사이의 거리가 4.2 km일 때, A에서 D까지 2시간 24분에 가려면 1시간에 몇 km씩 가야 합니까?

______________

A　　　　B　　C　　D

**17**

용만이는 가지고 있던 용돈의 $\frac{1}{3}$로 책을 사고 남은 돈의 $\frac{3}{8}$은 불우 이웃 돕기 성금으로 냈습니다. 또, 성금을 내고 남은 돈의 0.4로 토마토 모종을 샀더니 1800원이 남았습니다. 용만이가 처음에 가지고 있던 용돈은 얼마입니까?

______________

**18**

넓이가 1.5 $km^2$인 밭의 $\frac{11}{16}$에는 보리를 심고, 나머지의 $\frac{2}{5}$에는 유채를 심고, 그 나머지의 $\frac{1}{3}$에는 밀을 심었습니다. 아무것도 심지 않은 밭은 전체의 몇 분의 몇입니까?

______________

**19**

A는 27.9 kg의 모래를 운반하는 데 2시간 15분이 걸리고, B는 35.2 kg의 모래를 운반하는 데 2시간 45분이 걸립니다. A와 B가 모래 113.4 kg을 운반하는 데 걸리는 시간은 몇 시간 몇 분입니까?

**20**

종이 위에 빨간색과 노란색을 일부분은 겹치게 칠하였습니다. 빨간색은 전체의 $\frac{1}{3}$만큼, 노란색은 전체의 45 %만큼 칠하였습니다. 빨간색과 노란색을 칠하지 않은 부분은 전체의 36 %입니다. 빨간색과 노란색이 모두 칠해진 부분이 55.9 $cm^2$일 때, 종이 전체의 넓이를 구하시오.

**21**

물통에 물이 $\frac{3}{5}$만큼 들어 있습니다. 이 물통에 물이 안 찬 부분의 $\frac{1}{4}$만큼 물을 채우고, 2.4 L의 물을 더 넣었더니 안 찬 부분이 전체의 $\frac{1}{10}$이 되었습니다. 이 물통의 들이는 몇 L입니까?

**22**

명수는 높이가 $21\frac{1}{5}$ m 되는 곳에서 공을 아래로 떨어뜨렸습니다. 공은 떨어진 높이의 $\frac{1}{3}$만큼 튀어오른 다음, 둘째 번에는 처음 떨어뜨린 높이의 $\frac{1}{4}$만큼 튀어올랐습니다. 이때 명수가 바닥에서 $\frac{4}{5}$ m 되는 높이에서 내려오는 공을 잡았습니다. 공을 잡았을 때까지 공이 움직인 거리는 몇 m입니까?

**23**

A수도에서는 1분 45초에 4.2 L의 물이 나오고, B수도에서는 2분 15초에 $10\frac{4}{5}$ L의 물이 나옵니다. 두 수도를 동시에 틀어 75.6 L 들이의 물통에 물을 가득 채우려고 합니다. 물통에 난 구멍으로 물이 1분 30초에 1.35 L씩 흘러 나간다면, 물을 가득 채우는 데 몇 분이 걸립니까?

**24**

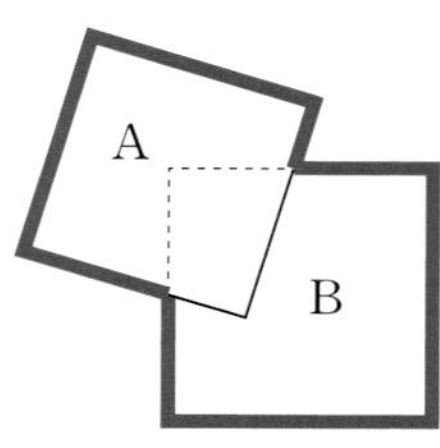


그림과 같이 두 정사각형 모양의 종이 A, B가 겹쳐져 있습니다. 겹쳐진 부분의 넓이는 A의 $\frac{3}{8}$, B의 0.24이고, 색선으로 둘러싸인 전체의 넓이는 217 $cm^2$입니다. 정사각형 B의 넓이는 몇 $cm^2$입니까?

**25**

고속버스는 1시간 48분 동안 148.32 km를 갈 수 있고, 기차는 1시간 42분 동안 $133\frac{9}{20}$ km를 갈 수 있다고 합니다. 같은 장소에서 고속버스와 기차가 동시에 출발하여 4시간 36분 동안 쉬지 않고 달리면, 어느 것이 몇 km 더 멀리 갈 수 있습니까?

**26**

2개의 수도 A와 B가 있습니다. A수도에서는 45분 동안 3.6 L의 물이 나오고, B수도에서는 20분 동안 1.2 L의 물이 나옵니다. 두 수도를 동시에 틀어 12.6 L의 물을 받는 데는 몇 시간 몇 분이 걸리겠습니까?

### 01

그림과 같이 부피가 768 $cm^3$이고, 높이가 12 cm인 직육면체에 꽉차는 원기둥이 있습니다. 이 원기둥의 전개도에 밑면의 반지름과 원기둥의 높이를 써넣으시오.

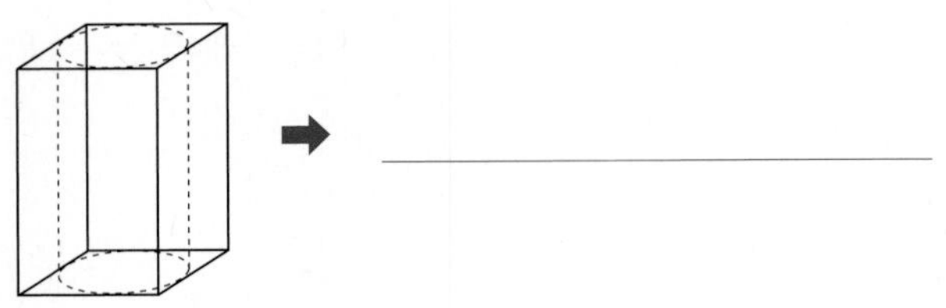

### 02

다음 원기둥과 원뿔의 밑면은 합동입니다. 원기둥과 원뿔의 높이의 비가 5 : 2이고, 원뿔의 높이는 4 cm입니다. 원뿔의 밑면의 둘레가 31.4 cm일 때, 원기둥의 옆면의 넓이를 구하시오.

### 03

철사를 구부려서 그림과 같은 원뿔 모양의 전등갓을 만들었습니다. 이 전등갓의 밑면의 둘레의 길이는 62.8 cm이고, 사용한 철사의 길이는 182.8 cm입니다. 이 원뿔에서 선분 AB의 길이를 구하시오.

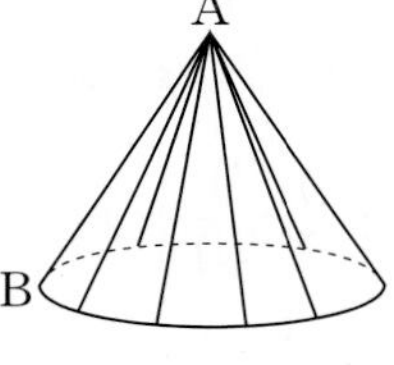


### 04

그림은 어떤 평면도형을 1회전 시켜서 만든 회전체의 전개도입니다. 회전시키기 전 평면도형의 넓이를 구하시오.

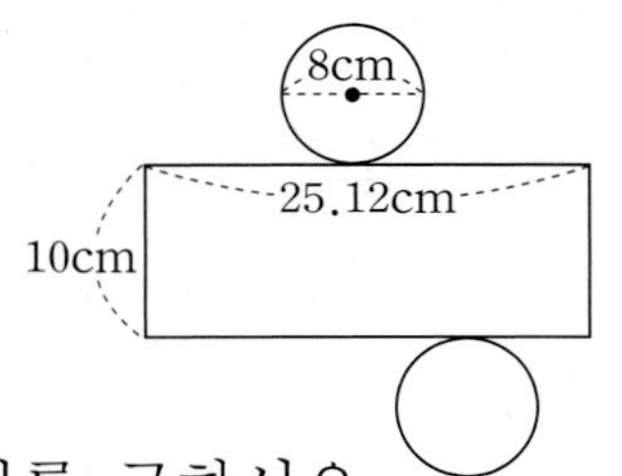


【5~8】 다음 회전체를 회전축을 품은 평면으로 잘랐을 때 생기는 단면의 넓이를 구하시오.

### 05

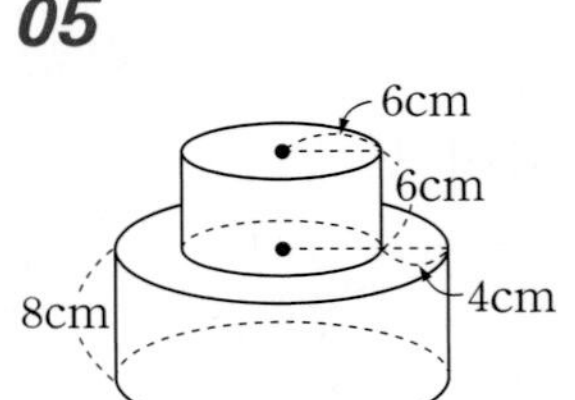


### 06

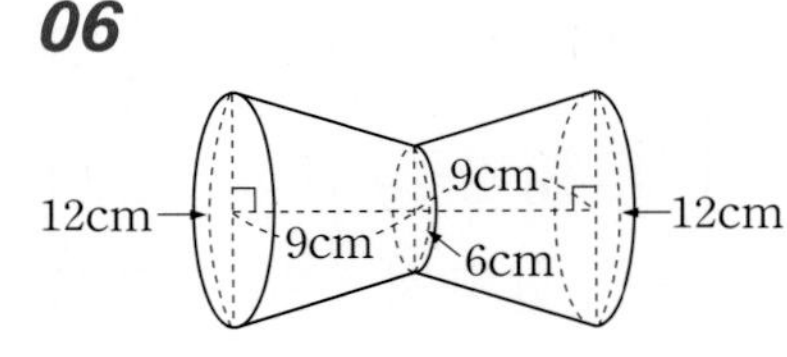


### 07

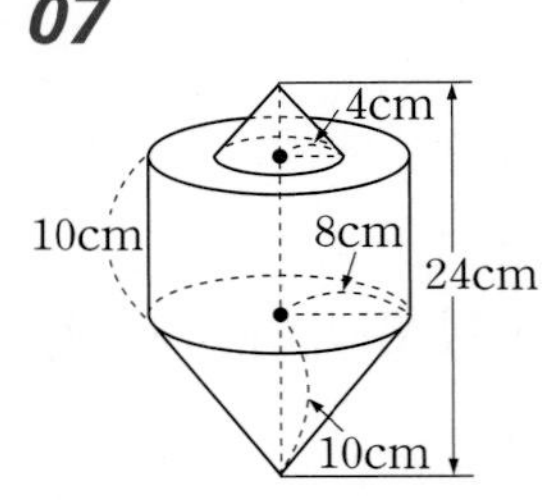


### 08

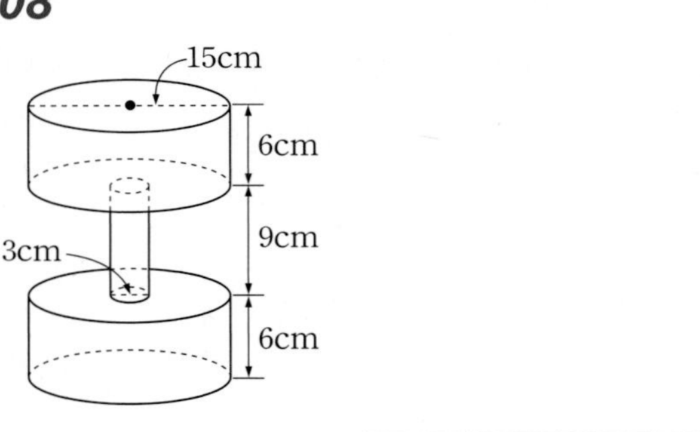


### 09

오른쪽 평면도형을 회전축을 중심으로 하여 1회전 시켰을 때, 얻은 회전체를 회전축을 포함하는 평면으로 자를 때 생기는 단면의 넓이를 구하시오.

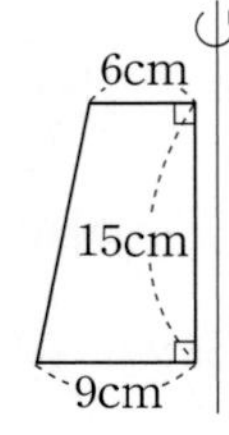

**10**
오른쪽 평면도형을 회전축을 중심으로 하여 1회전 시켜서 얻은 회전체를 회전축을 품은 평면으로 잘랐을 때 생기는 단면의 넓이를 구하시오.

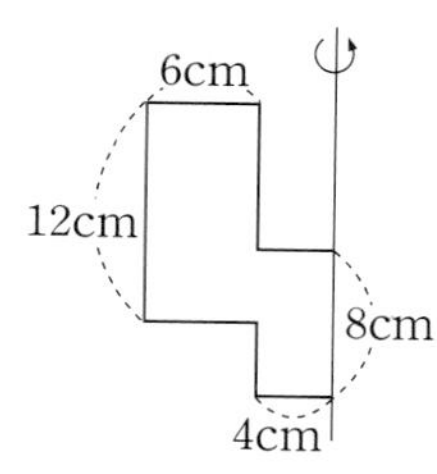


**11**
오른쪽 평면도형을 1회전 시켜서 얻은 회전체를 회전축을 품은 평면으로 자른 단면의 넓이가 435 cm²일 때, 선분 AB의 길이를 구하시오.

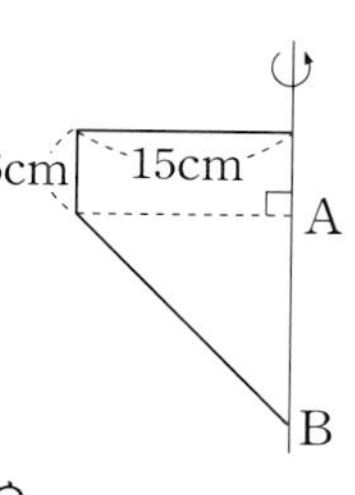


**12**
평면도형 Ⓐ와 Ⓑ를 1회전 시켜 만든 회전체를 회전축을 품은 평면으로 잘랐더니 그 단면의 넓이가 서로 같았습니다. 선분 CD의 길이를 구하시오.

Ⓐ
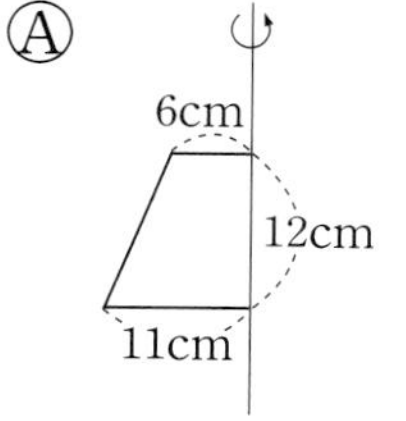


Ⓑ
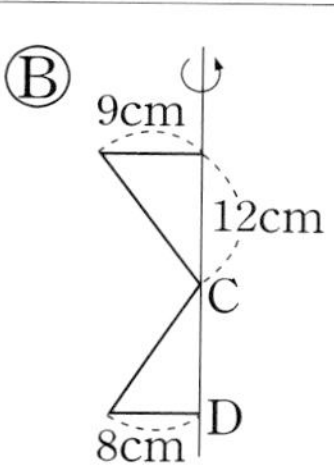


**13**
오른쪽 평면도형을 1회전 시켜서 얻은 회전체를 회전축을 품은 평면으로 잘랐더니 그 단면의 넓이가 330 cm²이었습니다. 선분 AB와 선분 BC의 길이의 비가 8 : 3일 때, 선분 AB, BC의 길이를 각각 구하시오.

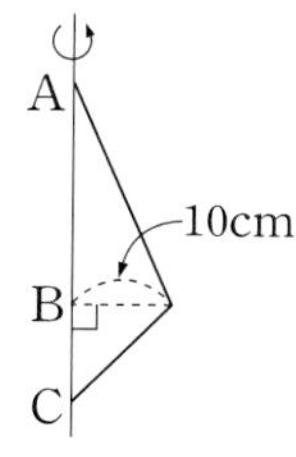


**14**
오른쪽 평면도형을 1회전 시켜서 얻은 회전체를 회전축을 품은 평면으로 잘랐더니 그 단면의 넓이가 288 cm²이었습니다. 선분 AB와 선분 BC의 길이가 같을 때, 선분 AC의 길이를 구하시오.

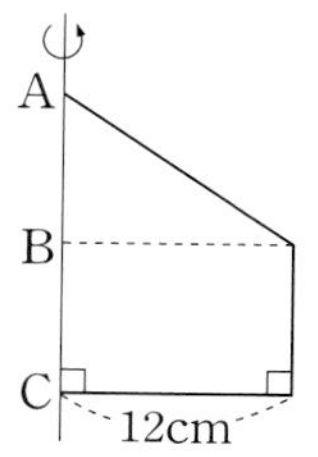


**15**
모눈 위의 점 A가 1초에 모눈 한 칸씩 다음과 같은 규칙으로 점 B까지 움직였습니다. 직선 AB를 축으로 하여 1회전 시켜서 얻은 회전체의 모양을 그리시오.

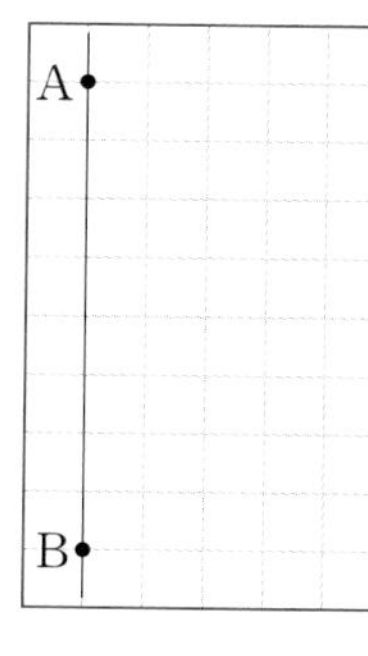


① 동쪽으로 4초
② 남쪽으로 2초
③ 서쪽으로 2초
④ 남쪽으로 4초
⑤ 동쪽으로 2초
⑥ 남쪽으로 2초
⑦ 서쪽으로 4초

➡

**16**
다음 원기둥을 붙여서 만든 회전체 모양의 물통이 있습니다. 이 물통에 1분마다 1 L씩 물을 넣을 때 각 원기둥을 채우는 시간과 물의 높이를 나타낸 것입니다. 이 물통의 모양을 그리시오.

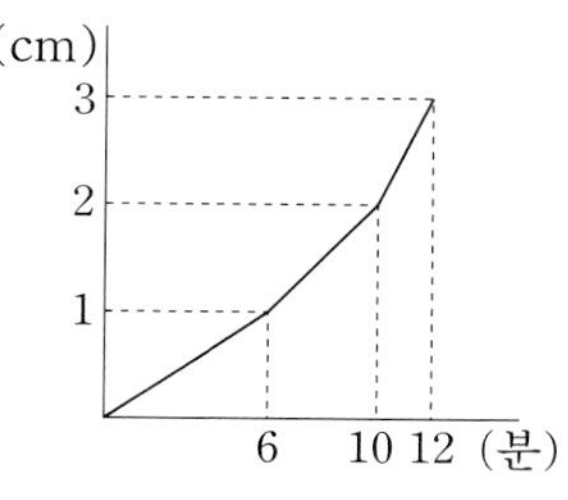


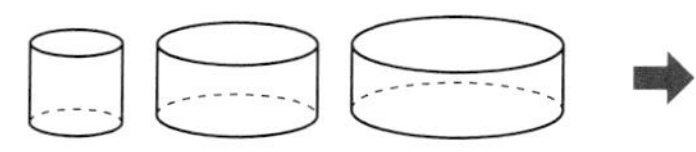

➡

**01**

한 모서리가 2 cm인 정육면체 모양의 쌓기나무 27개를 모아서 포장할 때, 포장지가 가장 적게 들어가도록 포장하였습니다. 쓰여진 포장지의 넓이는 몇 $cm^2$입니까? (단, 포장지가 겹쳐지는 부분은 생각하지 않습니다.)

**02**

가로가 30 cm, 세로가 20 cm, 높이가 15 cm인 직육면체에 정육면체를 넣었습니다.
이때, 가장 큰 정육면체의 겉넓이를 구하시오.

**03**

밑면이 정사각형이고 높이가 16 cm인 직육면체의 옆넓이가 768 $cm^2$라고 합니다. 이 직육면체의 밑면의 한 변의 길이는 몇 cm입니까?

**04**

가로 30 cm, 세로 36 cm인 직사각형 모양의 종이를 잘라 밑면의 가로가 8 cm, 세로가 10 cm이고 높이가 12 cm인 직육면체의 전개도를 만들었습니다. 전개도를 만들고 남은 종이의 넓이를 구하시오.

**05**

밑면의 가로가 8 cm, 세로가 6 cm인 직육면체가 있습니다. 이 직육면체의 겉넓이가 264 $cm^2$일 때, 높이를 구하시오.

**06**

한 밑면의 넓이가 54 $cm^2$이고, 밑면의 둘레의 길이가 30 cm, 높이가 10 cm인 직육면체의 겉넓이를 구하시오.

**07**

밑면의 둘레가 32 cm이고, 높이가 10 cm인 직육면체 중에서 밑넓이가 가장 큰 직육면체의 겉넓이는 몇 $cm^2$입니까?

**08**

겉넓이가 큰 것부터 차례로 쓰시오.

① 가로가 10 cm, 세로가 12 cm, 높이가 8 cm인 직육면체

② 한 모서리의 길이가 11 cm인 정육면체

③ 가로가 9 cm, 세로가 13 cm, 높이가 8 cm인 직육면체

**09**

길이가 168 cm인 철사로 정육면체 모양의 틀을 만들어 각 면을 모두 한지로 발랐습니다. 서로 연결하는 부분의 길이를 생각하지 않을 때, 필요한 한지의 넓이는 얼마입니까?

**10**

다음과 같은 종이 중에서 6장을 사용하여 직육면체 모양의 상자를 만들었습니다. 만들어진 직육면체의 겉넓이를 구하시오.

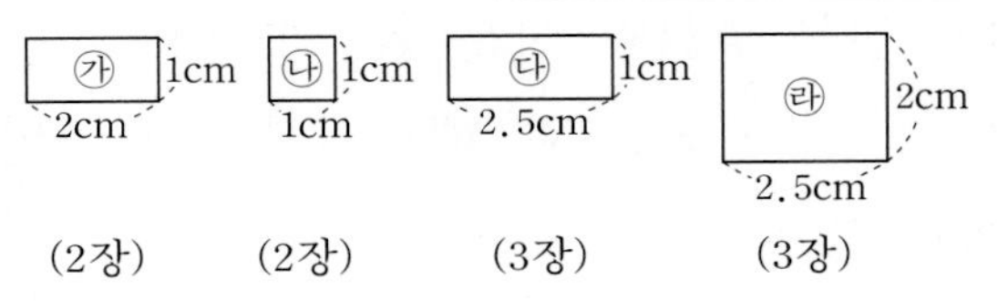

**11**
직육면체의 겉넓이가 220 cm²입니다. 색칠한 부분을 밑면이라 할 때, 이 직육면체의 높이는 몇 cm입니까?

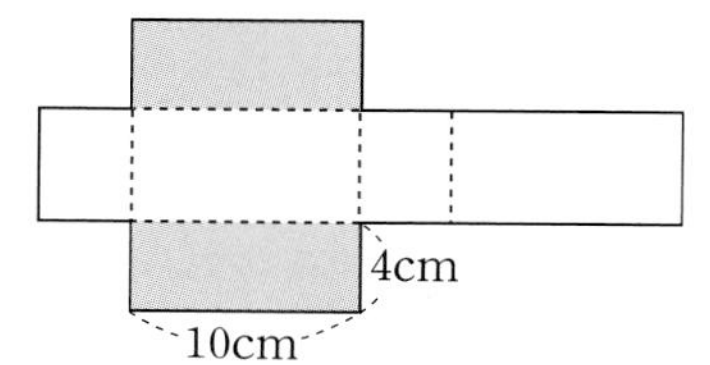


**12**
㉮의 부피는 ㉯의 부피의 몇 배입니까?

㉮ 가로가 8 cm, 세로가 6 cm, 높이가 5 cm인 직육면체
㉯ 가로가 6 cm, 세로가 4 cm, 높이가 2 cm인 직육면체

**13**
가로가 4 cm, 세로가 15 cm, 높이가 9 cm인 직육면체와 부피가 같고, 밑면의 가로, 세로의 길이가 각각 6 cm인 직육면체의 높이를 구하시오.

**14**
세로가 3 cm, 높이가 5 cm인 직육면체의 겉넓이가 142 cm²일 때, 부피를 구하시오.

**15**
가로가 8 cm, 높이가 6 cm인 직육면체의 겉넓이가 236 cm²일 때, 부피를 구하시오.

**16**
밑면의 가로가 20 cm, 세로가 10 cm이고, 옆넓이가 960 cm²인 직육면체의 부피는 몇 cm³입니까?

**17**
전개도를 접어 직육면체를 만들었을 때, 직육면체의 부피를 구하시오.

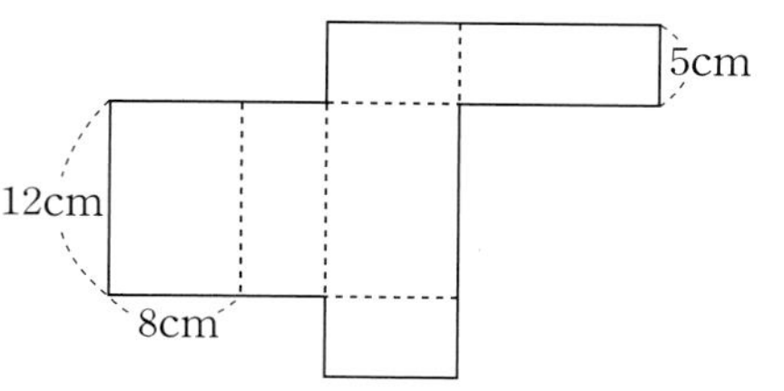


**18**
도형 ㉮, ㉯ 중 어느 것의 부피가 몇 cm³ 더 큽니까?

㉮ 밑넓이가 30 cm²이고 높이가 7 cm인 직육면체
㉯ 겉넓이가 216 cm²인 정육면체

**19**
도형 ㉮, ㉯의 부피가 같을 때, 도형 ㉮의 세로의 길이를 구하시오.

㉮ 가로가 16 cm, 높이가 9 cm인 직육면체
㉯ 옆면의 넓이의 합이 576 cm²인 정육면체

**20**
다음은 직육면체의 전개도입니다. 직육면체의 부피가 336 cm³일 때, ㉠의 길이를 구하시오.

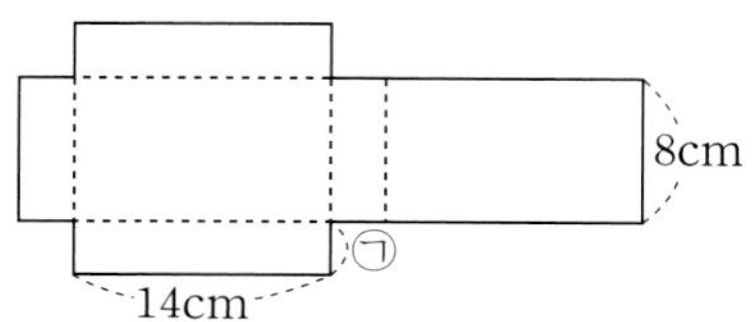


**21**
겉넓이가 294 cm²인 정육면체의 각 모서리를 2배씩 늘인 정육면체의 부피를 구하시오.

**01**

안치수로 가로가 8 cm, 세로가 10 cm, 높이가 15 cm인 직육면체 모양의 물통이 있습니다. 우유병에 물을 가득 담아 이 물통에 10번 부었더니 물통의 높이가 6 cm가 되었습니다. 우유병의 들이를 구하시오.

**02**

안치수로 다음과 같은 정육면체 모양의 물통이 있습니다.

㉮ 한 모서리의 길이가 10 cm
㉯ 한 모서리의 길이가 1 m

㉯에 물을 가득 채울려면 ㉮로 물을 몇 번 부어야 합니까?

**03**

안치수로 가로가 6 cm, 세로가 8 cm, 높이가 12 cm인 직육면체 모양의 물통이 있습니다. 이 물통에 물을 가득 채우려면 한 모서리의 길이가 5 cm인 정육면체 모양의 그릇으로 물을 몇 번 부어야 합니까?

**04**

밑넓이가 2000 $cm^2$인 물탱크가 있습니다. 1분에 20 L씩 나오는 수도를 10분 동안 틀어 놓았더니 물탱크가 가득 찼습니다. 물탱크의 높이는 몇 m입니까?

**05**

안치수로 가로가 20 cm, 세로가 12 cm, 높이가 30 cm인 그릇에 물이 $\frac{3}{5}$만큼 들어 있습니다. 여기에 물 1.2 L를 넣으면 물의 높이는 몇 cm가 됩니까?

**06**

밑면의 넓이가 36 $m^2$인 정육면체의 물통에 물을 가득 채우면 몇 L가 됩니까?

**07**

한 면의 둘레의 길이가 80 cm인 정육면체 모양의 물통에 물이 2.8 L 들어 있다면, 물의 높이는 몇 cm입니까?

**08**

한 개의 부피가 8 $cm^3$인 정육면체를 그림과 같이 쌓아 놓은 입체도형의 겉넓이를 구하시오.

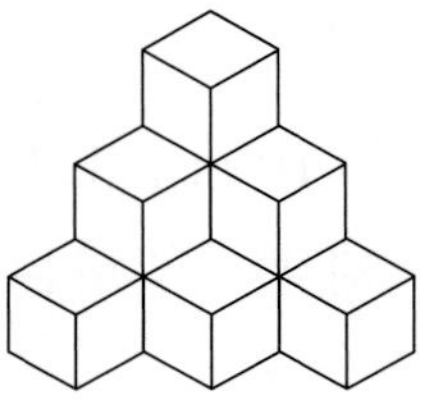

[답]

*09*

다음 입체도형의 겉넓이를 구하시오.

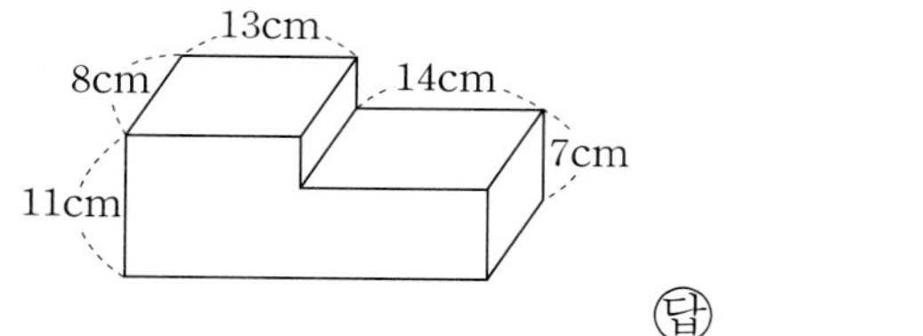


답 ____________

*10*

안치수로 가로가 2 m, 세로가 3 m, 높이가 4 m인 직육면체 모양의 상자에 한 모서리의 길이가 20 cm인 정육면체를 몇 개 넣을 수 있습니까?

____________

*11*

안치수로 가로가 2.5 m, 세로가 1.5 m, 높이가 2 m인 직육면체 모양의 상자가 있습니다. 이 상자에 한 모서리의 길이가 30 cm인 정육면체를 몇 개 넣을 수 있습니까?

____________

*12*

한 개의 부피가 1 $cm^3$인 쌓기나무를 다음과 같은 모양으로 쌓으려고 합니다. 몇 개가 필요합니까?

____________

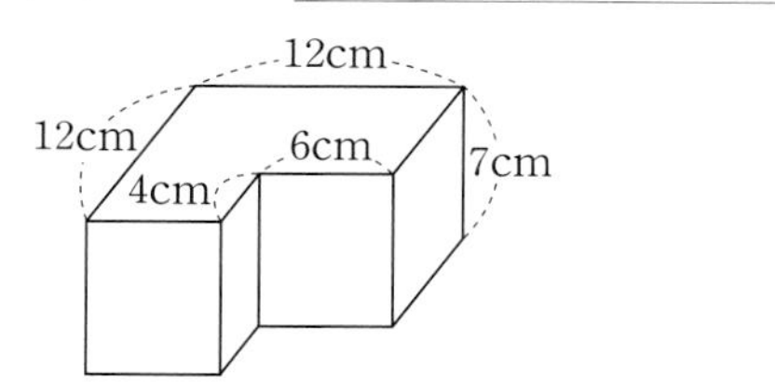


*13*

다음 입체도형의 부피를 구하시오.

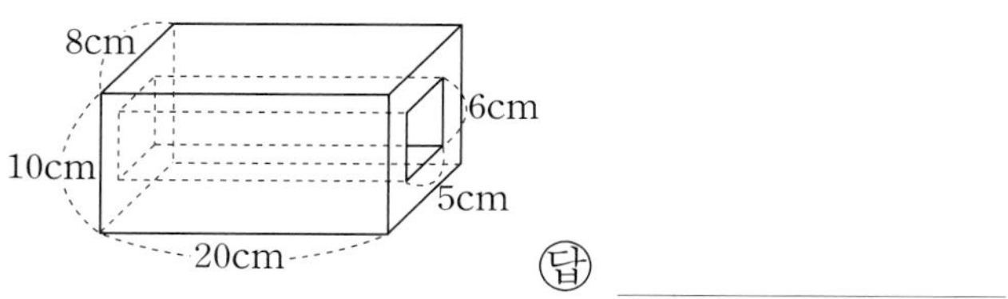


답 ____________

*14*

오른쪽 그림과 같은 물통에 물을 가득 채우려고 합니다. 필요한 물의 들이를 구하시오.

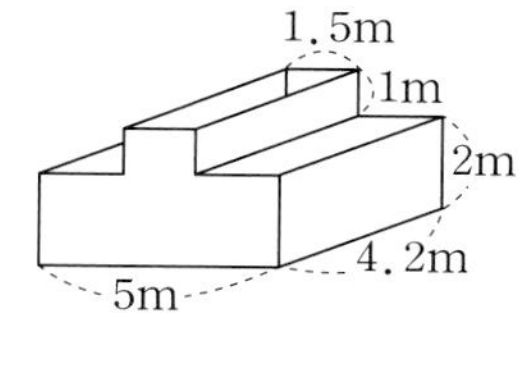


____________

【*15~17*】 직육면체로 만든 입체도형의 부피를 구하시오.

*15*

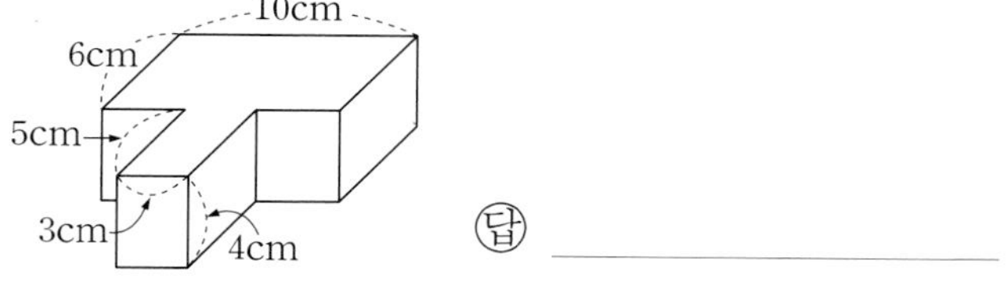


답 ____________

*16*

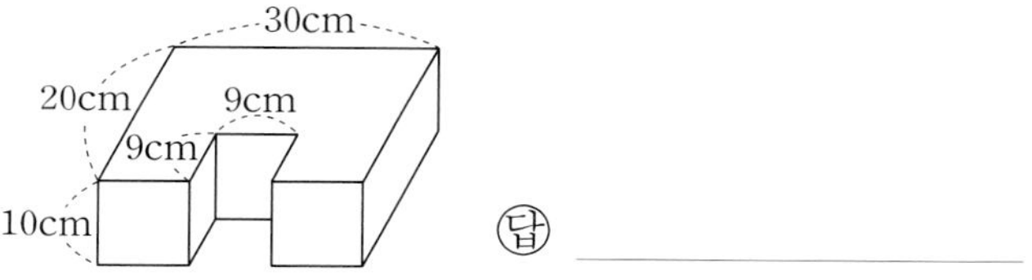


답 ____________

*17*

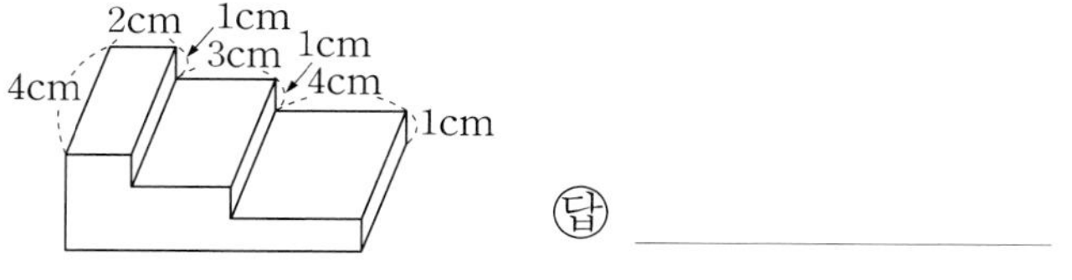


답 ____________

*18*

오른쪽 그림은 크기가 같은 정육면체 4개를 쌓아서 만든 것입니다. 전체의 겉넓이가 450 $cm^2$일 때, 전체의 부피는 몇 $cm^3$입니까?

____________

**01**

가로, 세로, 높이가 15 cm, 9 cm, 6 cm인 직육면체에 색을 칠한 다음 실선을 따라 잘라서 한 모서리의 길이가 3 cm인 정육면체를 만들었습니다. 색이 칠해지지 않은 면은 몇 개입니까?

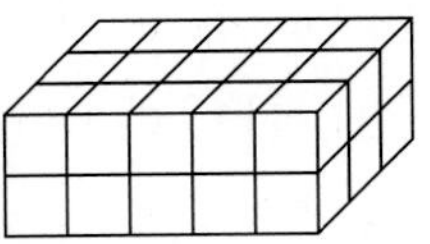

**02**

크기가 같은 정육면체 모양의 쌓기나무 27개를 쌓아서 큰 정육면체 하나를 만들었습니다. 이때, 작은 정육면체 27개의 겉넓이의 합은 큰 정육면체 한 개의 겉넓이 보다 432 $cm^2$ 큽니다. 작은 정육면체 한 개의 한 모서리의 길이를 구하시오.

**03**

한 변의 길이가 20 cm인 정육면체 각 면의 중앙에 한 변의 길이가 4 cm인 정사각형을 그린 다음 사각기둥 모양의 구멍을 맞은편 면까지 뚫었습니다. 이 도형의 겉면의 넓이를 구하시오.

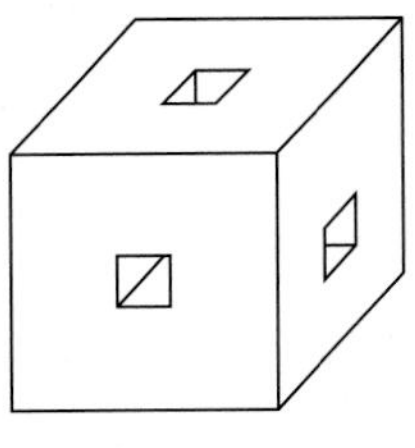

**04**

한 모서리의 길이가 2 m인 정육면체를 실선을 따라 잘라서 작은 직육면체 100개를 얻었습니다. 작은 직육면체 100개의 겉넓이의 합을 구하시오.

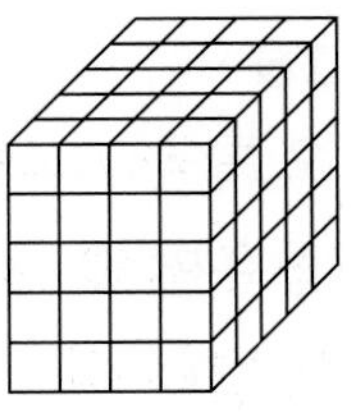

**05**

가로, 세로, 높이가 3 cm, 4 cm, 2 cm인 직육면체를 쌓아서 가장 작은 정육면체를 만들었습니다. 이 정육면체의 부피를 구하시오.

**06**

그림과 같이 칸을 막아 물을 넣었습니다. 칸막이를 열었을 때, 물의 높이는 몇 cm가 되겠습니까?
(단, 칸막이의 두께는 생각하지 않습니다.)

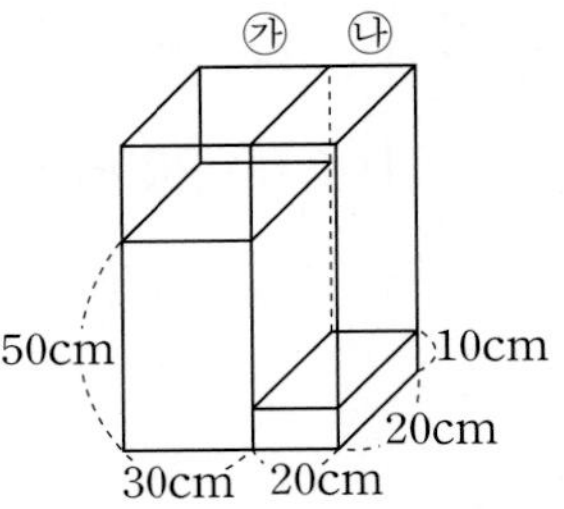


**07**

안치수로 가로, 세로, 높이가 20 cm, 30 cm, 35 cm인 직육면체 모양의 그릇이 있습니다. 이 그릇에 가로, 세로, 높이가 10 cm, 15 cm, 30 cm인 벽돌을 넣고 물 9 L를 부었습니다. 물의 높이를 구하시오.

**08**

물이 가득 들어 있는 물통에 밑면의 가로, 세로, 높이가 5 cm, 6 cm, 10 cm인 직육면체를 넣었더니 직육면체의 $\frac{4}{5}$가 물에 잠겼습니다. 이때, 흘러넘친 물의 양이 물통 들이의 $\frac{2}{3}$라면, 이 물통에 들어 있던 물의 양은 얼마입니까?

**09**
안치수로 가로, 세로, 높이가 40 cm, 35 cm, 50 cm인 물통에 물이 46 cm 높이만큼 들어 있습니다. 이 물통에 벽돌을 넣었더니 물이 1.2 L 넘쳤습니다. 벽돌의 부피를 구하시오.

**10**
안치수로 가로, 세로, 높이가 20 cm, 25 cm, 30 cm인 직육면체 모양의 그릇에 돌을 넣은 다음 물 2.5 L를 넣었더니 수면의 높이는 12 cm가 되었습니다. 돌의 부피를 구하시오.

**11**
안치수로 가로가 45 cm, 세로가 60 cm, 높이가 55 cm인 물통에 물이 가득 들어 있습니다. 이 물통에 돌 한 개를 넣었다 꺼내었더니 물의 높이가 4 cm 낮아졌습니다. 돌의 부피와 넘친 물의 양을 각각 구하시오.

**12**
옆면의 넓이가 900 $cm^2$인 정육면체 모양의 물통에 물이 $\frac{3}{5}$만큼 들어 있습니다. 이 물통에 벽돌 한 개를 넣었더니 수면의 높이가 13 cm가 되었습니다. 벽돌의 부피를 구하시오.

**13**
안치수로 가로, 세로, 높이가 12 cm, 15 cm, 15 cm인 직육면체 모양의 그릇에 들어 있는 물의 높이는 12 cm입니다. 이 그릇의 물이 처음으로 넘치게 하려면 가로, 세로, 높이가 5 cm, 4 cm, 3 cm인 플라스틱 조각 몇 개를 넣어야 합니까?

**14**
안치수로 가로, 세로, 높이가 50 cm, 0.2 m, 60 cm인 그릇에 들어 있는 물의 높이는 15 cm입니다. 이 그릇에 한 모서리의 길이가 20 cm인 정육면체 모양의 쇠덩이를 넣으면 물의 높이는 몇 cm가 되겠습니까?

**15**
그림은 크기가 같은 정육면체를 빈틈없이 쌓아 놓은 것입니다. 이 입체도형의 부피가 875 $cm^3$일 때, 이 도형의 겉넓이를 구하시오.

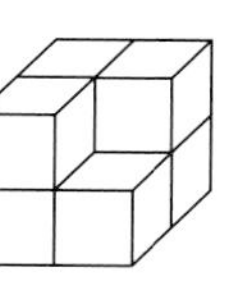

**16**
한 모서리의 길이가 2 cm인 정육면체를 그림과 같이 빈틈없이 쌓을 때, 이 입체도형의 겉넓이를 구하시오.

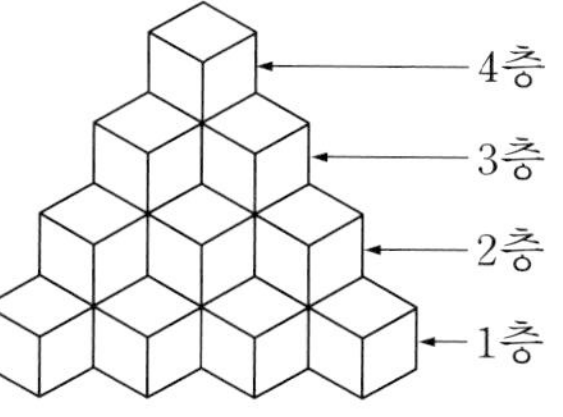


**17**
안치수로 가로, 세로, 높이가 4 m, 2 m, 6 m인 직육면체 모양의 상자에 한 모서리의 길이가 30 cm인 정육면체 몇 개를 넣을 수 있습니까?

문제은행 **2000제 꿀 꺽 수 학**

**2009년 1월 20일 6판 발행**
**2012년 1월 5일 개정판 발행**

- 편저자 / 2000제 편찬위원회
- 발행인 / 신성현, 오상욱
- 주 소 / 서울시 금천구 가산동 327-32
  대륭테크노타운 12차 1116호
- 전 화 / 02-6343-0992~3
- 팩 스 / 02-6343-0994
- 등 록 / 1997. 1. 24 (03-963)

모든 유형의 수학 문제를 이 책 안에 넣었습니다

# 2000제 꿀꺽 수학

문제은행

수학의 神

물방울이 바위를 뚫는 것은 물방울의 강도가 아니라
똑같은 동작의 반복 때문입니다.

수학 공부도 마찬가지입니다.

같은 문제, 비슷한 유형의 문제를 반복해서 풀다 보면
아무리 어려운 수학 문제라도 여러분의 것이 될 것입니다.

2000제 편찬위원회 편저

## 6-2 상권

## 정답 및 해설

수학은국력

# 1. 분수와 소수의 혼합계산

## p. 6

**01.** 6

**02.** 0.24

**03.** 24

**04.** 14

**05.** $\frac{5}{6}$

**06.** $\frac{10}{11}$

**07.** $6\frac{4}{7}$

**08.** $\frac{6}{11}$

**09.** 6

**10.** 6

**11.** 예 (분수)÷(분수)가 더 쉽습니다.

**12.** $1.8 \div 0.2 = 9$

**13.** $\frac{18}{10} \div \frac{1}{5} = \frac{18}{10} \times \frac{5}{1} = 9$

## p. 7

**14.** $2.4 \div 0.8 = 3$

**15.** $1.8 \div 0.75 = 2.4$

**16.** $4.2 \div 0.6 = 7$

**17.** $\frac{12}{10} \div \frac{3}{4} = \frac{12}{10} \times \frac{4}{3} = 1\frac{3}{5}$

**18.** $\frac{48}{10} \div \frac{4}{5} = \frac{48}{10} \times \frac{5}{4} = 6$

**19.** $\frac{36}{10} \div \frac{5}{8} = \frac{36}{10} \times \frac{8}{5} = \frac{144}{25} = 5\frac{19}{25}$

**20.** $1.6 \div 0.4 = 4$

**21.** $\frac{16}{10} \div \frac{2}{5} = \frac{16}{10} \times \frac{5}{2} = 4$

**22.** $2.5 \div 0.5 = 5$ ← 답

**23.** $1.8 \div 0.6 = 3$ ← 답

**24.** 0.8 또는 $\frac{4}{5}$ $[0.4 \div 0.5 = 0.8]$

**25.** $\frac{\overset{21}{\cancel{84}}}{\underset{20}{\cancel{100}}} \times \frac{\overset{1}{\cancel{5}}}{\underset{1}{\cancel{4}}} = \frac{21}{20}$

답 1.05 또는 $1\frac{1}{20}$

**26.** $\frac{\overset{15}{\cancel{45}}}{\underset{25}{\cancel{100}}} \times \frac{\overset{1}{\cancel{4}}}{\underset{1}{\cancel{3}}} = \frac{15}{25} = \frac{3}{5}$

답 $\frac{3}{5}$ 또는 0.6

**27.** $6\frac{1}{5}$ 또는 6.2 $[1.24 \div 0.2 = 6.2]$

## p. 8

**28.** $0.36 \div 1.5 = 0.24$ ← 답

**29.** $\frac{36}{100} \div \frac{3}{2} = \frac{\overset{12}{\cancel{36}}}{\underset{50}{\cancel{100}}} \times \frac{\overset{1}{\cancel{2}}}{\underset{1}{\cancel{3}}}$

$= \frac{12}{50} = \frac{6}{25}$ ← 답

**30.** 예 (소수)÷(소수)가 더 편리합니다.

**31.** $0.78 \div 3.25 = 0.24$

**32.** $\frac{78}{100} \div \frac{13}{4} = \frac{78}{100} \times \frac{4}{13} = \frac{6}{25}$

**33.** $4.95 \div 2.25 = 2.2$

**34.** $\frac{495}{100} \div \frac{9}{4} = \frac{495}{100} \times \frac{4}{9} = 2\frac{1}{5}$

**35.** $3.6 \div 1.2 = 3$ ← 답

**36.** $2.04 \div 1.5 = 1.36$ ← 답

**37.** $4\frac{4}{5} \div 1\frac{1}{5} = \frac{24}{5} \div \frac{6}{5} = \frac{\overset{4}{\cancel{24}}}{\underset{1}{\cancel{5}}} \times \frac{\overset{1}{\cancel{5}}}{\underset{1}{\cancel{6}}}$

$= 4$ ← 답

**38.** $5\frac{3}{5} \div 3\frac{1}{2} = \frac{28}{5} \div \frac{7}{2} = \frac{\overset{4}{\cancel{28}}}{5} \times \frac{2}{\underset{1}{\cancel{7}}}$

$= \frac{8}{5} = 1\frac{3}{5}$ ← 답

**39.** 0.44 또는 $\frac{11}{25}$ $\left[\frac{\overset{11}{\cancel{121}}}{\underset{25}{\cancel{100}}} \times \frac{\overset{1}{\cancel{4}}}{\underset{1}{\cancel{11}}} = \frac{11}{25}\right]$

**40.** $\frac{21}{2} \times \frac{2}{7} = 3$ ← 답

**41.** 1.2 또는 $\frac{6}{5}$ $\left[\frac{\overset{3}{\cancel{27}}}{\underset{5}{\cancel{10}}} \times \frac{\overset{2}{\cancel{4}}}{\underset{1}{\cancel{9}}} = \frac{6}{5}\right]$

**42.** $1\frac{19}{25}$ $\left[\frac{\overset{22}{\cancel{242}}}{\underset{25}{\cancel{100}}} \times \frac{\overset{2}{\cancel{8}}}{\underset{1}{\cancel{11}}} = \frac{44}{25}\right]$

**43.** 1.3 또는 $1\frac{3}{10}$ $[1.69 \div 1.3 = 1.3]$

**44.** 1.4 또는 $1\frac{2}{5}$ $[3.08 \div 2.2 = 1.4]$

## p. 9

**01.** $1.2 \div 0.4 = 3$

**02.** $0.9 \div 0.75 = 1.2$

**03.** $2.4 \div 0.6 = 4$

**04.** $3.6 \div 0.8 = 4.5$

**05.** $\frac{12}{10} \div \frac{2}{5} = \frac{12}{10} \times \frac{5}{2} = 3$

**06.** $\frac{75}{100} \div \frac{1}{4} = \frac{75}{100} \times \frac{4}{1} = 3$

**07.** $\frac{45}{10} \div \frac{3}{5} = \frac{\overset{15}{\cancel{45}}}{\underset{2}{\cancel{10}}} \times \frac{\overset{1}{\cancel{5}}}{\underset{1}{\cancel{3}}} = \frac{15}{2}$

$= 7\frac{1}{2}$ ← 답

**08.** $\frac{35}{10} \div \frac{7}{10} = \frac{35}{10} \times \frac{10}{7} = 5$ ← 답

**09.** $\frac{9}{10} \times \frac{2}{1} = \frac{9}{5} = 1\frac{4}{5}$

답 $1\frac{4}{5}$ 또는 1.8

**10.** $\frac{6}{10} \times \frac{10}{3} = \frac{60}{30} = 2$ ← 답

**11.** $\frac{24}{100} \times \frac{5}{4} = \frac{\overset{3}{\cancel{120}}}{\underset{10}{\cancel{400}}} = \frac{3}{10}$

답 $\frac{3}{10}$ 또는 0.3

**12.** $\frac{48}{10} \times \frac{2}{1} = \frac{96}{10} = \frac{48}{5}$

답 $9\frac{3}{5}$ 또는 9.6

**13.** $\frac{\overset{11}{\cancel{33}}}{\underset{5}{\cancel{10}}} \times \frac{\overset{2}{\cancel{4}}}{\underset{1}{\cancel{3}}} = \frac{22}{5} = 4\frac{2}{5}$

답 $4\frac{2}{5}$ 또는 4.4

## p. 10

**14.** $3.96 \div 2.25 = 1.76$

**15.** $5.85 \div 3.25 = 1.8$ ← 답

**16.** $20.8 \div 2.6 = 8$ ← 답

**17.** $1.44 \div 2.4 = 0.6$ ← 답

**18.** $\frac{396}{100} \div \frac{9}{4} = \frac{396}{100} \times \frac{4}{9} = 1\frac{19}{25}$

***19.*** $\frac{169}{100}\div\frac{13}{10}=\frac{169}{100}\times\frac{10}{13}$

$=\frac{13}{10}=1\frac{3}{10}$ ← 답

***20.*** $\frac{375}{100}\div\frac{9}{4}=\frac{\overset{125}{\cancel{375}}}{\underset{25}{\cancel{100}}}\times\frac{\overset{1}{\cancel{4}}}{\underset{3}{\cancel{9}}}=\frac{\overset{5}{\cancel{125}}}{\underset{3}{\cancel{75}}}$

$=\frac{5}{3}=1\frac{2}{3}$ ← 답

***21.*** $\frac{405}{100}\div\frac{27}{20}=\frac{\overset{15}{\cancel{405}}}{\underset{5}{\cancel{100}}}\times\frac{\overset{1}{\cancel{20}}}{\underset{1}{\cancel{27}}}=3$ ← 답

***22.*** 3.2÷1.6=2 ← 답

***23.*** 0.6 또는 $\frac{3}{5}$ [1.5÷2.5=0.6]

***24.*** 1.4 또는 $1\frac{2}{5}$ [3.5÷2.5=1.4]

***25.*** 1.4 또는 $1\frac{2}{5}$ [4.9÷3.5=1.4]

***26.*** 1.1 또는 $1\frac{1}{10}$ [1.21÷1.1=1.1]

## p. 11

***27.*** 0.4 또는 $\frac{2}{5}$ [1.04÷2.6=0.4]

***28.*** $\frac{\overset{13}{\cancel{143}}}{\underset{25}{\cancel{100}}}\times\frac{\overset{2}{\cancel{8}}}{\underset{1}{\cancel{11}}}=1\frac{1}{25}$

답 $1\frac{1}{25}$ 또는 1.04

***29.*** 2.6 또는 $2\frac{3}{5}$ [3.64÷1.4=2.6]

***30.*** $\frac{\overset{5}{\cancel{125}}}{\underset{50}{\cancel{100}}}\times\frac{\overset{3}{\cancel{6}}}{\underset{1}{\cancel{25}}}=\frac{15}{50}=\frac{3}{10}$

답 $\frac{3}{10}$ 또는 0.3

***31.*** 3 m $\left[2.4\div\frac{4}{5}=2.4\div0.8=3\right]$

***32.*** 6사람 $\left[1.5\div\frac{1}{4}=1.5\times4=6\right]$

***33.*** 8도막 $\left[6.4\div\frac{4}{5}=6.4\div0.8=8\right]$

***34.*** 1.72÷0.8=2.15

답 2.15배 또는 $2\frac{3}{20}$배

***35.*** 1.19÷1.4=0.85

답 0.85배 또는 $\frac{17}{20}$배

***36.*** 3.64÷1.4=2.6

답 2.6 m 또는 $2\frac{3}{5}$ m

***37.*** 4.2÷3.5=1.2

답 1.2배 또는 $1\frac{1}{5}$배

## p. 12

***01.*** $6\frac{1}{4}$

***02.*** 6.25

***03.*** 6, 6, $2\frac{1}{2}$

***04.*** 1.5, 2.5

***05.*** $\frac{12}{5}\div\frac{2}{10}=\frac{12}{5}\times\frac{10}{2}=12$

***06.*** $\frac{15}{8}\div\frac{3}{10}=\frac{15}{8}\times\frac{10}{3}=\frac{25}{4}=6\frac{1}{4}$

***07.*** $\frac{25}{7}\div\frac{2}{5}=\frac{25}{7}\times\frac{5}{2}=\frac{125}{14}$

$=8\frac{13}{14}$ ← 답

***08.*** $\frac{21}{5}\div\frac{3}{10}=\frac{\overset{7}{\cancel{21}}}{\underset{1}{\cancel{5}}}\times\frac{\overset{2}{\cancel{10}}}{\underset{1}{\cancel{3}}}=14$ ← 답

***09.*** $\frac{21}{8}\div\frac{35}{100}=\frac{\overset{3}{\cancel{21}}}{\underset{2}{\cancel{8}}}\times\frac{\overset{25}{\cancel{100}}}{\underset{5}{\cancel{35}}}=\frac{75}{10}=\frac{15}{2}$

$=7\frac{1}{2}$ ← 답

***10.*** 3.6÷0.4=9

## p. 13

***11.*** 4.4÷2.5=1.76 ← 답

***12.*** 3.6÷0.24=15 ← 답

***13.*** 6.75÷0.75=9 ← 답

***14.*** $\frac{4}{5}$ 또는 0.8

***15.*** 2

***16.*** $3\frac{1}{2}$ 또는 3.5

***17.*** $15\frac{5}{9}$

***18.*** 12개 [3.6÷0.3=12]

***19.*** 6명 [4.8÷0.8=6]

***20.*** 22개 [8.8÷0.4=22]

***21.*** $7\frac{1}{2}\div0.4=7.5\div0.4=18.75$

답 18개

***22.*** $2\frac{4}{5}\div0.8=2.8\div0.8=3.5$

답 3.5배 또는 $3\frac{1}{2}$배

## p. 14

***23.*** $\frac{80}{35}=2\frac{2}{7}$

***24.*** 1.6, 2.3

***25.*** 소수를 분수로 고쳐서 계산하는 방법이 더 정확합니다.

***26.*** 소수, 분수

***27.*** ① $\frac{2}{5}\div0.6=\frac{2}{5}\div\frac{3}{5}=\frac{2}{5}\times\frac{5}{3}=\frac{2}{3}$

② $\frac{2}{5}\div0.6=0.4\div0.6=0.666\cdots$

→ 0.7 답 $\frac{2}{3}$ 또는 0.7

***28.*** ① $\frac{3}{10}\div0.9=\frac{3}{10}\div\frac{9}{10}=\frac{3}{10}\times\frac{10}{9}$

$=\frac{1}{3}$

② $\frac{3}{10}\div0.9=0.3\div0.9=3\div9$

$=0.333\cdots$ → 0.3

답 $\frac{1}{3}$ 또는 0.3

***29.*** ① $1\frac{3}{4}\div0.6=\frac{7}{4}\div\frac{3}{5}=\frac{7}{4}\times\frac{5}{3}$

$=\frac{35}{12}=2\frac{11}{12}$

② $1\frac{3}{4}\div0.6=1.75\div0.6$

$=2.91666\cdots$ → 2.9

답 $2\frac{11}{12}$ 또는 2.9

***30.*** ① $1\frac{2}{5}\div0.3=\frac{7}{5}\div\frac{3}{10}=\frac{7}{\underset{1}{\cancel{5}}}\times\frac{\overset{2}{\cancel{10}}}{3}$

$=\frac{14}{3}=4\frac{2}{3}$

② $1\frac{2}{5}\div0.3=1.4\div0.3=4.666\cdots$

→ 4.7 답 $4\frac{2}{3}$ 또는 4.7

***31.*** 25 [1.5÷0.06=25]

***32.*** ① $2\frac{1}{4}\div0.07=\frac{9}{4}\div\frac{7}{100}$

$=\frac{9}{\underset{1}{\cancel{4}}}\times\frac{\overset{25}{\cancel{100}}}{7}=\frac{225}{7}=32\frac{1}{7}$

② $2\frac{1}{4}\div0.07=2.25\div0.07$

$=32.142\cdots$ → 32.1

답 $32\frac{1}{7}$ 또는 32.1

***33.*** ① $3\frac{1}{2}\div1.25=\frac{7}{2}\div\frac{125}{100}$

$=\frac{7}{2}\times\frac{100}{125}=\frac{7\times 50}{125}=\frac{14}{5}$

$=2\frac{4}{5}$

② $3\frac{1}{2}\div 1.25=3.5\div 1.25=2.8$

[답] $2\frac{4}{5}$ 또는 2.8

**34.** ① $3\frac{3}{4}\div 2.25=\frac{15}{4}\div\frac{225}{100}$

$=\frac{15}{4}\times\frac{100}{225}=\frac{25}{15}=\frac{5}{3}=1\frac{2}{3}$

② $3\frac{3}{4}\div 2.25=3.75\div 2.25$

$=1.66\cdots \rightarrow 1.7$

[답] $1\frac{2}{3}$ 또는 1.7

## p. 15

**01.** $\frac{12}{5}\div\frac{2}{10}=\frac{12}{5}\times\frac{10}{2}=12$

**02.** $\frac{32}{25}\div\frac{4}{10}=\frac{32}{25}\times\frac{10}{4}=\frac{16}{5}=3\frac{1}{5}$

**03.** $\frac{11}{8}\div\frac{25}{100}=\frac{11}{8}\times\frac{100}{25}=\frac{11}{8}\times 4$

$=\frac{11}{2}=5\frac{1}{2}$ ←[답]

**04.** $\frac{15}{2}\div\frac{125}{100}=\frac{15}{2}\times\frac{100}{125}=\frac{15}{2}\times\frac{4}{5}$

$=6$ ←[답]

**05.** $2.4\div 0.2=12$

**06.** $3.6\div 0.6=6$ ←[답]

**07.** $2.2\div 0.25=8.8$ ←[답]

**08.** $3.1\div 1.55=2$ ←[답]

**09.** $4\frac{1}{2}\div\frac{6}{10}=\frac{9}{2}\times\frac{10}{6}=\frac{90}{12}=7\frac{1}{2}$

**10.** $4.5\div 0.6=7.5$

**11.** $1\frac{1}{2}\div\frac{25}{100}=\frac{3}{2}\times\frac{100}{25}=6$

**12.** $1.8\div 4.5=0.4$

**13.** $1\frac{3}{8}\div\frac{22}{10}=\frac{11}{8}\times\frac{10}{22}=\frac{5}{8}$

**14.** $3.2\div 2.5=1.28$

## p. 16

**15.** 1.36 또는 $1\frac{9}{25}$ $[3.4\div 2.5=1.36]$

**16.** $4.2\div 2.1=2$ ←[답]

**17.** 0.4 또는 $\frac{2}{5}$ $[1.8\div 4.5=0.4]$

**18.** $\frac{15}{4}\div\frac{25}{10}=\frac{15}{4}\times\frac{2}{5}=1\frac{1}{2}$

[답] $1\frac{1}{2}$ 또는 1.5

**19.** $1.5\div 0.25=6$ ←[답]

**20.** $\frac{21}{4}\div\frac{75}{100}=\frac{21}{4}\times\frac{4}{3}=7$ ←[답]

**21.** $\frac{3}{8}\div\frac{12}{100}=\frac{3}{8}\times\frac{25}{3}=3\frac{1}{8}$

[답] $3\frac{1}{8}$ 또는 3.125

**22.** $\frac{7}{8}\div\frac{84}{100}=\frac{7}{8}\times\frac{25}{21}=1\frac{1}{24}$ ←[답]

**23.** $\frac{19}{10}\div\frac{6}{10}=\frac{19}{10}\times\frac{10}{6}=3\frac{1}{6}$

**24.** $1.9\div 0.6=3.16\cdots$ [답] 1.9, 3.2

**25.** 소수를 분수로 고쳐서 계산하는 방법이 더 좋습니다.

**26.** $0.8\div 0.7=1.14\cdots$ [답] 1.1

**27.** $1.6\div 0.32=5$ ←[답]

## p. 17

**28.** ① $\frac{9}{4}\div\frac{3}{10}=\frac{9}{4}\times\frac{10}{3}=\frac{15}{2}=7\frac{1}{2}$

② $2.25\div 0.3=7.5$

[답] $7\frac{1}{2}$, 7.5

**29.** ① $\frac{11}{4}\div\frac{3}{5}=\frac{11}{4}\times\frac{5}{3}=\frac{55}{12}=4\frac{7}{12}$

② $2.75\div 0.6=4.58\cdots \rightarrow 4.6$

[답] $4\frac{7}{12}$, 4.6

**30.** ① $\frac{13}{8}\div\frac{9}{10}=\frac{13}{8}\times\frac{10}{9}$

$=\frac{65}{36}=1\frac{29}{36}$

② $1.625\div 0.9=1.80\cdots \rightarrow 1.8$

[답] $1\frac{29}{36}$, 1.8

**31.** ① $\frac{23}{10}\div\frac{7}{10}=\frac{23}{10}\times\frac{10}{7}$

$=\frac{23}{7}=3\frac{2}{7}$

② $2.3\div 0.7=3.28\cdots \rightarrow 3.3$

[답] $3\frac{2}{7}$, 3.3

**32.** ① $\frac{2}{5}\div\frac{6}{5}=\frac{2}{5}\times\frac{5}{6}=\frac{1}{3}$

② $0.4\div 1.2=0.33\cdots \rightarrow 0.3$

[답] $\frac{1}{3}$, 0.3

**33.** ① $\frac{5}{8}\div\frac{3}{2}=\frac{5}{8}\times\frac{2}{3}=\frac{5}{12}$

② $0.625\div 1.5=0.41\cdots \rightarrow 0.4$

[답] $\frac{5}{12}$, 0.4

**34.** ① $\frac{7}{5}\div\frac{24}{100}=\frac{7}{5}\times\frac{25}{6}$

$=\frac{35}{6}=5\frac{5}{6}$

② $1.4\div 0.24=5.83\cdots \rightarrow 5.8$

[답] $5\frac{5}{6}$, 5.8

**35.** ① $\frac{7}{2}\div\frac{12}{100}=\frac{7}{2}\times\frac{25}{3}$

$=\frac{175}{6}=29\frac{1}{6}$

② $3.5\div 0.12=29.16\cdots \rightarrow 29.2$

[답] $29\frac{1}{6}$, 29.2

**36.** $3\frac{1}{2}\div 1.25=3.5\div 1.25=2.8$

[답] 2.8배 또는 $2\frac{4}{5}$배

**37.** $3\frac{2}{5}\div 1.36=3.4\div 1.36=2.5$

[답] 2.5배 또는 $2\frac{1}{2}$배

**38.** 16개 $\left[4\frac{4}{5}\div 0.3=4.8\div 0.3=16\right]$

**39.** $10\frac{1}{5}\div 0.6=10.2\div 0.6=17$

[답] 17개

**40.** $12\frac{3}{5}\div 2.8=12.6\div 2.8=4.5$

[답] 4시간 30분

## p. 18

**01.** $\frac{16}{10}\div\frac{4}{5}=\frac{16}{10}\times\frac{5}{4}=2$

**02.** $\frac{12}{10}\div\frac{5}{4}=\frac{12}{10}\times\frac{4}{5}=\frac{24}{25}$

**03.** $\frac{56}{10} \div \frac{4}{5} = \frac{\overset{14}{\cancel{56}}}{\underset{2}{\cancel{10}}} \times \frac{\overset{1}{\cancel{5}}}{\underset{1}{\cancel{4}}} = \frac{14}{2} = 7$ ← 답

**04.** $\frac{105}{10} \div \frac{7}{2} = \frac{\overset{21}{\cancel{105}}}{\underset{2}{\cancel{10}}} \times \frac{2}{7} = \frac{\overset{3}{\cancel{21}}}{\underset{1}{\cancel{2}}} \times \frac{\overset{1}{\cancel{2}}}{\underset{1}{\cancel{7}}}$

$= 3$ ← 답

**05.** $\frac{3}{4} \div \frac{15}{100} = \frac{3}{4} \times \frac{100}{15} = 5$

**06.** $\frac{8}{5} \div \frac{75}{100} = \frac{8}{5} \times \frac{100}{75} = \frac{32}{15} = 2\frac{2}{15}$

**07.** $\frac{5}{8} \div \frac{5}{10} = \frac{5}{8} \times \frac{\overset{2}{\cancel{10}}}{\underset{1}{\cancel{5}}} = \frac{5}{\underset{4}{\cancel{8}}} \times \overset{1}{\cancel{2}}$

$= \frac{5}{4} = 1\frac{1}{4}$ ← 답

**08.** $\frac{28}{5} \div \frac{24}{10} = \frac{\overset{7}{\cancel{28}}}{\underset{1}{\cancel{5}}} \times \frac{\overset{2}{\cancel{10}}}{\underset{6}{\cancel{24}}} = \frac{14}{6} = \frac{7}{3}$

$= 2\frac{1}{3}$ ← 답

**09.** $1.5 \div 0.75 = 2$

**10.** $3.6 \div 2.4 = 1.5$

**11.** $1.8 \div 0.375 = 4.8$ ← 답

**12.** $6.75 \div 2.25 = 3$ ← 답

## p. 19

**13.** $0.7 \div 0.2 = 3.5$

**14.** $4.8 \div 3.2 = 1.5$

**15.** $0.375 \div 0.15 = 2.5$ ← 답

**16.** $5.4 \div 3.6 = 1.5$ ← 답

**17.** $6.5 \div 0.64 = 10.15 \cdots$ ➞ $10.2$ ← 답

**18.** $7.6 \div 3.6 = 2.11 \cdots$ ➞ $2.1$ ← 답

**19.** $0.875 \div 1.3 = 0.67 \cdots$ ➞ $0.7$ ← 답

**20.** $5.15 \div 2.4 = 2.14 \cdots$ ➞ $2.1$ ← 답

**21.** $2.25 \div 0.3 = 7.5$ ← 답

**22.** $0.4 \div 1.2 = 0.33 \cdots$ ➞ $0.3$ ← 답

**23.** $1.4 \div 0.24 = 5.83 \cdots$ ➞ $5.8$ ← 답

**24.** $1.625 \div 0.9 = 1.80 \cdots$ ➞ $1.8$ ← 답

**25.** $\frac{4}{10} \times \frac{5}{7}$

## p. 20

**26.** $\frac{9}{10} \div \frac{5}{6} = \frac{9}{\underset{5}{\cancel{10}}} \times \frac{\overset{3}{\cancel{6}}}{5} = \frac{27}{25} = 1\frac{2}{25}$

답 $1\frac{2}{25}$ 또는 1.08

**27.** $\frac{33}{10} \div \frac{3}{4} = \frac{\overset{11}{\cancel{33}}}{\underset{5}{\cancel{10}}} \times \frac{\overset{2}{\cancel{4}}}{\underset{1}{\cancel{3}}} = \frac{22}{5} = 4\frac{2}{5}$

답 $4\frac{2}{5}$ 또는 4.4

**28.** $\frac{72}{10} \div \frac{12}{5} = \frac{\overset{6}{\cancel{72}}}{\underset{2}{\cancel{10}}} \times \frac{\overset{1}{\cancel{5}}}{\underset{1}{\cancel{12}}} = \frac{6}{2} = 3$ ← 답

**29.** $\frac{143}{100} \div \frac{11}{4} = \frac{\overset{13}{\cancel{143}}}{\underset{25}{\cancel{100}}} \times \frac{\overset{1}{\cancel{4}}}{\underset{1}{\cancel{11}}} = \frac{13}{25}$

답 $\frac{13}{25}$ 또는 0.52

**30.** $\frac{5}{7} \div \frac{2}{5} = \frac{5}{7} \times \frac{5}{2} = \frac{25}{14}$

$= 1\frac{11}{14}$ ← 답

**31.** $\frac{14}{5} \div \frac{4}{5} = \frac{\overset{7}{\cancel{14}}}{\underset{1}{\cancel{5}}} \times \frac{\overset{1}{\cancel{5}}}{\underset{2}{\cancel{4}}} = \frac{7}{2} = 3\frac{1}{2}$

답 $3\frac{1}{2}$ 또는 3.5

**32.** $3.2 \div 1.6 = 2$ ← 답

**33.** $1\frac{11}{14}$ $\left[\frac{25}{8} \div \frac{\overset{7}{\cancel{175}}}{\underset{4}{\cancel{100}}} = \frac{25}{\underset{2}{\cancel{8}}} \times \frac{\overset{1}{\cancel{4}}}{7} = \frac{25}{14}\right]$

**34.** $\frac{63}{25} \div \frac{\overset{61}{\cancel{122}}}{\underset{50}{\cancel{100}}} = \frac{63}{\underset{1}{\cancel{25}}} \times \frac{\overset{2}{\cancel{50}}}{61} = \frac{126}{61}$

답 $2\frac{4}{61}$

**35.** $\frac{3}{2} \div \frac{3}{4} = \frac{3}{2} \times \frac{4}{3} = 2$ ← 답

**36.** $\frac{12}{5} \div \frac{8}{3} = \frac{\overset{3}{\cancel{12}}}{5} \times \frac{3}{\underset{2}{\cancel{8}}} = \frac{9}{10}$

답 $\frac{9}{10}$ 또는 0.9

**37.** $\frac{3}{2} \div \frac{12}{5} = \frac{\overset{1}{\cancel{3}}}{2} \times \frac{5}{\underset{4}{\cancel{12}}} = \frac{5}{8}$

답 $\frac{5}{8}$ 또는 0.625

**38.** $\frac{3}{4} \div \frac{8}{3} = \frac{3}{4} \times \frac{3}{8} = \frac{9}{32}$ ← 답

**39.** $\frac{1}{4} \div \frac{4}{5} = \frac{1}{4} \times \frac{5}{4} = \frac{5}{16}$

$\frac{15}{100} \div \frac{2}{5} = \frac{15}{\underset{20}{\cancel{100}}} \times \frac{\overset{1}{\cancel{5}}}{2} = \frac{15}{40}$

$= \frac{3}{8} = \frac{6}{16}$ 답 <

**40.** $\frac{52}{10} \div \frac{9}{4} = \frac{\overset{26}{\cancel{52}}}{\underset{5}{\cancel{10}}} \times \frac{4}{9} = \frac{104}{45} = 2\frac{14}{45}$

$\frac{3}{2} \div \frac{1}{4} = \frac{3}{2} \times 4 = 6$ 답 <

**41.** $25.98 \div 4.5 = 5.7 \cdots$

$2.8 \div 0.3 = 9.3 \cdots$ 답 <

## p. 21

**01.** 5일 $[3.75 \div 0.75 = 5]$

**02.** 3개 $[4.05 \div 1.35 = 3]$

**03.** 14명 $[2.8 \div 0.2 = 14]$

**04.** $\frac{144}{10} \div \frac{8}{3} = \frac{\overset{18}{\cancel{144}}}{10} \times \frac{3}{\underset{1}{\cancel{8}}} = \frac{54}{10} = 5\frac{2}{5}$

답 $5\frac{2}{5}$분 또는 5.4분

**05.** $33\frac{1}{4} \div \frac{19}{8} = \frac{\overset{7}{\cancel{133}}}{\underset{1}{\cancel{4}}} \times \frac{\overset{2}{\cancel{8}}}{\underset{1}{\cancel{19}}} = 14$

답 14개

**06.** $14\frac{2}{5} \div \frac{9}{5} = \frac{\overset{8}{\cancel{72}}}{\underset{1}{\cancel{5}}} \times \frac{\overset{1}{\cancel{5}}}{\underset{1}{\cancel{9}}} = 8$

답 8사람

**07.** $26\frac{3}{5} \div \frac{14}{3} = \frac{\overset{19}{\cancel{133}}}{5} \times \frac{3}{\underset{2}{\cancel{14}}}$

$= \frac{57}{10} = 5\frac{7}{10}$

답 $5\frac{7}{10}$배 또는 5.7배

**08.** $4\frac{2}{5} \div \frac{6}{5} = \frac{\overset{11}{\cancel{22}}}{\underset{1}{\cancel{5}}} \times \frac{\overset{1}{\cancel{5}}}{\underset{3}{\cancel{6}}} = \frac{11}{3} = 3\frac{2}{3}$

답 $3\frac{2}{3}$배

## p. 22

**09.** $3\frac{3}{4} \div \frac{3}{8} = \frac{\overset{5}{\cancel{15}}}{\underset{1}{\cancel{4}}} \times \frac{\overset{2}{\cancel{8}}}{\underset{1}{\cancel{3}}} = 10$

답 10개

**10.** $\frac{12}{5} \div \frac{3}{10} = \frac{\overset{4}{\cancel{12}}}{\underset{1}{\cancel{5}}} \times \frac{\overset{2}{\cancel{10}}}{\underset{1}{\cancel{3}}} = 8$

답 8개

**11.** $\frac{918}{100} \div \frac{17}{6} = \frac{\overset{54}{\cancel{918}}}{\underset{50}{\cancel{100}}} \times \frac{\overset{3}{\cancel{6}}}{\underset{1}{\cancel{17}}} = \frac{\overset{27}{\cancel{54}}}{\underset{25}{\cancel{50}}} \times 3$

$= \frac{81}{25} = 3\frac{6}{25}$

답 $3\frac{6}{25}$ **kg** 또는 3.24 **kg**

**12.** $\frac{45}{10} \div \frac{5}{3} = \frac{\overset{9}{\cancel{45}}}{10} \times \frac{3}{\underset{1}{\cancel{5}}} = \frac{27}{10} = 2\frac{7}{10}$

답 $2\frac{7}{10}$시간

**13.** $\frac{11}{10}\div\frac{1}{4}=\frac{11}{\underset{5}{\cancel{10}}}\times\overset{2}{\cancel{4}}=\frac{22}{5}=4\frac{2}{5}$

답 $4\frac{2}{5}$ km 또는 4.4 km

**14.** $\frac{384}{25}\div\frac{\overset{16}{\cancel{32}}}{\underset{5}{\cancel{10}}}=\frac{\overset{24}{\cancel{384}}}{\underset{5}{\cancel{25}}}\times\frac{\overset{1}{\cancel{5}}}{\underset{1}{\cancel{16}}}=\frac{24}{5}$

답 $4\frac{4}{5}$ 시간 또는 4.8 시간

**15.** $\frac{188}{25}\div\frac{4}{5}=\frac{\overset{47}{\cancel{188}}}{\underset{5}{\cancel{25}}}\times\frac{\overset{1}{\cancel{5}}}{\underset{1}{\cancel{4}}}=\frac{47}{5}=9\frac{2}{5}$

답 $9\frac{2}{5}$ 분 또는 9.4 분

**16.** 21 L $\left[\frac{63}{4}\div\frac{3}{4}=\frac{\overset{21}{\cancel{63}}}{\underset{1}{\cancel{4}}}\times\frac{\overset{1}{\cancel{4}}}{\underset{1}{\cancel{3}}}=21\right]$

## p. 23

**17.** $\frac{63}{10}\div\frac{7}{4}=\frac{\overset{9}{\cancel{63}}}{\underset{5}{\cancel{10}}}\times\frac{\overset{2}{\cancel{4}}}{\underset{1}{\cancel{7}}}=\frac{18}{5}=3\frac{3}{5}$

답 $3\frac{3}{5}$ cm 또는 3.6 cm

**18.** $\frac{242}{5}\div\frac{\overset{11}{\cancel{55}}}{\underset{2}{\cancel{10}}}=\frac{\overset{22}{\cancel{242}}}{5}\times\frac{2}{\underset{1}{\cancel{11}}}=\frac{44}{5}=8\frac{4}{5}$

답 $8\frac{4}{5}$ cm 또는 8.8 cm

**19.** $\frac{377}{100}\div\frac{29}{20}=\frac{\overset{13}{\cancel{377}}}{\underset{5}{\cancel{100}}}\times\frac{\overset{1}{\cancel{20}}}{\underset{1}{\cancel{29}}}=\frac{13}{5}=2\frac{3}{5}$

답 $2\frac{3}{5}$ m 또는 2.6 m

**20.** $\frac{128}{5}\div\frac{\overset{13}{\cancel{325}}}{\underset{4}{\cancel{100}}}=\frac{128}{5}\times\frac{4}{13}$

$=\frac{512}{65}=7\frac{57}{65}$

답 $7\frac{57}{65}$ cm

**21.** $\frac{792}{10}\div\frac{54}{5}=\frac{\overset{44}{\cancel{792}}}{\underset{2}{\cancel{10}}}\times\frac{\overset{1}{\cancel{5}}}{\underset{3}{\cancel{54}}}=\frac{22}{3}=7\frac{1}{3}$

답 $7\frac{1}{3}$ cm

**22.** $\frac{15}{4}\div\frac{4}{5}=\frac{15}{4}\times\frac{5}{4}=\frac{75}{16}=4\frac{11}{16}$

답 $4\frac{11}{16}$ m²

**23.** 원 전체의 넓이 → A

$A\times\frac{6}{8}=4.8,\ A\times\frac{6}{8}=\frac{48}{10}$

$A=\frac{48}{10}\div\frac{6}{8}=\frac{\overset{8}{\cancel{48}}}{\underset{5}{\cancel{10}}}\times\frac{\overset{4}{\cancel{8}}}{\underset{1}{\cancel{6}}}=\frac{32}{5}=6\frac{2}{5}$

답 $6\frac{2}{5}$ cm²

**24.** 처음 높이 → A

$A\times\frac{2}{5}\times\frac{2}{5}=1.2,\ A\times\frac{4}{25}=\frac{6}{5}$

$A=\frac{6}{5}\div\frac{4}{25}=\frac{\overset{3}{\cancel{6}}}{\underset{1}{\cancel{5}}}\times\frac{\overset{5}{\cancel{25}}}{\underset{2}{\cancel{4}}}=\frac{15}{2}$

답 $7\frac{1}{2}$ m 또는 7.5 m

**25.** 처음 들이 → A

$A\times0.3=2\frac{2}{5},\ A\times\frac{3}{10}=\frac{12}{5}$

$A=\frac{12}{5}\div\frac{3}{10}=\frac{\overset{4}{\cancel{12}}}{\underset{1}{\cancel{5}}}\times\frac{\overset{2}{\cancel{10}}}{\underset{1}{\cancel{3}}}=8$

답 8 L

## p. 24

**01.** ① $\frac{72}{10}\div\frac{4}{5}=\frac{72}{10}\times\frac{5}{4}=\frac{360}{40}=9$

$\frac{16}{10}\div\frac{2}{5}=\frac{16}{10}\times\frac{5}{2}=\frac{80}{20}=4$

② $\frac{1}{2}\div\frac{1}{4}=\frac{1}{2}\times4=2$

$\frac{32}{10}\div\frac{4}{5}=\frac{32}{10}\times\frac{5}{4}=\frac{160}{40}=4$

③ $\frac{14}{5}\div\frac{7}{10}=\frac{14}{5}\times\frac{10}{7}=\frac{140}{35}=4$

$\frac{64}{10}\div\frac{8}{5}=\frac{64}{10}\times\frac{5}{8}=\frac{320}{80}=4$

④ $\frac{7}{2}\div\frac{1}{4}=\frac{7}{2}\times4=14$

$\frac{1}{4}\div\frac{7}{2}=\frac{1}{4}\times\frac{2}{7}=\frac{2}{28}=\frac{1}{14}$

⑤ $\frac{54}{10}\div\frac{9}{2}=\frac{54}{10}\times\frac{2}{9}=\frac{6}{5}$

$\frac{5}{3}\div\frac{3}{10}=\frac{5}{3}\times\frac{10}{3}=\frac{50}{9}$

답 ①, ②

**02.** 구하는 답 → A

$10\frac{1}{2}\div A=1\frac{1}{4},\ \frac{21}{2}\div A=\frac{5}{4}$

$A=\frac{21}{2}\div\frac{5}{4}=\frac{21}{2}\times\frac{4}{5}=\frac{42}{5}$

$=8\frac{2}{5}$ ← 답

**03.** 구하는 답 → A

$10\frac{1}{2}\div A=2\frac{1}{3}$

$A=\frac{21}{2}\div\frac{7}{3}=\frac{21}{2}\times\frac{3}{7}=\frac{9}{2}$

$=4\frac{1}{2}$ ← 답

**04.** $4\frac{1}{2}\div1\frac{8}{9}=\frac{9}{2}\div\frac{17}{9}=\frac{9}{2}\times\frac{9}{17}$

$=\frac{81}{34}=2\frac{13}{34}$ ← 답

**05.** $8\frac{2}{5}\div1\frac{8}{9}=\frac{42}{5}\div\frac{17}{9}$

$=\frac{42}{5}\times\frac{9}{17}=\frac{378}{85}=4\frac{38}{85}$ ← 답

**06.** ① $\frac{121}{16}\div\frac{1}{2}=\frac{121}{16}\times2=\frac{121}{8}$

$=15\frac{1}{8}$

② $\frac{34}{10}\times\frac{8}{3}=\frac{272}{30}=\frac{136}{15}=9\frac{1}{15}$

③ $\frac{32}{9}\div1\frac{1}{4}=\frac{32}{9}\div\frac{5}{4}=\frac{32}{9}\times\frac{4}{5}$

$=\frac{128}{45}=2\frac{38}{45}=2.84\cdots$

④ $3\frac{3}{4}\div\frac{7}{5}=\frac{15}{4}\times\frac{5}{7}=\frac{75}{28}$

$=2\frac{19}{28}=2.67\cdots$

답 ①, ②, ③, ④

**07.** ②, ④, ⑤

**08.** ① $\frac{29}{4}\div\frac{36}{10}=\frac{29}{4}\times\frac{10}{36}=\frac{290}{144}$

② $\frac{81}{10}\div\frac{9}{10}=\frac{81}{10}\times\frac{10}{9}=9$

③ $\frac{1}{7}\div\frac{14}{10}=\frac{1}{7}\times\frac{10}{14}=\frac{10}{98}$

④ $\frac{16}{10}\times\frac{5}{3}=\frac{80}{30}$

⑤ $\frac{375}{100}\div\frac{5}{4}=\frac{\overset{75}{\cancel{375}}}{\underset{25}{\cancel{100}}}\times\frac{\overset{1}{\cancel{4}}}{\underset{1}{\cancel{5}}}=3$

답 ②, ⑤

**09.** ①, ②

**10.** ① $\frac{35}{10}\div\frac{5}{3}=\frac{\overset{7}{\cancel{35}}}{10}\times\frac{3}{\underset{1}{\cancel{5}}}=\frac{21}{10}=2.1$

② $\frac{35}{6}\div\frac{15}{10}=\frac{\overset{7}{\cancel{35}}}{\underset{3}{\cancel{6}}}\times\frac{\overset{5}{\cancel{10}}}{\underset{3}{\cancel{15}}}=\frac{35}{9}$

$=3.88\cdots$

③ $\frac{9}{4}\div\frac{27}{10}=\frac{\overset{1}{\cancel{9}}}{\underset{2}{\cancel{4}}}\times\frac{\overset{5}{\cancel{10}}}{\underset{3}{\cancel{27}}}=\frac{5}{6}$

$=0.833\cdots$

④ $\frac{20}{7}\div\frac{14}{10}=\frac{20}{7}\times\frac{\overset{5}{\cancel{10}}}{\underset{7}{\cancel{14}}}=\frac{100}{49}$

$=2.04\cdots$

⑤ $\frac{27}{10}\div\frac{4}{3}=\frac{27}{10}\times\frac{3}{4}=\frac{81}{40}=2.025$

답 ①, ⑤

**11.** 구하는 수 → A

$1.2\div\frac{2}{5}=\frac{\overset{6}{\cancel{12}}}{\underset{2}{\cancel{10}}}\times\frac{\overset{1}{\cancel{5}}}{\underset{1}{\cancel{2}}}=\frac{6}{2}=3$

3=2.5÷A에서

$A=2.5\div3=\frac{\overset{5}{\cancel{25}}}{\underset{2}{\cancel{10}}}\times\frac{1}{3}=\frac{5}{6}$ ←답

## p. 25

**12.** 45분 → $\frac{3}{4}$시간

❶ 한 시간 동안 가는 거리 →

$6\frac{3}{10}\div1\frac{3}{4}=\frac{63}{10}\div\frac{7}{4}$

$=\frac{\overset{9}{\cancel{63}}}{\underset{5}{\cancel{10}}}\times\frac{\overset{2}{\cancel{4}}}{\underset{1}{\cancel{7}}}=\frac{18}{5}$ (km)

❷ $12.96\div\frac{18}{5}=\frac{\overset{72}{\cancel{1296}}}{\underset{20}{\cancel{100}}}\times\frac{\overset{1}{\cancel{5}}}{\underset{1}{\cancel{18}}}$

$=\frac{72}{20}=\frac{18}{5}=3\frac{3}{5}$

❸ $\frac{3}{5}$시간$=\frac{3}{5}\times60=36$(분)

답 3시간 36분

| 평가 요소 | 배점 |
|---|---|
| ①, ② 구하기 | 각 2점 |
| ③ 구하기 | 1점 |

**13.** ❶ 14.8÷2=7.4, 2.8÷2=1.4

❷ 긴 막대 → 7.4+1.4=8.8(m)

❸ $8.8\div1\frac{3}{5}=\frac{88}{10}\div\frac{8}{5}=\frac{44}{5}\times\frac{5}{8}$

$=5.5$ 답 5개

| 평가 요소 | 배점 |
|---|---|
| ①, ③ 구하기 | 각 2점 |
| ② 구하기 | 1점 |

**14.** ① 1L로 갈 수 있는 거리 →

$59.4\div5\frac{1}{2}=59.4\div5.5$

$=10.8$ (km)

② 10.8×12.4=133.92 (km)

답 133.92 km

**15.** ① 1분 동안 가는 거리 →

$1\frac{5}{7}\div3.6=\frac{12}{7}\div\frac{36}{10}$

$=\frac{\overset{1}{\cancel{12}}}{7}\times\frac{10}{\underset{3}{\cancel{36}}}=\frac{10}{21}$ (km)

② $3.2\div\frac{10}{21}=\frac{\overset{8}{\cancel{32}}}{\underset{5}{\cancel{10}}}\times\frac{21}{\underset{5}{\cancel{10}}}=\frac{168}{25}$

$=6\frac{18}{25}$(분)

답 $6\frac{18}{25}$분

**16.** ① 플라스틱관 1m의 무게 →

$6\frac{7}{8}\div5.5=\frac{55}{8}\div\frac{55}{10}=\frac{\overset{1}{\cancel{55}}}{\underset{4}{\cancel{8}}}\times\frac{\overset{5}{\cancel{10}}}{\underset{1}{\cancel{55}}}$

$=\frac{5}{4}$ (kg)

② $\frac{5}{4}\times0.4=\frac{5}{4}\times\frac{4}{10}=\frac{1}{2}$ (kg)

답 $\frac{1}{2}$ kg

**17.** ❶ $3.6\div4\frac{4}{5}=\frac{36}{10}\div\frac{24}{5}$

$=\frac{\overset{3}{\cancel{36}}}{\underset{2}{\cancel{10}}}\times\frac{\overset{1}{\cancel{5}}}{\underset{2}{\cancel{24}}}=\frac{3}{4}$

❷ $1\frac{1}{2}\div0.4=\frac{3}{2}\div\frac{2}{5}=\frac{3}{2}\times\frac{5}{2}$

$=\frac{15}{4}$

❸ $\frac{15}{4}-\frac{3}{4}=\frac{12}{4}=3$ ←답

| 평가 요소 | 배점 |
|---|---|
| ①, ② 구하기 | 각 2점 |
| ③ 구하기 | 1점 |

**18.** 어떤 수 → A

❶ $A\times3\frac{5}{8}=2.9$

❷ $A=2.9\div3\frac{5}{8}=\frac{29}{10}\div\frac{29}{8}$

$=\frac{29}{10}\times\frac{8}{29}=\frac{4}{5}$

❸ $\frac{4}{5}\div0.56=\frac{4}{5}\div\frac{56}{100}$

$=\frac{\overset{1}{\cancel{4}}}{\underset{1}{\cancel{5}}}\times\frac{\overset{20}{\cancel{100}}}{\underset{14}{\cancel{56}}}=\frac{20}{14}$

$=\frac{10}{7}=1\frac{3}{7}$ ←답

| 평가 요소 | 배점 |
|---|---|
| ① 구하기 | 1점 |
| ②, ③ 구하기 | 각 2점 |

**19.** 어떤 수 → A

❶ $A\div\frac{5}{8}=15.2$

❷ $A=15.2\times\frac{5}{8}=\frac{\overset{19}{\cancel{152}}}{\underset{2}{\cancel{10}}}\times\frac{\overset{1}{\cancel{5}}}{\underset{1}{\cancel{8}}}=\frac{19}{2}$

❸ $\frac{19}{2}\div5.8=\frac{19}{2}\div\frac{58}{10}=\frac{19}{\underset{1}{\cancel{2}}}\times\frac{\overset{5}{\cancel{10}}}{58}$

$=\frac{95}{58}=1\frac{37}{58}$ ←답

| 평가 요소 | 배점 |
|---|---|
| ① 구하기 | 1점 |
| ②, ③ 구하기 | 각 2점 |

## p. 26

**01.** 곱셈, 나눗셈

**02.** 7

**03.** 30

**04.** 8

**05.** 앞

**06.** 240

**07.** 괄호 안

**08.** 12

**09.** 120

**10.** 0.4, 0.9, 2.97

**11.** 0.5, 1.65, 2.05

**12.** $3.4\times\left(\frac{10}{12}-\frac{9}{12}\right)=\frac{\overset{17}{\cancel{34}}}{10}\times\frac{1}{\underset{6}{\cancel{12}}}=\frac{17}{60}$

답 $\frac{17}{60}$

**13.** $\left(2\frac{1}{4}-\frac{1}{2}\right)\times\frac{3}{5}=\left(\frac{9}{4}-\frac{2}{4}\right)\times\frac{3}{5}$

$=\frac{7}{4}\times\frac{3}{5}=\frac{21}{20}=1\frac{1}{20}$

답 $1\frac{1}{20}$ 또는 1.05

**14.** $1\frac{3}{5}+\frac{3}{10}\times\frac{3}{2}=1\frac{3}{5}+\frac{9}{20}=2\frac{1}{20}$

**15.** $\left(\frac{8}{5}+\frac{3}{10}\right)\div\frac{2}{3}=\frac{19}{10}\times\frac{3}{2}=2\frac{17}{20}$

## p. 27

**16.** $4\div\frac{7}{5}+\frac{1}{2}=4\times\frac{5}{7}+\frac{1}{2}$

$=\frac{20}{7}+\frac{1}{2}=\frac{40}{14}+\frac{7}{14}$

$=\frac{47}{14}=3\frac{5}{14}$ ←답

**17.** $4\div\left(\frac{7}{5}+\frac{1}{2}\right)=4\div\left(\frac{14}{10}+\frac{5}{10}\right)$

$=4\div\frac{19}{10}=4\times\frac{10}{19}=\frac{40}{19}$

$=2\frac{2}{19}$ ← 답

**18.** $\left(2\frac{1}{4}+\frac{3}{4}\right)\div\frac{1}{2}=3\times2=6$ ← 답

**19.** $1\frac{5}{9}\div\left(2\frac{1}{5}+\frac{3}{5}\right)=\frac{14}{9}\div2\frac{4}{5}$

$=\frac{14}{9}\div\frac{14}{5}=\frac{14}{9}\times\frac{5}{14}=\frac{5}{9}$ ← 답

**20.** 2.25

**21.** $\left(5\frac{1}{4}-2\frac{1}{4}\right)\div3=3\div3=1$ ← 답

**22.** 1 L

**23.** 첫 번째 식은 괄호 안을 먼저 계산하므로 답이 1이고, 두 번째 식은 나눗셈을 먼저 하므로 답이 $4\frac{1}{2}$ 입니다.

$5\frac{1}{4}-2.25\div3=5\frac{1}{4}-2\frac{1}{4}\div3$

$=\frac{21}{4}-\frac{9}{4}\times\frac{1}{3}=\frac{21}{4}-\frac{3}{4}=\frac{18}{4}$

$=\frac{9}{2}=4\frac{1}{2}$

**24.** 2.5, 0.5

**25.** $\frac{5}{2}$, $\frac{1}{2}$

**26.** $\frac{9}{7}\times\frac{2}{5}\times3=\frac{54}{35}=1\frac{19}{35}$ ← 답

**27.** $\frac{\overset{14}{\cancel{56}}}{\underset{2}{\cancel{10}}}\times\frac{\overset{1}{\cancel{5}}}{\underset{1}{\cancel{4}}}\div\frac{2}{5}=\frac{14}{2}\div\frac{2}{5}=7\times\frac{5}{2}$

$=\frac{35}{2}=17\frac{1}{2}$

답 $17\frac{1}{2}$ 또는 17.5

**28.** $\frac{5}{2}\div\frac{25}{8}\times\frac{2}{5}=\frac{\overset{1}{\cancel{5}}}{\underset{1}{\cancel{2}}}\times\frac{8}{25}\times\frac{\overset{1}{\cancel{2}}}{\underset{1}{\cancel{5}}}=\frac{8}{25}$

답 $\frac{8}{25}$ 또는 0.32

## p. 28

**29.** $\frac{2}{5}$, 2

**30.** 0.4, 2

**31.** $\frac{7}{2}\times\frac{3}{5}-\frac{2}{5}\times\frac{4}{3}=\frac{21}{10}-\frac{8}{15}$

$=\frac{63}{30}-\frac{16}{30}=\frac{47}{30}=1\frac{17}{30}$ ← 답

**32.** $\frac{3}{2}\times\frac{3}{5}-\frac{1}{4}\times3=\frac{9}{10}-\frac{3}{4}$

$=\frac{18}{20}-\frac{15}{20}=\frac{3}{20}$

답 $\frac{3}{20}$ 또는 0.15

**33.** $\frac{\overset{7}{\cancel{35}}}{\underset{20}{\cancel{100}}}\times5+\frac{7}{2}\times\frac{3}{5}=\frac{35}{20}+\frac{21}{10}$

$=\frac{35}{20}+\frac{42}{20}=\frac{77}{20}=3\frac{17}{20}$

답 $3\frac{17}{20}$ 또는 3.85

**34.** $\frac{5}{4}\times\frac{1}{5}\div\left(\frac{1}{4}+\frac{2}{4}\right)=\frac{5}{4}\times\frac{1}{5}\div\frac{3}{4}$

$=\frac{5}{4}\times\frac{1}{5}\times\frac{4}{3}=\frac{1}{3}$ ← 답

**35.** $\frac{18}{5}\times\frac{1}{2}\div\left(\frac{5}{2}+\frac{1}{5}\right)$

$=\frac{9}{5}\div\frac{27}{10}=\frac{9}{5}\times\frac{10}{27}=\frac{2}{3}$ ← 답

**36.** $\frac{8}{3}\div\frac{7}{10}\times\left(\frac{4}{5}+\frac{13}{10}\right)$

$=\frac{8}{3}\times\frac{10}{7}\times\frac{21}{10}=8$ ← 답

**37.** ① 한 시간에 갈 수 있는 거리 ➡

$2\frac{3}{4}\div0.5=\frac{11}{4}\times2=\frac{11}{2}$ (km)

② $\frac{11}{2}\times1\frac{1}{2}=\frac{11}{2}\times\frac{3}{2}=\frac{33}{4}$

$=8\frac{1}{4}$ (km)

답 $8\frac{1}{4}$ **km** 또는 8.25 **km**

**38.** ① $2.75-\frac{13}{20}=2.75-0.65=2.1$

② $2.1\div7=0.3$ (L)

답 0.3 **L** 또는 $\frac{3}{10}$ **L**

**39.** 높이 ➡ H

$4\frac{2}{5}\times H\times\frac{1}{2}=\frac{1232}{100}$

$\frac{22}{5}\times H\times\frac{1}{2}=\frac{308}{25}$,

$\frac{11}{5}\times H=\frac{308}{25}$

$H=\frac{308}{25}\div\frac{11}{5}=\frac{\overset{28}{\cancel{308}}}{\underset{5}{\cancel{25}}}\times\frac{\overset{1}{\cancel{5}}}{\underset{1}{\cancel{11}}}=\frac{28}{5}$

$=5\frac{3}{5}=5.6$

답 $5\frac{3}{5}$ **cm** 또는 5.6 **cm**

**40.** $\left(2\frac{3}{5}+3\frac{1}{2}\right)\times\frac{11}{5}\times\frac{1}{2}$

$=\left(2\frac{6}{10}+3\frac{5}{10}\right)\times\frac{11}{10}=6\frac{1}{10}\times\frac{11}{10}$

$=\frac{61}{10}\times\frac{11}{10}=\frac{671}{100}=6\frac{71}{100}$ (cm²)

답 $6\frac{71}{100}$ **cm²** 또는 6.71 **cm²**

## p. 29

**01.** $\frac{1}{10}$, $\frac{2}{25}$

**02.** 8, $\frac{2}{5}$, $\frac{1}{5}$

**03.** $\left(\frac{5}{4}+\frac{85}{100}\right)\times\frac{1}{3}=\frac{210}{100}\times\frac{1}{3}=\frac{7}{10}$

답 $\frac{7}{10}$ 또는 0.7

**04.** $\frac{5}{4}+\frac{85}{100}\times\frac{1}{3}=\frac{5}{4}+\frac{85}{300}=\frac{460}{300}$

$=1\frac{8}{15}$ ← 답

**05.** $(7.2+3.2)\div0.4=10.4\div0.4$

$=26$ ← 답

**06.** $7.2+8=15.2$ 답 $15\frac{1}{5}$ 또는 15.2

**07.** $\frac{22}{5}-\frac{5}{6}\times\frac{9}{10}=\frac{22}{5}-\frac{3}{4}$

$=\frac{73}{20}=3\frac{13}{20}$

답 $3\frac{13}{20}$ 또는 3.65

**08.** $\frac{7}{2}-\frac{2}{5}\times\frac{2}{5}=\frac{7}{2}-\frac{4}{25}$

$=\frac{167}{50}=3\frac{17}{50}$

답 $3\frac{17}{50}$ 또는 3.34

**09.** $1\frac{4}{5}-\frac{1}{5}\times\frac{2}{3}=\frac{9}{5}-\frac{2}{15}=\frac{27}{15}-\frac{2}{15}$

$=\frac{25}{15}=\frac{5}{3}=1\frac{2}{3}$ ← 답

**10.** $\frac{27}{10}-\frac{2}{3}\times\frac{3}{5}=\frac{27}{10}-\frac{2}{5}$

$=\frac{27}{10}-\frac{4}{10}=\frac{23}{10}=2\frac{3}{10}$

답 $2\frac{3}{10}$ 또는 2.3

**11.** $\frac{32}{10}+\frac{1}{2}\div\frac{5}{4}=\frac{16}{5}+\frac{1}{2}\times\frac{4}{5}$

$=\frac{16}{5}+\frac{2}{5}=\frac{18}{5}=3\frac{3}{5}$

답 $3\frac{3}{5}$ 또는 3.6

**12.** $\left(\frac{15}{20}-\frac{4}{20}\right)\times\frac{1}{4}=\frac{11}{20}\times\frac{1}{4}$

$=\frac{11}{80}$ ← 답

**13.** $\left(\frac{11}{2}-2\frac{1}{4}\right)\times\frac{2}{5}=\left(\frac{11}{2}-\frac{9}{4}\right)\times\frac{2}{5}$

$=\left(\frac{22}{4}-\frac{9}{4}\right)\times\frac{2}{5}=\frac{13}{4}\times\frac{2}{5}=\frac{13}{10}$

답 $1\frac{3}{10}$ 또는 1.3

**14.** $\left(\frac{3}{2}-\frac{12}{10}\right)\times\frac{5}{3}=\left(\frac{15}{10}-\frac{12}{10}\right)\times\frac{5}{3}$

$= \frac{3}{10} \times \frac{5}{3} = \frac{1}{2}$　답 $\frac{1}{2}$ 또는 0.5

## p. 30

**15.** $\frac{2}{3} \times \frac{9}{2} \div \frac{8}{10} = 3 \times \frac{10}{8} = 3\frac{3}{4}$

**16.** $\frac{7}{6} \times \frac{2}{5} \div \frac{1}{2} = \frac{7}{6} \times \frac{2}{5} \times 2$

$= \frac{14}{15}$ ← 답

**17.** $\frac{11}{8} \times \frac{4}{5} \div \frac{1}{5} = \frac{11}{8} \times \frac{4}{5} \times 5$

$= \frac{11}{2} = 5\frac{1}{2}$

답 $5\frac{1}{2}$ 또는 5.5

**18.** $\frac{54}{10} \div \frac{9}{5} \times \frac{8}{10} = \frac{27}{5} \times \frac{5}{9} \times \frac{4}{5}$

$= \frac{12}{5} = 2\frac{2}{5}$

답 $2\frac{2}{5}$ 또는 2.4

**19.** $\frac{3}{4} \times \frac{2}{5} \times \frac{2}{3} = \frac{1}{5}$　답 $\frac{1}{5}$ 또는 0.2

**20.** $\frac{5}{2} \times \frac{8}{25} \times \frac{2}{5} = \frac{8}{25}$

답 $\frac{8}{25}$ 또는 0.32

**21.** $\frac{9}{5} \times \frac{5}{10} - \frac{25}{100} \times \frac{2}{1} = \frac{9}{10} - \frac{1}{2} = \frac{2}{5}$

**22.** $\frac{3}{2} \times \frac{2}{5} - 1\frac{1}{4} \div \frac{25}{4}$

$= \frac{3}{5} - \frac{5}{4} \times \frac{4}{25} = \frac{3}{5} - \frac{1}{5} = \frac{2}{5}$

답 $\frac{2}{5}$ 또는 0.4

**23.** $\left(2\frac{3}{4} - \frac{3}{4}\right) \times \frac{1}{2} \div \frac{7}{10}$

$= 2 \times \frac{1}{2} \times \frac{10}{7} = 1\frac{3}{7}$

**24.** $\left(3\frac{9}{20} - 2\frac{10}{20}\right) \times \frac{16}{3} \div \frac{9}{10}$

$= \frac{19}{20} \times \frac{16}{3} \times \frac{10}{9} = \frac{152}{27}$

$= 5\frac{17}{27}$ ← 답

**25.** $\frac{8}{3} - \frac{3}{5} \times \frac{1}{5} \div \frac{2}{5}$

$= \frac{8}{3} - \frac{3}{5} \times \frac{1}{5} \times \frac{5}{2}$

$= \frac{8}{3} - \frac{3}{10} = \frac{80}{30} - \frac{9}{30} = \frac{71}{30}$

$= 2\frac{11}{30}$ ← 답

**26.** $\frac{14}{5} - \frac{32}{100} \times \frac{5}{4} \div \frac{1}{5}$

$= \frac{14}{5} - \frac{8}{25} \times \frac{5}{4} \times 5 = \frac{14}{5} - 2 = \frac{4}{5}$

답 $\frac{4}{5}$ 또는 0.8

**27.** $(1.7+2.5) \times \frac{4}{21} \div \frac{2}{3}$

$= \frac{42}{10} \times \frac{4}{21} \times \frac{3}{2} = \frac{6}{5} = 1\frac{1}{5}$

답 $1\frac{1}{5}$ 또는 1.2

**28.** $(2.4+2.5) \times \frac{1}{2} \div \frac{7}{4}$

$= \frac{49}{10} \times \frac{1}{2} \times \frac{4}{7} = \frac{7}{5} = 1\frac{2}{5}$

답 $1\frac{2}{5}$ 또는 1.4

**29.** $(1.75-1.25) \times \frac{5}{3} \div \frac{3}{2}$

$= \frac{1}{2} \times \frac{5}{3} \times \frac{2}{3} = \frac{5}{9}$ ← 답

## p. 31

**30.** $\frac{7}{6} \times (4.5 \div 0.3) - 0.5$

$= \frac{7}{6} \times 15 - 0.5 = \frac{35}{2} - 0.5$

$= 17.5 - 0.5 = 17$ ← 답

**31.** $\frac{7}{4} \times \left(\frac{16}{5} \div \frac{6}{5}\right) - 0.8$

$= \frac{7}{4} \times \left(\frac{16}{5} \times \frac{5}{6}\right) - 0.8$

$= \frac{7}{4} \times \frac{8}{3} - \frac{4}{5} = \frac{14}{3} - \frac{4}{5}$

$= \frac{70}{15} - \frac{12}{15} = \frac{58}{15} = 3\frac{13}{15}$ ← 답

**32.** 왼쪽 → $\frac{3}{5} \times \left(\frac{1}{2} - \frac{2}{9}\right)$

$= \frac{3}{5} \times \left(\frac{9}{18} - \frac{4}{18}\right)$

$= \frac{3}{5} \times \frac{5}{18} = \frac{1}{6} = \frac{15}{90}$

오른쪽 → $\frac{3}{5} \times \frac{1}{2} - \frac{2}{9} = \frac{3}{10} - \frac{2}{9}$

$= \frac{27}{90} - \frac{20}{90} = \frac{7}{90}$

답 $>$

**33.** 왼쪽 → $\frac{7}{6} + \frac{1}{3} \div \frac{1}{2} = \frac{7}{6} + \frac{1}{3} \times 2$

$= \frac{7}{6} + \frac{2}{3} = \frac{11}{6}$

오른쪽 →

$\left(1\frac{1}{6} + \frac{2}{6}\right) \div \frac{1}{2} = 1\frac{1}{2} \times 2 = 3$

답 $<$

**34.** ① 1시간 동안 하는 일의 양 → $12.4+10.6=23(\mathrm{m}^2)$

② $23 \times 2\frac{1}{2} = 23 \times 2.5 = 57.5(\mathrm{m}^2)$

답 57.5 $\mathrm{m}^2$ 또는 $57\frac{1}{2}$ $\mathrm{m}^2$

**35.** ① 1분 동안 모을 수 있는 물 → $12.4+0.8=13.2$ (L)

② $13.2 \times 2\frac{1}{3} = \frac{132}{10} \times \frac{7}{3}$

$= \frac{308}{10} = 30\frac{4}{5}$ (L)

답 $30\frac{4}{5}$ L 또는 30.8 L

**36.** ① 두 사람이 마신 음료수의 양

→ $1.8 - \frac{2}{5} = 1.8 - 0.4 = 1.4$

② $1.4 \div 2 = 0.7$ (L)

답 0.7 L 또는 $\frac{7}{10}$ L

**37.** ① 준상이의 찰흙 →

$1.2 \times 1\frac{1}{4} = \frac{6}{5} \times \frac{5}{4} = \frac{3}{2} = 1.5$ (kg)

② $1.2+1.5=2.7$ (kg)

답 2.7 kg 또는 $2\frac{7}{10}$ kg

**38.** 밑변 → A

$A \times 4\frac{3}{4} \div 2 = 5.7$,

$A \times \frac{19}{4} \times \frac{1}{2} = \frac{57}{10}$

$A \times \frac{19}{8} = \frac{57}{10}$,

$A = \frac{57}{10} \div \frac{19}{8} = \frac{57}{10} \times \frac{8}{19} = \frac{12}{5}$

답 $2\frac{2}{5}$ cm 또는 2.4 cm

**39.** $\left(2\frac{1}{3} + 3\frac{1}{2}\right) \times 2\frac{2}{5} \div 2$

$= \left(2\frac{2}{6} + 3\frac{3}{6}\right) \times \frac{12}{5} \times \frac{1}{2}$

$= 5\frac{5}{6} \times \frac{6}{5} = \frac{35}{6} \times \frac{6}{5} = 7$

답 7 $\mathrm{cm}^2$

## p. 32

**01.** $\frac{3}{4} \div 0.5 + 1\frac{1}{2} \times 1.2 - \frac{2}{5}$

(계산 순서: ① $\frac{3}{4} \div 0.5$, ② $1\frac{1}{2} \times 1.2$, ③ ①+②, ④ ③$-\frac{2}{5}$)

**02.** $0.75 \div 0.5 + 1.5 \times 1.2 - 0.4$

$= 1.5 + 1.8 - 0.4 = 2.9$

**03.** $\frac{3}{4}\div\frac{1}{2}+\frac{3}{2}\times\frac{6}{5}-\frac{2}{5}$

$=\frac{3}{4}\times2+\frac{9}{5}-\frac{2}{5}=2\frac{9}{10}$

**04.** $\frac{1}{5}\div0.5+1\frac{2}{5}\times2-0.8$

① ② ③ ④

**05.** $0.4+2.8-0.8=3.2-0.8=2.4$

**06.** 0.4, 2.4

**07.** $\frac{10}{3}\times\frac{3}{10}\times\frac{4}{3}+\frac{10}{7}\times\frac{6}{10}$

$=\frac{4}{3}+\frac{6}{7}=\frac{28}{21}+\frac{18}{21}=\frac{46}{21}$

$=2\frac{4}{21}$ ← (답)

**08.** $\frac{8}{10}+\frac{4}{3}\times\frac{10}{5}-\frac{19}{15}$

$=\frac{4}{5}+\frac{8}{3}-\frac{19}{15}=\frac{12}{15}+\frac{40}{15}-\frac{19}{15}$

$=\frac{33}{15}=\frac{11}{5}=2\frac{1}{5}=2.2$

(답) $2\frac{1}{5}$ 또는 2.2

**09.** $\frac{9}{2}-\frac{6}{5}\times\frac{5}{2}\times\frac{5}{4}+\frac{3}{10}$

$=\frac{9}{2}-\frac{15}{4}+\frac{3}{10}=\frac{18}{4}-\frac{15}{4}+\frac{3}{10}$

$=\frac{3}{4}+\frac{3}{10}=\frac{21}{20}=1\frac{1}{20}=1.05$

(답) $1\frac{1}{20}$ 또는 1.05

**10.** $\frac{27}{4}-8\div\frac{32}{5}+\frac{5}{2}\times4$

$=\frac{27}{4}-8\times\frac{5}{32}+10=\frac{27}{4}-\frac{5}{4}+10$

$=\frac{22}{4}+10=\frac{11}{2}+10=15\frac{1}{2}=15.5$

(답) $15\frac{1}{2}$ 또는 15.5

## p. 33

**11.** $10\times\left(1\frac{3}{5}+\frac{3}{10}\right)\div0.4-2\frac{1}{10}$

① ② ③ ④

**12.** 4, 19, 4, 95, $45\frac{2}{5}$

**13.** $10\times(1.6+0.3)\div0.4-2.1$

$=10\times1.9\div0.4-2.1$

$=19\div0.4-2.1=47.5-2.1=45.4$

**14.** $4\times\left(\frac{3}{4}+1\frac{1}{2}\right)\div1.8-\frac{1}{2}$

① ② ③ ④

**15.** 9, 5, $4\frac{1}{2}$

**16.** $\frac{9}{4}$, 9, 5, 4.5

**17.** $\frac{5}{6}\times3\div(0.75+1.25)-\frac{3}{16}$

$=\frac{5}{2}\div2-\frac{3}{16}=\frac{5}{2}\times\frac{1}{2}-\frac{3}{16}$

$=\frac{5}{4}-\frac{3}{16}=\frac{20}{16}-\frac{3}{16}=\frac{17}{16}$

$=1\frac{1}{16}$ ← (답)

**18.** $\left(\frac{12}{5}+\frac{7}{10}\right)\times\frac{1}{4}-\frac{6}{5}\times\frac{1}{2}$

$=\frac{31}{10}\times\frac{1}{4}-\frac{6}{10}=\frac{31}{40}-\frac{24}{40}$

$=\frac{7}{40}$ ← (답)

**19.** $\frac{21}{4}\times\frac{2}{5}\div\left(\frac{8}{5}+\frac{13}{5}\right)-\frac{1}{4}$

$=\frac{21}{10}\div\frac{21}{5}-\frac{1}{4}=\frac{21}{10}\times\frac{5}{21}-\frac{1}{4}$

$=\frac{1}{2}-\frac{1}{4}=\frac{1}{4}$

(답) $\frac{1}{4}$ 또는 0.25

**20.** $\left(\frac{4}{5}-\frac{3}{5}\right)\times\frac{1}{5}+\frac{7}{20}$

$=\frac{1}{5}\times\frac{1}{5}+\frac{7}{20}=\frac{1}{25}+\frac{7}{20}$

$=\frac{4}{100}+\frac{35}{100}=\frac{39}{100}$

(답) $\frac{39}{100}$ 또는 0.39

## p. 34

**21.** $\left(3.75-1\frac{1}{2}\times0.5\right)+\frac{3}{5}\div0.8$

① ② ③ ④

**22.** $\left(3\frac{3}{4}-1\frac{1}{2}\times\frac{1}{2}\right)+\frac{3}{5}\div\frac{4}{5}$

$=\left(3\frac{3}{4}-\frac{3}{2}\times\frac{1}{2}\right)+\frac{3}{5}\times\frac{5}{4}$

$=3\frac{3}{4}-\frac{3}{4}+\frac{3}{4}=3+\frac{3}{4}=3\frac{3}{4}$

**23.** $(3.75-1.5\times0.5)+0.6\div0.8$

$=3.75-0.75+0.75=3.75$

**24.** $\left(0.25+2\frac{1}{2}\times1.2\right)-\frac{3}{4}\div\frac{9}{10}$

① ② ③ ④

**25.** 13, $\frac{10}{9}$, 13, $\frac{5}{6}$, $2\frac{5}{12}$

**26.** 3, 3.25, 0.8, 2.45

**27.** $0.75+(1.5-0.8)\times2\div1.4$

$=0.75+0.7\times2\div1.4$

$=0.75+1.4\div1.4$

$=0.75+1=1.75$

(답) 1.75 또는 $1\frac{3}{4}$

**28.** $\frac{3}{5}+\left(\frac{1}{2}+\frac{1}{4}\right)\times\frac{12}{5}-\frac{28}{25}$

$=\frac{3}{5}+\frac{3}{4}\times\frac{12}{5}-\frac{28}{25}$

$=\frac{3}{5}+\frac{9}{5}-\frac{28}{25}=\frac{12}{5}-\frac{28}{25}$

$=\frac{60}{25}-\frac{28}{25}=\frac{32}{25}=1\frac{7}{25}$

(답) $1\frac{7}{25}$ 또는 1.28

**29.** $2.8\div\left(\frac{2}{3}-\frac{1}{3}\right)-2.4$

$=2.8\div\frac{1}{3}-2.4=2.8\times3-2.4$

$=8.4-2.4=6$ ← (답)

**30.** $\frac{16}{9}\div\left(\frac{4}{3}\times\frac{1}{2}-\frac{2}{5}\right)+\frac{13}{5}$

$=\frac{16}{9}\div\left(\frac{2}{3}-\frac{2}{5}\right)+\frac{13}{5}$

$=\frac{16}{9}\div\frac{4}{15}+\frac{13}{5}=\frac{16}{9}\times\frac{15}{4}+\frac{13}{5}$

$=\frac{20}{3}+\frac{13}{5}=\frac{100}{15}+\frac{39}{15}=\frac{139}{15}$

$=9\frac{4}{15}$ ← (답)

## p. 35

**01.** $\frac{5}{2}\times\frac{3}{10}+\frac{45}{10}\times\frac{5}{3}$

$=\frac{3}{4}+\frac{15}{2}=8\frac{1}{4}$

**02.** $0.75+4.5\div0.6=0.75+7.5$

$=8.25$

**03.** $4-\frac{15}{10}\div\frac{3}{4}\times\frac{3}{2}+\frac{4}{5}$

$=4-\frac{15}{10}\times\frac{4}{3}\times\frac{3}{2}+\frac{4}{5}$

$=4-3+\frac{4}{5}=1+\frac{4}{5}=1\frac{4}{5}$

04. $6+\frac{5}{4}\times\frac{3}{5}\div\frac{3}{10}-0.1$

$=6+\frac{3}{4}\times\frac{10}{3}-0.1=6+\frac{5}{2}-0.1$

$=6+2.5-0.1=8.4$

(답) 8.4 또는 $8\frac{2}{5}$

05. $\frac{3}{2}+\frac{1}{3}\times\frac{1}{5}\times7=\frac{3}{2}+\frac{7}{15}$

$=\frac{45}{30}+\frac{14}{30}=\frac{59}{30}=1\frac{29}{30}$ ←(답)

06. $\frac{7}{4}+\frac{1}{2}\times\frac{5}{2}\times\frac{1}{4}=\frac{7}{4}+\frac{5}{16}$

$=\frac{28}{16}+\frac{5}{16}=\frac{33}{16}=2\frac{1}{16}$ ←(답)

07. $\frac{7}{2}\times\frac{3}{2}-\frac{13}{2}\times\frac{2}{5}=\frac{21}{4}-\frac{13}{5}$

$=\frac{105}{20}-\frac{52}{20}=\frac{53}{20}=2\frac{13}{20}$

(답) $2\frac{13}{20}$ 또는 2.65

08. $\frac{\overset{1}{\cancel{9}}}{2}\times\frac{5}{\underset{4}{\cancel{36}}}-\frac{\overset{17}{\cancel{51}}}{100}\times\frac{1}{\underset{1}{\cancel{3}}}$

$=\frac{5}{8}-\frac{17}{100}=\frac{125}{200}-\frac{34}{200}$

$=\frac{91}{200}$ ←(답)

09. $2-\frac{1}{4}\times\frac{1}{2}\div\left(\frac{6}{5}-\frac{3}{5}\right)$

$=2-\frac{1}{8}\div\frac{3}{5}=2-\frac{1}{8}\times\frac{5}{3}$

$=2-\frac{5}{24}=1\frac{19}{24}$

10. $\frac{3}{4}\times\frac{8}{10}\div\left(\frac{69}{10}-\frac{27}{5}\right)+\frac{25}{100}$

$=\frac{3}{5}\div\frac{3}{2}+\frac{25}{100}=\frac{3}{5}\times\frac{2}{3}+\frac{25}{100}$

$=\frac{2}{5}+\frac{25}{100}=\frac{13}{20}$

## p. 36

11. $50-\frac{25}{6}\div\left(\frac{7}{10}-\frac{2}{3}\right)\times\frac{2}{5}$

$=50-\frac{25}{6}\div\frac{1}{30}\times\frac{2}{5}$

$=50-\frac{25}{6}\times30\times\frac{2}{5}$

$=50-50=0$ ←(답)

12. $6.8-\frac{1}{5}\times5\times(3.4+1.6)$

$=6.8-1\times5=6.8-5=1.8$

(답) 1.8 또는 $1\frac{4}{5}$

13. $\frac{9}{4}\times\frac{10}{5}\times(1.2-0.8)+\frac{1}{3}$

$=\frac{9}{4}\times\frac{10}{5}\times\frac{4}{10}+\frac{1}{3}$

$=\frac{9}{5}+\frac{1}{3}=\frac{32}{15}=2\frac{2}{15}$ ←(답)

14. $\frac{7}{20}\times\left(\frac{2}{5}-\frac{1}{15}\right)\times\frac{12}{7}+\frac{4}{3}$

$=\frac{7}{20}\times\frac{5}{15}\times\frac{12}{7}+\frac{4}{3}$

$=\frac{1}{5}+\frac{4}{3}=\frac{23}{15}=1\frac{8}{15}$ ←(답)

15. $2\frac{1}{3}+(0.6-0.5)\times4\times\frac{10}{3}$

$=\frac{7}{3}+\frac{1}{10}\times4\times\frac{10}{3}=\frac{7}{3}+\frac{4}{3}=\frac{11}{3}$

$=3\frac{2}{3}$ ←(답)

16. $\frac{15}{4}\times\left(\frac{12}{10}-\frac{9}{10}\right)\times\frac{10}{3}+\frac{3}{2}$

$=\frac{15}{4}\times\frac{3}{10}\times\frac{10}{3}+\frac{3}{2}$

$=\frac{15}{4}+\frac{6}{4}=\frac{21}{4}=5\frac{1}{4}$

(답) $5\frac{1}{4}$ 또는 5.25

17. $\frac{5}{7}\times\frac{154}{10}\div\left(\frac{1}{4}+\frac{27}{20}\right)-5\frac{1}{8}$

$=11\div\frac{32}{20}-5\frac{1}{8}=11\times\frac{20}{32}-5\frac{1}{8}$

$=\frac{55}{8}-\frac{41}{8}=\frac{14}{8}=\frac{7}{4}=1\frac{3}{4}$

(답) $1\frac{3}{4}$ 또는 1.75

18. $\frac{12}{5}\times\left(\frac{3}{2}+\frac{3}{10}\right)\div\frac{24}{5}-\frac{1}{4}$

$=\frac{12}{5}\times\frac{18}{10}\times\frac{5}{24}-\frac{1}{4}$

$=\frac{9}{10}-\frac{1}{4}=\frac{18}{20}-\frac{5}{20}=\frac{13}{20}$

(답) $\frac{13}{20}$ 또는 0.65

19. 왼쪽 → $\frac{6}{5}\times\frac{1}{3}+\frac{1}{2}\div\frac{1}{2}$

$=\frac{2}{5}+1=1\frac{2}{5}$

오른쪽 → $\frac{6}{5}\times\left(\frac{1}{3}+\frac{1}{2}\right)\times2$

$=\frac{6}{5}\times\frac{5}{6}\times2=2$ (답) $<$

20. 왼쪽 → $\frac{27}{10}\times\frac{2}{3}+\frac{8}{5}\times\frac{7}{4}$

$=\frac{9}{5}+\frac{14}{5}=\frac{23}{5}=4.6$

오른쪽 → $\frac{27}{10}\times\left(\frac{2}{3}+\frac{8}{5}\right)\times\frac{7}{4}$

$=\frac{27}{10}\times\frac{34}{15}\times\frac{7}{4}=\frac{1071}{100}$

$=10.71$ (답) $<$

21. $7-\left(\frac{\overset{1}{\cancel{3}}}{\underset{1}{\cancel{2}}}\times\frac{\overset{5}{\cancel{10}}}{\underset{3}{\cancel{9}}}+\frac{1}{6}\right)\times\square=5$

$7-\left(\frac{5}{3}+\frac{1}{6}\right)\times\square=5$

$7-\frac{11}{6}\times\square=5$

$\frac{11}{6}\times\square=7-5=2$

$\square=2\div\frac{11}{6}=2\times\frac{6}{11}=\frac{12}{11}$

$=1\frac{1}{11}$ ←(답)

22. 3시간 30분=3.5시간

1시간 동안 간 거리 →

340.2÷3.5=97.2 (km)

$97.2\times1\frac{1}{2}=97.2\times1.5=145.8$ (km)

(답) 145.8 km 또는 $145\frac{4}{5}$ km

23. $\left(3\frac{1}{5}+1.8\right)\times\square\div2=7.5$

$\left(\frac{16}{5}+\frac{9}{5}\right)\times\square\times\frac{1}{2}=\frac{15}{2}$

$5\times\square\times\frac{1}{2}=\frac{15}{2}$, $\frac{5\times\square}{2}=\frac{15}{2}$

$5\times\square=15$, $\square=3$ (답) 3 cm

## p. 37

24. ① 친구에게 주고 남은 것 →

$9\frac{2}{3}-1.5=9\frac{2}{3}-1\frac{1}{2}$

$=9\frac{4}{6}-1\frac{3}{6}=8\frac{1}{6}$(m)

② $8\frac{1}{6}\div1\frac{1}{6}=\frac{49}{6}\div\frac{7}{6}$

$=\frac{49}{6}\times\frac{6}{7}=7$ (답) 7개

25. 처음 높이 → A

$A\times\frac{3}{5}\times\frac{3}{5}\times\frac{3}{5}=0.54$

$A\times\frac{27}{125}=\frac{54}{100}$

$A=\frac{54}{100}\div\frac{27}{125}=\frac{\overset{2}{\cancel{54}}}{\underset{4}{\cancel{100}}}\times\frac{\overset{5}{\cancel{125}}}{\underset{1}{\cancel{27}}}$

$=\frac{10}{4}=2\frac{1}{2}$(m)

(답) $2\frac{1}{2}$ m 또는 2.5 m

26. 밑변 → A

① 직사각형의 넓이 →

$3\frac{3}{4}\times2\frac{1}{3}=\frac{\overset{5}{\cancel{15}}}{4}\times\frac{7}{\underset{1}{\cancel{3}}}=\frac{35}{4}$ $(cm^2)$

② $A\times1\frac{1}{6}=\frac{35}{4}$

$A=\frac{35}{4}\div1\frac{1}{6}=\frac{35}{4}\div\frac{7}{6}$

$=\frac{\overset{5}{\cancel{35}}}{\underset{2}{\cancel{4}}}\times\frac{\overset{3}{\cancel{6}}}{\underset{1}{\cancel{7}}}=\frac{15}{2}=7\frac{1}{2}$ (cm)

답 $7\frac{1}{2}$ cm 또는 7.5 cm

**27.** ① 처음 원의 지름 ➡ A

$A\times3.14=12\frac{14}{25}$

$A=\frac{314}{25}\div3.14=\frac{314}{25}\div\frac{314}{100}$

$=\frac{314}{25}\times\frac{100}{314}=4$ (cm)

② 나중 원의 지름 ➡ B

$B\times3.14=7\frac{17}{20}$

$B=\frac{157}{20}\div3.14=\frac{157}{20}\div\frac{314}{100}$

$=\frac{\overset{1}{\cancel{157}}}{\underset{1}{\cancel{20}}}\times\frac{\overset{5}{\cancel{100}}}{\underset{2}{\cancel{314}}}=\frac{5}{2}$ (cm)

③ $4-\frac{5}{2}=\frac{3}{2}=1\frac{1}{2}$ (cm)

답 $1\frac{1}{2}$ cm 또는 1.5 cm

**28.** ① 1시간 동안 달린 거리 ➡

$350.7\div3\frac{1}{2}=350.7\div3.5=100.2$

② $100.2\times0.5=50.1$ (km)

답 50.1 km 또는 $50\frac{1}{10}$ km

**29.** ① 1시간 동안 달린 거리 ➡

$225.3\div2\frac{1}{2}=225.3\div2.5=90.12$

② $90.12\times\frac{1}{3}=90.12\div3$

$=30.04$ (km)

답 30.04 km 또는 $30\frac{1}{25}$ km

**30.** 리본 10개를 이으면 겹치는 부분은 9개 생김

① 10개의 길이 ➡

$30\frac{1}{2}\times10=30.5\times10=305$ (cm)

② 겹친 부분의 길이 ➡

$0.8\times9=7.2$ (cm)

③ $305-7.2=297.8$ (cm)

답 297.8 cm 또는 $297\frac{4}{5}$ cm

**31.** 높이 ➡ H

$\left(2\frac{4}{5}+1.2\right)\times H\div2=3$

$(2.8+1.2)\times H\times0.5=3$

$4\times H\times0.5=3,\ 2\times H=3$

$H=3\div2=1.5$ (cm)

답 1.5 cm 또는 $1\frac{1}{2}$ cm

## p. 38

**01.** $5-1\frac{2}{3}\times0.75\div\left(7.5-4\frac{2}{5}\right)$
(① $7.5-4\frac{2}{5}$, ② $1\frac{2}{3}\times0.75$, ③ ②÷①, ④ 5−③)

**02.** ① $7.5-4\frac{2}{5}=\frac{75}{10}-\frac{22}{5}$

$=\frac{75}{10}-\frac{44}{10}=\frac{31}{10}=3\frac{1}{10}$

② $1\frac{2}{3}\times0.75=\frac{5}{3}\times\frac{3}{4}=\frac{5}{4}$

③ $\frac{5}{4}\div\frac{31}{10}=\frac{5}{4}\times\frac{10}{31}=\frac{25}{62}$

④ $5-\frac{25}{62}=4\frac{37}{62}$

답 ① $3\frac{1}{10}$ ② $1\frac{1}{4}$ ③ $\frac{25}{62}$ ④ $4\frac{37}{62}$

**03.** $5-1\frac{2}{3}\times0.75\div7.5-4\frac{2}{5}$
(① $1\frac{2}{3}\times0.75$, ② ①÷7.5, ③ 5−②, ④ ③$-4\frac{2}{5}$)

**04.** ① $1\frac{2}{3}\times0.75=\frac{5}{3}\times\frac{3}{4}=\frac{5}{4}$

② $\frac{5}{4}\div7.5=\frac{5}{4}\div\frac{75}{10}$

$=\frac{5}{4}\times\frac{10}{75}=\frac{1}{6}$

③ $5-\frac{1}{6}=4\frac{5}{6}$

④ $4\frac{5}{6}-4\frac{2}{5}=4\frac{25}{30}-4\frac{12}{30}=\frac{13}{30}$

답 ① $1\frac{1}{4}$ ② $\frac{1}{6}$ ③ $4\frac{5}{6}$ ④ $\frac{13}{30}$

**05.** $3\times2\frac{4}{5}-\left(1.5+3\frac{1}{2}\right)\div1\frac{1}{4}$
(③ $3\times2\frac{4}{5}$, ① $1.5+3\frac{1}{2}$, ② ①$\div1\frac{1}{4}$, ④ ③−②)

① $\frac{3}{2}+\frac{7}{2}=\frac{10}{2}=5$

② $5\div\frac{5}{4}=5\times\frac{4}{5}=4$

③ $3\times\frac{14}{5}=\frac{42}{5}$

④ $\frac{42}{5}-4=\frac{22}{5}=4\frac{2}{5}$

**06.** $3\times\left(2\frac{4}{5}-1.5\right)+3\frac{1}{2}\div1\frac{1}{4}$
(① $2\frac{4}{5}-1.5$, ② 3×①, ③ $3\frac{1}{2}\div1\frac{1}{4}$, ④ ②+③)

① $\frac{14}{5}-\frac{3}{2}=\frac{28}{10}-\frac{15}{10}=\frac{13}{10}$

② $3\times\frac{13}{10}=\frac{39}{10}$

③ $\frac{7}{2}\div\frac{5}{4}=\frac{7}{\underset{1}{\cancel{2}}}\times\frac{\overset{2}{\cancel{4}}}{5}=\frac{14}{5}$

④ $\frac{39}{10}+\frac{14}{5}=\frac{39}{10}+\frac{28}{10}$

$=\frac{67}{10}=6\frac{7}{10}$

**07.** $3\times\left(2\frac{4}{5}-1.5+3\frac{1}{2}\right)\div1\frac{1}{4}$
(① $2\frac{4}{5}-1.5$, ② ①$+3\frac{1}{2}$, ③ 3×②, ④ ③$\div1\frac{1}{4}$)

① $\frac{14}{5}-\frac{3}{2}=\frac{28}{10}-\frac{15}{10}=\frac{13}{10}$

② $\frac{13}{10}+\frac{7}{2}=\frac{13}{10}+\frac{35}{10}=\frac{48}{10}=\frac{24}{5}$

③ $3\times\frac{24}{5}=\frac{72}{5}$

④ $\frac{72}{5}\div\frac{5}{4}=\frac{72}{5}\times\frac{4}{5}$

$=\frac{288}{25}=11\frac{13}{25}$

**08.** $3\times2\frac{4}{5}-\left(1.5+3\frac{1}{2}\div1\frac{1}{4}\right)$
(③ $3\times2\frac{4}{5}$, ① $3\frac{1}{2}\div1\frac{1}{4}$, ② 1.5+①, ④ ③−②)

① $\frac{7}{\underset{1}{\cancel{2}}}\times\frac{\overset{2}{\cancel{4}}}{5}=\frac{14}{5}$

② $\frac{3}{2}+\frac{14}{5}=\frac{15}{10}+\frac{28}{10}=\frac{43}{10}$

③ $3\times\frac{14}{5}=\frac{42}{5}$

④ $\frac{42}{5}-\frac{43}{10}=\frac{84}{10}-\frac{43}{10}$

$=\frac{41}{10}=4\frac{1}{10}$

## p. 39

**09.**

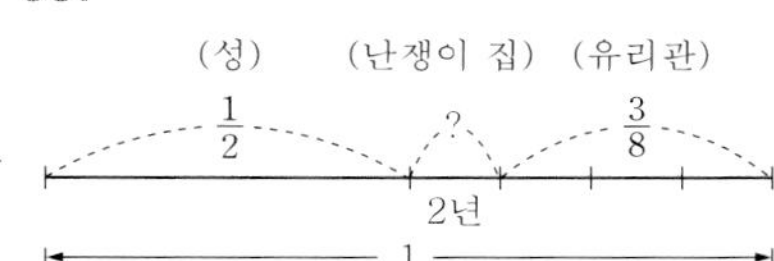

백설공주가 난쟁이 집에서 보낸 기간을 분수로 나타내면

$1-\frac{1}{2}-\frac{3}{8}=\frac{1}{2}-\frac{3}{8}=\frac{1}{8}$

전체의 $\frac{1}{8}$이 2이므로 전체는

$2\div\frac{1}{8}=16$ 답 16살

**10.**

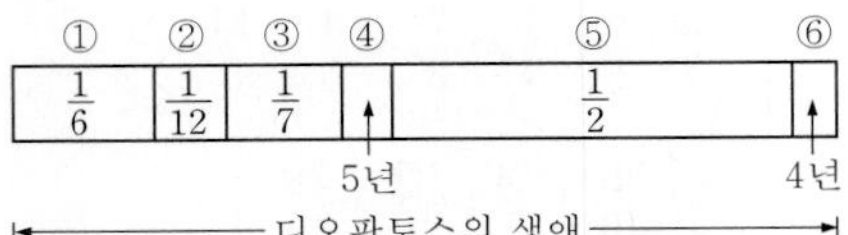


① 소년 ② 청년 ③ 결혼

⑤ 아들의 생애

④+⑥ →

$1-\frac{1}{6}-\frac{1}{12}-\frac{1}{7}-\frac{1}{2}$

$=\frac{5}{6}-\frac{1}{12}-\frac{1}{7}-\frac{1}{2}$

$=\frac{3}{4}-\frac{1}{7}-\frac{1}{2}=\frac{17}{28}-\frac{1}{2}=\frac{3}{28}$

디오판토스 생애의 $\frac{3}{28}$이 9년이므로 디오판토스의 나이는

$9\div\frac{3}{28}=9\times\frac{28}{3}=84$ (살) 답 84 (살)

**11.** 겹치는 부분은 10개 생김

① 11개의 길이 →

$35.5\times11=390.5$ (cm)

② 겹치는 부분의 길이 →

$1.2\times10=12$ (cm)

③ $390.5-12=378.5$ (cm)

답 378.5 cm 또는 $378\frac{1}{2}$ cm

**12.** 높이 → H

$(20.4+11.6)\times H\times\frac{1}{2}=160$

$32\times H\times\frac{1}{2}=160,\ 16\times H=160$

$H=160\div16=10$ (cm) 답 10 cm

**13.** ① 출발전 휘발유의 양 →

$60060\div1320=45.5$ (L)

② 사용되는 휘발유의 양 →

$45.5\times\frac{1}{2}+12=34.75$ (L)

③ 비용 →

$34.75\times1320=45870$(원)

답 45870원

**14.** ① 사용되는 휘발유의 양 →

$45.5\times\frac{3}{5}+\left(45.5\times\frac{2}{5}\times\frac{3}{4}\right)+3$

$=27.3+13.65+3=43.95$ (L)

② 비용 →

$43.95\times1320=58014$(원)

답 58014원

**15.** 고속 도로로 갈 때입니다.

## p. 40

**01.** $\frac{9}{5}\times\left(\frac{2}{4}+\frac{3}{4}\right)\div\frac{9}{4}$

$=\frac{9}{5}\times\frac{5}{4}\times\frac{4}{9}=1$ ← 답

**02.** $\frac{5}{2}\div\frac{1}{2}\times\left(\frac{4}{5}+\frac{6}{5}\right)$

$=\frac{5}{2}\times2\times2=10$ ← 답

**03.** $\frac{9}{20}\times\frac{10}{9}\times\frac{3}{4}-\frac{1}{2}\times\frac{2}{5}$

$=\frac{3}{8}-\frac{1}{5}=\frac{15}{40}-\frac{8}{40}=\frac{7}{40}$

답 $\frac{7}{40}$ 또는 0.175

**04.** $\frac{8}{5}+\frac{3}{5}\times\frac{3}{2}\div\frac{1}{5}=\frac{8}{5}+\frac{9}{10}\times5$

$=\frac{8}{5}+\frac{9}{2}=\frac{16}{10}+\frac{45}{10}=\frac{61}{10}=6\frac{1}{10}$

답 $6\frac{1}{10}$ 또는 6.1

**05.** $\frac{26}{5}\times\frac{13}{10}+\frac{21}{5}\times\frac{8}{3}\times\frac{1}{2}$

$=\frac{169}{25}+\frac{28}{5}=\frac{169}{25}+\frac{140}{25}$

$=\frac{309}{25}=12\frac{9}{25}$

답 $12\frac{9}{25}$ 또는 12.36

**06.** $1.6\times3-0.8+1.25\div0.5$

$=4.8-0.8+2.5=6.5$

답 6.5 또는 $6\frac{1}{2}$

**07.** $\frac{27}{10}\div\frac{9}{4}+\frac{8}{3}\times\frac{3}{4}-\frac{6}{5}$

$=\frac{27}{10}\times\frac{4}{9}+2-\frac{6}{5}$

$=\frac{6}{5}+2-\frac{6}{5}=2$ ← 답

**08.** $\frac{9}{5}-0.16\times\frac{3}{4}+\frac{17}{25}$

$=\frac{9}{5}-\frac{4}{25}\times\frac{3}{4}+\frac{17}{25}$

$=\frac{45}{25}-\frac{3}{25}+\frac{17}{25}=\frac{59}{25}=2\frac{9}{25}$

답 $2\frac{9}{25}$ 또는 2.36

**09.** $\frac{1}{2}+\frac{1}{3}\times\frac{3}{4}-\frac{7}{5}\times\frac{1}{4}$

$=\frac{1}{2}+\frac{1}{4}-\frac{7}{20}=\frac{10}{20}+\frac{5}{20}-\frac{7}{20}$

$=\frac{2}{5}$ 답 $\frac{2}{5}$ 또는 0.4

**10.** $\frac{7}{2}\times\frac{9}{5}+\frac{37}{10}-\frac{29}{20}\times2$

$=\frac{63}{10}+\frac{37}{10}-\frac{29}{10}=\frac{71}{10}=7\frac{1}{10}$

답 $7\frac{1}{10}$ 또는 7.1

**11.** $\left(\frac{6}{5}+\frac{1}{2}\right)\times\frac{2}{5}+\frac{21}{25}\times\frac{10}{7}$

$=\frac{17}{10}\times\frac{2}{5}+\frac{6}{5}=\frac{17}{25}+\frac{30}{25}=\frac{47}{25}$

$=1\frac{22}{25}$ 답 $1\frac{22}{25}$ 또는 1.88

**12.** $\left(\frac{4}{5}-\frac{2}{5}\right)\times\frac{1}{4}+\frac{49}{50}\times\frac{10}{7}$

$=\frac{2}{5}\times\frac{1}{4}+\frac{7}{5}=\frac{1}{10}+\frac{14}{10}=\frac{15}{10}=\frac{3}{2}$

$=1\frac{1}{2}$ 답 $1\frac{1}{2}$ 또는 1.5

**13.** $\left(\frac{14}{6}+\frac{13}{6}\right)\times4\div\frac{8}{3}-\frac{25}{4}$

$=\frac{27}{6}\times4\times\frac{3}{8}-\frac{25}{4}=\frac{27}{4}-\frac{25}{4}$

$=\frac{1}{2}$ 답 $\frac{1}{2}$ 또는 0.5

## p. 41

**14.** $\left(\frac{6}{5}+\frac{3}{5}\right)\times2+\frac{3}{4}\times\frac{5}{3}$

$=\frac{9}{5}\times2+\frac{5}{4}=\frac{18}{5}+\frac{5}{4}=\frac{97}{20}$

답 $4\frac{17}{20}$ 또는 4.85

**15.** $\frac{8}{5}\div\frac{3}{10}\times\frac{2}{5}+1=\frac{8}{5}\times\frac{10}{3}\times\frac{2}{5}+1$

$=\frac{32}{15}+1=3\frac{2}{15}$ ← 답

**16.** $\frac{13}{5}+\left(\frac{3}{4}-\frac{7}{20}\right)\times\frac{3}{2}\times2$

$=\frac{13}{5}+\frac{8}{20}\times3=\frac{13}{5}+\frac{6}{5}$

$=\frac{19}{5}=3\frac{4}{5}$ 답 $3\frac{4}{5}$ 또는 3.8

**17.** $\frac{27}{10}\times\left(\frac{9}{5}-\frac{3}{5}\right)\times\frac{10}{3}+\frac{5}{4}$

$=\frac{27}{10}\times\frac{6}{5}\times\frac{10}{3}+\frac{5}{4}=\frac{54}{5}+\frac{5}{4}$

$=\frac{216}{20}+\frac{25}{20}=\frac{241}{20}=12\frac{1}{20}$

답 $12\frac{1}{20}$ 또는 12.05

**18.** $6\times\left(\frac{4}{5}-\frac{3}{5}\right)+\frac{12}{5}\times\frac{2}{5}$

$=6\times\frac{1}{5}+\frac{24}{25}=\frac{6}{5}+\frac{24}{25}=\frac{54}{25}$

$=2\frac{4}{25}$ 답 $2\frac{4}{25}$ 또는 2.16

**19.** $\frac{1}{2}+\frac{9}{4}\div\left(\frac{3}{10}-\frac{1}{10}\right)\times\frac{12}{5}$

$=\frac{1}{2}+\frac{9}{4}\times5\times\frac{12}{5}=\frac{1}{2}+27$

$=27\frac{1}{2}$ 답 $27\frac{1}{2}$ 또는 27.5

**20.** $5-\frac{22}{5}\div\left(\frac{17}{10}+\frac{5}{10}\right)\times\frac{4}{5}$

$=5-\frac{22}{5}\times\frac{10}{22}\times\frac{4}{5}=5-\frac{8}{5}=3\frac{2}{5}$

답 $3\frac{2}{5}$ 또는 3.4

**21.** $\frac{9}{4}\times\frac{24}{5}\div(5.3-2.5)+7$

$=\frac{54}{5}\div\frac{14}{5}+7=\frac{54}{5}\times\frac{5}{14}+7$

$=\frac{27}{7}+7=10\frac{6}{7}$ ← 답

**22.** $2.1\div1.5\times(1.75-0.25)+5$

$=1.4\times1.5+5=2.1+5=7.1$

답 7.1 또는 $7\frac{1}{10}$

**23.** $\left(\frac{4}{15}\times\frac{7}{2}+\frac{5}{3}\right)\div\frac{13}{10}-\frac{1}{2}$

$=\left(\frac{14}{15}+\frac{25}{15}\right)\times\frac{10}{13}-\frac{1}{2}$

$=\frac{39}{15}\times\frac{10}{13}-\frac{1}{2}=2-\frac{1}{2}=1\frac{1}{2}$

답 $1\frac{1}{2}$ 또는 1.5

**24.** $\frac{3}{2}\times\left(\frac{2}{3}-\frac{1}{3}\right)-\frac{1}{5}$

$=\frac{3}{2}\times\frac{1}{3}-\frac{1}{5}=\frac{1}{2}-\frac{1}{5}=\frac{3}{10}$

답 $\frac{3}{10}$ 또는 0.3

**25.** $\frac{16}{5}\div\left(\frac{10}{12}-\frac{2}{12}\right)-\frac{9}{5}$

$=\frac{16}{5}\times\frac{12}{8}-\frac{9}{5}=\frac{24}{5}-\frac{9}{5}$

$=3$ ← 답

**26.** $\frac{14}{3}-\left(\frac{5}{4}+\frac{5}{4}\times\frac{3}{5}\right)\div\frac{42}{10}$

$=\frac{14}{3}-\left(\frac{5}{4}+\frac{3}{4}\right)\times\frac{5}{21}$

$=\frac{14}{3}-2\times\frac{5}{21}=\frac{98}{21}-\frac{10}{21}$

$=\frac{88}{21}=4\frac{4}{21}$ ← 답

**27.** $\frac{7}{9}\div\frac{7}{3}+\frac{6}{5}\div\frac{4}{5}=\frac{7}{9}\times\frac{3}{7}+\frac{6}{5}\times\frac{5}{4}$

$=\frac{1}{3}+\frac{3}{2}=\frac{11}{6}=1\frac{5}{6}$ ← 답

**28.** $10-\frac{17}{5}\times\frac{1}{2}\div\frac{12}{5}$

$=10-\frac{17}{5}\times\frac{1}{2}\times\frac{5}{12}$

$=10-\frac{17}{24}=9\frac{7}{24}$ ← 답

## p. 42

**29.** $\frac{34}{5}-\frac{1}{5}\div\frac{1}{5}\times5=\frac{34}{5}-5=1\frac{4}{5}$

답 $1\frac{4}{5}$ 또는 1.8

**30.** $\frac{63}{10}\times\frac{5}{9}+\frac{4}{5}\times\frac{5}{3}=\frac{7}{2}+\frac{4}{3}=\frac{29}{6}$

$=4\frac{5}{6}$ ← 답

**31.** $\frac{9}{4}\times\frac{20}{9}-\frac{5}{4}\times\frac{3}{5}=5-\frac{3}{4}=4\frac{1}{4}$

답 $4\frac{1}{4}$ 또는 4.25

**32.** $\frac{27}{5}-\frac{3}{4}\times\frac{7}{5}+\frac{3}{2}\times\frac{5}{3}$

$=\frac{108}{20}-\frac{21}{20}+\frac{50}{20}=\frac{137}{20}=6\frac{17}{20}$

답 $6\frac{17}{20}$ 또는 6.85

**33.** $\frac{7}{5}\times\frac{19}{20}+9\div3=\frac{133}{100}+3=4\frac{33}{100}$

답 $4\frac{33}{100}$ 또는 4.33

**34.** $A=3.4\times0.5=1.7$, $B=2.6+0.4=3$

답 4.7 또는 $4\frac{7}{10}$

**35.** $A=2.75\times\frac{1}{2}\times4=5.5$

$B=4.5-\frac{7}{4}\times\frac{1}{2}\times4=4.5-3.5=1$

답 4.5 또는 $4\frac{1}{2}$

**36.** $A\times\frac{8}{3}\times\frac{5}{8}=\frac{7}{6}$, $A\times\frac{5}{3}=\frac{7}{6}$

$A=\frac{7}{6}\div\frac{5}{3}=\frac{7}{6}\times\frac{3}{5}=\frac{7}{10}$

답 $\frac{7}{10}$ 또는 0.7

**37.** ① $\frac{24}{5}\div\frac{6}{5}=\frac{24}{5}\times\frac{5}{6}=4$

② $4\times\frac{16}{5}=\frac{64}{5}=12\frac{4}{5}$

답 4, $12\frac{4}{5}$ (또는 12.8)

**38.** ③

**39.** $A=\frac{24}{5}\times\frac{3}{4}\times\frac{5}{8}=\frac{9}{4}$

$B=\frac{5}{4}\times4\times\frac{1}{2}=\frac{5}{2}=\frac{10}{4}$

답 A<B

**40.** $A=\frac{25}{4}\times\frac{2}{5}+\frac{5}{3}\times\frac{5}{6}=\frac{5}{2}+\frac{25}{18}$

$=\frac{45}{18}+\frac{25}{18}=\frac{70}{18}=\frac{140}{36}$

$B=\frac{25}{4}\div\frac{25}{6}\times\frac{5}{6}=\frac{25}{4}\times\frac{6}{25}\times\frac{5}{6}$

$=\frac{5}{4}=\frac{45}{36}$ 답 A>B

## p. 43

**01.** ③, ⑤

**02.** ②, ③, ①, ⑤, ④

**03.** $\frac{9}{4}\times\frac{2}{3}\times\frac{5}{8}=\frac{3}{2}\times\frac{5}{8}$

(①: $\frac{9}{4}\times\frac{2}{3}$, ②: $\times\frac{5}{8}$)

$=\frac{15}{16}$ ← 답

**04.** $A=1\frac{1}{3}-\frac{1}{2}=\frac{4}{3}-\frac{1}{2}=\frac{5}{6}$

$B=\frac{5}{6}\times\frac{7}{2}=\frac{35}{12}$

$C=\frac{35}{12}\div\frac{21}{10}=\frac{35}{12}\times\frac{10}{21}=\frac{25}{18}$

답 $A=\frac{5}{6}$ $B=2\frac{11}{12}$ $C=1\frac{7}{18}$

**05.** 왼쪽 → $\frac{1}{4}\times1.6=0.4$

오른쪽 → $2.4-0.8\times0.25$

$=2.4-0.2=2.2$ 답 $<$

**06.** 왼쪽 → $\frac{34}{5}\times\frac{10}{19}=\frac{68}{19}=3\frac{11}{19}$

오른쪽 → $1.05\times3.2=3.36$

답 $>$

**07.** 왼쪽 → $1.5-0.5\times0.6$

$=1.5-0.3=1.2$

오른쪽 → $(1.5-0.5)\times0.6$

$=1\times0.6=0.6$ 답 $>$

**08.** 왼쪽 → $\frac{6}{5}+\frac{1}{2}\times\frac{4}{7}=\frac{6}{5}+\frac{2}{7}=\frac{52}{35}$

오른쪽 → $\left(\frac{6}{5}+\frac{1}{2}\right)\times\frac{4}{7}$

$=\frac{17}{10}\times\frac{4}{7}=\frac{34}{35}$ 답 $>$

**09.** $A=3-\frac{2}{5}\div\frac{5}{6}\times\frac{1}{2}$

$=3-\frac{2}{5}\times\frac{6}{5}\times\frac{1}{2}=3-\frac{6}{25}=2\frac{19}{25}$

$B=3-\frac{2}{5}\times2+\frac{1}{6}=3-\frac{4}{5}+\frac{1}{6}$

$=\frac{11}{5}+\frac{1}{6}=\frac{71}{30}=2\frac{11}{30}$

답 A>B

**10.** $A=2-\frac{13}{15}\times\frac{1}{3}-\frac{1}{2}$

$=\frac{3}{2}-\frac{13}{45}=\frac{135}{90}-\frac{26}{90}=\frac{109}{90}$

$B=2\times\frac{7}{15}-\frac{1}{3}\times\frac{1}{2}=\frac{14}{15}-\frac{1}{6}$

$=\frac{84}{90}-\frac{15}{90}=\frac{69}{90}$ 답 A>B

## p. 44

**11.** 7.2 [A] $\left(3\frac{1}{5}\right.$ [B] 0.4 [C] $\left.\frac{3}{8}\right)$ [D] 4.2

에서 A, B, C, D의 부호는

A → +, −, B → +, −,

C → ×, ÷, D → ×, ÷

답 ①, ②, ⑤

**12.** $B=A\times\frac{9}{50}\div0.09=A\times\frac{9}{50}\times\frac{100}{9}$

$=A\times2$ 답 2배

**13.** $A=0.8-0.4\div4+\frac{49}{50}\times\frac{10}{7}$

$=0.8-0.1+\frac{7}{5}=0.7+1.4=2.1$

$B=0.4\div4+0.98\times\frac{10}{7}$

$=0.1+1.4=1.5$

답 0.6 또는 $\frac{3}{5}$

**14.** $\left(\frac{4}{5}-\frac{3}{5}\right)\times\frac{10}{7}+\frac{33}{10}\div\frac{3}{10}$

$=\frac{1}{5}\times\frac{10}{7}+\frac{33}{10}\times\frac{10}{3}=\frac{2}{7}+11$

$=11\frac{2}{7}$ ← 답

**15.** 어떤 수 → A

❶ $A\times0.75=4\frac{4}{5}$

❷ $A=\frac{24}{5}\div\frac{3}{4}=\frac{24}{5}\times\frac{4}{3}=\frac{32}{5}$

❸ (바른 답)$=\frac{32}{5}\div0.75$

$=\frac{32}{5}\times\frac{4}{3}=\frac{128}{15}$

$=8\frac{8}{15}$ ← 답

| 평가 요소 | 배점 |
|---|---|
| ① 구하기 | 1점 |
| ②, ③ 구하기 | 각 2점 |

**16.** ① 4병에 담은 생수의 양 →

$1.8-\frac{1}{5}=1.6$ (L)

② $1.6\div4=0.4$ (L)

답 0.4 L 또는 $\frac{2}{5}$ L

**17.** ① 친구들에게 나누어 준 우유 →

$3.6-\frac{2}{5}=3.2$ (L)

② $3.2\div0.2=16$ 답 16명

**18.** 1시간 30분=1.5시간

① 1시간 동안 달리는 거리 →

$6.9\div1.5=\frac{69}{10}\times\frac{2}{3}=\frac{23}{5}$ (km)

② $9\frac{1}{5}\div\frac{23}{5}=\frac{46}{5}\times\frac{5}{23}=2$

답 2시간

## p. 45

**19.** ① 무를 심고 남은 부분 → $\frac{4}{9}$

② 배추를 심은 부분 →

$\frac{4}{9}\times\frac{2}{3}=\frac{8}{27}$

③ $1-\left(\frac{5}{9}+\frac{8}{27}\right)=1-\frac{23}{27}$

$=\frac{4}{27}$ ← 답

**20.** 6학년 전체 학생 수 → A

❶ 체육을 좋아하는 학생을 제외한 학생 수 → $0.3\times A$

❷ 수학을 좋아하는 학생 수 →

$0.3\times A\times\frac{3}{4}=\frac{9}{40}\times A$

❸ $\frac{9}{40}\times A=36$

❹ $A=36\div\frac{9}{40}=36\times\frac{40}{9}=160$

답 160명

| 평가 요소 | 배점 |
|---|---|
| ①, ②, ③ 구하기 | 각 1점 |
| ④ 구하기 | 2점 |

**21.** ① 집에서 파출소까지의 거리 →

$\frac{3}{4}+0.6=0.75+0.6=1.35$

② 은행에서 도서관까지의 거리

→ $0.6+1.2=1.8$

③ $1.35\div1.8=0.75$

답 0.75배 또는 $\frac{3}{4}$배

**22.** ① 남은 철사 → $2.4-0.8=1.6$

② 정사각형의 한 변 →

$1.6\div4=0.4$

답 0.4 m 또는 $\frac{2}{5}$ m

**23.**

A B

$A=3\frac{4}{5}\times2.4=9.12\left(=9\frac{3}{25}\right)$

$B=1.6\times1\frac{2}{5}=2.24\left(=2\frac{6}{25}\right)$

$A+B=11.36$ (cm²)

답 11.36 cm² 또는 $11\frac{9}{25}$ cm²

**24.**

A B

$A=3.5\times3\frac{1}{5}\div2=3.5\times3.2\div2$

$=5.6\left(=5\frac{15}{25}\right)$

$B=2\frac{4}{5}\times1\frac{1}{5}\div2=2.8\times1.2\div2$

$=1.68\left(=1\frac{17}{25}\right)$

$A+B=7.28$ (cm²)

답 7.28 cm² 또는 $7\frac{7}{25}$ cm²

**25.** ① 사다리꼴의 넓이 →

$\left(2\frac{1}{2}+3.5\right)\times2\frac{3}{5}\div2$

$=6\times2.6\div2=7.8\left(=7\frac{16}{20}\right)$

② 삼각형의 넓이 →

$2\frac{1}{2}\times2\frac{3}{5}\div2$

$=2.5\times2.6\div2=3.25\left(=3\frac{5}{20}\right)$

③ $7.8-3.25=4.55$ (cm²)

답 4.55 cm² 또는 $4\frac{11}{20}$ cm²

**26.** ① 반원의 넓이 →

$5.5\times5.5\times3.14\div2$

$=47.4925$ (cm²)

② 삼각형의 넓이 →

$11\times5.5\div2=30.25$ (cm²)

③ $47.4925-30.25=17.2425$ (cm²)

답 17.2425 cm²

**27.** 아랫변의 길이 → A

❶ $\left(A+2\frac{3}{4}\right)\times\frac{5}{2}\times\frac{1}{2}=\frac{35}{4}$

❷ $\left(A+\frac{11}{4}\right)\times\frac{5}{4}=\frac{35}{4}$

❸ $A+\frac{11}{4}=\frac{35}{4}\times\frac{4}{5}=7$

❹ $A=7-\frac{11}{4}=\frac{17}{4}=4\frac{1}{4}$ (cm)

답 $4\frac{1}{4}$ cm 또는 4.25 cm

| 평가 요소 | 배점 |
|---|---|
| ① 세우기 | 2점 |
| ②, ③, ④ 계산하기 | 각 1점 |

## p. 46

**01.** $\left(\frac{23}{10}+\frac{15}{4}-\frac{17}{4}\right)\times\frac{25}{8}\times\frac{2}{3}$

$=\frac{36}{20}\times\frac{25}{8}\times\frac{2}{3}=\frac{15}{4}=3\frac{3}{4}$

답 $3\frac{3}{4}$ 또는 3.75

**02.** $\frac{7}{5}+\frac{3}{8}\times\frac{3}{5}-\frac{17}{20}\times\frac{4}{5}$

$=\frac{7}{5}+\frac{9}{40}-\frac{17}{25}=\frac{189}{200}$

답 $\frac{189}{200}$ 또는 0.945

**03.** $A=\frac{7}{4}\times\frac{3}{10}\div\frac{7}{4}=\frac{3}{10}$ (=0.3)

$B=\frac{3}{10}\times\frac{7}{4}\times\frac{2}{3}+\frac{1}{4}=\frac{6}{10}$ (=0.6)

$B-A=\frac{6}{10}-\frac{3}{10}=\frac{3}{10}$ (=0.3)

답 $\frac{3}{10}$ 또는 0.3

**04.** $A=\frac{1}{2}\times5\times\frac{3}{2}+2=5\frac{3}{4}$ (=5.75)

$B=\frac{18}{5}+\frac{2}{5}\times5\times6=15\frac{3}{5}$ (=15.6)

$B-A=14\frac{32}{20}-5\frac{15}{20}=9\frac{17}{20}$

답 $9\frac{17}{20}$ 또는 9.85

**05.** $C\div\frac{21}{10}=\frac{25}{18}$, $C=\frac{25}{18}\times\frac{21}{10}=\frac{35}{12}$

$B\times\frac{7}{2}=\frac{35}{12}$, $B=\frac{35}{12}\times\frac{2}{7}=\frac{5}{6}$

$A-\frac{1}{2}=\frac{5}{6}$, $A=\frac{5}{6}+\frac{1}{2}=1\frac{1}{3}$

답 **$A=1\frac{1}{3}$, $B=\frac{5}{6}$, $C=2\frac{11}{12}$**

**06.** ㉠ $\frac{5}{8}\div\frac{1}{4}=\frac{5}{8}\times4=\frac{5}{2}=2.5$

㉡ $\frac{7}{10}\div\left(\frac{15}{20}-\frac{11}{20}\right)$

$=\frac{7}{10}\div\frac{4}{20}=\frac{7}{10}\times5=\frac{7}{2}=3.5$

㉢ $\frac{39}{4}\div\frac{5}{2}-\frac{3}{\cancel{4}_2}\times\frac{\cancel{2}^1}{5}$

$=\frac{39}{\cancel{4}_2}\times\frac{\cancel{2}^1}{5}-\frac{3}{10}$

$=\frac{39}{10}-\frac{3}{10}=\frac{36}{10}=3.6$

답 ㉢, ㉡, ㉠

**07.** 어떤 수 → A

$\left(\frac{64}{5}-\frac{16}{5}\right)\times\frac{5}{3}=4\times A$

$\frac{48}{5}\times\frac{5}{3}=4\times A$, $16=4\times A$

$A=16\div4=4$ ← 답

**08.** 어떤 수 → A

① $\left(A-\frac{5}{2}\right)\times\frac{17}{5}=\frac{51}{10}$

$A-\frac{5}{2}=\frac{51}{10}\div\frac{17}{5}=\frac{51}{10}\times\frac{5}{17}$

$=\frac{3}{2}$

$A=\frac{3}{2}+\frac{5}{2}=4$

② 바른 답 →

$\left(4+\frac{5}{2}\right)\div\frac{17}{5}=\frac{13}{2}\times\frac{5}{17}=\frac{65}{34}$

$=1\frac{31}{34}$ ← 답

## p. 47

**09.** $A\div B=1.2$에서

$B=A\div1.2=A\times\frac{5}{6}$

$A\div C=\frac{12}{13}$에서

$C=A\div\frac{12}{13}=A\times\frac{13}{12}$

$B\div C=\left(A\times\frac{5}{6}\right)\div\left(A\times\frac{13}{12}\right)$

$=\frac{5}{6}\div\frac{13}{12}=\frac{5}{6}\times\frac{12}{13}$

$=\frac{10}{13}$ ← 답

**10.** ① 처음 삼각형의 넓이 →

$2.5\times4.4\div2=5.5$ (cm²)

② 나중 삼각형의 넓이 →

$(2.5+0.5)\times(4.4-0.4)\div2$

$=6$ (cm²)

③ $6-5.5=0.5$ (cm²)

답 0.5 cm² 또는 $\frac{1}{2}$ cm²

**11.** A

① 큰 직사각형의 넓이 →

$10.8\times6.5=70.2$ (cm²)

② A의 넓이 →

$4.4\times6.2=27.28$ (cm²)

③ $70.2-27.28=42.92$ (cm²)

답 42.92 cm² 또는 $42\frac{23}{25}$ cm²

**12.** A B

$A=(4.8+6.2)\times\frac{15}{4}\times\frac{1}{2}=\frac{165}{8}$

$B=\frac{15}{4}\times\frac{16}{5}\times\frac{1}{2}=6$

$A+B=20\frac{5}{8}+6=26\frac{5}{8}$ (cm²)

답 $26\frac{5}{8}$ cm² 또는 26.625 cm²

**13.**

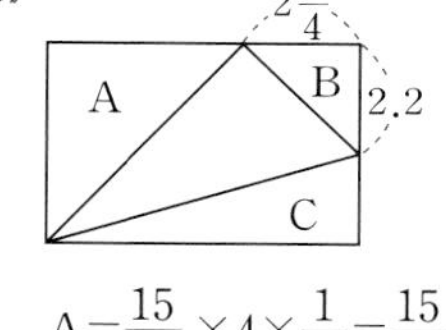


$A=\frac{15}{4}\times4\times\frac{1}{2}=\frac{15}{2}$

$B=\frac{9}{4}\times\frac{11}{5}\times\frac{1}{2}=\frac{99}{40}$

$C=6\times1.8\div2=5.4$

$A+B+C=\frac{300}{40}+\frac{99}{40}+\frac{216}{40}$

$=\frac{615}{40}=\frac{123}{8}$

답 $15\frac{3}{8}$ cm² 또는 15.375 cm²

**14.** ① 원의 넓이 →

$2.5\times2.5\times3.14=19.625$

② 마름모의 넓이 →

$5\times5\div2=12.5$

③ $19.625-12.5=7.125$

답 7.125 cm² 또는 $7\frac{1}{8}$ cm²

**15.**

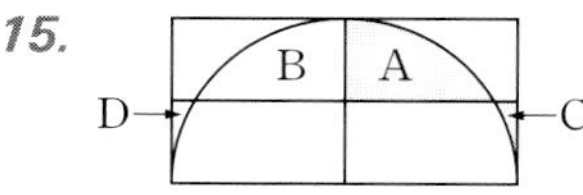


① A를 B로 옮기고, C를 D로 옮기면 색칠한 부분은 가로가 2.8 cm, 세로가 $3\frac{1}{5}$ cm인 직사각형이 됨

② $2.8\times3.2=8.96$

답 8.96 cm² 또는 $8\frac{24}{25}$ cm²

**16.** ❶ $A=B\times1\frac{3}{4}$

❷ $C=B\times1\frac{1}{4}$

❸ $28=B\times1\frac{3}{4}$

❹ $B=28\div1\frac{3}{4}=28\times\frac{4}{7}=16$

❺ $C=16\times1\frac{1}{4}=16\times\frac{5}{4}=20$

㉵ **B** → 16 자루, **C** → 20 자루

| 평가 요소 | 배점 |
|---|---|
| ③ 구하기 | 1점 |
| ④, ⑤ 구하기 | 각 2점 |

## p. 48

**17.** 동생의 키 → A m

$1.4+1\frac{3}{4}=3\times A$

$\frac{7}{5}+\frac{7}{4}=\frac{28}{20}+\frac{35}{20}=\frac{63}{20}$

$\frac{63}{20}=3\times A$

$A=\frac{63}{20}\div3=\frac{\overset{21}{\cancel{63}}}{20}\times\frac{1}{\underset{1}{\cancel{3}}}=\frac{21}{20}=1.05$

㉵ 1.05 **m** 또는 $1\frac{1}{20}$ **m**

**18.** ❶ 고추 → $73.2\times\frac{1}{6}=12.2$

❷ 양파 → $73.2\times\frac{2}{5}=29.28$

❸ 나머지 → 
$73.2-12.2-29.28=31.72$

❹ 배추 → $31.72\div2=15.86$

㉵ 15.86 $m^2$ 또는 $15\frac{43}{50}$ $m^2$

| 평가 요소 | 배점 |
|---|---|
| ①, ②, ③ 구하기 | 각 1점 |
| ④ 구하기 | 2점 |

**19.** $5.6\times\frac{1}{4}+4\frac{4}{5}\times\frac{3}{4}-0.08$

$=\frac{28}{5}\times\frac{1}{4}+\frac{24}{5}\times\frac{3}{4}-\frac{2}{25}$

$=\frac{7}{5}+\frac{18}{5}-\frac{2}{25}=4\frac{23}{25}$

㉵ $4\frac{23}{25}$ **m** 또는 4.92 **m**

**20.** ① 교실 청소 → $40\times\frac{3}{8}=15$

② 나머지 → $40-15=25$

③ 현관 청소 → $25\times0.2=5$

④ $40-15-5=20$ ㉵ 20명

**21.** ① (어머니)=(아버지)$\times\frac{4}{5}-4.1$

$=74.5\times\frac{4}{5}-4.1=55.5$

② (도희)$=55.5\times\frac{2}{3}+7.4=44.4$

㉵ 11.1 **kg** 또는 $11\frac{1}{10}$ **kg**

**22.** ❶ 공을 처음 떨어뜨린 높이를 A라고 하면

$A\times\frac{2}{5}\times\frac{2}{5}=20,\ A\times\frac{4}{25}=20$

$A=20\div\frac{4}{25}=20\times\frac{25}{4}$
$=125\ (cm)$

❷ 처음 튀어오른 높이 →

$125\times\frac{2}{5}=50\ (cm)$

❸ 공이 두 번째로 떨어진 높이 → 50 cm

❹ 두 번째로 튀어오른 높이 →

$50\times\frac{2}{5}=20\ (cm)$

❺ $125+50+50+20$
$=245\ (cm)=2.45(m)$

㉵ 2.45 **m**

| 평가 요소 | 배점 |
|---|---|
| ①, ②, ③, ④, ⑤ 구하기 | 각 1점 |

**23.** ❶ 처음 평행사변형의 밑변을 A, 높이를 H라고 하면, 넓이는 A×H임

❷ 나중 평행사변형의

밑변 → $A\times\frac{9}{10}$

높이 → $H\times\frac{5}{4}$

넓이 →

$A\times\frac{9}{10}\times H\times\frac{5}{4}=A\times H\times\frac{9}{8}$

❸ 두 평행사변형의 넓이의 차 →

$A\times H\times\frac{9}{8}-A\times H=45$

$A\times H\times\left(\frac{9}{8}-1\right)=45$

❹ $A\times H\times\frac{1}{8}=45$

$A\times H=45\times8=360$

㉵ 360 $cm^2$

| 평가 요소 | 배점 |
|---|---|
| ①, ②, ④ 계산하기 | 각 1점 |
| ③ 계산하기 | 2점 |

**24.** ❶ A철근 1 m의 무게 →

$4\frac{3}{8}\div5=\frac{35}{8}\times\frac{1}{5}=\frac{7}{8}$

❷ A철근 3.6 m의 무게 →

$\frac{7}{8}\times\frac{18}{5}=\frac{63}{20}$

❸ B철근 1 m의 무게 →

$8\frac{4}{5}\div8=\frac{44}{5}\times\frac{1}{8}=\frac{11}{10}$

❹ B철근 3.6 m의 무게 →

$\frac{11}{10}\times\frac{18}{5}=\frac{99}{25}$

❺ $\frac{99}{25}-\frac{63}{20}=\frac{81}{100}$ (kg)

㉵ $\frac{81}{100}$ **kg** 또는 0.81 **kg**

| 평가 요소 | 배점 |
|---|---|
| ①, ②, ③, ④, ⑤ 계산하기 | 각 1점 |

## p. 49

**01.** $7-\left(0.25+5\frac{1}{4}\div2\frac{1}{3}\right)\times1.2$

**02.** $7-\left(\frac{1}{4}+\frac{21}{4}\div\frac{7}{3}\right)\times\frac{6}{5}$

$=7-\left(\frac{1}{4}+\frac{\overset{3}{\cancel{21}}}{4}\times\frac{3}{\underset{1}{\cancel{7}}}\right)\times\frac{6}{5}$

$=7-\left(\frac{1}{4}+\frac{9}{4}\right)\times\frac{6}{5}$

$=7-\frac{\overset{1}{\cancel{5}}}{\underset{1}{\cancel{2}}}\times\frac{\overset{3}{\cancel{6}}}{\underset{1}{\cancel{5}}}=7-3=4$ ← ㉵

**03.** ③

**04.** $\frac{9}{5}\div\frac{9}{2}+\frac{3}{\underset{1}{\cancel{2}}}\times\overset{1}{\cancel{2}}=\frac{\overset{1}{\cancel{9}}}{5}\times\frac{2}{\underset{1}{\cancel{9}}}+3$

$=\frac{2}{5}+3=3\frac{2}{5}$

㉵ $3\frac{2}{5}$ 또는 3.4

**05.** $\frac{9}{5}\times\frac{10}{3}+4\times\frac{3}{2}-\frac{1}{2}$

$=6+6-\frac{1}{2}=11\frac{1}{2}$

㉵ $11\frac{1}{2}$ 또는 11.5

**06.** $\frac{5}{6}\times2+\frac{11}{9}\times\frac{3}{2}-\frac{2}{3}$

$=\frac{5}{3}+\frac{11}{6}-\frac{2}{3}=2\frac{5}{6}$ ← ㉵

**07.** $\frac{14}{3}\times\frac{3}{2}-\frac{3}{2}\times2=7-3=4$ ← ㉵

**08.** $\frac{9}{5}\times2+3\times\frac{14}{9}\times\frac{5}{7}$

$=\frac{18}{5}+\frac{10}{3}=\frac{104}{15}=6\frac{14}{15}$ ← 답

**09.** $\left(\frac{3}{2}+\frac{3}{4}\right)\times4\div\frac{9}{5}-\frac{15}{4}$

$=\frac{9}{4}\times4\times\frac{5}{9}-\frac{15}{4}$

$=5-\frac{15}{4}=\frac{5}{4}=1\frac{1}{4}$

답 $1\frac{1}{4}$ 또는 1.25

**10.** $(1.4-0.6)\div4+1.8\times2$

$=0.2+3.6=3.8$

답 3.8 또는 $3\frac{4}{5}$

**11.** $3.4\times5.5\div(0.2+0.3)-2.6$

$=3.4\times5.5\div0.5-2.6$

$=37.4-2.6=34.8$

답 34.8 또는 $34\frac{4}{5}$

**12.** $\frac{5}{2}\times\frac{13}{10}\times\frac{5}{2}+\frac{21}{8}=\frac{65}{8}+\frac{21}{8}$

$=\frac{86}{8}=\frac{43}{4}=10\frac{3}{4}$

답 $10\frac{3}{4}$ 또는 10.75

**13.** $7-6.8\times1.5\div(0.2+3.2)$

$=7-6.8\times1.5\div3.4$

$=7-10.2\div3.4=4$ ← 답

## p. 50

**14.** $A=2+\frac{24}{5}\times5-\frac{2}{5}\times\frac{13}{4}=26-\frac{13}{10}$

$=26-1.3=24.7$

$B=\frac{34}{5}\times5-\frac{2}{5}\times\frac{13}{4}$

$=34-1.3=32.7$ 답 $A<B$

**15.** $A=\frac{3}{4}\times\frac{8}{15}+\frac{3}{2}\times\frac{2}{5}-\frac{3}{5}$

$=\frac{2}{5}+\frac{3}{5}-\frac{3}{5}=\frac{2}{5}$

$B=\frac{25}{4}\times4\times\frac{6}{5}-29\frac{3}{4}$

$=30-29\frac{3}{4}=\frac{1}{4}$ 답 $A>B$

**16.** $\frac{5}{2}\times\frac{4}{5}\div\left(\frac{5}{2}-A\right)=4\frac{1}{3}-1\frac{2}{3}$

$2\div\left(\frac{5}{2}-A\right)=2\frac{2}{3}$

$\frac{5}{2}-A=2\div2\frac{2}{3}=2\times\frac{3}{8}=\frac{3}{4}$

$\frac{5}{2}-A=\frac{3}{4}$, $A=\frac{5}{2}-\frac{3}{4}=\frac{7}{4}=1\frac{3}{4}$

답 $1\frac{3}{4}$ 또는 1.75

**17.** $A\times\frac{5}{4}\times3.5+\frac{7}{4}=7$

$A\times\frac{5}{4}\times\frac{7}{2}=7-\frac{7}{4}=\frac{21}{4}$

$A\times\frac{35}{8}=\frac{21}{4}$

$A=\frac{21}{4}\times\frac{8}{35}=\frac{6}{5}$

답 $1\frac{1}{5}$ 또는 1.2

**18.** 다음 세 식 중에서 찾음

$\left(1\frac{3}{7}+\frac{3}{4}\right)$, $\left(\frac{3}{4}-\frac{2}{5}\right)$,

$\left(1\frac{3}{7}+\frac{3}{4}-\frac{2}{5}\right)$ 답 $\left(\frac{3}{4}-\frac{2}{5}\right)$

**19.** 다음 세 식 중에서 찾음

$\left(2\frac{1}{3}+4\frac{2}{5}\right)$, $\left(4\frac{2}{5}-2.4\right)$,

$\left(2\frac{1}{3}+4\frac{2}{5}-2.4\right)$

답 $\left(4\frac{2}{5}-2.4\right)$

**20.** 다음 세 식 중에서 찾음

$\left(1\frac{4}{5}+1\frac{2}{5}\right)$, $\left(1\frac{2}{5}-0.5\right)$,

$\left(1\frac{4}{5}+1\frac{2}{5}-0.5\right)$

답 $\left(1\frac{2}{5}-0.5\right)$

**21.** ① 1 kg의 값 → $8000\div2.5=3200$

② $3200\times\frac{8}{5}=5120$ 답 5120원

**22.** 어떤 수 → A

① $A\div\frac{2}{5}=0.8\cdots0.125$

$A=\frac{2}{5}\times\frac{4}{5}+\frac{1}{8}=\frac{8}{25}+\frac{1}{8}$

$=\frac{89}{200}$

② $\frac{89}{200}\div\frac{3}{8}=\frac{89}{200}\times\frac{8}{3}=\frac{89}{75}$

$=1\frac{14}{75}$ ← 답

**23.** 어떤 수 → A

① $A\times3\frac{3}{4}=3\frac{1}{8}$

$A=\frac{25}{8}\div\frac{15}{4}=\frac{25}{8}\times\frac{4}{15}=\frac{5}{6}$

② 바른 답 →

$\frac{5}{6}\div\frac{15}{4}=\frac{5}{6}\times\frac{4}{15}=\frac{2}{9}$ ← 답

## p. 51

**24.** 처음 높이 → H

$H\times\frac{3}{4}\times\frac{3}{4}=\frac{18}{5}$, $H\times\frac{9}{16}=\frac{18}{5}$

$H=\frac{18}{5}\div\frac{9}{16}=\frac{18}{5}\times\frac{16}{9}=\frac{32}{5}$

$=6\frac{2}{5}=6.4$

답 6.4 m 또는 $6\frac{2}{5}$ m

**25.** 처음 양초의 길이 → A

❶ 1분 동안 타는 길이 →
$1.6\div2.5=0.64$

❷ 20분 동안 탄 길이 →
$0.64\times20=12.8$

❸ 20분 동안 탄 길이가 처음 길이의 $\frac{2}{5}$이므로 길이는 $\frac{2}{5}\times A$임

❹ $\frac{2}{5}\times A=12.8$, $A=12.8\times\frac{5}{2}=32$

답 32 cm

| 평가 요소 | 배점 |
|---|---|
| ①, ②, ③ 계산하기 | 각 1점 |
| ④ 계산하기 | 2점 |

**26.** 밭의 넓이 → A

❶ 배추를 심은 밭의 넓이 →
$\frac{2}{3}\times A$

❷ 무를 심은 밭의 넓이 →
$\frac{1}{3}\times A\times\frac{1}{2}=\frac{1}{6}\times A$

❸ 배추와 무를 심은 밭의 넓이
→ $\frac{2}{3}\times A+\frac{1}{6}\times A=\frac{5}{6}\times A$

❹ 아무 것도 심지 않은 밭의 넓이 → $\frac{1}{6}\times A$

❺ $\left(\frac{1}{6}\times A\right)\div\left(\frac{2}{3}\times A\right)$

$=\frac{1}{6}\times\frac{3}{2}=\frac{1}{4}$ 답 $\frac{1}{4}$배

| 평가 요소 | 배점 |
|---|---|
| ②, ③, ④ 계산하기 | 각 1점 |
| ⑤ 계산하기 | 2점 |

**27.** 올해 수확한 감자의 양 → A

❶ 판 감자의 양 → $\frac{9}{16}\times A$

❷ 큰댁에 드린 감자의 양 →

$\frac{7}{16}\times A\times\frac{3}{7}=\frac{3}{16}\times A$

❸ 판 것과 큰댁에 드린 것 →

$\frac{9}{16}\times A+\frac{3}{16}\times A$

$=\frac{12}{16}\times A=\frac{3}{4}\times A$

❹ 남은 감자의 양 → $\frac{1}{4}\times A$

$\frac{1}{4}\times A=52.5$

$A=52.5\times4=210$ ㊐ 210 kg

| 평가 요소 | 배점 |
|---|---|
| ①, ②, ④ 계산하기 | 각 1점 |
| ③ 계산하기 | 2점 |

**28.** 짧은 끈의 길이 → A

① 자르고 남은 끈의 길이 → 3.6

② $A\times1\frac{4}{5}=3.6$, $A\times\frac{9}{5}=\frac{18}{5}$

$A=\frac{18}{5}\times\frac{5}{9}=2$ ㊐ 2 m

**29.** ① 1시간 동안 가는 거리 →

$85\frac{1}{4}\div1\frac{1}{4}=\frac{341}{4}\times\frac{4}{5}=\frac{341}{5}$

② $375.1\div\frac{341}{5}=375.1\times\frac{5}{341}=5.5$

㊐ 5시간 30분

**30.** ① 먹고 남은 포도의 양 →

$9\frac{2}{3}-1\frac{1}{2}=8\frac{1}{6}$

② $8\frac{1}{6}\div1\frac{1}{6}=\frac{49}{6}\times\frac{6}{7}=7$

㊐ 7명

**31.**

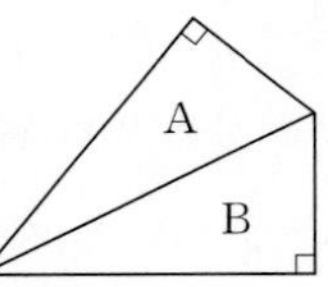


$A=12.8\times5.9\div2=37.76$

$B=13.6\times6.4\div2=43.52$

$A+B=81.28$

㊐ 81.28 m² 또는 $81\frac{7}{25}$ m²

**32.**

8.25, $3\frac{1}{6}$, $10\frac{2}{3}$, A, B, 14.25

(큰 직사각형)−(검은 부분)

$=14\frac{1}{4}\times10\frac{2}{3}-8\frac{1}{4}\times3\frac{1}{6}$

$=\frac{57}{4}\times\frac{32}{3}-\frac{33}{4}\times\frac{19}{6}$

$=152-\frac{209}{8}=125\frac{7}{8}$

㊐ $125\frac{7}{8}$ cm²

## p. 52

**01.** $1.5-\frac{1}{4}\times\frac{6}{5}+(4.5-1.9)\div0.4$

$=1.5-0.3+2.6\div0.4=1.2+6.5$

$=7.7$ ㊐ 7.7 또는 $7\frac{7}{10}$

**02.** $\frac{21}{20}\times\frac{10}{3}+\frac{12}{25}\times\left(\frac{5}{4}-\frac{3}{4}\right)\times\frac{1}{6}$

$=\frac{7}{2}+\frac{12}{25}\times\frac{1}{2}\times\frac{1}{6}=3.5+0.04$

$=3.54$ ㊐ 3.54 또는 $3\frac{27}{50}$

**03.** $\left(\frac{182}{10}-\frac{314}{100}\times5\right)-\frac{1}{2}\times\left(\frac{5}{4}-\frac{4}{5}\right)$

$=\left(\frac{182}{10}-\frac{157}{10}\right)-\frac{1}{2}\times\frac{9}{20}$

$=\frac{25}{10}-\frac{9}{40}=\frac{91}{40}=2\frac{11}{40}$

㊐ $2\frac{11}{40}$ 또는 2.275

**04.** $(2.25+1.5)-\frac{5}{4}\times\frac{3}{10}$

$=3\frac{3}{4}-\frac{3}{8}=3\frac{3}{8}$

㊐ $3\frac{3}{8}$ 또는 3.375

**05.** $A=\frac{7}{3}-\left(\frac{8}{5}+\frac{1}{2}\right)\times\frac{3}{14}\div\frac{3}{10}$

$=\frac{7}{3}-\frac{\overset{3}{\cancel{21}}}{\underset{1}{\cancel{10}}}\times\frac{\overset{1}{\cancel{3}}}{\underset{2}{\cancel{14}}}\times\frac{\overset{1}{\cancel{10}}}{\underset{1}{\cancel{3}}}$

$=\frac{7}{3}-\frac{3}{2}=\frac{5}{6}$

$B=\frac{10}{9}\div\left(\frac{\overset{2}{\cancel{4}}}{\underset{1}{\cancel{3}}}\times\frac{\overset{1}{\cancel{3}}}{\underset{1}{\cancel{2}}}-\frac{5}{6}\right)\times\frac{7}{10}$

$=\frac{10}{9}\div\left(2-\frac{5}{6}\right)\times\frac{7}{10}$

$=\frac{10}{9}\div\frac{7}{6}\times\frac{7}{10}$

$=\frac{\overset{1}{\cancel{10}}}{\underset{3}{\cancel{9}}}\times\frac{\overset{2}{\cancel{6}}}{\underset{1}{\cancel{7}}}\times\frac{\overset{1}{\cancel{7}}}{\underset{1}{\cancel{10}}}=\frac{2}{3}$ ㊐ A>B

**06.** $\left(\frac{9}{4}+A\right)\times\frac{2}{3}\times\frac{34}{5}=4.56+7$

$\left(\frac{9}{4}+A\right)\times\frac{68}{15}=11.56$

$\frac{9}{4}+A=\frac{\overset{17}{\cancel{1156}}}{\underset{20}{\cancel{100}}}\times\frac{\overset{3}{\cancel{15}}}{\underset{1}{\cancel{68}}}=\frac{51}{20}$

$A=\frac{51}{20}-\frac{9}{4}=\frac{6}{20}=\frac{3}{10}$

㊐ $\frac{3}{10}$ 또는 0.3

**07.** $\left(\frac{2}{5}\times A+\frac{1}{3}\right)\times\frac{5}{11}\times\frac{3}{4}=0.6+0.6$

$\left(\frac{2}{5}\times A+\frac{1}{3}\right)\times\frac{15}{44}=1.2$

$\frac{2}{5}\times A+\frac{1}{3}=\frac{6}{5}\times\frac{44}{15}=\frac{88}{25}$

$\frac{2}{5}\times A=\frac{88}{25}-\frac{1}{3}=\frac{239}{75}$

$A=\frac{239}{75}\times\frac{5}{2}=\frac{239}{30}=7\frac{29}{30}$ ← ㊐

**08.** $\left(\frac{3}{4}-\frac{3}{5}\right)$

**09.** $\left(\frac{4}{5}-0.4\right)$

**10.** $\left(0.5+\frac{3}{5}\right)$

## p. 53

**11.** 어떤 수 → A

$(A\times0.2-1.8)\div3\frac{3}{8}=\frac{2}{15}$

$A\times\frac{1}{5}-\frac{9}{5}=\frac{2}{15}\times\frac{27}{8}=\frac{9}{20}$

$A\times\frac{1}{5}=\frac{9}{20}+\frac{9}{5}=\frac{45}{20}=\frac{9}{4}$

$A=\frac{9}{4}\div\frac{1}{5}=\frac{9}{4}\times5=\frac{45}{4}=11\frac{1}{4}$

㊐ $11\frac{1}{4}$ 또는 11.25

**12.** 어떤 수 → A

$\left(4.8+2\frac{2}{5}\right)\div1\frac{2}{3}=A\times\frac{3}{4}$

$\frac{36}{5}\times\frac{3}{5}=A\times\frac{3}{4}$, $\frac{108}{25}=A\times\frac{3}{4}$

$A=\frac{108}{25}\div\frac{3}{4}=\frac{108}{25}\times\frac{4}{3}$

$=\frac{144}{25}=5\frac{19}{25}$

㊐ $5\frac{19}{25}$ 또는 5.76

**13.** 어떤 수 → A

❶ $(A-0.25)\div1\frac{3}{4}\times0.3=\frac{27}{70}$

❷ $\left(A-\frac{1}{4}\right)\times\frac{4}{7}\times\frac{3}{10}=\frac{27}{70}$

❸ $A-\frac{1}{4}=\frac{27}{70}\div\frac{6}{35}=\frac{27}{70}\times\frac{35}{6}$

$=\frac{9}{4}$

❹ $A=\frac{9}{4}+\frac{1}{4}=\frac{5}{2}$

❺ 바른 답 →

$\left(\frac{5}{2}+\frac{1}{4}\right)\times1\frac{3}{4}\div\frac{3}{10}$

$=\frac{11}{4}\times\frac{7}{4}\times\frac{10}{3}=\frac{385}{24}$

$=16\frac{1}{24}$ ←[답]

| 평가 요소 | 배점 |
|---|---|
| ②, ③, ④ 계산하기 | 각 1점 |
| ⑤ 계산하기 | 2점 |

**14.** ① 집 → 우체국 → 역까지의 거리

→ $\frac{1}{2}+1.5=2$

② 집 → 우체국 → 학교까지의 거리 → $\frac{1}{2}+1.1=1.6$

③ $2\div1.6=1.25$

[답] 1.25배 또는 $1\frac{1}{4}$배

**15.** A → $2.5\times\frac{1}{5}=0.5$

B → $0.5\times2.1+0.3=1.35$

C → $1.35\times0.8=1.08$

A+B+C →

$0.5+1.35+1.08=2.93$

[답] 2.93 L 또는 $2\frac{93}{100}$ L

**16.** ① 주스 2병의 양 → 3.6

② 친구들에게 주고 남은 양 →

$3.6\times\frac{1}{4}=0.9$

③ $0.9\div0.4=2\cdots0.1$

[답] 0.1 L 또는 $\frac{1}{10}$ L

**17.** 한 개의 길이 → A

❶ 테이프 36개의 길이 → 36×A

❷ 겹친 부분의 길이 →

$\frac{12}{25}\times35=\frac{84}{5}$

❸ $36\times A-\frac{84}{5}=856\frac{1}{5}$

❹ $36\times A=\frac{4281}{5}+\frac{84}{5}=\frac{4365}{5}$

$=873$

❺ $A=873\div36=24.25$

[답] 24.25 cm 또는 $24\frac{1}{4}$ cm

| 평가 요소 | 배점 |
|---|---|
| ①, ③, ⑤ 계산하기 | 각 1점 |
| ④ 계산하기 | 2점 |

**18.** ① 종철이가 가진 양 →

$2\frac{1}{2}\times\frac{1}{2}=\frac{5}{4}$

② 홍식이가 가진 양 →

$\left(5.4-1\frac{1}{5}\right)\times\frac{1}{4}=4.2\times\frac{1}{4}$

$=\frac{21}{5}\times\frac{1}{4}=\frac{21}{20}$

③ $\frac{5}{4}\div\frac{21}{20}=\frac{5}{4}\times\frac{20}{21}=\frac{25}{21}=1\frac{4}{21}$

[답] $1\frac{4}{21}$배

## p. 54

**19.** ① 월요일에 읽은 양 →

$300\times\frac{1}{6}=50$

② 화요일에 읽은 양 →

$250\times\frac{3}{5}=150$

③ 오늘 읽은 양 → $300\times\frac{1}{4}=75$

④ $300-(50+150+75)=25$

[답] 25쪽

**20.** ① 지난 달에 찾은 돈 →

$67500\times\frac{2}{9}=15000$

② 이 달에 찾은 돈 →

$67500-(15000+31500)=21000$

③ $21000\div52500=0.4$ [답] 4

**21.** 처음 양초의 길이 → A

❶ 1분 동안 탄 길이 →

$0.42\div1\frac{3}{4}=\frac{21}{50}\times\frac{4}{7}=\frac{6}{25}$

❷ 4분 50초 동안 탄 길이 →

· $\frac{6}{25}\times4\frac{5}{6}=\frac{6}{25}\times\frac{29}{6}=\frac{29}{25}$

· $\frac{1}{15}\times A$

❸ $\frac{1}{15}\times A=\frac{29}{25}$

$A=\frac{29}{25}\times15=\frac{87}{5}=17.4$

[답] 17.4 cm 또는 $17\frac{2}{5}$ cm

| 평가 요소 | 배점 |
|---|---|
| ① 계산하기 | 1점 |
| ②, ③ 계산하기 | 각 2점 |

**22.** 봉지의 개수 → A

$12\times2.25+0.9\times A=50\frac{2}{5}$

$27+0.9\times A=50.4$

$0.9\times A=50.4-27=23.4$

$A=23.4\div0.9=26$ [답] 26개

**23.** $6\frac{1}{3}\times\frac{32}{5}=\frac{19}{3}\times\frac{32}{5}=\frac{608}{15}$

$=40\frac{8}{15}$ [답] $40\frac{8}{15}$ $cm^2$

**24.** ① 평행사변형의 넓이 →

$\left(2\frac{2}{5}+5.6\right)\times3.25=26$

② 삼각형의 넓이 →

$2\frac{2}{5}\times3.25\times\frac{1}{2}=3.9$

③ $26-3.9=22.1$

[답] 22.1 $cm^2$ 또는 $22\frac{1}{10}$ $cm^2$

**25.** ① 원의 넓이 →

$4.5\times4.5\times3.14=63.585$

② 마름모의 넓이 →

$9\times9\div2=40.5$

③ $63.585-40.5=23.085$

[답] 23.085 $cm^2$ 또는 $23\frac{17}{200}$ $cm^2$

**26.** ① 직사각형의 넓이 →

$\frac{13}{2}\times\frac{16}{3}=\frac{104}{3}$

② 왼쪽 삼각형의 넓이 →

$5\frac{1}{3}\times\left(6.5-3\frac{3}{5}\right)\times\frac{1}{2}=\frac{116}{15}$

③ 오른쪽 삼각형의 넓이 →

$6.5\times\left(5\frac{1}{3}-2.4\right)\times\frac{1}{2}=\frac{143}{15}$

④ $\frac{104}{3}-\frac{116}{15}-\frac{143}{15}=\frac{261}{15}=\frac{87}{5}$

$=17\frac{2}{5}$

[답] $17\frac{2}{5}$ $cm^2$ 또는 17.4 $cm^2$

**27.** ① 사다리꼴의 넓이 →

$\left(13\frac{1}{2}+8\frac{1}{4}\right)\times2.4\div2=26.1$

② 직사각형의 넓이 →

$8\frac{1}{4}\times3.6=29.7$

③ $26.1+29.7=55.8$

[답] 55.8 $cm^2$ 또는 $55\frac{4}{5}$ $cm^2$

**28.**

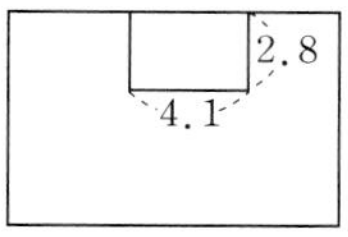


① 큰 직사각형의 넓이 →

$7\frac{3}{5}\times11.5=87.4$

② 작은 직사각형의 넓이 →

$4.1\times2.8=11.48$

③ $87.4-11.48=75.92$

[답] 75.92 $cm^2$ 또는 $75\frac{23}{25}$ $cm^2$

# 2. 원기둥과 원뿔

## p. 56

**01.** 같습니다.

**02.** 같습니다.

**03.** 평행입니다.

**04.** 2, 2

**05.** ① 위와 아래에 있는 면의 모양과 크기가 각각 같습니다.

② 위와 아래에 있는 면이 각각 평행입니다.

③ 밑면의 수가 모두 2개입니다.

**06.** 가, 나

**07.** 가, 나

**08.** ① 가는 밑면이 직사각형이고, 나는 밑면이 원입니다.

② 가는 옆면이 직사각형이고, 나는 옆면이 곡면입니다.

**09.** 가, 마

## p. 57

**10.** ①, ⑥

**11.**

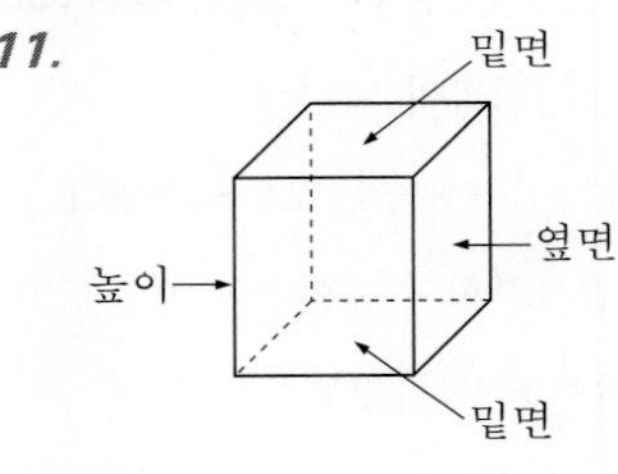


**12.**

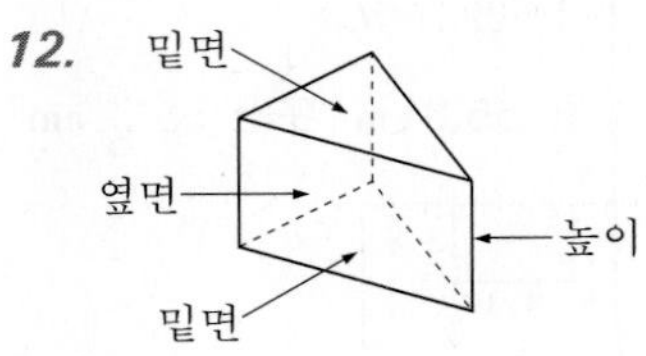


**13.** 밑면

**14.** 옆면

**15.** 높이

**16.**

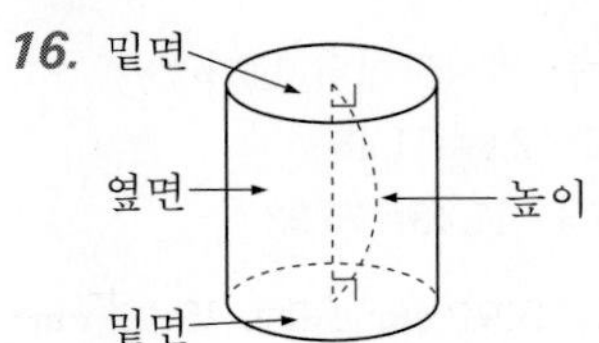


**17.** 합동

**18.** 같습니다.

**19.** 평행

## p. 58

**01.** 가

**02.**

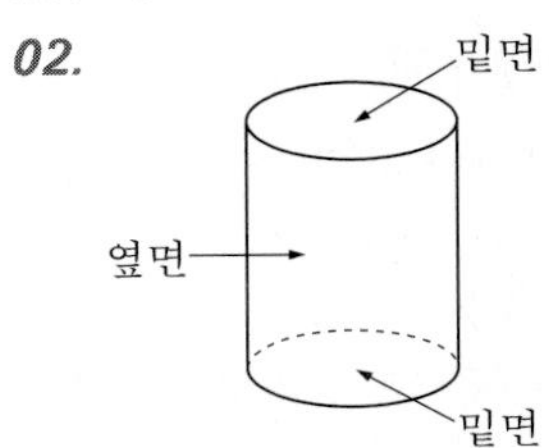


**03.**

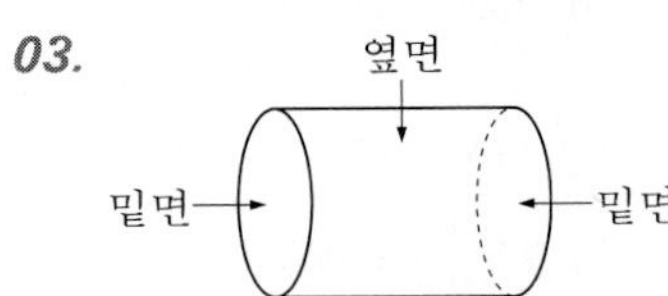


**04.** ①

**05.** ③

**06.** 8 cm

**07.**

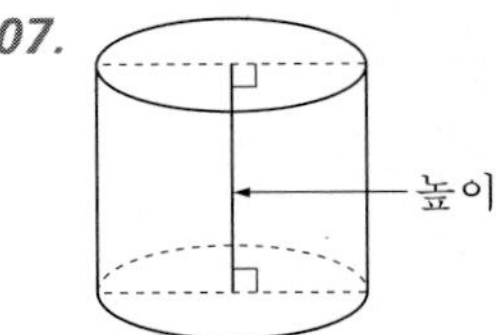


**08.**

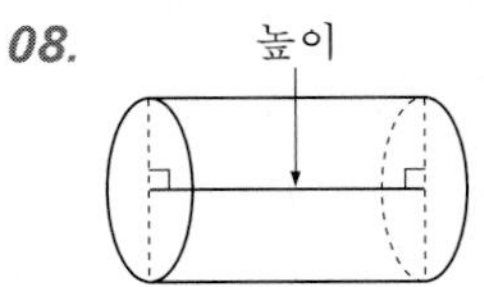


## p. 59

**09.**

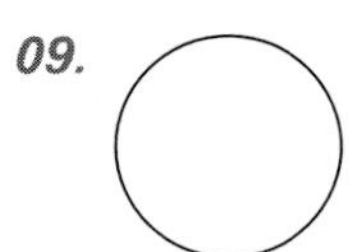

**10.** 원

**11.**

**12.** 직사각형

**13.** 2개

**14.** 1개

**15.**

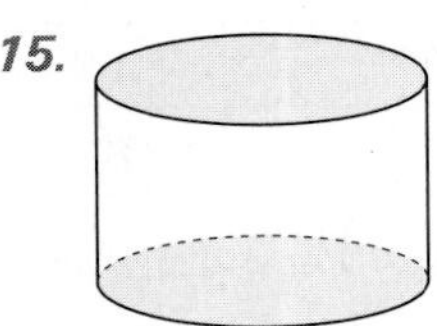

**16.** 합동입니다.

**17.** 두 밑면이 합동이 아니기 때문입니다.

**18.** ① 위쪽에 있는 면이 원이 아니기 때문입니다.

② 위와 아래에 있는 면이 평행이 아니기 때문입니다.

**19.** ① 두 밑면이 원이 아닙니다.

② 옆면이 곡면(굽은 면)이 아닙니다.

**20.** 원기둥인 것 ➡ 나

가 ➡ 밑면이 1개입니다.

다 ➡ 두 밑면이 합동이 아닙니다.

## p. 60

**01.** 밑면

**02.** 원, 2

**03.** 옆면

**04.** 직사각형

**05.** AD, BC

**06.** AB, CD

**07.**

**08.** 원, 2개

**09.**

## p. 61

*10.* 밑면의 둘레의 길이
*11.* 원기둥의 높이
*12.* 15 cm
*13.* 314 cm
*14.* ① 밑면 ② 높이 ③ 옆면 ④ 밑면
*15.* 15
*16.* ② 2×4×3.14=25.12 (cm)
답 ① **4 cm** ② **25.12 cm**
*17.* 가로 ➡ 2×5×3.14=31.4 (cm)
세로 ➡ 14 cm
31.4−14=17.4 (cm)
답 **17.4 cm**
*18.* ① ➡ 두 밑면이 합동이 아니므로 원기둥의 전개도가 아닙니다.
② ➡ 옆면이 직사각형이 아니므로 원기둥의 전개도가 아닙니다.
④ ➡ 두 밑면이 겹치므로 원기둥의 전개도가 아닙니다.

## p. 62

*01.* 각뿔
*02.* 밑면 ➡ 가는 원이고 나는 다각형입니다.
옆면 ➡ 가는 곡면(굽은 면)이고 나는 삼각형입니다.
*03.* 원뿔
*04.* ②, ④
*05.* ①, ⑤
*06.* ① 꼭짓점
② 각뿔의 꼭짓점
③ 모서리 ④ 옆면
⑤ 밑면 ⑥ 높이
*07.* 밑면
*08.* 옆면
*09.* 원뿔의 꼭짓점

## p. 63

*10.* 모선
*11.* 높이
*12.*

| | 원뿔 | 각뿔 |
|---|---|---|
| 밑면 | 원 | 다각형 |
| 옆면 | 곡면 | 삼각형 |

*13.* · 원뿔의 모선 ➡ 원뿔의 꼭짓점과 밑면인 원 둘레의 한 점을 이은 선분
· 각뿔의 모서리 ➡ 면과 면이 만나는 선
*14.* 원
*15.* 원
*16.* 2, 1
*17.* 곡면
*18.* 기둥 모양, 뿔 모양
*19.* ① 옆면이 곡면입니다.
② 밑면은 원 모양입니다.
*20.* 가는 밑면이 2개이지만 나는 밑면이 1개입니다.(가는 평행이고 합동인 원이 2개 있지만 나는 원이 1개 있습니다.)

## p. 64

*01.* 밑면이 원입니다.
*02.* 밑면이 1개인 것과, 밑면이 2개인 것으로 분류하였습니다.
(밑면이 1개 → 가, 라,
밑면이 2개 → 나, 다)
*03.* 원뿔, 원기둥
*04.* ②
*05.* ③
*06.* ①
*07.* ① 원뿔의 꼭짓점 ② 모선
③ 높이 ④ 옆면
⑤ 밑면
*08.* 밑면의 지름
*09.* 높이
*10.* 모선의 길이

## p. 65

*11.* 40
*12.* 32
*13.* 48
*14.* 원
*15.* 선분 AB, 선분 AC
*16.* 5 cm
*17.* 선분 AD
*18.* 12 cm
*19.* 10 cm
*20.* 8 cm
*21.* 13−9=4 (cm) 답 **4 cm**
*22.* 10−8=2 (cm) 답 **2 cm**
*23.* ②, ④

## p. 66

*01.* ⑥
*02.* ③
*03.* ①
*04.* 원기둥
*05.* 예 ① 밑면이 원이 아닙니다.
② 옆면이 곡면이 아닙니다.
*06.* ①, ⑥
*07.* ①−④, ①−⑤, ①−⑥, ②−④, ②−⑤, ②−⑥, ③−④, ③−⑤, ③−⑥
*08.* 62.8 cm

## p. 67

*09.* 7 cm
*10.* **376.8 cm²** 〔25.12×15=376.8〕
*11.* ③
*12.* 원뿔
*13.* 모선 ➡ 25 cm, 높이 ➡ 20 cm, 지름 ➡ 30 cm
*14.* ①, ②, ③, ④
*15.* **4개** 〔선분 AB, AC, AG, AF〕
*16.* **480 cm²** 〔20×24=480 (cm²)〕
*17.* **12 cm²** 〔6×4÷2=12 (cm²)〕
*18.* 예 ① 밑면이 원이 아닙니다.
② 옆면이 곡면이 아닙니다.

## p. 68

**01.** ④

**02.** ④, ⑤

**03.** 100 $cm^2$ 〔$10\times10=100$ ($cm^2$)〕

**04.** 원기둥, 9 cm

**05.** $31.4\times11=345.4$ ($cm^2$)

답 345.4 $cm^2$

**06.** $471\div15=31.4$ (cm)

답 31.4 cm

**07.** $(20+12)\times2=64$ (cm)

답 64 cm

**08.** $30\times3.14\times44=4144.8$

답 4144.8 $cm^2$

**09.** ❶ 한 바퀴 굴릴 때의 넓이 → $4710\div3=1570$ ($cm^2$)

❷ 옆면의 넓이가 1570 $cm^2$이므로 옆면의 가로는 $1570\div50=31.4$ (cm)

❸ 밑면의 둘레 → 31.4 (cm)

| 평가 요소 | 배점 |
|---|---|
| ①, ② 구하기 | 각 2점 |
| ③ 구하기 | 1점 |

## p. 69

**10.**

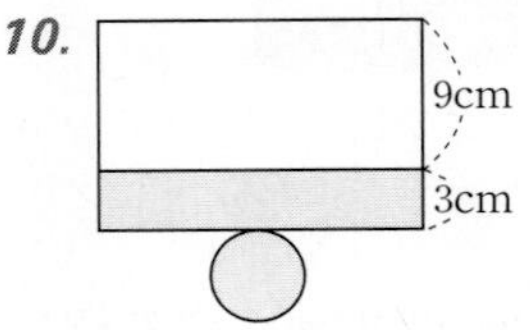


**11.** 높이를 C라고 하면

① A의 넓이 → $10\times C$

② B의 넓이 → $16\times C$

③ A : B → $(10\times C):(16\times C)$
$=10:16=5:8$

답 A : B → 5 : 8

**12.** ❶ 직사각형의 가로의 길이 → $788\div20=39.4$ (cm)

❷ 직사각형 종이로 원기둥을 1번 감고 8 cm 남았으므로 1번 감은 가로의 길이는 $39.4-8=31.4$ (cm)

❸ 원기둥의 밑면의 둘레의 길이 → 31.4 cm 답 31.4 cm

| 평가 요소 | 배점 |
|---|---|
| ①, ② 구하기 | 각 2점 |
| ③ 구하기 | 1점 |

**13.**

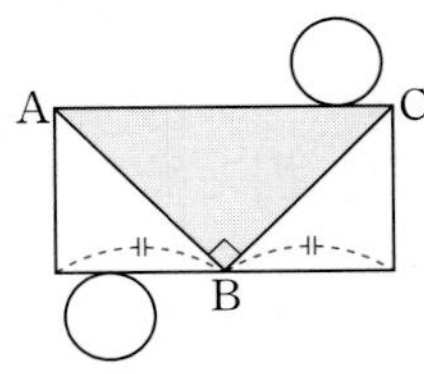


① 색칠한 부분은 직각이등변삼각형이므로 선분 AB의 길이와 BC의 길이가 같음

② 선분 AB, 선분 BC의 길이를 L이라 하면
$L\times L\div2=50$
$L\times L=100$ → $L=10$ (cm)

답 10 cm

**14.** ①, ②, ③, ④, ⑤, ⑥

**15.**

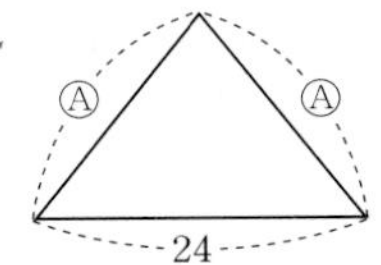


Ⓐ+Ⓐ+24=64
Ⓐ+Ⓐ=40
Ⓐ=20 (cm) 답 20 cm

**16.** ① 원의 지름의 길이를 R라고 하면 $R+13+13=36$, $R=10$ (cm)

② 넓이 → $10\times12\div2=60$ ($cm^2$)

답 60 $cm^2$

**17.** 15 cm

**18.** 예 ① 가로가 10 cm, 세로가 8 cm인 직사각형의 넓이 → $10\times8=80$ ($cm^2$)

② 밑변이 10 cm, 높이가 8 cm인 삼각형의 넓이 → $10\times8\div2=40$ ($cm^2$)

답 원기둥 : 원뿔 → 2 : 1

## p. 70

**01.** 예 항아리, 화분, 꽃병, 도자기, 밥그릇

**02.**

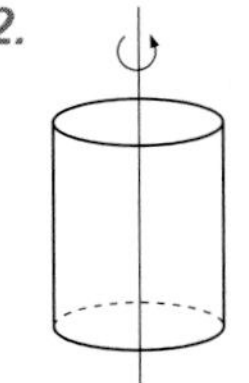

**03.** 원기둥

**04.**

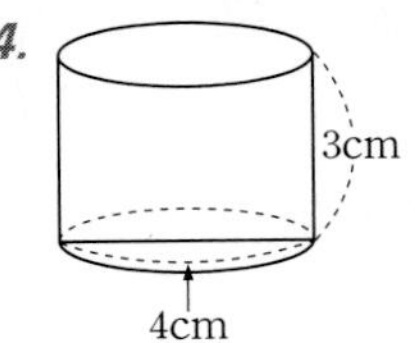


**05.**

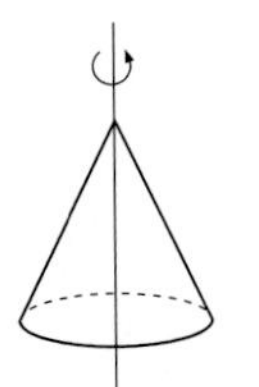

**06.** 원뿔

**07.**

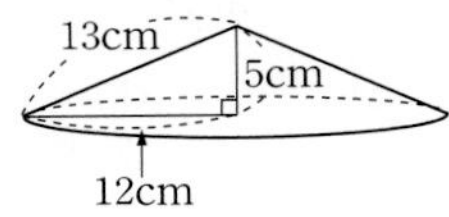


## p. 71

**08.**

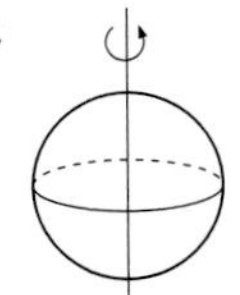

**09.** 구

**10.** ① 반원의 중심 ② 회전축
③ 구의 중심 ④ 구의 반지름

**11.** ③, ④, ⑥

**12.** 8 cm

**13.** 높이

**14.** 모선

**15.** 밑면의 반지름

## p. 72

**16.** 선분 AB, 선분 DC

**17.** 선분 AD, 선분 BC

**18.**

**19.**

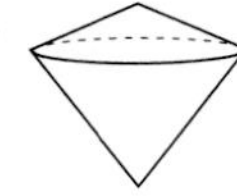

**20.**

**21.** ③
**22.** ①
**23.** ④
**24.** ②
**25.** ⑥
**26.** ⑤

## p. 73

**01.** ②, ③, ④, ⑥
**02.** ②, ③, ④
**03.** 회전축
**04.**

**05.**

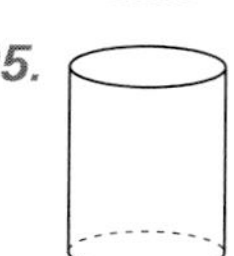

**06.**

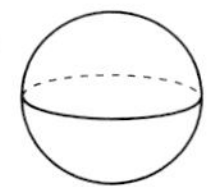

**07.**

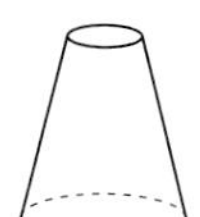

**08.**

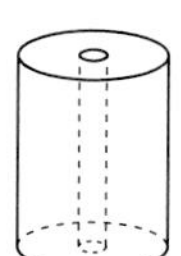

**09.**

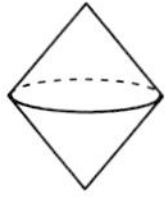

## p. 74

**10.**

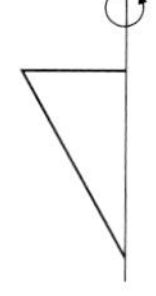

**11.**

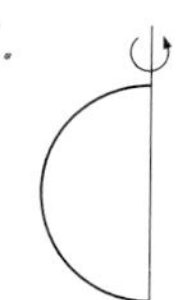

**12.**

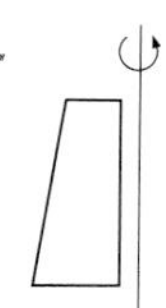

**13.**

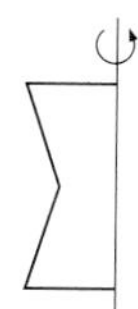

**14.**

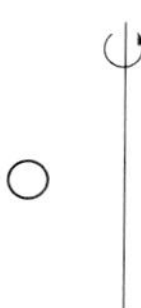

**15.**

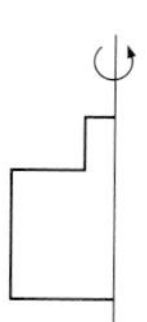

**16.**

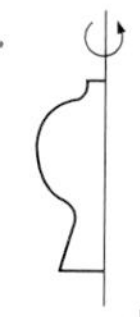

**17.**

**18.**

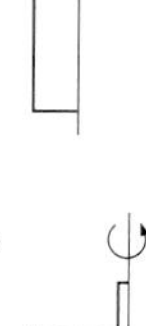

**19.**

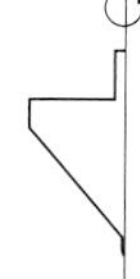

**20.** ④
**21.** ③
**22.** ②
**23.** ①

## p. 75

**24.** ④
**25.** ③
**26.** ①
**27.** ②
**28.** ⑤
**29.** ⑦
**30.** ⑥
**31.**

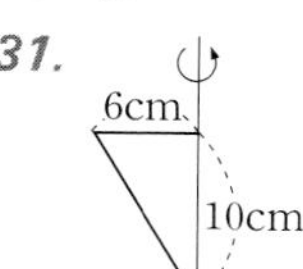


**32.**

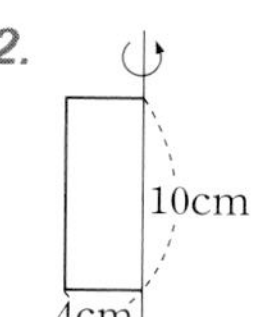


**33.**

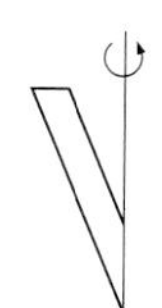

**34.** 가로가 5 cm, 세로가 20 cm인 직사각형을 세로를 회전축으로 하여 1회전한 것임.
$5\times20=100\,(cm^2)$ 답 **100 cm²**

**35.** 밑변이 5 cm, 높이가 12 cm인 직각삼각형을 높이를 회전축으로 하여 1회전한 것임.
$5\times12\div2=30\,(cm^2)$ 답 **30 cm²**

## p. 76

**01.** 직사각형
**02.** 원
**03.** 불규칙하게 나타납니다.
**04.**

**05.**

**06.**

07. , 이등변삼각형

08. , 원

**p. 77**

09. , 불규칙합니다.

10.
11. } , 원
12.

13. 원

14.

15.

16.

17.

18.

19.

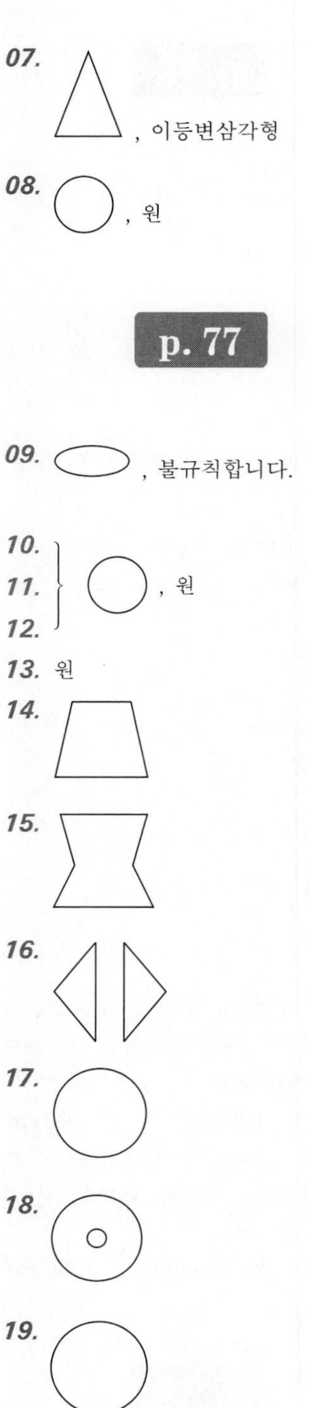

**p. 78**

20. , 마름모

21. , 원

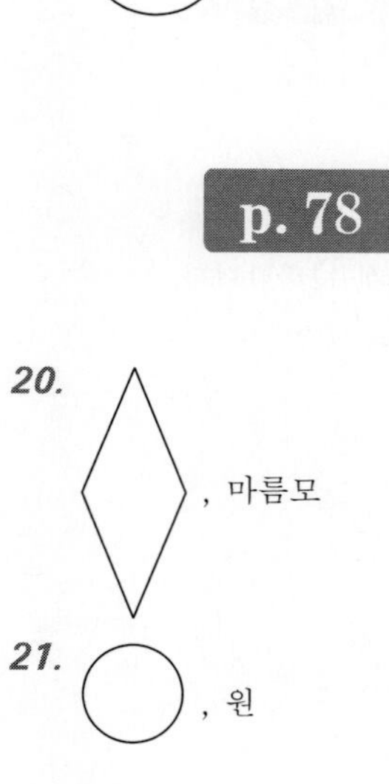

22. , 불규칙하게 나타납니다.

23. 원

24.

25.

26.

27.
28.
29.

30.

31.

32.

33. 예 ① 입체도형입니다.
② 회전축이 있습니다.
③ 360° 회전하여 만듭니다.
④ 위에서 보면 모두 원입니다.
⑤ 회전축에 수직인 평면으로 자르면 그 단면은 원입니다.
(회전체에 따라 원에 구멍이 뚫린 것도 있음)

**p. 79**

01.

02.

03.

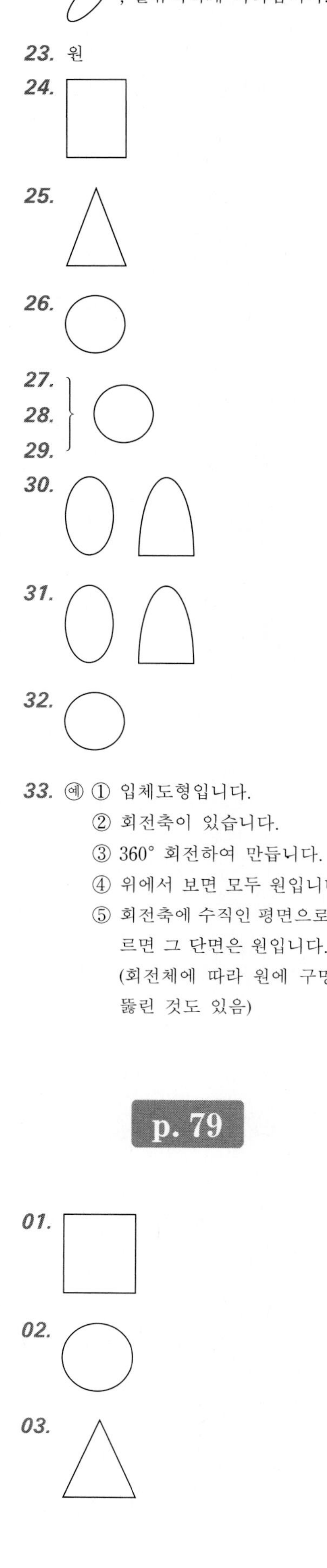

04.
05.
06.

07.

08.

09.

10.

11.

12.

13.

14.

15.

16.

17.

18.

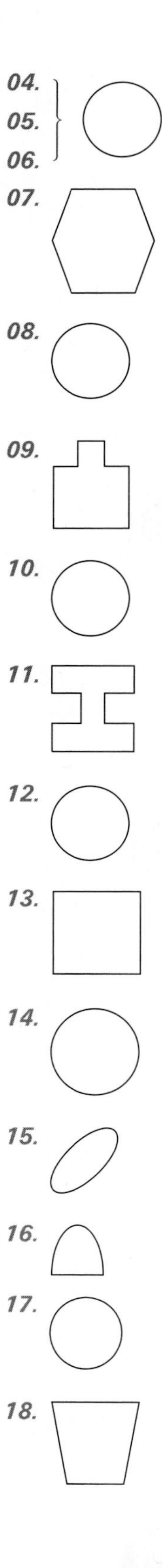

**p. 80**

19.

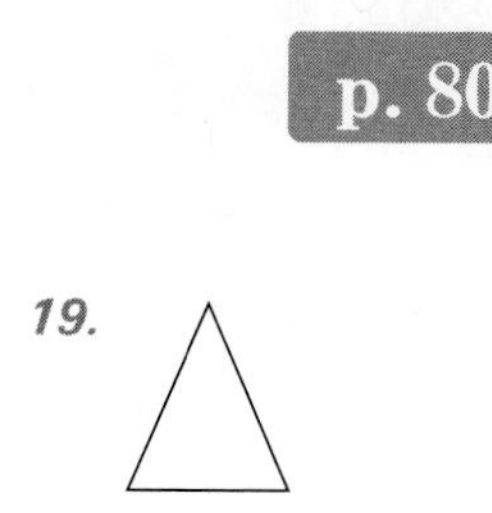

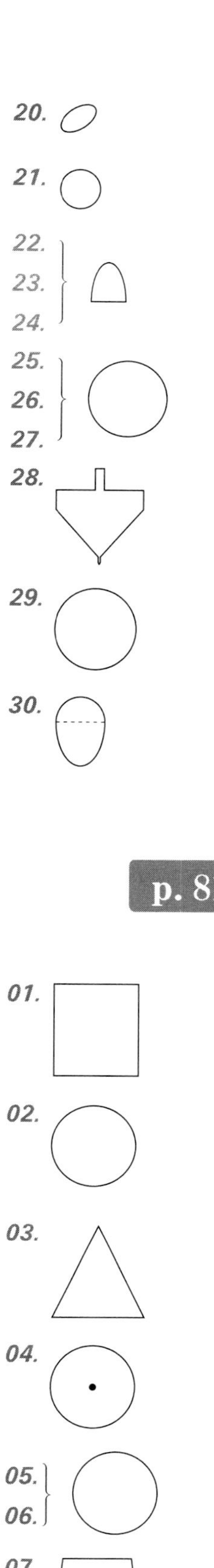

## p. 81

12. 합동입니다.

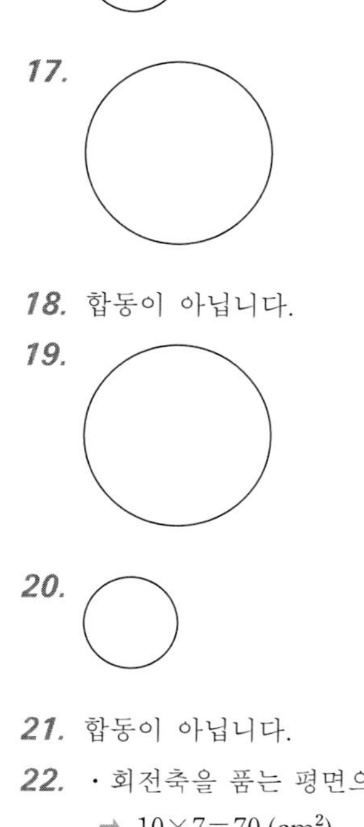

15. 합동이 아닙니다.

18. 합동이 아닙니다.

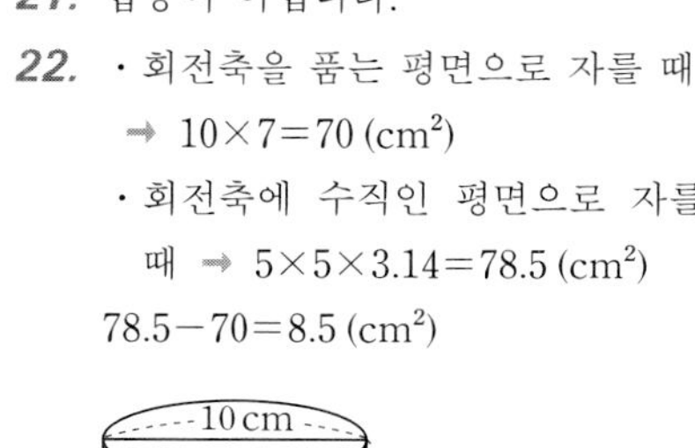

21. 합동이 아닙니다.

22. · 회전축을 품는 평면으로 자를 때
→ $10\times7=70\,(\text{cm}^2)$
· 회전축에 수직인 평면으로 자를 때 → $5\times5\times3.14=78.5\,(\text{cm}^2)$
$78.5-70=8.5\,(\text{cm}^2)$

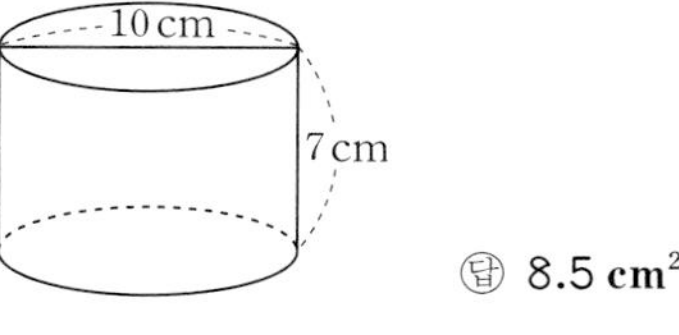


답 $8.5\,\text{cm}^2$

23. 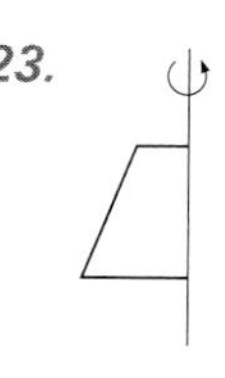

24. 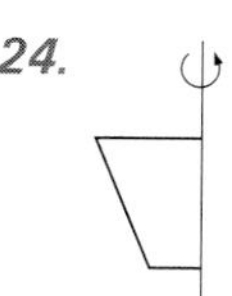

25. 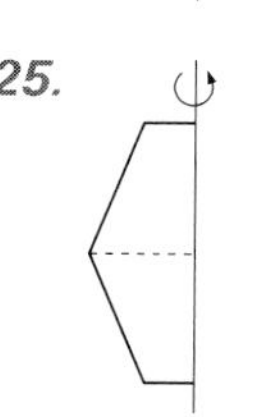

26. 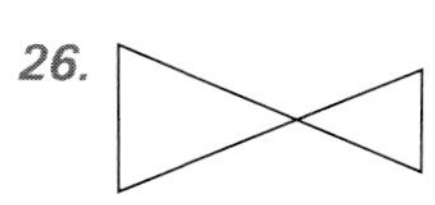

27.

28. 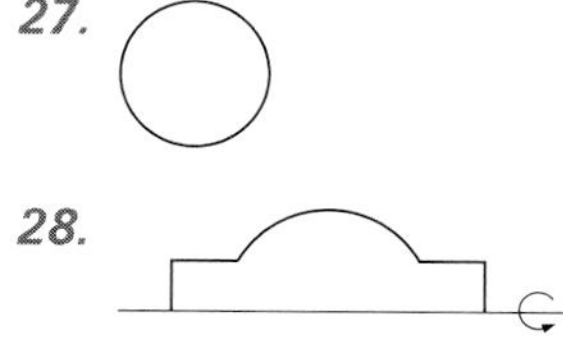

29. 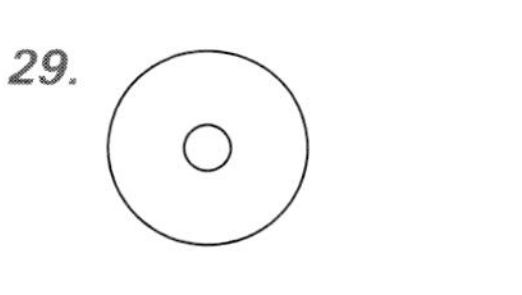

30. 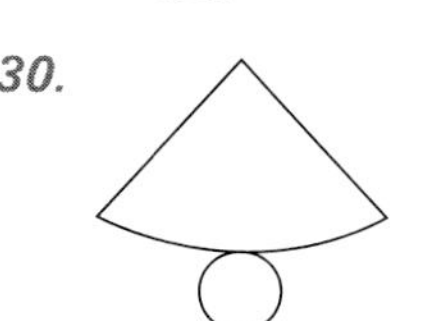

31. 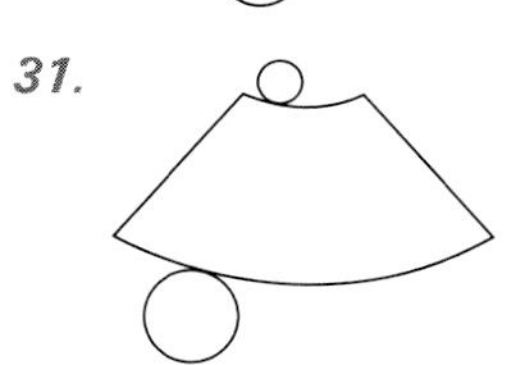

## p. 83

01. ②, ④, ⑤
02. 회전체, 회전축
03. ②, ④
04. ① 선분 AB, 선분 DC
② 선분 AD, 선분 BC

**05.** 선분 BC, 선분 AC

**06.** 변 AC

**07.** 원

**08.** 10 cm

**09.** 구, 구의 중심, 구의 반지름

## p. 84

**10.** A ➞ 회전축, B ➞ 10,
C ➞ 구의 중심

**11.**

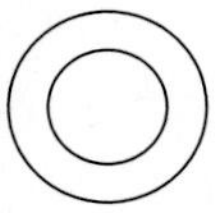

**12.** ③

**13.** ①

**14.** ④

**15.** ②

**16.** 원

**17.**

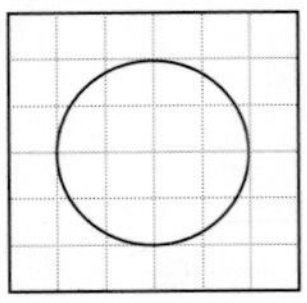

**18.** ③

**19.** 원뿔

**20.** **48 cm²** 〔$12\times8\div2=48\,(cm^2)$〕

**21.** 구

## p. 85

**22.** ①

**23.**

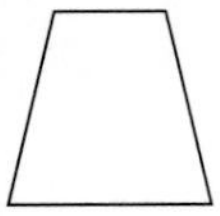

**24.**

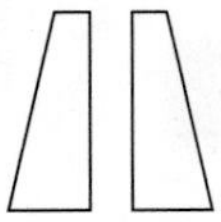

**25.** 〈위〉

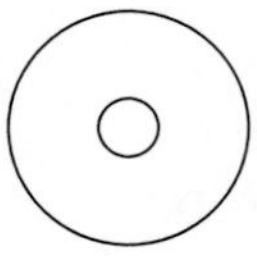

〈앞〉

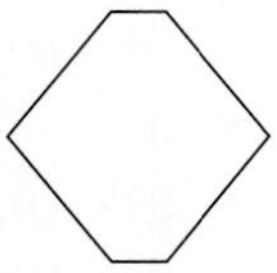

**26.**

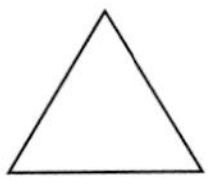

**27.**

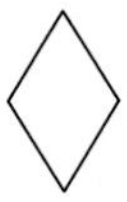

〔회전체는 그림과 같음 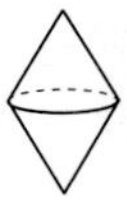〕

**28.**

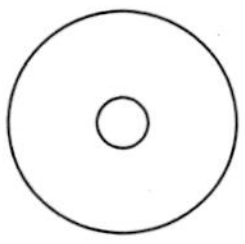

**29.**

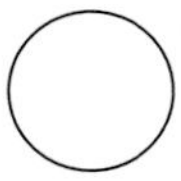

**30.**

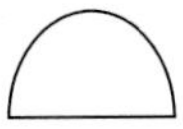

**31.**

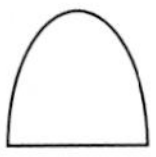

## p. 86

**01.**

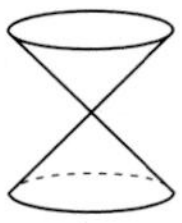

**02.**

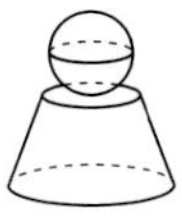

**03.**

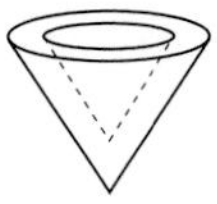

**04.**

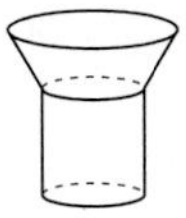

**05.**

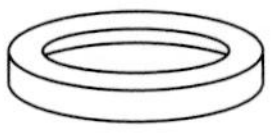

**06.**

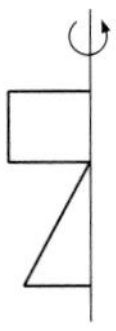

**07.**

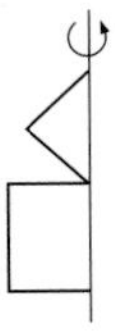

**08.**

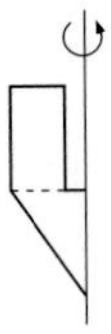

**09.**

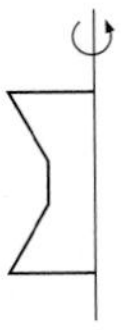

**10.**

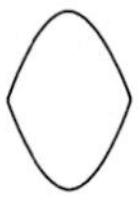

**11.**

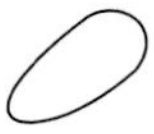

## p. 87

**12.** ①, ③, ④, ⑥, ⑦

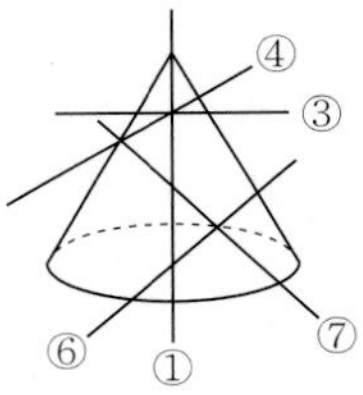


**13.**

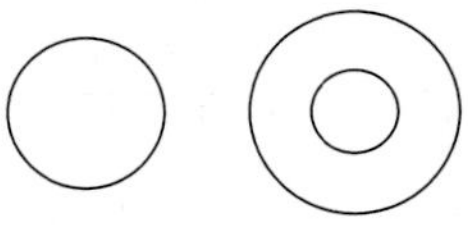

**14.** ① 작은 원뿔의 반지름은 3 cm이고 지름은 6 cm임.

③ $6\times3.14=18.84\,(cm)$

[답] **18.84 cm**

**15.**

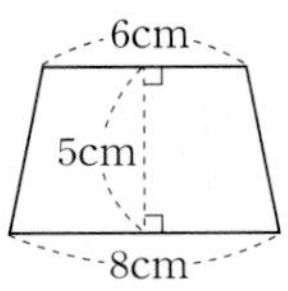


$(6+8)\times5\div2=35\,(cm^2)$

[답] **35 cm²**

**16.**

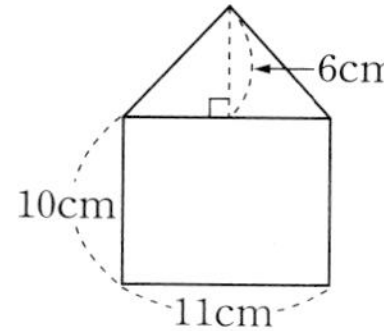


① 삼각형 → $11\times6\div2=33\ (cm^2)$
② 사각형 → $11\times10=110\ (cm^2)$

㉰ $143\ cm^2$

**17.** 회전시키기 전의 도형은 사다리꼴임.

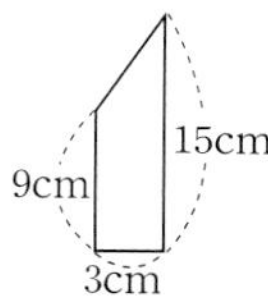


$(9+15)\times3\div2=36\ (cm^2)$

㉰ $36\ cm^2$

**18.**

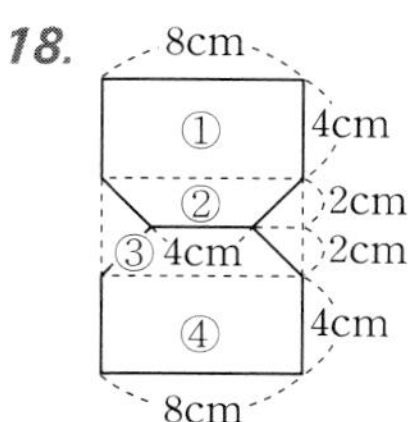


❶ → $8\times4=32\ (cm^2)$
❷ → $(4+8)\times2\div2=12\ (cm^2)$
❸ → $(4+8)\times2\div2=12\ (cm^2)$
❹ → $8\times4=32\ (cm^2)$

㉰ $88\ cm^2$

| 평가 요소 | 배점 |
|---|---|
| ①, ②, ③, ④, 정답 구하기 | 각 1점 |

**19.**

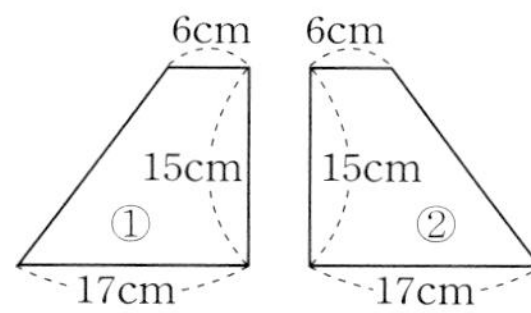


① → $(6+17)\times15\div2=172.5\ (cm^2)$
② → $172.5\ cm^2$ ㉰ $345\ cm^2$

**20.** 밑변 → 4 cm, 높이 → 10 cm

㉰ $20\ cm^2$

## p. 88

**01.** ③, ④, ⑤
**02.** ①, ③
**03.** ②
**04.** ①, ④, ⑦
**05.** ⑥
**06.** ④
**07.** ⑤
**08.** ②
**09.** ①
**10.** ③
**11.**

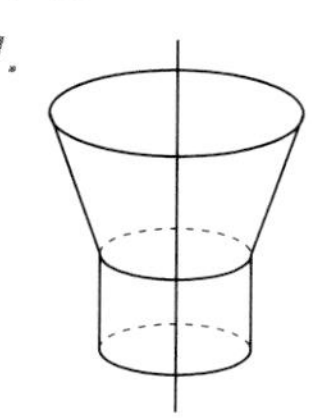

## p. 89

**12.** ②, ③
**13.** 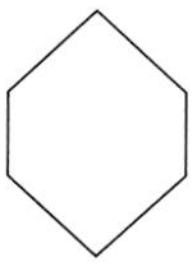
**14.**

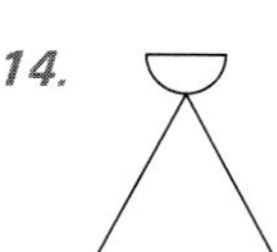

**15.**

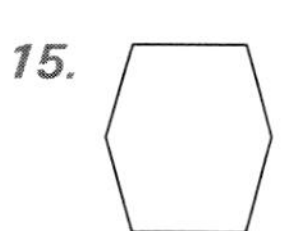

**16.**

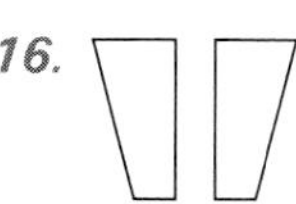

**17.**

**18.**
**19.** 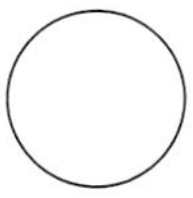
**20.**
**21.** 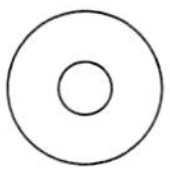
**22.**

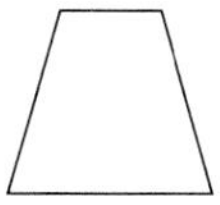

[회전체 →]

**23.**

## p. 90

**24.**

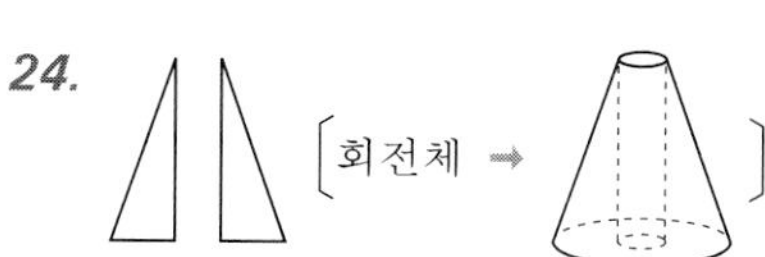


**25.**

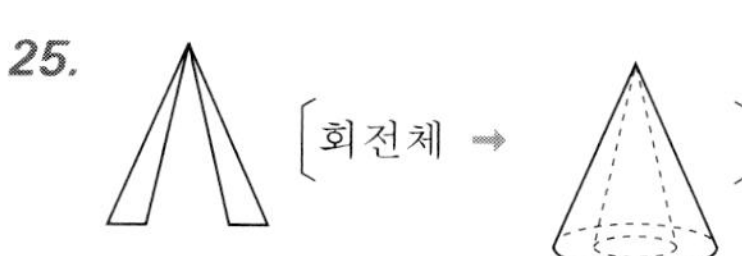


**26.**
**27.** 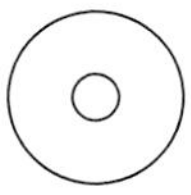
**28.** 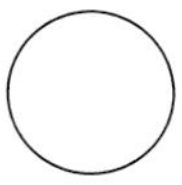
**29.** 
**30.** 
**31.** $400\ cm^2$ 〔$25\times16=400\ (cm^2)$〕 
**32.** $18\times12\div2=108\ (cm^2)$

㉰ $108\ cm^2$

**33.** $210\ cm^2$ 〔$15\times7\times2=210\ (cm^2)$〕
**34.**

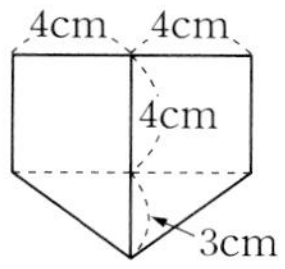

4cm 4cm 4cm 3cm

① 직사각형 → $8\times4=32\ (cm^2)$
② 삼각형 → $8\times3\div2=12\ (cm^2)$

㉰ $44\ cm^2$

## p. 91

**01.**

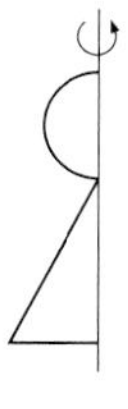

**02.**

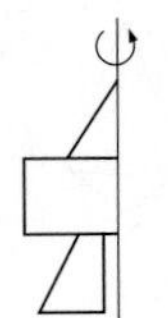

**03.**

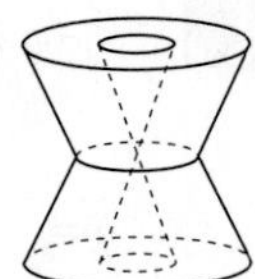

**04.**

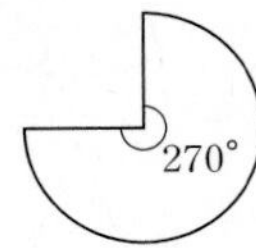


360°를 움직이는 데 12초 걸리므로 1초에 30°씩 움직임.
9초 동안에는 30°×9=270°

**05.** ①, ③, ④, ⑤

**06.** ①, ④, ⑤, ⑥

**07.** ②, ③, ④

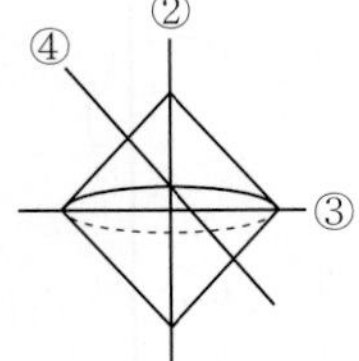


## p. 92

**08.**

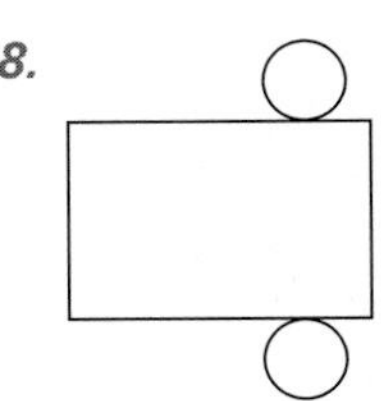

**09.** 밑면의 지름 ➜
29−10−10=9 (cm)

㉯ **4.5 cm**

**10.** $10\times24\div2=120$ (cm$^2$)

㉯ **120 cm$^2$**

**11.** 가로가 10 cm, 세로가 14 cm인 직사각형을 생각함. ㉯ **48 cm**

**12.** 가로가 14 cm, 세로가 9 cm인 직사각형을 생각함. ㉯ **126 cm$^2$**

**13.**

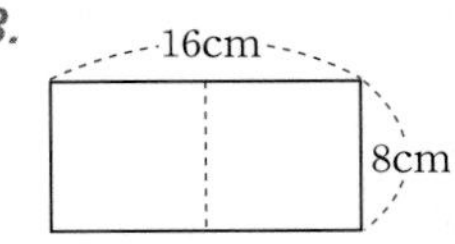


㉯ **128 cm$^2$**

**14.** 밑변이 30 cm, 높이가 8 cm인 삼각형을 생각함. ㉯ **120 cm$^2$**

**15.** ① 변 AC가 회전축 ➜
밑변이 30 cm, 높이가 20 cm인 삼각형이므로
$30\times20\div2=300$ (cm$^2$)
② 변 BC가 회전축 ➜
밑변이 40 cm, 높이가 15 cm인 삼각형이므로
$40\times15\div2=300$ (cm$^2$)
㉯ **두 단면의 넓이가 같습니다.**

**16.**

$18+12+6+15+15=66$ (cm)

㉯ **66 cm**

**17.** $12\times7+18\times8=84+144$
$=228$ (cm$^2$)

㉯ **228 cm$^2$**

# 3. 겉넓이와 부피

## p. 94

**01.** ① 24 cm$^2$ ② 24 cm$^2$ ③ 20 cm$^2$
④ 20 cm$^2$ ⑤ 30 cm$^2$ ⑥ 30 cm$^2$

**02.** 148 cm$^2$

**03.** 35 cm$^2$, 35 cm$^2$, 20 cm$^2$, 20 cm$^2$, 28 cm$^2$, 28 cm$^2$

**04.** 166 cm$^2$

**05.** 6 cm$^2$, 6 cm$^2$, 10 cm$^2$, 10 cm$^2$, 15 cm$^2$, 15 cm$^2$

**06.** 62 cm$^2$

**07.** 62 cm$^2$

**08.** 21 cm$^2$

**09.** $(3+7+3+7)\times4=80$ (cm$^2$)

㉯ **80 cm$^2$**

**10.** $21\times2+80=122$ (cm$^2$)

㉯ **122 cm$^2$**

## p. 95

**11.** 사각형 ㄱㄴㄷㄹ과 사각형 ㅁㅂㅅㅇ,
사각형 ㄴㅂㅅㄷ과 사각형 ㄱㅁㅇㄹ,
사각형 ㄴㅂㅁㄱ과 사각형 ㄷㅅㅇㄹ

**12.** 3쌍

**13.** 서로 다른 직사각형 3개의 넓이를 2배한 다음 이것을 모두 더합니다.
(면 6개의 넓이를 모두 더합니다.)

**14.** $28\times2+20\times2+35\times2=166$ (cm$^2$)
㉯ ㉠ **28 cm$^2$** ㉡ **20 cm$^2$**
㉢ **35 cm$^2$**
**겉넓이 : 166 cm$^2$**

**15.** $60\times2+80\times2+48\times2=376$ (cm$^2$)
㉯ ㉠ **60 cm$^2$** ㉡ **80 cm$^2$**
㉢ **48 cm$^2$**
**겉넓이 : 376 cm$^2$**

**16.** ① $5\times3=15$ (cm$^2$)
② $(5+3+5+3)\times2=32$ (cm$^2$)

③ $15\times2+32=62$ (cm²)

답 ① 15 cm² ② 32 cm²
③ 62 cm²

**17.** ① $4\times3=12$ (cm²)
② $(4+3+4+3)\times2=28$ (cm²)
③ $(12\times2)+28=52$ (cm²)

답 ① 12 cm² ② 28 cm²
③ 52 cm²

**18.** ① 80 cm² ② 216 cm² ③ 376 cm²

**19.** (한 밑면의 넓이)$=2\times6=12$ (cm²)
(옆면의 넓이)$=(2+6+2+6)\times4$
$=64$ (cm²)

답 88 cm²

**20.** $(4\times6)\times2+(4+6+4+6)\times6$
$=168$ (cm²) 답 168 cm²

## p. 96

**21.** 6개
**22.** 100 cm²
**23.** 600 cm²
**24.** 9 cm²
**25.** 54 cm²
**26.** 54 cm²
**27.** 96 cm² 〔$(4\times4)\times6=96$ (cm²)〕
**28.** 150 cm² 〔$(5\times5)\times6=150$ (cm²)〕
**29.** 216 cm² 〔$(6\times6)\times6=216$ (cm²)〕
**30.** $(5\times5)\times2+(5\times7)\times2+(5\times7)\times2$
$=190$ (cm²) 답 190 cm²
**31.** $(8\times4)\times2+(8\times5)\times2+(5\times4)\times2$
$=184$ (cm²) 답 184 cm²
**32.** $(8\times8)\times6=384$ (cm²) 답 384 cm²

## p. 97

**01.** 12 cm², 6 cm², 8 cm², 6 cm²,
8 cm², 12 cm²
**02.** 52 cm²
**03.** 12 cm²
**04.** $(4+3+4+3)\times5=70$ (cm²)

답 70 cm²

**05.** 94 cm² 〔$12\times2+70=94$ (cm²)〕
**06.** ① $2\times5=10$ (cm²)
② $(2+5+2+5)\times3=42$ (cm²)
③ $10\times2+42=62$ (cm²)

답 ① 10 cm² ② 42 cm²
③ 62 cm²

**07.** ① $3\times3=9$ (cm²)
② $(3+3+3+3)\times6=72$ (cm²)
③ $9\times2+72=90$ (cm²)

답 ① 9 cm² ② 72 cm²
③ 90 cm²

**08.** 2, 20, 8, 10, 2, 76
**09.** $(3\times5)\times2+(5\times7)\times2+(3\times7)\times2$
$=142$ (cm²) 답 142 cm²

## p. 98

**10.** $(12\times7)\times2+(7\times5)\times2$
$+(12\times5)\times2=358$ (cm²)

답 358 cm²

**11.** $(15\times10)\times2+(10\times5)\times2$
$+(15\times5)\times2=550$ (cm²)

답 550 cm²

**12.** $(3\times3)\times2+(3\times4)\times2+(3\times4)\times2$
$=66$ (cm²) 답 66 cm²
**13.** 16 cm² 〔$4\times4=16$ (cm²)〕
**14.** $(4+4+4+4)\times4=64$ (cm²)

답 64 cm²

**15.** 96 cm² 〔$16\times2+64=96$ (cm²)〕
**16.** 486 cm² 〔$(9\times9)\times6=486$ (cm²)〕
**17.** 864 cm² 〔$(12\times12)\times6=864$ (cm²)〕
**18.**

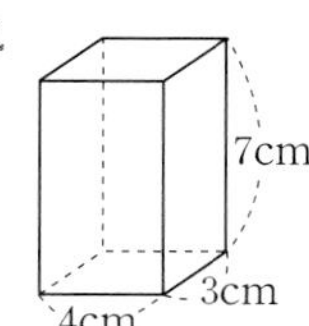


**19.** $(4+3+4+3)\times7=98$ (cm²)

답 한 밑면의 넓이 : 12 cm²
옆면의 넓이 : 98 cm²

## p. 99

**20.** $(12\times2)+98=122$ (cm²)

답 122 cm²

**21.** 6, 50, 62
**22.** $(4\times6)\times2+(6+4+6+4)\times5$
$=148$ (cm²) 답 148 cm²
**23.** $(4\times3)\times2+(4+3+4+3)\times2$
$=52$ (cm²) 답 52 cm²
**24.** 294 cm² 〔$(7\times7)\times6=294$ (cm²)〕
**25.** $(8\times12)\times2+(8\times5)\times2$
$+(12\times5)\times2=392$ (cm²)

답 392 cm²

**26.** $(9\times9)\times6=486$ (cm²)

답 486 cm²

**27.** $(12\times12)\times6=864$ (cm²)

답 864 cm²

**28.** $40\times2+26\times5=210$ (cm²)

답 210 cm²

**29.** 밑면의 둘레가 32 cm이므로 밑면의 한 모서리의 길이는
$32\div4=8$ (cm)
한 밑면의 넓이는 $8\times8=64$ (cm²)
옆면의 넓이는 $32\times6=192$ (cm²)
겉넓이는
$(64\times2)+192=320$ (cm²)

답 320 cm²

## p. 100

**01.** 나, 5
**02.** 가, 3
**03.** 가, 1
**04.** 없습니다.
**05.** 가로의 길이 : 가>나
세로의 길이 : 가<나
**06.** 가>나
**07.** 알 수 없습니다.
**08.** 두 빵의 가로, 세로, 높이가 각각 다르므로 비교할 수 없습니다.
**09.** 직육면체의 크기(부피)를 비교하려면 작은 단위 모형이 필요합니다.
**10.** 가
**11.** 나
**12.** 알 수 없습니다.

## p. 101

**13.** 24개 〔$3\times2\times4=24$(개)〕
**14.** 24배
**15.** 20개 〔$2\times2\times5=20$(개)〕

16. 20배
17. 가
18. 4개 〔2개씩 2줄 들어감〕
19. 4배
20. 6개 〔2개씩 3줄 들어감〕
21. 6배
22. 다
23. 다상자에 나상자를 더 많이 넣을 수 있기 때문입니다.
24. 두 상자의 부피를 비교하려면 나 상자처럼 단위 그릇이 필요합니다.

## p. 102

01. 나
02. 나
03. 가
04. 알 수 없습니다.
05. 비디오 테이프가 더 깁니다.
06. 휴지통이 더 깁니다.
07. 비디오 테이프가 더 넓습니다.
08. 휴지통의 높이가 더 깁니다.
09. 직접 비교할 수 없습니다.
10. 가>나
11. 가>나

## p. 103

12. 가>나
13. 가<나
14. 직접 비교할 수 없습니다.
15. 24개 〔$3\times2\times4=24$〕
16. 30개 〔$3\times2\times5=30$〕
17. 나
18. 나
19. 48개 〔$4\times3\times4=48$〕
20. 45개 〔$3\times5\times3=45$〕
21. 가
22. 가 → 다상자가 16개 들어감
나 → 다상자가 18개 들어감
㉭ 나
23. 한 모서리의 길이가 1 cm인 쌓기 나무를 상자에 넣어서 그 개수를 비교합니다.
가 → $3\times2\times6=36$(개)
나 → $4\times2\times5=40$(개) ㉭ 나

## p. 104

01. 가로 : 4줄, 세로 : 3줄
02. 12개
03. 2층
04. 24개
05.

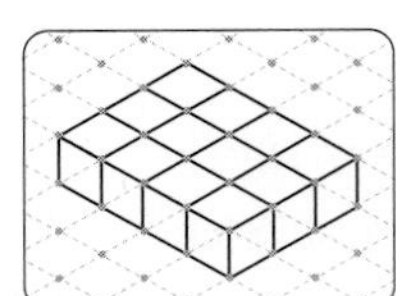

06.

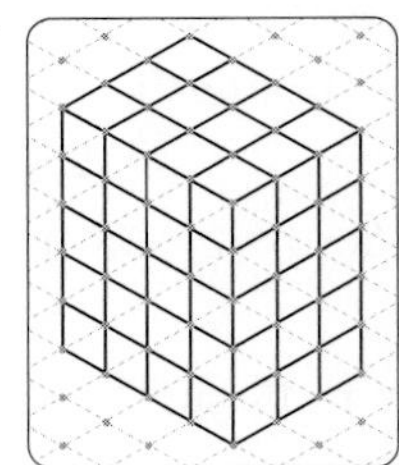

07. 60개 〔$(4\times3)\times5=60$(개)〕
08. 가로 : 3줄, 세로 : 5줄
09. 2층
10. 30개 〔$(3\times5)\times2=30$(개)〕

## p. 105

11. 56개 〔$(7\times4)\times2=56$(개)〕
12. 504개 〔$(7\times8)\times9=504$(개)〕
13. 7 cm$^3$
14. 24 cm$^3$
15. 32 cm$^3$
16. 16개, 16 cm$^3$
17. 15개, 15 cm$^3$
18. 24개, 24 cm$^3$
19. 60개, 60 cm$^3$

## p. 106

20. 135개, 135 cm$^3$
21. 50개, 50 cm$^3$
22. 12개, 12 cm$^3$
23. 4층으로 쌓은 부분 :
$4\times6\times4=96$(개)
2층으로 쌓은 부분 :
$3\times6\times2=36$(개)
$96+36=132$(개)
㉭ 132개, 132 cm$^3$
24. $5\times4\times3=60$ (cm$^3$) ㉭ 60 cm$^3$
25. $4\times5\times4=80$ (cm$^3$) ㉭ 80 cm$^3$
26. $6\times5\times5=150$(개) ㉭ 150개
27. 150 cm$^3$
28. $3\times5\times4=60$ (cm$^3$) ㉭ 60 cm$^3$
29. $7\times3\times2=42$ (cm$^3$) ㉭ 42 cm$^3$
30. $2\times3\times8=48$ (cm$^3$) ㉭ 48 cm$^3$

## p. 107

01. 9개 〔$3\times3=9$(개)〕
02. 3층
03. 27개 〔$9\times3=27$(개)〕
04. ① 8개 〔$4\times2=8$(개)〕
② 5층
③ 40개 〔$8\times5=40$(개)〕
05. ① 6개 〔$2\times3=6$(개)〕
② 5층
③ 30개 〔$6\times5=30$(개)〕
06. ① 16개 〔$4\times4=16$(개)〕
② 4층
③ 64개 〔$16\times4=64$(개)〕
07. 36개 〔$3\times3\times4=36$(개)〕
08. 36개 〔$4\times3\times3=36$(개)〕
09. 30개 〔$2\times3\times5=30$(개)〕
10. 50개 〔$2\times5\times5=50$(개)〕
11. 64개 〔$4\times4\times4=64$(개)〕

## p. 108

12. 125개 〔$5\times5\times5=125$(개)〕

**13.** **60개** 〔4×5×3=60(개)〕
**14.** **120개** 〔5×6×4=120(개)〕
**15.** **120개** 〔8×3×5=120(개)〕
**16.** **32개** 〔4×4×2=32(개)〕
**17.** 32 $cm^3$
**18.** 9개, 9 $cm^3$
**19.** 40개, 40 $cm^3$
**20.** 24개, 24 $cm^3$
**21.** 27개, 27 $cm^3$
**22.** 216개, 216 $cm^3$

## p. 109

**23.** 90개, 90 $cm^3$
**24.** 512개, 512 $cm^3$
**25.** 세로가 4줄인 부분 :
3×4×2=24(개)
세로가 2줄인 부분 :
2×2×2=8(개)
24+8=32(개)
[답] **32개, 32 $cm^3$**
**26.** **140개** 〔14×10=140(개)〕
**27.** 8층
**28.** **1120개** 〔140×8=1120(개)〕
**29.** 1120 $cm^3$
**30.** **20 $cm^3$** 〔5×4=20〕
**31.** 240 $cm^3$
**32.** **150 $cm^3$** 〔10×5×3=150〕
**33.** **120 $cm^3$** 〔6×5×4=120〕

## p. 110

**01.** 3, 5
**02.** 5, 15
**03.** 15, 30
**04.** 30, 30 $cm^3$
**05.** 4줄, 3줄
**06.** 12개
**07.** 24개
**08.** 24 $cm^3$
**09.** 쌓기나무 1개의 부피는 1 $cm^3$이고, 쌓기나무 24개를 쌓은 직육면체이기 때문입니다.
**10.** 5, 3, 15
**11.** 15, 4, 60
**12.** 60 $cm^3$

## p. 111

**13.** **81 $cm^3$** 〔9×3×3=81 ($cm^3$)〕
**14.** 6
**15.** 3
**16.** 6, 3, 18
**17.** 4
**18.** 18, 72
**19.** 3 cm
**20.** 5 cm
**21.** 15 $cm^2$
**22.** 6 cm
**23.** 90 $cm^3$
**24.** (직육면체의 부피)
=(밑넓이)×(높이)
(직육면체의 부피)
=(가로)×(세로)×(높이)
**25.** ① 밑넓이를 알고 있을 때 :
(밑넓이)×(높이)
② 밑면의 가로, 세로의 길이, 높이를 알고 있을 때 :
(가로)×(세로)×(높이)

## p. 112

**26.** **36 $cm^3$** 〔4×3×3=36 ($cm^3$)〕
**27.** **40 $cm^3$** 〔4×5×2=40 ($cm^3$)〕
**28.** **60 $cm^3$** 〔2×6×5=60 ($cm^3$)〕
**29.** 2, 4, 8
**30.** 2, 4, 6, 48
**31.** ① 45 $cm^2$ ② 180 $cm^3$
**32.** ① 80 $cm^2$ ② 480 $cm^3$
**33.** **60 $cm^3$** 〔5×3×4=60 ($cm^3$)〕
**34.** **480 $cm^3$** 〔10×6×8=480 ($cm^3$)〕
**35.** **336 $cm^3$** 〔8×6×7=336 ($cm^3$)〕

## p. 113

**01.** 2줄
**02.** 4줄
**03.** 8개
**04.** 24개
**05.** 24 $cm^3$
**06.** 2×4×3=24 ($cm^3$)
**07.** 3줄
**08.** 4줄
**09.** 12개
**10.** 60개
**11.** 60 $cm^3$
**12.** 3×4×5=60 ($cm^3$)

## p. 114

**13.** 4줄
**14.** 3줄
**15.** 12개
**16.** 24개
**17.** 24 $cm^3$
**18.** 4×3×2=24 ($cm^3$)
**19.** **30 $cm^3$** 〔3×5×2=30 ($cm^3$)〕
**20.** **105 $cm^3$** 〔5×7×3=105 ($cm^3$)〕
**21.** **32 $cm^3$** 〔4×4×2=32 ($cm^3$)〕
**22.** **45 $cm^3$** 〔3×5×3=45 ($cm^3$)〕
**23.** **72 $cm^3$** 〔3×6×4=72 ($cm^3$)〕

## p. 115

**24.** **48 $cm^3$** 〔4×2×6=48 ($cm^3$)〕
**25.** **84 $cm^3$** 〔7×4×3=84 ($cm^3$)〕
**26.** **120 $cm^3$** 〔10×4×3=120 ($cm^3$)〕
**27.** ① 2×4×5=40 ($cm^3$)
② 4×2×3=24 ($cm^3$)
③ 3×2×4=24 ($cm^3$)
④ 5×2×4=40 ($cm^3$)
[답] **①과 ④, ②와 ③**
**28.** **420 $cm^3$** 〔10×7×6=420 ($cm^3$)〕
**29.** **120 $cm^3$** 〔24×5=120 ($cm^3$)〕

**30.** 40 **cm²** 〔$320\div8=40$ (cm²)〕

**31.** 5 **cm** 〔$900\div180=5$ (cm)〕

**32.** $\square\times12=240$,

$\square=240\div12=$ 20 ← ㊐

**33.** $12\times7\times\square=420$, $84\times\square=420$

$\square=420\div84=$ 5 ← ㊐

## p. 116

**01.** 3, 3

**02.** 3, 3, 9

**03.** 18

**04.** 27

**05.** 27 cm³

**06.** 쌓기나무 1개의 부피는 1 cm³이고, 쌓기나무는 모두 27개이기 때문입니다.

**07.** 4, 4, 16

**08.** 16, 64

**09.** 64 cm³

**10.** 5

## p. 117

**11.** 5

**12.** 5, 5, 25

**13.** 5

**14.** 25, 125

**15.** 가로 : 4 cm, 세로 : 4 cm

**16.** 16 cm²

**17.** 4 cm

**18.** 64 cm³

**19.** (부피)=(가로)×(세로)×(높이)

**20.** (한 모서리의 길이)×(한 모서리의 길이)×(한 모서리의 길이)

**21.** (한 밑면의 넓이)$=5\times5$

$=25$ (cm²)

(부피)$=25\times5=$ 125 **(cm³)** ← ㊐

**22.** 한 모서리의 길이는 5 cm이므로

$5\times5\times5=$ 125 **(cm³)** ← ㊐

**23.** 같습니다.

## p. 118

**24.** 정육면체의 부피는 직육면체의 부피를 구하는 방법으로 구해도 된다.

**25.** $10\times10=100$ (cm²)

**26.** $10\times10\times10=1000$ (cm³)

**27.** 216 **cm³** 〔$6\times6\times6=216$ (cm³)〕

**28.** 8 **cm³** 〔$2\times2\times2=8$ (cm³)〕

**29.** 64 **cm³** 〔$4\times4\times4=64$ (cm³)〕

**30.** 125 **cm³** 〔$5\times5\times5=125$ (cm³)〕

**31.** 343 **cm³** 〔$7\times7\times7=343$ (cm³)〕

**32.** 512 **cm³** 〔$8\times8\times8=512$ (cm³)〕

**33.** 729 **cm³** 〔$9\times9\times9=729$ (cm³)〕

**34.** $20\times20\times20=8000$ (cm³)

㊐ 8000 **cm³**

## p. 119

**01.** 4줄

**02.** 4줄

**03.** 16개

**04.** 64개

**05.** 64 cm³

**06.** $4\times4\times4=64$ (cm³)

**07.** 5줄

**08.** 5줄

**09.** 25개

**10.** 125개

**11.** 125 cm³

**12.** $5\times5\times5=125$ (cm³)

## p. 120

**13.** 8 cm³

**14.** 27 cm³

**15.** 343 cm³

**16.** 216 cm³

**17.** 512 cm³

**18.** 6층을 더 쌓아야 하므로

$(9\times9)\times6=486$(개) ㊐ 486 개

**19.** 27 **cm³** 〔$3\times3\times3=27$ (cm³)〕

**20.** 216 **cm³** 〔$6\times6\times6=125$ (cm³)〕

**21.** $10\times10\times10=1000$ (cm³)

㊐ 1000 **cm³**

**22.** $30\times30\times30=27000$ (cm³)

㊐ 27000 **cm³**

## p. 121

**23.** $11\times11\times11=1331$ (cm³)

㊐ 1331 **cm³**

**24.** $12\times12\times12=1728$ (cm³)

㊐ 1728 **cm³**

**25.** 8 **cm** 〔$8\times8\times8=512$〕

**26.** $20\times20=400$ (cm²)이므로 정육면체의 한 모서리의 길이는 20 cm임.

부피는 $400\times20=8000$ (cm³)

㊐ 8000 **cm³**

**27.** 105 **cm³** 〔$7\times5\times3=105$ (cm³)〕

**28.** 36 **cm³** 〔$3\times6\times2=36$ (cm³)〕

**29.** 64 **cm³** 〔$2\times4\times8=64$ (cm³)〕

**30.** $13\times13\times13=2197$ (cm³)

㊐ 2197 **cm³**

**31.** $14\times14\times14=2744$ (cm³)

㊐ 2744 **cm³**

**32.** $15\times15\times15=3375$ (cm³)

㊐ 3375 **cm³**

## p. 122

**01.** 16 **cm** 〔$5+3+5+3=16$ (cm)〕

**02.** $(5\times3)\times2+16\times6=126$ (cm²)

㊐ 126 **cm²**

**03.** $(192-136)\div2=28$ (cm²)

㊐ 28 **cm²**

**04.** $(10\times8)\times2+(8\times12)\times2$

$+(10\times12)\times2=592$ (cm²)

㊐ 592 **cm²**

**05.** $(14\times16)\times2+(16\times12)\times2$

$+(14\times12)\times2=1168$ (cm²)

㊐ 1168 **cm²**

**06.** $(20\times20)\times6=2400$ (cm²)

㊐ 2400 **cm²**

**07.** $(15\times15)\times6=1350$ (cm²)

㊐ 1350 **cm²**

**08.** 6배

**09.** 64 $cm^2$ [384÷6=64 ($cm^2$)]

**10.**

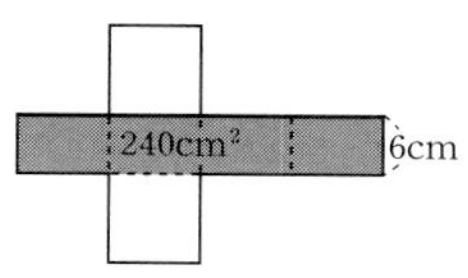


어둡게 칠한 사각형에서 가로의 길이는 240÷6=40 (cm)
밑면인 정사각형의 한 변의 길이는 40÷4=10 (cm) 답 10 cm

**11.** 36개 [4×3×3=36(개)]

**12.** 2층으로 쌓은 부분 :
4×2×2=16(개)
4층으로 쌓은 부분 :
4×2×4=32(개)
16+32=48(개) 답 48 개

## p. 123

**13.** 72 $cm^3$ [6×3×4=72 ($cm^3$)]

**14.** 3층으로 쌓은 부분 :
5×3×3=45(개)
2층으로 쌓은 부분 :
3×3×2=18(개)
45+18=63(개) 답 63 $cm^3$

**15.** 18 $cm^3$ [2×3×3=18 ($cm^3$)]

**16.** 90개 [5×3×6=90(개)]

**17.** 12 cm [576÷48=12 (cm)]

**18.** 20×9×8=1440 ($cm^3$)
답 1440 $cm^3$

**19.** 5 cm [(360÷9)÷8=5 (cm)]

**20.** 30×30×30=27000 ($cm^3$)
답 27000 $cm^3$

**21.** 한 층에 25개씩 3층을 더 쌓아야 하므로 25×3=75(개) 답 75 개

**22.** 4 cm

**23.** 한 모서리의 길이는 9 cm이므로 부피는 9×9×9=729 ($cm^3$)
답 729 $cm^3$

**24.** 직육면체 : 15×9×10=1350 ($cm^3$)
정육면체 : 8×8×8=512 ($cm^3$)
1350−512=838 ($cm^3$)
답 838 $cm^3$

**25.** 밑면의 가로, 세로가 모두 5 cm이고 높이가 7 cm인 직육면체이므로 5×5×7=175 ($cm^3$) 답 175 $cm^3$

## p. 124

**01.** ① 밑면의 가로가 3 cm, 세로가 5 cm, 높이가 6 cm
③ 밑면의 가로가 5 cm, 세로가 6 cm, 높이가 3 cm
④ 서로 다른 직사각형 3개의 넓이를 2배함
답 ①, ③, ④

**02.** 가 2장, 나 4장 필요함
가 : (10×10)×2=200 ($cm^2$)
나 : (20×10)×4=800 ($cm^2$)
200+800=1000 ($cm^2$)
답 1000 $cm^2$

**03.** (9×6)×2+(6×14)×2
+(9×14)×2=528 ($cm^2$)
답 528 $cm^2$

**04.** (90×90)×6=48600 ($cm^2$)
답 48600 $cm^2$

**05.** 한 밑면의 넓이는
486÷6=81=9×9 ($cm^2$)
답 9 cm

**06.** (30×30)×4=3600 ($cm^2$)
답 3600 $cm^2$

**07.** · 직사각형 모양의 종이 :
35×30=1050 ($cm^2$)
· 직육면체의 겉넓이 :
(9×8)×2+(8×10)×2
+(9×10)×2=484 ($cm^2$)
1050−484=566 ($cm^2$)
답 566 $cm^2$

**08.** 옆면의 넓이 : 30×10=300 ($cm^2$)
겉넓이 : 56×2+300=412 ($cm^2$)
답 412 $cm^2$

**09.** 한 밑면의 넓이 : 5×7=35 ($cm^2$)
옆면의 넓이 :
286−(35×2)=216 ($cm^2$)
답 216 $cm^2$

**10.** 한 밑면의 넓이 : 7×6=42 ($cm^2$)
옆면의 넓이 :
292−(42×2)=208 ($cm^2$)
옆면의 높이 :
208÷(6+7+6+7)=8 (cm)
답 8 cm

**11.** ❶ 옆면의 가로의 길이 :
468÷9=52 (cm)
❷ 밑면의 둘레가 52 cm이므로 세로의 길이는
6+(세로)+6+(세로)=52 (cm)
❸ (세로)+(세로)=52−12
=40 (cm)
❹ (세로)=40÷2=20 (cm)
답 20 cm

| 평가 요소 | 배점 |
|---|---|
| ①, ③, ④ 구하기 | 각 1점 |
| ② 구하기 | 2점 |

**12.** 4 cm [180÷45=4 (cm)]

## p. 125

**13.** 10 $cm^3$

**14.** 2층으로 쌓은 부분 :
3×4×2=24(개)
6층으로 쌓은 부분 :
2×4×6=48(개)
24+48=72(개) 답 72 $cm^3$

**15.** 5 cm [1200÷15÷16=5 (cm)]

**16.** ❶ 밑면의 둘레의 길이 :
180÷6=30 (cm)
❷ 8+(세로)+8+(세로)=30
❸ (세로)+(세로)=30−16
=14 (cm)
❹ (세로)=14÷2=7 (cm)
❺ 따라서, 부피는
(8×7)×6=336 ($cm^3$)
답 336 $cm^3$

| 평가 요소 | 배점 |
|---|---|
| ①, ②, ③, ④, ⑤ 구하기 | 각 1점 |

**17.** 한 밑면의 넓이 :
216÷6=36=6×6 ($cm^2$)
한 모서리의 길이가 6 cm이므로 부피는 (6×6)×6=216 ($cm^3$)
답 216 $cm^3$

**18.** 512 $cm^3$ [8×8×8=512 ($cm^3$)]

**19.** 정육면체는 모서리가 12개이므로 한 모서리의 길이는
132÷12=11 (cm)
부피는 11×11×11=1331 ($cm^3$)
답 1331 $cm^3$

**20.** 정육면체 :
10×10×10=1000 ($cm^3$)
직육면체 : 8×10×12=960 ($cm^3$)
1000−960=40 ($cm^3$)

[답] 정육면체가 40 $cm^3$ 더 큽니다.

**21.** 겉넓이 :
$(6\times6)\times6=216\ (cm^2)$
부피 : $6\times6\times6=216\ (cm^3)$
[답] 겉넓이 : 216 $cm^2$
부피 : 216 $cm^3$

**22.** 처음 직육면체 :
$3\times2\times4=24\ (cm^3)$
3배로 늘인 직육면체 :
$9\times6\times12=648\ (cm^3)$
$648\div24=27$(배) [답] 27배

**23.** 처음 정육면체 :
$(3\times3)\times6=54\ (cm^2)$
3배로 늘인 정육면체 :
$(9\times9)\times6=486\ (cm^2)$
$486\div54=9$(배) [답] 9배

**24.** 직육면체 : $8\times3\times5=120\ (cm^3)$
정육면체 : $2\times2\times2=8\ (cm^3)$
$120\div8=15$(배) [답] 15배

**25.** ① $8\times8\times8=512\ (cm^3)$
② $36\times12=432\ (cm^3)$
③ $81\times9=729\ (cm^3)$
④ $7\times7\times7=343\ (cm^3)$
[답] ③, ①, ②, ④

## p. 126

**01.** 100
**02.** 1000000 $cm^3$
**03.** 1 m
**04.** 1 m
**05.** 1 m
**06.** 1 $m^3$
**07.** $1\ m\times1\ m\times1\ m=1\ m^3$
**08.** 식 : $4\times3\times2=24\ (m^3)$ [답] 24 $m^3$
**09.** 식 : $5\times3\times3=45\ (m^3)$ [답] 45 $m^3$
**10.** 식 : $4\times4\times4=64\ (m^3)$ [답] 64 $m^3$
**11.** 식 : $50\times30\times80=120000\ (cm^3)$
[답] 120000 $cm^3$

## p. 127

**12.** 1000000 $cm^3$
**13.** 1 $m^3$
**14.** 같다고 생각합니다.
**15.** 1 m=100 cm이기 때문입니다.
**16.** 1000000 $cm^3$
**17.** 1000000
**18.** 한 모서리의 길이가 1 m인 정육면체와 한 모서리의 길이가 100 cm인 정육면체는 부피가 같기 때문입니다.
**19.** 2000000
**20.** 3000000
**21.** 5000000
**22.** 9000000
**23.** 8200000
**24.** 6280000
**25.** 25000000
**26.** 3
**27.** 4
**28.** 8
**29.** 36
**30.** 1.2
**31.** 4.5
**32.** 7.83

## p. 128

**01.** 1 $m^3$
**02.** 1000000 $cm^3$
**03.** 1, 2, 3, 6
**04.** 100, 200, 300, 6000000
**05.** 6000000
**06.** 2, 3, 4, 24
**07.** 200, 300, 400, 24000000
**08.** 24, 24000000
**09.** ① 40 ② 40000000
**10.** ① 144 ② 144000000
**11.** ① 0.39 ② 390000

## p. 129

**12.** 7000000
**13.** 4000000
**14.** 72000000
**15.** 96000000
**16.** 2
**17.** 6
**18.** 80
**19.** 3.6
**20.** 30 $m^3$
**21.** 60 $m^3$
**22.** 8 $m^3$
**23.** 64 $m^3$
**24.** 30 $m^3$, 30000000 $cm^3$
**25.** 27000000 $cm^3$
**26.** 250 cm 〔$30\div4\div3=2.5\ (m)$〕

## p. 130

**01.** 10 cm
**02.** 10 cm
**03.** 10 cm
**04.** 1000 $cm^3$=1 L
**05.** 안치수의 가로, 세로, 높이가 각각 10 cm인 그릇에 들어가는 양은 가로, 세로, 높이가 10 cm인 정육면체의 부피와 같기 때문입니다.
**06.** 10, 10, 10, 1000
**07.** 2000
**08.** 3000
**09.** 5000
**10.** 8600
**11.** 4
**12.** 21
**13.** 3
**14.** 3.7

## p. 131

**15.** ① 8000 ② 8
**16.** ① 60000 ② 60
**17.** ① 120000 ② 120
**18.** 4 cm, 3 cm, 2 cm
**19.** 24 〔$4\times3\times2=24\ (cm^3)$〕
**20.** 82
**21.** 3.6
**22.** 5

**23.** 73
**24.** 153
**25.** 127
**26.** 353

## p. 132

**27.** ① 60 ② 60
**28.** ① 48 ② 48
**29.** ① 462 ② 462
**30.** 1 $cm^3$
**31.** 1000 $cm^3$
**32.** 1000 mL
**33.** 3000
**34.** 5700
**35.** 80000
**36.** 6
**37.** 8.5
**38.** 5700
**39.** 95000
**40.** 3200
**41.** 3, 560
**42.** 5675
**43.** 12.3

## p. 133

**01.** 1000 mL=1 L
**02.** 1 mL
**03.** 4, 24
**04.** 40, 24000
**05.** 24000
**06.** 6, 7, 210
**07.** 60, 70, 210000
**08.** 210, 210000
**09.** $40\times50\times70=140000$ ($cm^3$)
답 140 L
**10.** $40\times50\times60=120000$ ($cm^3$)
답 120 L

## p. 134

**11.** 4, 5, 60
**12.** 4, 5, 60
**13.** 60, 60
**14.** 27 mL
**15.** 60 mL
**16.** 120 mL
**17.** 30 L
**18.** 2000 L
**19.** **42 mL** 〔$2\times3\times7=42$ ($cm^3$)〕
**20.** **125 mL** 〔$5\times5\times5=125$ ($cm^3$)〕

## p. 135

**21.** **42 L** 〔$40\times35\times30=42000$ ($cm^3$)〕
**22.** 2
**23.** 51
**24.** 4.2
**25.** 12.7
**26.** 3000
**27.** 5000
**28.** 79000
**29.** 6800
**30.** 310
**31.** 2000
**32.** 90000
**33.** 6900
**34.** 16300
**35.** 3
**36.** 4.5
**37.** 7.4
**38.** 12 L=12000 $cm^3$이므로
(1) (높이)$=12000\div(20\times50)$
$=12000\div1000=12$ (cm)
(2) (높이)$=12000\div(20\times20)$
$=12000\div400=30$ (cm)
답 (1) **12 cm** (2) **30 cm**
**39.** 왼쪽 그릇의 들이 →
$20\times10\times10=2000$ ($cm^3$)
30 L=30000 $cm^3$이므로
$30000\div2000=15$(번) 답 15번
**40.** $5\times5\times2=50$ ($cm^3$) 답 50 $cm^3$

## p. 136

**01.** 1, 1, 1, 100, 100, 100, 1000000
**02.** 8000000
**03.** 7250000
**04.** 9
**05.** 3.87
**06.** ④, ②, ①, ⑥, ⑤, ③
**07.** $20\times20\times20=8000$ ($cm^3$)
답 8000 $cm^3$
**08.** 504 $m^3$
**09.** 0.016 $m^3$=16000 $cm^3$
$16000\div640=25$ (cm)
답 25 cm
**10.** **2.5 m** 〔$30\div4\div3=2.5$ (m)〕
**11.** 36 $m^3$, 36000000 $cm^3$
**12.** 27 $m^3$, 27000000 $cm^3$

## p. 137

**13.** 12.5 $m^3$, 12500000 $cm^3$
**14.** 1, 1, 1
**15.** 10, 1000
**16.** 13000
**17.** 60000
**18.** 5
**19.** 8.3
**20.** 8.7
**21.** 9
**22.** 3
**23.** 87000
**24.** **252 mL** 〔$4\times7\times9=252$ ($cm^3$)〕
**25.** $40\times30\times50=60000$ ($cm^3$)
답 60 L
**26.** **216 mL** 〔$6\times6\times6=216$ ($cm^3$)〕

## p. 138

**27.** $120\times90\times60=648000$ ($cm^3$)
답 648 L

**28.** $8\times8\times8\times\frac{3}{4}=384\,(\text{cm}^3)$

[답] 384 mL

**29.** 그릇의 들이 :
$160\times60\times40=384000\,(\text{cm}^3)$
384 L÷2 L=192(번) [답] 192번

**30.** 30×40×(높이)=36000
(높이)=36000÷1200=30 (cm)

[답] 30 cm

**31.** 2 L씩 3번 부으면 6 L이고
6 L=6000 $\text{cm}^3$이므로
(높이)=6000÷40÷30=5 (cm)

[답] 5 cm

**32.** 안치수의 가로, 세로, 높이는
30 cm, 20 cm, 10 cm이므로
들이는 $30\times20\times10=6000\,(\text{cm}^3)$

[답] 6 L

**33.** ❶ 밑면에 놓인 정육면체의 개수
→ 가로에 3줄, 세로에 6줄 놓을 수 있으므로 정육면체의 개수는
3×6=18(개)
❷ 300÷30=10이므로 정육면체를 10층까지 넣을 수 있음.
❸ 정육면체의 개수는
18×10=180(개) [답] 180개

| 평가 요소 | 배점 |
|---|---|
| ①, ② 구하기 | 각 2점 |
| ③ 구하기 | 1점 |

**34.** $40\times50\times5=10000\,(\text{cm}^3)$

[답] 10000 $\text{cm}^3$

**35.** $80\times100\times50=400000\,(\text{cm}^3)$

[답] 400000 $\text{cm}^3$

## p. 139

**01.** 0.024 $\text{m}^3$, 24000 $\text{cm}^3$

**02.** ① $9.6\times0.9=8.64\,(\text{m}^3)$
② $2.5\times1.2\times2.8=8.4\,(\text{m}^3)$
③ $2\times2\times2=8\,(\text{m}^3)$

[답] ①, ②, ③

**03.** 3 m 〔24÷8=3 (m)〕

**04.** 200×200×200=8000000

[답] 8000000개

**05.** 0.81=0.9×0.9이므로 정육면체의 한 모서리의 길이는 0.9 m
부피는 $0.9\times0.9\times0.9=0.729\,(\text{m}^3)$

[답] 0.729 $\text{m}^3$

**06.** 옆면의 높이 :
150000÷(160+140+160+140)
=150000÷600=250 (cm)
직육면체의 부피 :
$1.6\times1.4\times2.5=5.6\,(\text{m}^3)$

[답] 5.6 $\text{m}^3$

**07.** 그릇의 들이 :
$14\times10\times15=2100\,(\text{cm}^3)$
2100÷70=30(번) [답] 30번

**08.** 현재 수면의 높이 :
물이 150 mL이므로
150÷10÷5=3 (cm)
따라서, 12 cm를 더 채워야 가득참.
이때, 들이는
$10\times5\times12=600\,(\text{cm}^3)$
600÷100=6(번) [답] 6번

**09.** 5 L씩 6번 부으면 5×6=30 (L)
즉, 물의 부피는 30000 $\text{cm}^3$
50×60×(높이)=30000에서
(높이)=10 (cm) [답] 10 cm

**10.** 22 cm 〔1804÷82=22 (cm)〕

**11.** 물통 들이의 $\frac{3}{8}$을 더 넣어야 하므로
$40\times40\times40\times\frac{3}{8}=24000\,(\text{cm}^3)$

[답] 24 L

## p. 140

**12.** 가 50×20×(높이)=27000에서
1000×(높이)=27000
따라서, (높이)=27 (cm)
나 30×30×(높이)=27000에서
900×(높이)=27000
따라서, (높이)=30 (cm)

[답] 나가 3 cm 더 높습니다.

**13.** $220\times160\times20=704000\,(\text{cm}^3)$

[답] 704 L

**14.** 안치수의 가로, 세로, 높이는
200 cm, 350 cm, 155 cm
들이는 200×350×155
$=10850000\,(\text{cm}^3)$

[답] 10850 L

**15.** 부피 : $10\times20\times15=3000\,(\text{cm}^3)$
들이 : $6\times16\times13=1248\,(\text{cm}^3)$
$3000-1248=1752\,(\text{cm}^3)$

[답] 1752 $\text{cm}^3$

**16.** $50\times40\times30=60000\,(\text{cm}^3)$

[답] 60 L

**17.** (밑면의 가로)=30−12=18 (cm)
(밑면의 세로)=26−12=14 (cm)
(높이)=6 (cm)
따라서,
부피는 $18\times14\times6=1512\,(\text{cm}^3)$

[답] 1512 $\text{cm}^3$

**18.** (밑넓이)=$6\times4=24\,(\text{cm}^2)$
(높이)=216÷24=9 (cm)

[답] 9 cm

**19.**
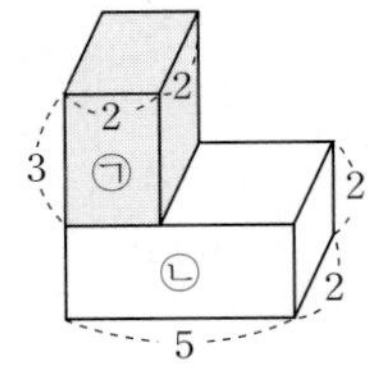


㉠ $2\times2\times3=12\,(\text{m}^3)$
㉡ $5\times2\times2=20\,(\text{m}^3)$ [답] 32 $\text{m}^3$

**20.**
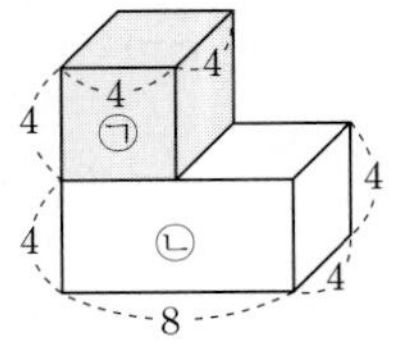


㉠ $4\times4\times4=64\,(\text{cm}^3)$
㉡ $8\times4\times4=128\,(\text{cm}^3)$

[답] 192 $\text{cm}^3$

**21.** ❶ 쌓기나무의 한 면의 넓이는
$3\times3=9\,(\text{cm}^2)$
❷ 쌓기나무의 면의 개수
· 위에서 볼 때 : 4개
· 밑면 : 4개
· 왼쪽에서 볼 때 : 4개
· 오른쪽에서 볼 때 : 4개
· 앞에서 볼 때 :
1+2+3+4=10(개)
· 뒤에서 볼 때 :
1+2+3+4=10(개)
이상에서 면의 개수는 36개
❸ 겉넓이는 $36\times9=324\,(\text{cm}^2)$

[답] 324 $\text{cm}^2$

| 평가 요소 | 배점 |
|---|---|
| ①, ③ 구하기 | 각 1점 |
| ② 구하기 | 3점 |

## p. 141

*01.* $(25\times2)+(50\times4)=250\ (cm^2)$
답 250 $cm^2$

*02.* $168-(24\times2)=120\ (cm^2)$
답 120 $cm^2$

*03.* $(120+300+250)\times2=1340\ (cm^2)$
답 1340 $cm^2$

*04.* $(15\times15)\times6=1350\ (cm^2)$
답 1350 $cm^2$

*05.* $358-(12\times7)\times2=190\ (cm^2)$
답 190 $cm^2$

*06.* (옆넓이)$=142-(3\times7)\times2$
$=142-42=100\ (cm^2)$
$(3+7+3+7)\times$(높이)$=100$에서
(높이)$=100\div20=5$ (cm)
답 5 cm

*07.* (옆넓이)$=268-(4\times11)\times2$
$=180\ (cm^2)$
$(4+11+4+11)\times$(높이)$=180$
(높이)$=180\div30=6$ (cm)
답 6 cm

*08.* 24 $cm^3$

*09.* 252 $cm^3$

*10.* 720 $cm^3$

*11.* $42000\div40\div30=35$ (cm)
답 35 cm

## p. 142

*12.* 192 $cm^3$ 〔$4\times8\times6=192\ (cm^3)$〕

*13.* 8 cm 〔$512\div8\div8=8$ (cm)〕

*14.* $(8\times8\times8)\div(2\times2\times2)=64$(배)
답 64배

*15.* $6\times6\times6=216$, $5\times6\times7=210\ (cm^3)$
답 6 $cm^3$

*16.* $(6\times8\times10)-(5\times5\times5)=355\ (cm^3)$
답 355 $cm^3$

*17.* 9.6 $m^3$ 〔$3\times2\times1.6=9.6\ (m^3)$〕

*18.* ① 7000000 ② 900000
③ 15000 ④ 3.9
⑤ 7200 ⑥ 5.7
⑦ 4500

*19.* $60\times40\times50=120000\ (cm^3)$
$120000\ cm^3=120$ L 답 120번

*20.* $78\ L=78000\ (cm^3)$
$65\times40\times$(높이)$=78000$
(높이)$=78000\div65\div40=30$ (cm)
답 30 cm

*21.* $(10\times6\times8)\times\frac{3}{4}=360\ (cm^3)$
답 360 mL

*22.* $10\times20\times15=3000\ (cm^3)$ 답 3 L

## p. 143

*23.* $20\times20\times20=8000\ (cm^3)$
$8000\div200=40$(병) 답 40병

*24.* ❶ 부피 :
$40\times25\times30=30000\ (cm^3)$
❷ 들이 : 안치수로 가로, 세로, 높이는 36 cm, 21 cm, 28 cm
$36\times21\times28=21168\ (cm^3)$
❸ $30000-21168=8832\ (cm^3)$
답 8832 $cm^3$

| 평가 요소 | 배점 |
|---|---|
| ①, ③ 구하기 | 각 1점 |
| ② 구하기 | 3점 |

*25.* $(10\times9\times5)+(6\times4\times5)=570\ (cm^3)$
답 570 $cm^3$

*26.* $(20\times50\times30)+(40\times50\times15)$
$=60000\ (cm^3)$ 답 60000 $cm^3$

*27.* 쌓기나무의 개수는
$40+15+10+5=70$(개)
쌓기나무 한 개의 부피는 8 $cm^3$
따라서, $70\times8=560\ (cm^3)$
답 560 $cm^3$

*28.* $90\times70\times5=31500\ (cm^3)$
답 31500 $cm^3$

*29.* (밑넓이)$=100\times60=6000\ (cm^2)$
$6000\times$(높이)$=120000$
(높이)$=120000\div6000=20$ (cm)
답 20 cm

*30.* 480개

*31.* 720 $cm^3$ 〔$15\times16\times3=720\ (cm^3)$〕

## p. 144

*01.* 한 면의 넓이 : $384\div6=64\ (cm^2)$
답 8 cm

*02.* (옆넓이)$=314-(9\times8)\times2$
$=170\ (cm^2)$
$(9+8+9+8)\times$(높이)$=170$
(높이)$=170\div34=5$ (cm)
답 5 cm

*03.* $(63\times2)+(32\times8)=382\ (cm^2)$
답 382 $cm^2$

*04.* 쌓기나무 1개의 부피 :
$3\times3\times3=27\ (cm^3)$
쌓기나무의 개수 :
$1+9+25+49=84$(개)
따라서, $27\times84=2268\ (cm^3)$
답 2268 $cm^3$

*05.* 8 cm 〔$432\div9\div6=8$ (cm)〕

*06.* $9000\div15=600\ (cm^2)$
답 600 $cm^2$

*07.* 360 $cm^2$

*08.* 720 $cm^3$

*09.* 288 $cm^3$ 〔$(6\times6)\times8=288\ (cm^3)$〕

*10.* $(6\times6\times3)\div(3\times3\times3)=4$(배)
답 4배

## p. 145

*11.* ① $38\times5=190\ (cm^3)$
② $36\times6=216\ (cm^3)$
③ $7\times7\times7=343\ (cm^3)$
④ 한 옆면의 넓이 :
$100\div4=25\ (cm^2)$
부피는 $25\times5=125\ (cm^3)$
답 ③, ②, ①, ④

*12.* 가 $55\times8=440\ (cm^3)$
나 한 모서리의 길이 :
$32\div4=8$ (cm)
부피는 $8\times8\times8=512\ (cm^3)$
따라서, $512-440=72\ (cm^3)$
답 나 도형이 72 $cm^3$ 더 큽니다.

*13.* 한 모서리의 길이 :
$120\div12=10$ (cm)
부피는 $10\times10\times10=1000\ (cm^3)$
답 1000 $cm^3$

*14.* 728 mL 〔$8\times7\times13=728\ (cm^3)$〕

**15.** 물의 부피 : $1.8\times3=5.4$ (L)

$5.4\text{ L}=5400\text{ cm}^3$

(높이)$=5400\div300=18$ (cm)

㊟ 18 cm

**16.** $70\times30\times80\times\frac{3}{4}=126000\ (\text{cm}^3)$

㊟ 126 L

**17.** $70\times40\times140=392000\ (\text{cm}^3)$

㊟ 392 L

**18.** ❶ 정육면체 한 면의 넓이 : $4\text{ cm}^2$

❷ 면의 개수

· 위에서 볼 때 : 10개

· 밑면 : 10개

· 앞에서 볼 때 : 9개

· 뒤에서 볼 때 : 9개

· 왼쪽에서 볼 때 : 6개

· 오른쪽에서 볼 때 : 6개

❸ 이상에서 면의 개수는 50개

겉넓이는 $4\times50=200\ (\text{cm}^2)$

㊟ $200\text{ cm}^2$

| 평가 요소 | 배점 |
|---|---|
| ①, ③ 구하기 | 각 1점 |
| ② 구하기 | 3점 |

**19.** $(21\times17\times5)-(6\times7\times5)$

$=1785-210=1575\ (\text{cm}^3)$

㊟ $1575\text{ cm}^3$

**20.** $150\times80\times5=60000\ (\text{cm}^3)$

㊟ $60000\text{ cm}^3$

# 고난도 문제

## p. 147

**01.** 지구의 겉넓이 → A

① 육지 → $0.3\times\text{A}$

② 남반구의 육지 →

$0.3\times\text{A}\times\frac{1}{3}=0.1\times\text{A}$

③ 남반구의 바다 →

$0.5\times\text{A}-0.1\times\text{A}=0.4\times\text{A}$

㊟ 0.4배

**02.** ① 첫째 날 읽은 쪽 수 → $\text{A}\times0.4$

남은 쪽 수 →

$\text{A}-\text{A}\times0.4=\text{A}\times(1-0.4)$

$=\text{A}\times0.6$

② 둘째 날 읽은 쪽 수 →

$\text{A}\times0.6\times\frac{2}{3}=\text{A}\times0.4$

남은 쪽 수 →

$\text{A}\times0.6-\text{A}\times0.4$

$=\text{A}\times(0.6-0.4)=\text{A}\times0.2$

③ 셋째 날 읽은 쪽 수 →

$\text{A}\times0.2\times0.75=\text{A}\times0.15$

남은 쪽 수 →

$\text{A}\times0.2-\text{A}\times0.15$

$=\text{A}\times(0.2-0.15)=\text{A}\times0.05$

④ $\text{A}\times0.05=12$,

$\text{A}=12\div0.05=240$

㊟ 240쪽

**03.** ① 꿀 $\frac{3}{4}$의 무게 →

$1.8-0.6=1.2$

② 꿀 전체의 무게 →

$1.2\div\frac{3}{4}=1.2\times\frac{4}{3}=1.6$

③ 빈 병의 무게 → $1.8-1.6=0.2$

㊟ 0.2kg 또는 $\frac{1}{5}$kg

**04.** ① B → $32.5-1.25=31.25$

② A → $31.25\times1.2=37.5$

③ C → $37.5\times1.4=52.5$

㊟ 121.25 L

**05.** 전체 학생 수 → A

$\underbrace{\text{A}\times\frac{1}{3}+7}_{(\text{남학생})}+\underbrace{\text{A}\times\frac{1}{2}-1}_{(\text{여학생})}=\text{A}$

$\text{A}\times\left(\frac{1}{3}+\frac{1}{2}\right)+6=\text{A}$,

$\text{A}\times\frac{5}{6}+6=\text{A}$

$6=\text{A}-\text{A}\times\frac{5}{6}=\left(1-\frac{5}{6}\right)\times\text{A}=\frac{1}{6}\text{A}$

$\text{A}=6\div\frac{1}{6}=6\times6=36$ ㊟ 36명

**06.** ① 1분 동안 탄 길이 →

$\frac{9}{5}\div\frac{9}{2}=\frac{9}{5}\times\frac{2}{9}=\frac{2}{5}$

② 45분 동안 탄 길이 →

$\frac{2}{5}\times45=18$

③ 처음 초의 길이 →

$18\div\frac{1}{5}=18\times5=90$

④ 양초+촛대 → 107.5

㊟ 107.5 cm

**07.** 0.8시간=48분

① 큰 수도관에서 1시간 동안 나오는 물의 양 →

$3\frac{3}{4}\div2\frac{1}{2}=\frac{15}{4}\times\frac{2}{5}=\frac{3}{2}$

② 작은 수도관에서 1시간 동안 나오는 물의 양 →

$2\frac{1}{2}\div3\frac{3}{4}=\frac{5}{2}\times\frac{4}{15}=\frac{2}{3}$

③ 두 수도관에서 1시간 동안 나오는 물의 양 → $\frac{3}{2}+\frac{2}{3}=\frac{13}{6}$

④ $10.4\div\frac{13}{6}=\frac{52}{5}\times\frac{6}{13}=\frac{24}{5}=4.8$

㊟ 4시간 48분

**08.** 물건을 산 값 → A

① 처음 정한 물건값 →

$\text{A}\times(1+0.26)=\text{A}\times1.26$

② 할인하여 판 금액 →

$\text{A}\times1.26\times\frac{7}{9}=\text{A}\times0.98$

③ 손해를 본 금액

$\text{A}-\text{A}\times0.98=1200$

$\text{A}\times(1-0.98)=1200$,

$\text{A}\times0.02=1200$

$\text{A}=1200\div0.02=60000$

㊟ 60000원

## p. 148

**09.** 주형이의 몸무게 → A

① 아버지 → $A\times1\frac{4}{5}=A\times\frac{9}{5}$

② 동생 → $A\times0.75=A\times\frac{3}{4}$

③ $\left(A\times\frac{9}{5}\right)\div\left(A\times\frac{3}{4}\right)=\frac{9}{5}\times\frac{4}{3}$

$=\frac{12}{5}=2.4$

[답] 2.4배 또는 $2\frac{2}{5}$배

**10.** 처음 삼각형의 밑변을 A, 높이를 H라고 하면

① 처음 삼각형의 넓이 →

$A\times H\times\frac{1}{2}$

② 나중 삼각형의

밑변 → $A\times1\frac{2}{5}$,

높이 → $H\times0.6$

넓이 → $A\times\frac{7}{5}\times H\times\frac{3}{5}\times\frac{1}{2}$

$=A\times H\times\frac{7}{5}\times\frac{3}{5}\times\frac{1}{2}$

$=A\times H\times\frac{21}{50}$

③ 넓이의 차

$A\times H\times\frac{1}{2}-A\times H\times\frac{21}{50}=5.6$

$A\times H\times\left(\frac{25}{50}-\frac{21}{50}\right)=5.6$

$A\times H\times\frac{4}{50}=5.6$

$A\times H=5.6\times\frac{50}{4}=70$

④ $A\times H\times\frac{1}{2}=70\times\frac{1}{2}=35$

[답] 35 $cm^2$

**11.** 작년 남학생 수 → A

① 작년 여학생 → $A\times\frac{5}{8}$

② 올해 여학생 →

$\left(A\times\frac{5}{8}\right)\times\frac{104}{100}=A\times\frac{65}{100}$

올해 남학생 → $A\times\frac{97}{100}$

③ $A\times\frac{65}{100}+A\times\frac{97}{100}=324$

$A\times\left(\frac{65}{100}+\frac{97}{100}\right)=324$

$A=324\times\frac{100}{162}=200$

④ 작년 여학생 →

$200\times\frac{5}{8}=125$

⑤ $200+125=325$ [답] 325명

**12.** 밭의 넓이 → A

① 시금치 → $\frac{2}{5}\times A$

② 땅콩 → $\left(\frac{3}{5}\times A\right)\times\frac{5}{6}=\frac{1}{2}\times A$

③ 시금치+땅콩 →

$\frac{2}{5}\times A+\frac{1}{2}\times A=\frac{9}{10}\times A$

④ 아무것도 심지 않은 부분 →

$\frac{1}{10}\times A$

⑤ $\left(\frac{2}{5}\times A\right)\div\left(\frac{1}{10}\times A\right)=\frac{2}{5}\div\frac{1}{10}$

$=\frac{2}{5}\times10=4$ [답] 4배

**13.** $A=\left\{0.45\times\frac{8}{3}+0.6\right\}\times\frac{7}{36}$

$=\{1.2+0.6\}\times\frac{7}{36}$

$=1.8\times\frac{7}{36}=0.35$

$B=\frac{2}{5}\times\frac{9}{4}\div3+\frac{15}{2}\times\frac{7}{150}$

$=\frac{3}{10}+\frac{7}{20}=\frac{13}{20}=0.65$

[답] A<B

**14.** 계산한 답을 모두 1이라고 하면

$A=1\div\frac{3}{5}=\frac{5}{3}$, $B=1\div\frac{1}{2}=2$

$C=1\div\frac{9}{10}=\frac{10}{9}$, $D=1\times\frac{1}{2}=\frac{1}{2}$

[답] B, A, C, D

**15.** ① $\left(1.5*\frac{3}{4}\right)=\frac{3}{2}\times\frac{3}{4}+\frac{3}{2}\div\frac{3}{4}$

$=\frac{9}{8}+\frac{3}{2}\times\frac{4}{3}=\frac{9}{8}+2=\frac{25}{8}$

② $\left(1.5*\frac{3}{4}\right)*0.2=\frac{25}{8}*\frac{1}{5}$

$=\frac{25}{8}\times\frac{1}{5}+\frac{25}{8}\div\frac{1}{5}$

$=\frac{5}{8}+\frac{125}{8}=\frac{130}{8}=16\frac{1}{4}$

[답] $16\frac{1}{4}$ 또는 16.25

**16.** ① 사다리꼴 →

$(5.4+8.4)\times3.5\div2=24.15$

② 삼각형 →

$2.8\times8.4\div2=11.76$

[답] 35.91 $cm^2$ 또는 $35\frac{91}{100}$ $cm^2$

**17.** 변 BC의 길이 → F

① 사다리꼴의 넓이 →

$(F+5.6)\times4.8\div2=46.08$

$(F+5.6)\times2.4=46.08$

$F+5.6=46.08\div2.4=19.2$

$F=19.2-5.6=13.6$

② 삼각형 EBC의 넓이 →

$13.6\times4.8\div2=32.64$

[답] 32.64 $cm^2$

**18.** 밑면의 높이 → H

① 사각기둥의 부피 →

$\frac{5}{2}\times\frac{3}{2}\times\frac{7}{3}=\frac{35}{4}$

② 삼각기둥의 밑면의 넓이 →

$\frac{35}{4}\div\frac{24}{10}=\frac{35}{4}\times\frac{10}{24}=\frac{175}{48}$

③ 밑면의 높이 →

$4\frac{3}{8}\times H\div2=\frac{175}{48}$

$\frac{35}{8}\times H\times\frac{1}{2}=\frac{175}{48}$,

$\frac{35}{16}\times H=\frac{175}{48}$

$H=\frac{175}{48}\times\frac{16}{35}=\frac{5}{3}$

[답] $1\frac{2}{3}$ cm

## p. 149

**01.** ① 왼쪽 → $\frac{1}{4}\times\frac{1}{2}+\frac{1}{4}\times\frac{2}{5}$

$=\frac{1}{8}+\frac{1}{10}=\frac{9}{40}$

② $\frac{9}{40}>\frac{1}{4}\times0.5+0.25\div2\frac{1}{2}$

③ 곱셈과 나눗셈에는 ( )를 넣지 않아도 되므로 덧셈과 뺄셈에만 괄호를 넣고 계산함

④ 오른쪽 →

$\frac{1}{4}\times(0.5+0.25)\times\frac{2}{5}$

$=\frac{1}{4}\times\frac{3}{4}\times\frac{2}{5}=\frac{3}{40}$

⑤ $\frac{9}{40}>\frac{3}{40}$이므로 ④의 ( )는 맞음 [답] (0.5+0.25)

**02.** ① 오른쪽 → $\frac{9}{4}\times\frac{6}{5}+\frac{3}{5}\times\frac{5}{18}$

$=\frac{27}{10}+\frac{1}{6}=\frac{86}{30}$

$=2\frac{13}{15}$

② $2\frac{1}{4}\times1.2+\frac{3}{5}\div3.6<2\frac{13}{15}$

③ 왼쪽 → $\frac{9}{4}\times\left(\frac{6}{5}+\frac{3}{5}\right)\times\frac{5}{18}$

$=\frac{9}{4}\times\frac{9}{5}\times\frac{5}{18}=\frac{9}{8}=1\frac{1}{8}$

④ $1\frac{1}{8}<2\frac{13}{15}$이므로 ③의 괄호는 맞음 　　　답 $\left(1.2+\frac{3}{5}\right)$

**03.** 다음 세 식을 생각할 수 있음

① $2\frac{1}{4}\times1\frac{1}{5}+0.6\div\left(3.6-\frac{3}{4}\right)$

$=\frac{3}{8}(\times)$

② $2\frac{1}{4}\times\left(1\frac{1}{5}+0.6\right)\div3.6-\frac{3}{4}$

$=\frac{3}{8}(\bigcirc)$

③ $2\frac{1}{4}\times\left(1\frac{1}{5}+0.6\right)\div\left(3.6-\frac{3}{4}\right)$

$=\frac{3}{8}(\times)$ 　　　답 $\left(1\frac{1}{5}+0.6\right)$

**04.** □ → A

$\frac{28}{5}\times\frac{43}{10}\div A=\frac{86}{5}$

$\frac{602}{25}\div A=\frac{86}{5}$

$A=\frac{602}{25}\div\frac{86}{5}=\frac{\overset{7}{\cancel{602}}}{\underset{5}{\cancel{25}}}\times\frac{\overset{1}{\cancel{5}}}{\underset{1}{\cancel{86}}}=\frac{7}{5}$

답 $1\frac{2}{5}$ 또는 1.4

**05.** □ → A

$5-\frac{3}{2}\times2+\frac{1}{4}\times A=3$

$5-3+\frac{1}{4}\times A=3$

$\frac{1}{4}\times A=3-2=1$

$A=1\div\frac{1}{4}=4$ ← 답

**06.** □ → A

$5.5\times1.2-0.75\div A+2=3.6$

$8.6-0.75\div A=3.6$

$0.75\div A=8.6-3.6=5$

$A=0.75\div5=0.15$

답 0.15 또는 $\frac{3}{20}$

**07.** 어떤 수 → A

① $A\div2.5=3.2$, $A=3.2\times2.5=8$

② 바른 계산 →

$8\div\frac{2}{5}=8\times\frac{5}{2}=20$

③ 차 → $20-3.2=16.8$ ← 답

**08.** 아랫변 → A

$\left(\frac{8}{3}+A\right)\times3\times\frac{1}{2}=11$

$\frac{8}{3}+A=11\div\frac{3}{2}=11\times\frac{2}{3}=\frac{22}{3}$

$A=\frac{22}{3}-\frac{8}{3}=\frac{14}{3}=4\frac{2}{3}$

답 $4\frac{2}{3}$ cm

**09.** 전체 쪽 수 → A

① 일요일에 읽은 쪽 수 → $\frac{1}{5}\times A$

② 월요일에 읽은 쪽 수 →

$\frac{4}{5}\times A\times0.5=\frac{2}{5}\times A$

남은 쪽 수 →

$\frac{4}{5}\times A-\frac{2}{5}\times A=\frac{2}{5}\times A$

③ 화요일에 읽은 쪽 수 →

$\frac{2}{5}\times A\times\frac{3}{4}=\frac{3}{10}\times A$

남은 쪽 수 →

$\frac{4}{10}\times A-\frac{3}{10}\times A=\frac{1}{10}\times A$

④ $\frac{1}{10}\times A=24$, $A=24\times10=240$

답 240쪽

## p. 150

**10.** 원가 → A

① 정가 → $A\times(1+0.4)=A\times\frac{7}{5}$

② 판매 금액 →

$A\times1.4\times\left(1-\frac{1}{4}\right)=A\times\frac{21}{20}$

③ 이익금 → $A\times\frac{21}{20}-A=15000$

$A\times\frac{1}{20}=15000$,

$A=15000\times20=300000$

답 300000원

**11.** $A\div B=\frac{A}{B}$,

$C\div B=\frac{C}{B}$임을 이용함

① $\frac{A}{B}=\frac{7}{10}$, $\frac{C}{B}=\frac{16}{5}=\frac{32}{10}$ (같음)

앞에서 A=7, B=10, C=32로 놓을 수 있음

② $B\times\frac{C}{A}=10\times\frac{32}{7}=\frac{320}{7}$

$=45\frac{5}{7}$ ← 답

**12.** ① $\frac{\cancel{B}}{A\times\cancel{C}}\times\frac{\cancel{C}}{A\times\cancel{B}}$

$=\frac{1}{20}\times\frac{1}{5}=\frac{1}{100}$

$\frac{1}{A}\times\frac{1}{A}=\frac{1}{10}\times\frac{1}{10}$ 　　A → 10

② $\frac{B}{A\times\cancel{C}}\times\frac{B\times\cancel{C}}{A}$

$=\frac{1}{20}\times\frac{16}{5}=\frac{16}{100}$

$\frac{B\times B}{A\times A}=\frac{4\times4}{10\times10}$ 　　B → 4

③ $\frac{C}{A\times\cancel{B}}\times\frac{\cancel{B}\times C}{A}$

$=\frac{1}{5}\times\frac{16}{5}=\frac{16}{25}$

$\frac{C\times C}{A\times A}=\frac{16}{25}=\frac{64}{100}=\frac{8\times8}{10\times10}$

C → 8

답 **A=10, B=4, C=8**

**13.** 지구 겉넓이 → A

① 북반구의 넓이 → $\frac{1}{2}\times A$

② 북반구의 바다 →

$\frac{1}{2}\times A\times0.6=0.3\times A$

③ 북반구의 육지 →

$0.5\times A-0.3\times A=0.2\times A$

④ 남반구 바다는 북반구 바다의 $\frac{4}{3}$배이므로 남반구 바다의 넓이는

$0.3\times A\times\frac{4}{3}=0.4\times A$

⑤ 남반구 육지 →

$0.5\times A-0.4\times A=0.1\times A$

⑥ $(0.2\times\cancel{A})\div(0.1\times\cancel{A})$

$=0.2\div0.1=2$ 　　답 2배

**14.** 인철이의 키 → H

① H=(체육관 천장의 높이)$\times\frac{3}{8}$에서

(체육관 천장의 높이)$=H\times\frac{8}{3}$

② H=(책상 높이)$\times2\frac{2}{3}$에서

(책상 높이)$=H\times\frac{3}{8}$

③ $H\times\frac{8}{3}-H\times\frac{3}{8}=3.85$

$H\times\left(\frac{8}{3}-\frac{3}{8}\right)=\frac{77}{20}$

$H\times\frac{55}{24}=\frac{77}{20}$

$H=\frac{77}{20}\times\frac{24}{55}=\frac{42}{25}=1.68$

답 1.68 m 또는 $1\frac{17}{25}$ m

**15.** 처음 양초의 길이 → A

① 1분 동안 타는 길이 →

$3.3\div\frac{11}{3}=\frac{33}{10}\times\frac{3}{11}=\frac{9}{10}$

② 11분 15초 동안 탄 길이 ➜

- $\frac{9}{10}\times\frac{45}{4}=\frac{81}{8}$
- $A\times\frac{3}{8}$

③ $A\times\frac{3}{8}=\frac{81}{8}$, $A=\frac{81}{8}\times\frac{8}{3}=27$

답 27 cm

**16.** B, C 사이의 거리 ➜ $x$

A --$1\frac{3}{4}x$-- B --$x$-- C --$\frac{3}{4}x$-- D
4.2km, 2.4km, 1.8km

① $\frac{7}{4}\times x=4.2$,

$x=4.2\times\frac{4}{7}=2.4$

$\frac{3}{4}\times x=\frac{3}{4}\times2.4=1.8$

② A, D 사이의 거리 ➜ 8.4

③ $8.4\div2\frac{2}{5}=8.4\times\frac{5}{12}=3.5$

답 3.5 km 또는 $\frac{7}{2}$ km

**17.** 처음 용돈 ➜ A

① 책을 산 돈 ➜ $\frac{1}{3}\times A$

② 불우 이웃 돕기 성금 ➜

$\frac{2}{3}\times A\times\frac{3}{8}=\frac{1}{4}\times A$

③ (책 값)+(불우 이웃 돕기 성금)

➜ $\frac{1}{3}\times A+\frac{1}{4}\times A=\frac{7}{12}\times A$

④ 남은 돈 ➜ $\frac{5}{12}\times A$

⑤ 토마토 모종 ➜

$\frac{5}{12}\times A\times\frac{2}{5}=\frac{1}{6}\times A$

⑥ (책 값)+(성금)+(토마토 모종)

➜ $\frac{7}{12}\times A+\frac{1}{6}\times A=\frac{9}{12}\times A$

⑦ 남은 돈 ➜ $\frac{3}{12}\times A$

$\frac{3}{12}\times A=1800$,

$A=1800\times\frac{12}{3}=7200$

답 7200 원

**18.** $1.5\,km^2$ ➜ A

① 보리 ➜ $\frac{11}{16}\times A$

② 유채 ➜

$\left(1-\frac{11}{16}\right)\times A\times\frac{2}{5}=\frac{1}{8}\times A$

③ 밀 ➜ $\left(1-\frac{11}{16}-\frac{1}{8}\right)\times A\times\frac{1}{3}$

$=\frac{3}{16}\times A\times\frac{1}{3}=\frac{1}{16}\times A$

④ 아무것도 심지 않은 밭의 넓이

➜ $\left(1-\frac{11}{16}-\frac{1}{8}-\frac{1}{16}\right)\times A$

$=\frac{1}{8}\times A$ 답 $\frac{1}{8}$

## p. 151

**19.** ① A가 1시간 동안 운반하는 양

➜ $27.9\div2\frac{1}{4}=27.9\times\frac{4}{9}$

$=12.4$

② B가 1시간 동안 운반하는 양

➜ $35.2\div2\frac{3}{4}=35.2\times\frac{4}{11}$

$=12.8$

③ A, B가 1시간 동안 운반하는 양 ➜ $12.4+12.8=25.2$

④ $113.4\div25.2=4.5$

답 4시간 30분

**20.** 종이 전체의 넓이 ➜ A

① 빨간색을 칠한 곳 ➜ $\frac{1}{3}\times A$

② 노란색을 칠한 곳 ➜ $\frac{9}{20}\times A$

③ 색을 칠하지 않은 곳 ➜

$\frac{9}{25}\times A$

④ 빨강이나 노랑 중 어느 한 색이라도 칠한 곳 ➜

$A-\frac{9}{25}\times A=\left(1-\frac{9}{25}\right)\times A$

$=\frac{16}{25}\times A$

⑤ 빨강과 노랑을 모두 칠한 곳

➜ $\frac{1}{3}\times A+\frac{9}{20}\times A-\frac{16}{25}\times A$

$=\frac{43}{300}\times A$

$\frac{43}{300}\times A=55.9=\frac{559}{10}$

답 390 $cm^2$

**21.** 물통의 들이 ➜ A

① 처음 물의 양 ➜ $\frac{3}{5}\times A$

② 물이 안 찬 부분의 들이 ➜

$\frac{2}{5}\times A$

③ 안 찬 부분의 $\frac{1}{4}$을 채우면

$\frac{3}{5}\times A+\left(\frac{2}{5}\times A\right)\times\frac{1}{4}$

$=\frac{7}{10}\times A$

④ 위의 ③에 2.4 L를 넣으면

$\frac{7}{10}\times A+\frac{12}{5}$

➜ 이것이 전체의 $\frac{9}{10}$임

⑤ $\frac{9}{10}\times A=\frac{7}{10}\times A+\frac{12}{5}$

$\frac{2}{10}\times A=\frac{12}{5}$,

$A=\frac{12}{5}\times\frac{10}{2}=12$ 답 12 L

**22.** ① 명수가 떨어뜨린 거리 ➜

$21\frac{1}{5}$

② 처음 튀어오른 거리 ➜

$21\frac{1}{5}\times\frac{1}{3}$

다시 내려간 거리 ➜

$21\frac{1}{5}\times\frac{1}{3}$

③ 두 번째로 튀어오른 거리 ➜

$21\frac{1}{5}\times\frac{1}{4}$

다시 내려간 거리 ➜

$21\frac{1}{5}\times\frac{1}{4}-\frac{4}{5}$

④ $\frac{106}{5}+\frac{106}{5}\times\frac{1}{3}\times2+\frac{106}{5}$

$\times\frac{1}{4}\times2-\frac{4}{5}$

$=\frac{106}{5}+\frac{212}{15}+\frac{53}{5}-\frac{4}{5}$

$=45\frac{2}{15}$ 답 $45\frac{2}{15}$ m

**23.** ① A수도에서 1분 동안 나오는 양

➜ $4.2\div1\frac{3}{4}=4.2\times\frac{4}{7}=2.4$

② B수도에서 1분 동안 나오는 양

➜ $10\frac{4}{5}\div2\frac{1}{4}=\frac{54}{5}\times\frac{4}{9}$

$=\frac{24}{5}=4.8$

③ 1분 동안 새는 물의 양 ➜

$1.35\div1.5=0.9$

④ 1분 동안 모이는 물의 양 ➜

$2.4+4.8-0.9=6.3$

⑤ $75.6\div6.3=12$ 답 12분

**24.** 겹친 부분 ➜ $x$

① $x=A\times\frac{3}{8}$에서 $A=x\times\frac{8}{3}$

② $x=B\times\frac{24}{100}$에서

$B=x\times\frac{100}{24}=x\times\frac{25}{6}$

③ 색선으로 둘러싸인 부분의 넓이 ➡

$x\times\frac{8}{3}+x\times\frac{25}{6}-x=217$

$x\times\frac{16}{6}+x\times\frac{25}{6}-x\times\frac{6}{6}=217$

$x\times\frac{35}{6}=217$

$x=217\times\frac{6}{35}=37.2$

④ $B=x\times\frac{25}{6}=37.2\times\frac{25}{6}=155$

답 155 $cm^2$

**25.** ① 고속버스가 1시간 동안 가는 거리 ➡ $148.32\div1\frac{4}{5}$

$=148.32\times\frac{5}{9}=82.4$

② 고속버스가 4시간 36분 동안 가는 거리 ➡

$82.4\times4.6=379.04$

③ 기차가 1시간 동안 가는 거리

➡ $133\frac{9}{20}\div1\frac{7}{10}$

$=133.45\div1.7=78.5$

④ 기차가 4시간 36분 동안 가는 거리 ➡ $78.5\times4.6=361.1$

⑤ $379.04-361.1=17.94$

답 고속버스가 17.94 km 더 멀리 갑니다.

**26.** ① A수도에서 1분 동안 나오는 양 ➡ $3.6\div45=0.08$

② B수도에서 1분 동안 나오는 양 ➡ $1.2\div20=0.06$

③ A, B수도에서 1분 동안 나오는 양 ➡ $0.08+0.06=0.14$

④ $12.6\div0.14=90$(분)

답 1시간 30분

## p. 152

**01.** ① 직육면체의 밑넓이 ➡

$768\div12=64\ (cm^2)$

② 원기둥이 직육면체에 꽉 차므로 밑면은 정사각형임.

③ 밑면인 정사각형의 한 변의 길이 ➡ 8 cm 〔$8\times8=64$〕

④ 원기둥은 밑면의 지름은 8 cm이고 높이는 12 cm임.

답

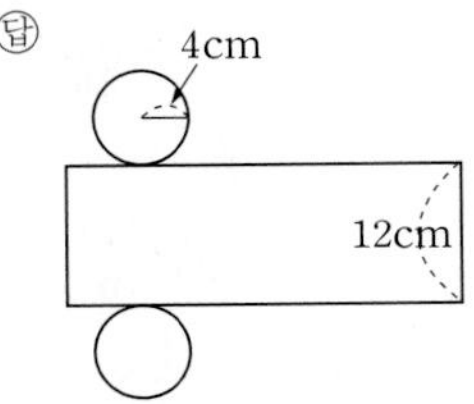


**02.** ① 원기둥의 밑면의 둘레 ➡

31.4 cm

② 원기둥의 높이 ➡

$5:2=\square:4$, $\square$ ➡ 10

③ 원기둥의 옆면

(가로)=31.4 cm, (세로)=10 cm

$31.4\times10=314\ (cm^2)$

답 314 $cm^2$

**03.** ① 옆면의 선분 8개의 길이 ➡

$182.8-62.8=120$ (cm)

② 선분 AB의 길이 ➡

$120\div8=15$ (cm) 답 15 cm

**04.** 가로가 4 cm, 세로가 10 cm인 직사각형의 세로를 축으로 하여 1회전 시킴. 답 40 $cm^2$

**05.**

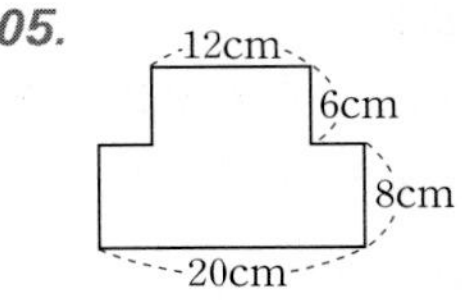


$12\times6+20\times8=72+160$

$=232\ (cm^2)$

답 232 $cm^2$

**06.**

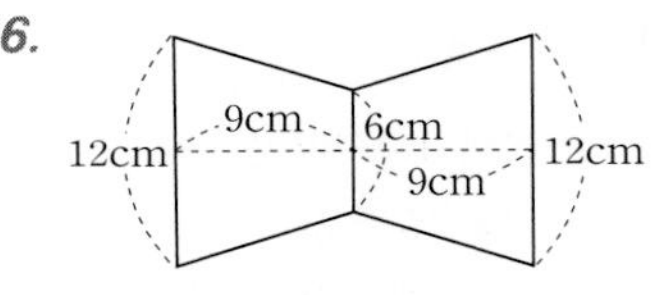


$\{(12+6)\times9\div2\}\times2=162\ (cm^2)$

답 162 $cm^2$

**07.**

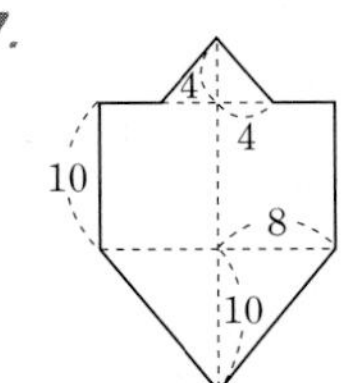


① 꼭대기 삼각형 ➡

$8\times4\div2=16\ (cm^2)$

② 중간의 직사각형 ➡

$16\times10=160\ (cm^2)$

③ 밑의 삼각형 ➡

$16\times10\div2=80\ (cm^2)$

답 256 $cm^2$

**08.**

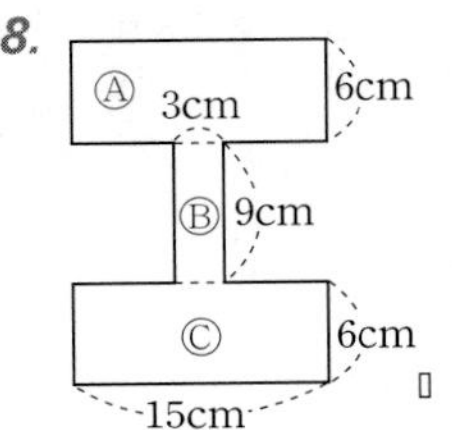


Ⓐ, Ⓒ ➡ $15\times6=90\ (cm^2)$

Ⓑ ➡ $3\times9=27\ (cm^2)$

답 207 $cm^2$

**09.**

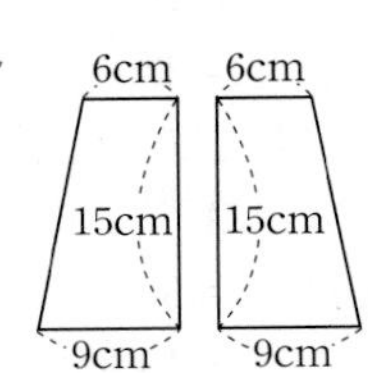


$\{(9+6)\times15\div2\}\times2=225\ (cm^2)$

답 225 $cm^2$

## p. 153

**10.**

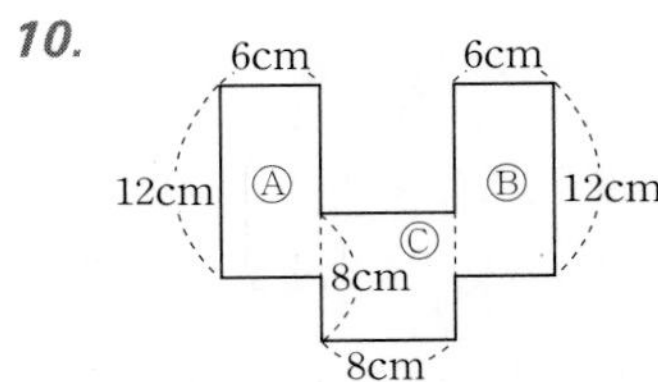


Ⓐ, Ⓑ ➡ $6\times12=72\ (cm^2)$

Ⓒ ➡ $8\times8=64\ (cm^2)$

답 208 $cm^2$

**11.**

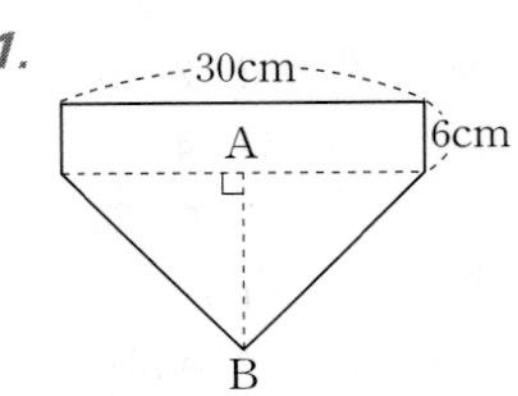


① 직사각형의 넓이 ➡

$30\times6=180\ (cm^2)$

② 삼각형의 넓이 ➡

$435-180=255\ (cm^2)$

③ $30\times$(선분 AB)$\div2=255$

$15\times$(선분 AB)$=255$

(선분 AB)$=255\div15=17$ (cm)

답 17 cm

**12.** Ⓐ ➡ $(12+22)\times12\div2=204\ (cm^2)$

Ⓑ ➡ $18\times12\div2+16$

$\times$(선분 CD)$\div2=204$

$108+8\times$(선분 CD)$=204$

$8\times$(선분 CD)$=96$

(선분 CD)=96÷8=12 (cm)

[답] 12 cm

**13.**

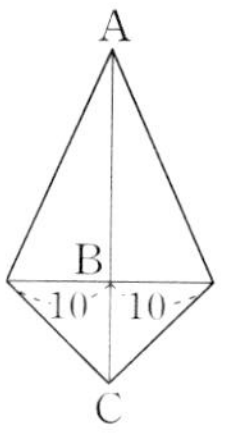


① 20×(선분 AB)÷2+20 ×(선분 BC)÷2=330
10×(선분 AB)+10 ×(선분 BC)=330
10×(선분 AC)=330
(선분 AC)=330÷10=33 (cm)

② 선분 AB ➡ $33\times\frac{8}{8+3}=24$ (cm)

③ 선분 BC ➡ $33\times\frac{3}{8+3}$ =9 (cm)

[답] 선분 AB ➡ 24 cm
선분 BC ➡ 9 cm

**14.**

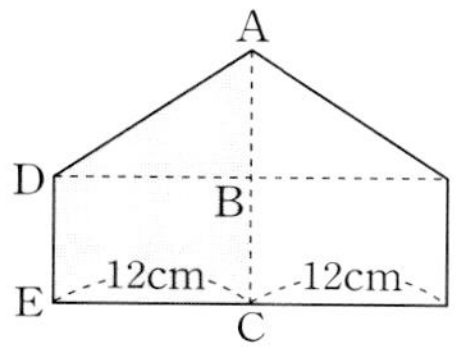


① 선분 AB, BC의 길이를 L이라고 하면 선분 DE의 길이도 L이 됨.

② 색칠한 사다리꼴의 넓이 ➡
(L+L+L)×12÷2=144
(L+L+L)×6=144
L+L+L=144÷6=24
L=24÷3=8 (cm)

③ 선분 AC ➡ 8×2=16 (cm)

[답] 16 cm

**15.** 오른쪽 평면도형을 직선 AB를 회전축으로 하여 1회전 시킴.

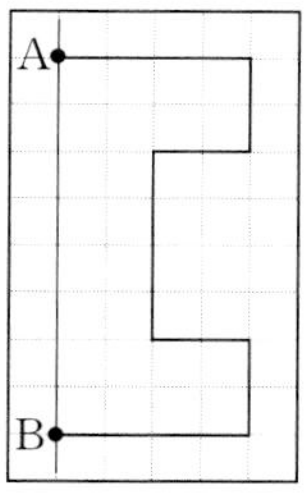


[답]

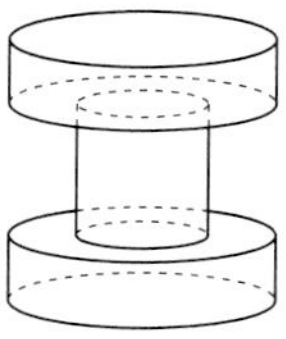

**16.** 같은 높이의 물을 채우는 데 시간이 많이 걸릴수록 그릇(원기둥)의 밑면이 넓음.

[답]

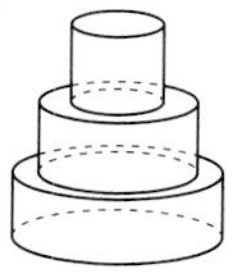

## p. 154

**01.** 그림과 같이 쌓으면 겉넓이는 최소가 됨.

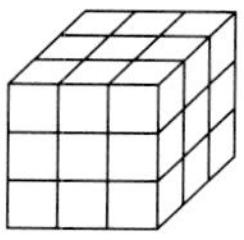

한 모서리의 길이가 6 cm인 정육면체이므로 겉넓이는 (6×6)×6=216 (cm$^2$)

[답] 216 cm$^2$

**02.** 한 모서리의 길이가 15 cm인 정육면체가 가장 큼. 겉넓이는
(15×15)×6=1350 (cm$^2$)

[답] 1350 cm$^2$

**03.** 밑면의 둘레의 길이 :
768÷16=48 (cm)
밑면인 정사각형의 한 변의 길이 :
48÷4=12 (cm)

[답] 12 cm

**04.** 처음 종이의 넓이 :
30×36=1080 (cm$^2$)
전개도의 넓이 :
(8×10)×2+(10×12)×2 +(8×12)×2=592 (cm$^2$)
1080−592=488 (cm$^2$)

[답] 488 cm$^2$

**05.** 한 밑면의 넓이 : 8×6=48 (cm$^2$)
옆면의 넓이 :
264−(48×2)=168 (cm$^2$)
옆면의 높이 : 168÷(6+8+6+8)
=168÷28=6 (cm)

[답] 6 cm

**06.** 옆면의 넓이 : 30×10=300 (cm$^2$)
겉넓이 : 54×2+300=408 (cm$^2$)

[답] 408 cm$^2$

**07.** 밑면의 둘레의 길이가 32 cm이므로
(밑면의 가로)+(밑면의 세로)
=16 (cm)
밑넓이가 가장 큰 경우는 밑면이 정사각형일 때임(약속)
따라서, (밑면의 가로)=8 (cm)
한 밑면의 넓이 : 8×8=64 (cm$^2$)
옆면의 넓이 : 32×10=320 (cm$^2$)
겉넓이 : 64×2+320=448 (cm$^2$)

[답] 448 cm$^2$

[참고]

| (가로)+(세로) | 넓이가 가장 큰 직사각형 |
|---|---|
| 10 | 5×5=25 |
| 12 | 6×6=36 |
| 14 | 7×7=49 |
| 16 | 8×8=64 |

위와 같이 직사각형에서 (가로)+(세로)의 길이가 정해져 있을 때, 넓이가 가장 큰 경우는 가로와 세로의 길이가 같을 때 (즉 정사각형)임. 그 이유는 중학교 3학년 1학기 끝날 때 알게 될 것임.

**08.** ① (10×12)×2+(12×8)×2 +(10×8)×2=592 (cm$^2$)
② (11×11)×6=726 (cm$^2$)
③ (9×13)×2+(13×8)×2 +(9×8)×2=586 (cm$^2$)

[답] ②, ①, ③

**09.** 정육면체의 한 모서리의 길이는
168÷12=14 (cm)
겉넓이는
(14×14)×6=1176 (cm$^2$)

[답] 1176 cm$^2$

**10.** 가 2장, 다 2장,
라 2장이 필요함.

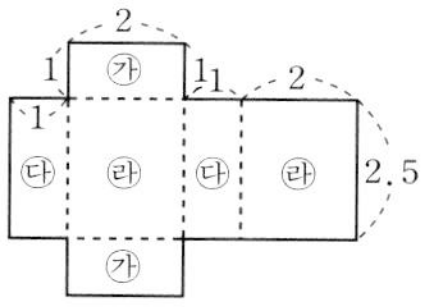


(2×1)×2+(1×2.5)×2 +(2×2.5)×2=19 (cm$^2$)

[답] 19 cm$^2$

## p. 155

**11.** 한 밑면의 넓이 : 4×10=40 (cm$^2$)
옆면의 넓이 :
220−40×2=140 (cm$^2$)
직육면체의 높이 :
140÷(10+4+10+4)=5 (cm)

[답] 5 cm

**12.** 가 : 8×6×5=240 (cm$^2$)

나 : 6×4×2=48 ($cm^2$)
240÷48=5(배) 답 5배

**13.** 4×15×9=(6×6)×(높이)
36×15=36×(높이)
따라서, (높이)=15 (cm)
답 15 cm

**14.** 밑면의 가로의 길이를 ㉠이라고 하면
(3×5)×2+(5×㉠)×2+(3×㉠)×2 =142
30+10×㉠+6×㉠=142
16×㉠=112
㉠=112÷16=7 (cm)
부피는 3×5×7=105 ($cm^3$)
답 105 $cm^3$

**15.** 밑면의 세로의 길이를 가라고 하면
(8×6)×2+(6×가)×2 +(8×가)×2=236
96+12×가+16×가=236
28×가=140
가=140÷28=5 (cm)
따라서, 부피는
8×6×5=240 ($cm^3$) 답 240 $cm^3$

**16.** 옆면의 높이 :
960÷(10+20+10+20)=16 (cm)
부피 : 20×10×16=3200 ($cm^3$)
답 3200 $cm^3$

**17.** 12×8×5=480 ($cm^3$)
답 480 $cm^3$

**18.** 가 : 30×7=210 ($cm^3$)
나 : 한 밑면의 넓이는
216÷6=36=6×6 ($cm^2$)
부피 : 6×6×6=216 ($cm^3$)
답 나가 6 $cm^3$ 더 큽니다.

**19.** 나의 한 밑면의 넓이 :
576÷4=144=12×12 ($cm^2$)
나의 부피 :
12×12×12=1728 ($cm^3$)
가의 세로 :
1728÷16÷9=12 (cm) 답 12 cm

**20.** ㉠=336÷14÷8=3 (cm)
답 3 cm

**21.** 한 밑면의 넓이 :
294÷6=49=7×7 ($cm^2$)
따라서, 정육면체의 한 모서리의 길이는 7 cm
한 모서리의 길이가 14 cm인 정육면체의 부피는
14×14×14=2744 ($cm^3$)
답 2744 $cm^3$

## p. 156

**01.** 물통의 물의 양 :
8×10×6=480 ($cm^3$)
10번 부었으므로 우유병의 들이는
480÷10=48 (mL) 답 48 mL

**02.** 가의 들이 :
10×10×10=1000 ($cm^3$)
나의 들이 :
100×100×100=1000000 ($cm^3$)
1000000÷1000=1000(번)
답 1000번

**03.** 직육면체의 부피 :
6×8×12=576 ($cm^3$)
정육면체의 부피 :
5×5×5=125 ($cm^3$)
576÷125=4 …… 76 답 5번

**04.** 물탱크의 부피 :
20 L×10=200 L=200000 $cm^3$
2000×(높이)=200000
따라서, (높이)=100 (cm)=1 (m)
답 1 m

**05.** 현재 수면의 높이 :
$30\times\frac{3}{5}=18$ (cm)
1.2 L를 부을 때 올라가는 높이
20×12×(높이)=1200
240×(높이)=1200,
(높이)=5 (cm)
따라서, 물을 부은 다음의 수면의 높이는 18+5=23 (cm)
답 23 cm

**06.** 정육면체의 한 모서리의 길이는 6 m
들이는
600×600×600=216000000 ($cm^3$)
=216000 (L)
답 216000 L

**07.** 정육면체의 한 모서리의 길이는
80÷4=20 (cm)
20×20×(높이)=2800
400×(높이)=2800,
(높이)=7 (cm) 답 7 cm

**08.** 정육면체 한 개의 부피가 8 $cm^3$이므로 한 모서리의 길이는 2 cm,
한 면의 넓이는 2×2=4 ($cm^2$)
면의 개수 :
위에서 볼 때 : 1+2+3=6(개)
밑면 : 1+2+3=6(개)
왼쪽 앞에서 볼 때 :
1+2+3=6(개)
오른쪽 앞에서 볼 때 :
1+2+3=6(개)
왼쪽 뒤에서 볼 때 :
1+2+3=6(개)
오른쪽 뒤에서 볼 때 :
1+2+3=6(개)
면의 개수는 36개이므로 겉넓이는
36×4=144 ($cm^2$) 답 144 $cm^2$

## p. 157

**09.**

㉠의 겉넓이 :
(13×8)×2+(11×13)×2 +8×11+32=208+286+88+32
=614 ($cm^2$)
㉡의 겉넓이 :
(14×8)×2+(14×7)×2+56
=224+196+56=476 ($cm^2$)
614+476=1090 ($cm^2$)
답 1090 $cm^2$

**10.** 가로 : 200÷20=10(줄)
세로 : 300÷20=15(줄)
높이 : 400÷20=20(층)
10×15×20=3000(개)
답 3000개

**11.** 가로 : 250÷30=8 … 10
세로 : 150÷30=5
높이 : 200÷30=6 … 20
즉 가로에 8줄, 세로에 5줄, 높이는 6층을 쌓을 수 있으므로
8×5×6=240(개) 답 240개

**12.**

㉠의 부피 : 6×12×7=504 ($cm^3$)
㉡의 부피 : 6×8×7=336 ($cm^3$)
504+336=840 ($cm^3$)
답 840개

**13.** 큰 직육면체의 부피 :
20×10×8=1600 ($cm^3$)
작은 직육면체(구멍)의 부피 :

$20 \times 5 \times 6 = 600\ (cm^3)$
$1600 - 600 = 1000\ (cm^3)$
답 $1000\ cm^3$

**14.** 1층 들이 :
$5 \times 4.2 \times 2 = 42\ (m^3)$
2층 들이 :
$4.2 \times 1.5 \times 1 = 6.3\ (m^3)$
$42 + 6.3 = 48.3\ (m^3)$ 답 48300 L

**15.** $(6 \times 10 \times 4) + (3 \times 5 \times 4)$
$= 300\ (cm^3)$ 답 $300\ cm^3$

**16.** $(30 \times 20 \times 10) - (9 \times 9 \times 10)$
$= 5190\ (cm^3)$ 답 $5190\ cm^3$

**17.** $(2 \times 4 \times 3) + (3 \times 4 \times 2) + (4 \times 4 \times 1)$
$= 64\ (cm^3)$ 답 $64\ cm^3$

**18.** 면의 개수가 18개이므로 한 면의 넓이는 $450 \div 18 = 25\ (cm^2)$
따라서, 정사각형의 한 변의 길이는 5 cm
정육면체 1개의 부피는
$5 \times 5 \times 5 = 125\ (cm^3)$
따라서, 4개의 부피는
$125 \times 4 = 500\ (cm^3)$ 답 $500\ cm^3$

## p. 158

**01.** 정육면체의 개수 :
$5 \times 3 \times 2 = 30$(개)
정육면체의 면의 총 개수 :
$30 \times 6 = 180$(개)
색을 칠한 면의 개수 :
$(15 + 6 + 10) \times 2 = 62$(개)
따라서, 색을 칠하지 않은 면의 개수는 $180 - 62 = 118$(개)
답 118개

**02.** ㉠ 큰 정육면체는 작은 정육면체를 가로로 3줄, 세로로 3줄(한 층에 9개씩), 높이는 3층을 쌓은 것임
㉡ 작은 정육면체의 한 면의 넓이를 $x$라고 하면 작은 정육면체 27개의 겉넓이의 총합은
$6 \times 27 \times x = 162 \times x$
㉢ 큰 정육면체의 겉넓이 :
(한 면의 넓이)$= 9 \times x$
(겉넓이)$= 6 \times 9 \times x = 54 \times x$
㉣ 겉넓이의 차
$162 \times x - 54 \times x = 108 \times x$
$108 \times x = 432$,
$x = 432 \div 108 = 4\ (cm^2)$
따라서, 한 모서리의 길이는
**2 cm** ←답

**03.** ㉠ 구멍 뚫린 한 면의 넓이 :
$(20 \times 20) - (4 \times 4) = 384\ (cm^2)$
㉡ 구멍 뚫린 6면의 넓이 :
$384 \times 6 = 2304\ (cm^2)$
㉢ 가로 4 cm, 세로 4 cm, 높이가 8 cm인 구멍의 겉넓이 :
$(4 + 4 + 4 + 4) \times 8 = 128\ (cm^2)$
㉣ 구멍이 6개이므로 구멍 6개의 겉넓이 : $128 \times 6 = 768\ (cm^2)$
따라서, 구하는 넓이는
$2304 + 768 = 3072\ (cm^2)$
답 $3072\ cm^2$

**04.** ㉠ 한 면의 넓이는 $2 \times 2 = 4\ (m^2)$
처음 정육면체의 겉넓이는
$4 \times 6 = 24\ (m^2)$
㉡ 한 번 자르면 새로운 면이 2개 생기므로 넓이는 $8\ m^2$씩 늘어남
㉢ 가로를 3번, 세로를 4번, 높이를 4번 잘랐으므로 모두 11번 잘랐음
㉣ 늘어난 넓이는
$11 \times 8 = 88\ (m^2)$
㉤ (처음 넓이)+(늘어난 넓이)
$= 24 + 88 = 112\ (m^2)$
답 $112\ m^2$

**05.** 3, 4, 2의 최소공배수는 12이므로 한 모서리의 길이가 12 cm인 정육면체를 만들면
부피는 $12 \times 12 \times 12 = 1728\ (cm^3)$
답 $1728\ cm^3$

**06.** 가의 부피 : $30 \times 20 \times 50$
$= 30000\ (cm^3)$
나의 부피 : $20 \times 20 \times 10$
$= 4000\ (cm^3)$
가+나 : $34000\ cm^3$
칸막이를 연 그릇에서 높이를 $x$라고 하면
$50 \times 20 \times x = 34000$
$1000 \times x = 34000$
$x = 34000 \div 1000 = 34\ (cm)$
답 34 cm

**07.** 벽돌의 부피 :
$10 \times 15 \times 30 = 4500\ (cm^3)$
(물의 부피)+(벽돌의 부피)
$= 9000 + 4500 = 13500\ (cm^3)$
물의 높이를 $x$라고 하면
$20 \times 30 \times x = 13500$
$600 \times x = 13500$
$x = 13500 \div 600 = 22.5\ (cm)$
답 22.5 cm

**08.** 흘러넘친 물의 양과 물에 잠긴 직육면체의 부피가 같음
물에 잠긴 직육면체의 부피 :
$5 \times 6 \times 10 \times \frac{4}{5} = 240\ (cm^3)$
따라서, 흘러넘친 물의 양은
$240\ cm^3$
물통 들이의 $\frac{2}{3}$가 $240\ cm^3$이므로
물통 들이의 $\frac{1}{3}$은 $120\ cm^3$
물통 들이의 $\frac{3}{3}$은 $360\ cm^3$
답 $360\ cm^3$

## p. 159

**09.** 수면의 높이가 46 cm에서 50 cm로 변했으므로 불어난 물의 부피는
$40 \times 35 \times 4 = 5600\ (cm^3)$
넘쳐 흐른 물의 부피는 $1200\ cm^3$
따라서, 벽돌의 부피는
$5600 + 1200 = 6800\ (cm^3)$
답 $6800\ cm^3$

**10.** 돌의 부피에 물 2.5 L를 더 했을 때, 수면의 높이는 12 cm이므로
$20 \times 25 \times 12 =$(돌의 부피)$+ 2500$
$6000\ cm^3 =$(돌의 부피)$+ 2500\ cm^3$
(돌의 부피)$= 3500\ cm^3$
답 $3500\ cm^3$

**11.** (돌의 부피)$= 45 \times 60 \times 4$
$= 10800\ (cm^3)$
답 (돌의 부피)$= 10800\ cm^3$
(넘친 물의 양)$= 10800\ cm^3$

**12.** (한 면의 넓이)$= 900 \div 4$
$= 225\ (cm^2)$
(한 변의 길이)$= 15\ (cm)$
(수면의 높이)$= 15 \times \frac{3}{5} = 9\ (cm)$
벽돌을 넣어서 수면이 4 cm 높아졌으므로 벽돌의 부피는
$15 \times 15 \times 4 = 900\ (cm^3)$
답 $900\ cm^3$

**13.** ① 물이 들어 있지 않은 부분의 부피 : $12 \times 15 \times 3 = 540\ (cm^3)$
② 플라스틱 조각 1개의 부피 :

$5\times4\times3=60\ (cm^3)$

$540\div60=9$ 답 10개 이상

***14.*** 쇠덩이의 부피 :

$20\times20\times20=8000\ (cm^3)$

물의 부피 :

$50\times20\times15=15000\ (cm^3)$

쇠덩이와 물의 부피의 합은

23000 cm³

쇠덩이를 넣을 때의 물의 높이를

$x$라 하면

$50\times20\times x=23000$,

$1000\times x=23000$

$x=23000\div1000=23\ (cm)$

답 **23 cm**

***15.*** ① 정육면체 1개의 부피 :

$875\div7=125\ (cm^3)$

② 한 모서리의 길이 : 5 cm

한 면의 넓이 : $25\ cm^2$

③ 면의 개수

위에서 볼 때 : 4개

밑면 : 4개

앞에서 볼 때 : 4개

뒤에서 볼 때 : 4개

오른쪽에서 볼 때 : 4개

왼쪽에서 볼 때 : 4개

$25\times24=600\ (cm^2)$

답 **600 cm²**

***16.*** 한 면의 넓이 : $4\ cm^2$

면의 개수 : 60개

따라서, 겉넓이는 **240 cm²** ←답

***17.*** 가로 : $400\div30=13\cdots10$

세로 : $200\div30=6\cdots20$

높이 : $600\div30=20$

가로로 13줄, 세로로 6줄, 높이는 20층을 넣으므로

$13\times6\times20=1560$(개)

답 **1560개**